计算机科学与技术学科前沿丛书

计算机科学与技术学科研究生系列教材（中文版）

“十三五”国家重点图书

数据分析与数据挖掘
（第2版）

喻梅　于健　主编
王建荣　李雪威　副主编

清华大学出版社
北京

内 容 简 介

本书主要介绍数据分析与数据挖掘的基本概念和方法，包括数据的基本属性和概念、数据预处理、数据仓库与联机分析处理、回归分析、频繁模式挖掘、分类、聚类、离群点检测。对书中每一部分先介绍基本概念、理论基础，再给出应用实例，便于读者更好地理解和应用算法，每章的最后给出习题。

书中算法由浅入深、由原理到应用，有利于初学者的学习和理解。本书适用于数据分析与数据挖掘领域的初学者，可以作为相关专业本科生及研究生教材。本书也适合作为数据分析与数据挖掘相关专业人士的辅导教材。

图书在版编目(CIP)数据

数据分析与数据挖掘/喻梅，于健主编. —2版. —北京：清华大学出版社，2020.9 (2024.8重印)
(计算机科学与技术学科前沿丛书)
计算机科学与技术学科研究生系列教材(中文版)
ISBN 978-7-302-55868-2

Ⅰ.①数… Ⅱ.①喻… ②于… Ⅲ.①数据处理－研究生－教材 ②数据采集－研究生－教材 Ⅳ.①TP274

中国版本图书馆CIP数据核字(2020)第110007号

责任编辑：张瑞庆
封面设计：傅瑞学
责任校对：梁　毅
责任印制：宋　林

出版发行：清华大学出版社
网　　址：https://www.tup.com.cn，https://www.wqxuetang.com
地　　址：北京清华大学学研大厦A座　　**邮　　编**：100084
社 总 机：010-62770175　　**邮　　购**：010-83470235
投稿与读者服务：010-62776969，c-service@tup.tsinghua.edu.cn
质量反馈：010-62772015，zhiliang@tup.tsinghua.edu.cn
课件下载：https://www.tup.com.cn，010-83470236
印 装 者：涿州汇美亿浓印刷有限公司
经　　销：全国新华书店
开　　本：185mm×260mm　　**印　　张**：21.5　　**字　　数**：534千字
版　　次：2018年4月第1版　2020年9月第2版　　**印　　次**：2024年8月第7次印刷
定　　价：59.90元

产品编号：083943-01

前言

随着科学技术的发展，数据量呈爆炸式增长，如何从海量数据中挖掘出有助于决策的知识显得尤为重要，这使得数据分析与数据挖掘技术受到极大的关注。为满足数据挖掘学习者的需要，2018年出版了本书第1版，不仅用于高等学校计算机专业的教学，同时也用于非计算机专业相关学科的教学，受到了广大教师和学生的欢迎。经过两年的教学实践，我们对本书进行了修订，以便更好地满足教学及应用需求。

本书主要介绍数据分析及数据挖掘中的基本概念和方法。本书知识点的讲解分别通过基础理论及概念、应用例题、习题三大部分进行，部分知识点涉及算法应用实例。通过相关理论及概念的介绍，使读者对数据分析与数据挖掘的基础算法有整体认识和了解；通过应用例题的讲解，使读者对算法过程有深刻理解；通过习题的训练，使读者能够巩固相应知识点。通过本书的学习，读者可以快速掌握数据分析与数据挖掘的基本概念和基本方法。

为方便教师备课及教学，我们提供了与本书第2版配套的电子课件，若教师需要可以与清华大学出版社联系。我们在学堂在线上同步开设了“数据挖掘”在线课程，以方便教师在线教学以及广大学习者在线学习。

本书第2版由喻梅、于健主编，王建荣、李雪威副主编。参与本书构思、撰写、审稿、应用实例的上机验证及截图校对的人员有喻梅、于健、王建荣、李雪威、王庆节、于瑞国、陈军、徐天一、赵满坤、高洁、刘志强、刘伟、张妍、刘莹、冯爽、邓锐、刘玉生、李盼、刘鸣喆等。在此也感谢对本书第1版做出贡献的编写者。

在全书的撰写过程中，得到了清华大学出版社和张瑞庆编审的大力支持，在此表示衷心的感谢。

本书编写过程中参考了一些教材和资料，具体见参考文献，在此对原作者表示诚挚的谢意。由于写作时间仓促，编者水平有限，书中疏漏和不当之处敬请读者批评指正，以便今后修订改正。借此机会，向使用本书的广大师生以及关心我们的同行和学者表示感谢。

编　者

2020年3月

目录

第 1 章 概 述

本章主要介绍数据分析和数据挖掘的基本概念与基本方法，阐述对复杂、大型数据集进行分析和挖掘的重要性和必要性，简要介绍数据分析与数据挖掘的主要过程和目标，并说明其在实际应用中存在的缺点和不足。

1.1 数据分析与数据挖掘

1.1.1 数据分析

数据分析（Data Analysis，DA）是指采用适当的统计分析方法对收集到的数据进行分析、概括和总结，对数据进行恰当的描述，并提取出有用的信息的过程。早在 20 世纪初期，数据分析的数学基础就已经确立，但由于数据分析涉及大量的计算，一直难以应用到实际中，计算机的出现解决了这个问题，使数据分析得到了广泛应用。

数据分析一般具有比较明确的目标，可以根据数据分析得出的结果做出适当的判断，用来为以后的决策提供依据。例如，某连锁超市对上季度各种商品的销售量进行统计和分析，得出每种商品的需求量和销售曲线，采购部门可以根据这些数据判断是否要增加或减少订货量。

数据分析的结果可以通过列表和作图等方法表示。将数据按照一定的规律在表格中表示出来是常用的处理数据的方法，通过横向或纵向的对比可以清晰地看出数据之间的关系。表 1-1 为商品销售量的列表数据，可以清晰地对比一月至四月这 4 个月的销售量。

表 1-1 商品销售量数据表

超市名称	月份			
	一月/件	二月/件	三月/件	四月/件
超市一	120	118	125	122
超市二	110	115	115	120
超市三	125	120	120	125

作图法可以明确地表达各数据量之间的变化关系，常见的图有排列图、因果图、散布图、直方图、控制图等。图 1-1 是表 1-1 数据的折线图，可以看到每个月销售量的变化情况。

1.1.2 数据挖掘

数据挖掘（Data Mining，DM）是指从海量的数据中通过相关的算法发现隐藏在数据中

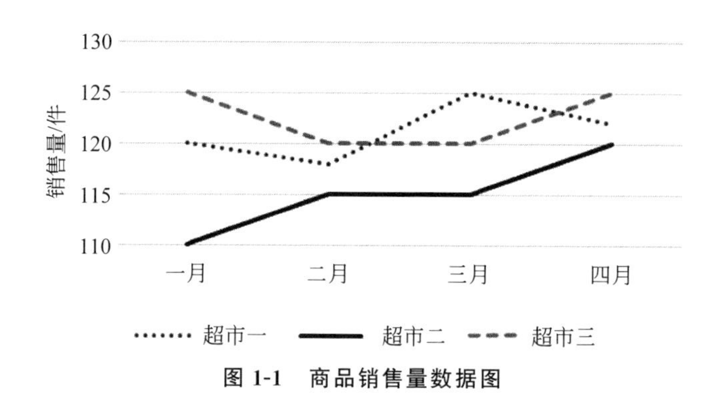

图 1-1　商品销售量数据图

的规律和知识的过程。

实际上,“数据挖掘”一词并不能完全地表达其含义,更准确的表达应当是“在大量数据中挖掘知识”,数据挖掘又称为“资料勘探”或“数据采矿”,类似于在大量的沙子中挖掘金子,数据挖掘强调在大量的、未经加工的数据中发现少量的、具有重要价值的知识。

在计算机行业中,数据挖掘是发展较快的领域。随着计算机技术的飞速发展和迅速普及,一个不得不面临的问题就是每时每刻都在产生大量的数据。例如,在线交易网站每天成交上千万的订单,哈勃望远镜每周产生约 120GB 的观测数据,某即时交流工具有数亿人同时在线,医疗行业每天有大量的诊疗病历产生,等等。科研机构和企业投入了大量的人力和物力收集和保存这些数据,然而只有其中一小部分的数据能够被充分地利用,由于数据量巨大、数据结构复杂,在很多情况下无法进行有效分析。因此,如何对这些数据进行处理并发现具有重要意义的知识是一个非常具有挑战性的问题。

通常将数据挖掘视为数据中“知识发现”的同义词,也可以认为数据挖掘是知识发现中的一个步骤。知识发现的过程如下。

① 数据清理:消除数据中的噪声。

② 数据集成:将不同来源的数据组合在一起。

③ 数据选择:从数据库中选择与任务相关的数据。

④ 数据变换:将数据变换成适合挖掘的形式。

⑤ 数据挖掘:使用数据挖掘的方法发现知识。

⑥ 模式评估:识别知识中有用的模式。

⑦ 知识表示:将挖掘到的知识用可视化的技术表示出来。

知识发现过程如图 1-2 所示。

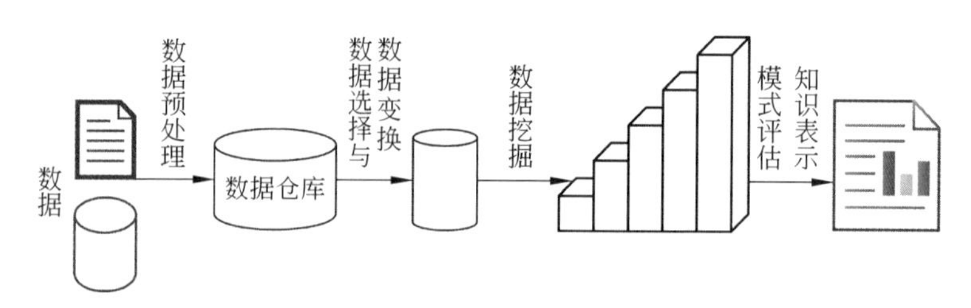

图 1-2　知识发现过程

图1-2中的“数据预处理”包括“数据清理”和“数据集成”两个步骤。

当提到“数据挖掘”时，通常情况下要表述的是知识发现的整个过程。因此，本书中提到的数据挖掘也是其广义的含义。

1.1.3 数据分析与数据挖掘的区别和联系

由数据分析与数据挖掘的定义可知，二者具有如下区别。

① 数据挖掘处理的是海量的数据，这里用了“海量”而不是“大量”，表示数据挖掘处理的数据量极大；而数据分析处理的数据量不一定很大。

② 数据分析往往有比较明确的目标；而数据挖掘所发现的知识往往是未知的，需要通过数据挖掘的方法发现隐藏在数据中的有价值的信息和知识。

③ 数据分析着重于展现数据之间的关系；而数据挖掘可以通过现有数据并结合数学模型，对未知的情况进行预测和估计。

下面的例子说明了数据分析与数据挖掘的不同之处。

在将要举办的生日聚会中，只有500元的预算，为了将聚会办得更加体面，组织人花费了一下午调查了肉类、蔬菜、水果、饮料以及生日蛋糕的价格，经过整理和分析得到一张表格，内容是每个店铺中各种食材的价格，以便对比和选择，这个过程称为数据分析。但显然不能因为白菜的价格低而举办一场“白菜盛宴”，因此，应该考虑好友的口味、各种食材的营养价值、食材之间的搭配以及做饭和用餐的时间，最后综合考虑这些信息，得出一个最有性价比的采购方案，使得这场聚会更加完美，这个过程称为数据挖掘。

然而，数据分析与数据挖掘又联系紧密、相辅相成，数据分析的结果往往需要进一步地挖掘才能得到更加清晰的结果，而数据挖掘发现知识的过程也需要对先验约束进行一定的调整而再次进行数据分析。数据分析可以将数据变成信息，而数据挖掘将信息变成知识。如果需要从数据中发现知识，往往需要数据分析和数据挖掘相互配合，共同完成任务。

1.2 分析与挖掘的数据类型

数据分析与数据挖掘是一种通用的技术，可以应用于各种不同类型的数据，只要数据中包含一定的实际价值，都应当可以被分析和挖掘。数据的常见形式有数据库数据、数据仓库数据和事务数据等，本节将对这些数据类型进行简单介绍。

1. 数据库数据

数据库系统(DataBase System，DBS)是由一组内部相关的数据(称为数据库)和用于管理这些数据的程序组成，通过软件程序对数据进行高效存储和管理并发、共享或分布式访问，当系统发生故障时，数据库系统应当保证数据的完整性和安全性。

关系数据库是目前使用较为成熟的数据库形式，基于关系数据库模型的数据库是数据表的集合，其中每个表都有一个唯一的名字。每个表格包含一个或多个用列表示的数据属性，每行包含一个数据实体，被唯一的关键字标识，并由一组属性描述。在创建数据表时，可以根据某列属性值的数据范围进行进一步的约束。例如，标识员工年龄的列不可能出现小于0的值，当然出现很大的值(如1000)也是不合理的。

例如,某超市的商品销售记录可以用关系数据表表示,如表1-2所示。

表1-2　商品销售记录

商品编号	商品名称	商品单价/元·kg^{-1}	销售数量/kg	总价/元
100001	苹果	6	2	12
100002	香蕉	5	3	15
100003	鸭梨	3	4	12
…	…	…	…	…

实际上,用于存储商品销售记录的表还会包含很多数据。例如,每个顾客会购买多种商品,某个顾客的一次购物数据组成一个订单,数据库需要记录购物的时间、应收取金额、实际收取金额等数据,有时超市会进行促销,商品的折扣率、折扣产生的金额也应当详细地记录在数据表中。

关系数据库中的数据可以通过数据库查询进行访问,数据库查询使用关系查询语言,如结构化查询语言(Structured Query Language,SQL)。一个给定的查询语句通过数据库软件程序的处理被转换成一系列关系操作,如连接、选择、投影等。例如,可以通过关系查询获得"三月份苹果的销售量是多少""本季度哪种商品销售量最高"或"哪个月的总收入最高"等数据。

当对关系数据库进行数据挖掘时,可以通过进一步的分析和挖掘发现更有意义的模式。例如,不同年龄段的顾客对商品的喜好程度、哪些商品的销售量与月份相关、哪些商品通常会同时出现在一张订单中以及商品包装和口味的变化对销售量有什么影响等。通常来说,这些问题是商家更加关注的。

2. 数据仓库数据

假设上面提到的超市是一个连锁超市,它在全国有许多连锁店,由于销售水平和面向群体的不同,不同的区域需要单独管理数据库,当需要对所有的数据进行分析时,可能就会面临数据分散等问题,这时就需要用到数据仓库(Data Warehouse,DW)。

数据仓库使用特有的资料存储架构,对数据进行系统的分析整理。数据仓库通过数据清理、数据变换、数据集成、数据装入和定期数据刷新构造。图1-3描述了数据仓库的构造和使用过程。

数据库的数据组织是面向任务的,而数据仓库中的数据则是按照主题进行组织的。主题是指决策者进行决策时所关心的重点内容。例如,连锁超市的总经理不会关心某个超市每天卖出了几个苹果,他关心的是每个地区、每种商品的销售数据的汇总。此时商品销售即为主题。

通常,数据仓库使用数据立方体的多维数据结构建模,其中每个维度包含模式中的一个或一组属性,而每个单元保存对应的属性值。数据立方体可以从多个维度观察数据,为决策者提供整体的信息。

联机分析处理(On-Line Analysis Processing,OLAP)是数据仓库系统的主要应用,用于支持复杂的分析操作,允许在不同的汇总级别对数据进行汇总。

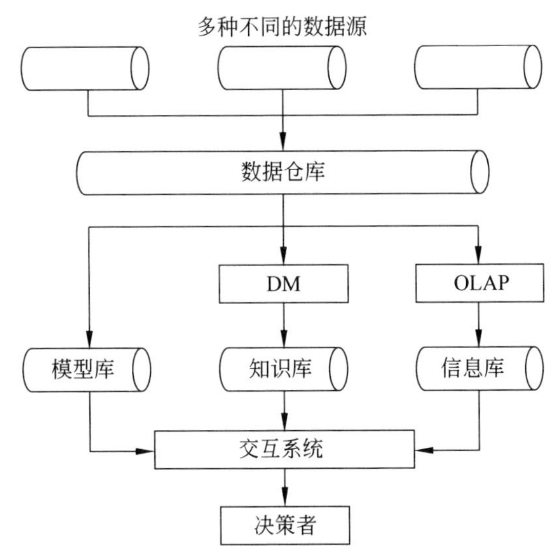

图1-3 数据仓库的构造和使用过程

数据仓库对数据的分析提供了强大的支持，但进行更加深入的分析依然需要数据挖掘工具的帮助。关于数据仓库、联机分析处理技术等将在第4章详细介绍。

3. 事务数据

事务数据库的每个记录代表一个事务，例如一个车次的订票、顾客的一个订单等。通常来说，一个事务由一个唯一的标识号和一组描述事务的项组成，有时也需要一些附加信息表示事务的其他信息，如对商品的描述等。

依然以超市销售的商品为例，一个商品销售的事务如表1-3所示。

表1-3 一个商品销售的事务数据表

事务编号	商品编号
T1001	1, 2, 5, 7, 12
T1002	2, 5, 8, 10
…	…

通过这样的数据表，可以发现多个项在一个事务中同时出现，这在现实中有着重要的意义。例如，购买了牛奶的顾客很可能会同时购买面包。通过这些事务数据，决策者可以做出相应的促销策略，如将面包和牛奶放置在相近的位置，以期销售更多的商品。

4. 数据矩阵

在一个数据集中，如果数据对象的所有属性都是具有相同性质的数值型数据，那么这个数据集就可以用矩阵来表示。例如表1-4鸢尾花数据集的部分数据实例，该数据集由3种不同类型的鸢尾花组成，其中每种类型具有50个样本。表中每一行代表一个数据对象，可以看作多维空间中的一个点，每一列代表数据对象的一种属性，m个数据对象和n个属性构成一个$m \times n$的**数据矩阵**。

通过将每个数据对象映射到多维空间中的点(或向量)，可以根据数据对象的空间位置关系进行分类和聚类操作，空间上距离相近的两个数据对象被认为是同一个类型，而空间上距离较远的两个数据对象是不同的类型。

表 1-4 鸢尾花数据集实例

类型名称	花萼长度/cm	花萼宽度/cm	花瓣长度/cm	花瓣宽度/cm
Setosa	5.1	3.5	1.4	0.2
Setosa	4.9	3.0	1.4	0.2
Versicolor	7.0	3.2	4.7	1.4
Versicolor	6.4	3.2	4.5	1.5
Virginica	6.3	3.3	6.0	2.5
Virginica	5.8	2.7	5.1	1.9

一个更加典型的应用是对文档的分类，根据不同文档出现某些关键词的频率不同，可以将文档划分为不同的类型。一个文档-关键词矩阵的实例如表 1-5 所示，其中表格中的数据为关键词出现的次数，由于频数有较大的局限性，实际应用中会采用更加具有代表性的方法，比如 TF-IDF 方法。根据表中的数据可以看出，文档 1 和文档 2 具有相同的类型，文档 3 和文档 4 具有相同的类型，如果考虑关键词的具体含义，则前两个文档偏向于介绍数据挖掘，而后两个文档介绍的很可能是算法。

表 1-5 文档-关键词矩阵实例

文档名称	关　键　词			
	数据挖掘	数据分析	算法	复杂度
文档 1	4	3	2	1
文档 2	4	4	1	1
文档 3	0	1	6	3
文档 4	0	0	7	3

5. 图和网状数据

图和网状结构通常用来表示不同结点之间的联系，如人际关系网中的人与人之间的关系、网站之间的相互链接关系等。例如，通过分析微博上的人脉关系可以得到不同群体的喜好，以及哪些人被关注的程度很高，对热点话题起主导作用。图和网状数据往往包含重要的信息，但其结构复杂，对数据分析和数据挖掘提出了较高的要求。

一个典型的应用就是搜索引擎对网站页面链接关系的分析。一般来说，被指向的次数越多的网页，其重要程度越高；被指向次数较少的网页，其重要程度较低。搜索引擎通过分析海量的网页链接关系，找出重要程度更高的网页反馈给用户，得到更好的搜索结果。如图 1-4 所示，每个结点代表一个网页，有向边表示网页间的链接关系。著名的网页排名算法 PageRank 就是通过分析网页之间的链接关系给出网页的重要程度。

6. 其他类型的数据

除了上述提到的关系数据库数据、数据仓库数据、事务数据、数据矩阵以及图和网状数据以外，还有许多不同形式的其他数据。例如，与时间相关的序列数据(不同时刻的气温、股

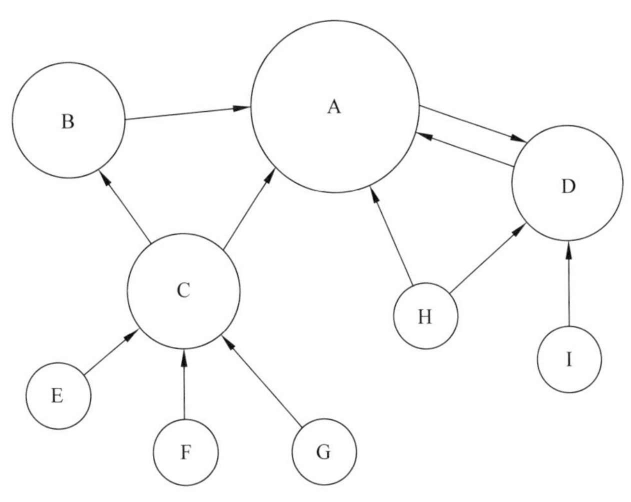

图 1-4 网页链接关系图

票市场的历史交易数据等)、数据流(监控中的视频数据流等)、多媒体数据(视频、音频、文本和图像数据等)。这些不同形式和结构的数据给数据分析和数据挖掘带来了新的挑战。

这些类型的数据中也包含着各种知识。例如,可以通过挖掘股票市场的历史交易数据发现股票的趋势,制定合理的投资策略;通过挖掘地铁站不同时间段的客流量数据,安排列车的首末班时间,以及列车之间的时间间隔;通过挖掘不同时间段车流量信息,调整交通指示灯的时间,达到更高的通行效率;通过挖掘与"数据挖掘"领域相关的文献,可以了解该领域在不同的历史时期关注的热点问题的演变;通过挖掘在线销售平台上顾客发表的评论,可以根据不同顾客的意见提供更好的服务。分析和挖掘这些类型的数据可能需要更复杂的机制,但它们也为数据挖掘提出了具有挑战性和现实意义的问题。

1.3 数据分析与数据挖掘的方法

1. 频繁模式

顾名思义,**频繁模式**就是在数据集中频繁出现的模式。通常来讲,多次出现的事物可能具有特殊的意义。因此,挖掘频繁模式可以发现包含在数据集中的有趣的关联。

频繁模式广泛应用于信用卡分析、患者就诊分析以及购物车分析等方面,其中购物车分析在生活中最为普遍。在超市中,如果知道哪些商品经常一起出售,就可以将这些商品摆放在距离较近的位置,既方便了顾客选购,又能增加销售量。

2. 分类与回归

分类是指根据已经具有类别标签的数据集建立分类模型,并通过该模型预测不具有类别标签的数据属于哪种类别。常见的分类算法有决策树、朴素贝叶斯分类、支持向量机以及神经网络等。一个神经网络的示意图如图 1-5 所示,输入层为身高和体重的数据,中间层为输入数据在高维空间中的特征表示,输出层表示分类的结果,数值较大的维度对应的结果为预测值。

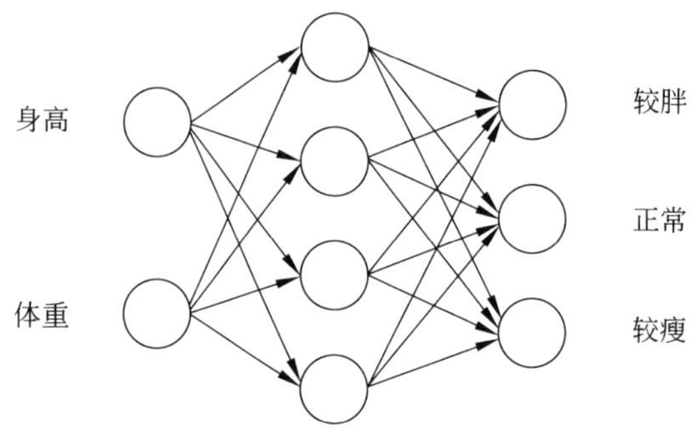

图 1-5　神经网络示意图

分类是通过建立模型预测离散的标签(类别),而**回归**则是通过建立连续值模型推断新的数据的某个数值型属性。例如,已知最近一个月中每天的温度、湿度以及风速的数据,并根据这些数据建立一个预测"今天是否适合踢足球"的模型,当给出一组新的数据时,该模型给出"适合"或"不适合"的回答,这是一个分类的过程。如果不是用来预测"今天是否适合踢足球",而是根据今天的天气状况预测明天的温度,由于温度使用连续的实数表示,所以这就是一个回归的例子。

3. 聚类分析

聚类就是把一些对象划分为多个组或者聚簇,从而使同组内对象间比较相似,而不同组对象间差异较大。与分类、回归等不同的是,聚类过程的输入对象没有与之关联的目标信息,因此,聚类通常归于无监督学习,由于无监督算法不需要带有标签数据,所以适用于许多难以获取标签数据的应用。

例如,通信公司根据"工作时间通话时长""其他时间通话时长"及"本地通话时长"等属性对用户进行聚类分析,可以将用户划分为"商务用户""普通用户"和"较少使用用户"。根据分析得到的结果,通信公司可以调整现有的资费方案,使不同需求的用户都能获得更好的通话体验。

4. 离群点分析

离群点是指全局或局部范围内偏离一般水平的观测对象。一般情况下,离群点会被当成噪声而丢弃。但在某些特殊的应用中,离群点由于有着特殊的意义而引起研究者的注意。

例如,一般每个人有自己相对固定的消费习惯。当发现某个人的信用卡在不经常消费的地区短时间内消费了大量的金额,则可以认定这张卡的使用情况异常,可能是出现信用卡被盗或恶意刷卡的情况。通过对这些异常情况的研究,可以及时发现并采取措施,减少或避免损失。

1.4　数据分析与数据挖掘使用的技术

数据挖掘是一门涉及面非常广的交叉学科,它吸纳了统计学、线性代数、概率论、数据库和数据仓库、信息检索、模式识别、高性能计算、云计算、机器学习等许多领域的大量技术。

与各学科的紧密联系极大地促进了数据分析和数据挖掘的迅速发展和广泛应用，本节讨论一些与数据分析和数据挖掘相关的技术和方法。

1. 统计学方法

统计学是通过对数据进行收集、整理、分析和描述，从而达到对研究对象本质的理解和表示，因此，统计学与数据挖掘有着很大的联系。

在实际生活中，通常有一些过程无法通过理论分析直接获得模型，但可以通过直接或间接测量的方法获得描述目标对象的相关变量的具体数据，用来刻画这些变量之间关系的数学函数称为统计模型。

统计模型广泛应用于数据建模。例如，数据中通常会包含噪声，甚至数据值缺失，可以使用统计模型对有噪声和缺失的数据进行建模，在数据分析和数据挖掘中可以使用该模型处理噪声和数据缺失的情况。反过来，在数据挖掘过程得到结果时，也可以使用统计学方法检验结果是否符合实际。

将统计学方法应用于数据挖掘是十分有益的，但如何对大型数据集使用统计学方法仍然是一项重大的挑战。统计学方法通常需要复杂的运算，因此，在应对大型数据集时，计算开销将成为系统的瓶颈，对于需要实时处理的数据来说，这将变得更加困难。

2. 机器学习

机器学习是涉及多个领域的交叉学科，主要研究计算机如何像人类学习知识那样自主地分析和处理数据，做出智能的判断，并通过获得的新知识对自身进行发展和完善。

例如，通过对一组手写数字的实例进行学习之后，学习程序可以对新的手写数字进行识别。一个经典的手写数字数据集称为MNIST数据集，它包含数万张包含手写数字的图像，一组图像样例如图1-6所示，数据集中每个数字占用28×28个像素。

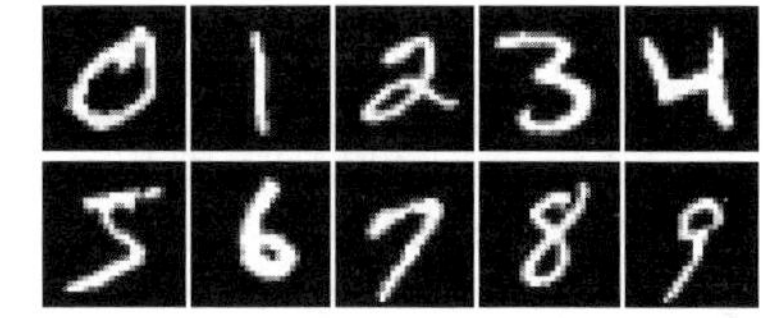

图1-6 MNIST数据集实例

在机器学习领域，研究比较广泛的有监督学习、无监督学习、半监督学习等，下面对这几种不同的学习方法进行简要的介绍。

(1)监督学习

监督学习需要在有标记的数据集上进行。以MNIST手写数字数据集为例，对于训练数据集中的每一个手写数字，需要标记出它是0～9中的哪一个数字，并在训练的过程中将输入数据和数据标记一同提供给学习器。在训练结束后，将不在训练数据集中的一张图像输入学习器，学习器将根据学到的知识给出该图像中包含的数字，因此，监督学习是一个分类的过程。

监督学习的流程如图1-7所示。

(2) 无监督学习

无监督学习可以在没有标记的数据集上进行学习，实质上无监督学习是一个聚类的过程。仍以MNIST手写数字数据集为例，通过对数据集上的数据进行学习，学习器得到了10个不同的类别，这10个类别对应0～9这10个数字。当将一个新的手写数字的图像输入学

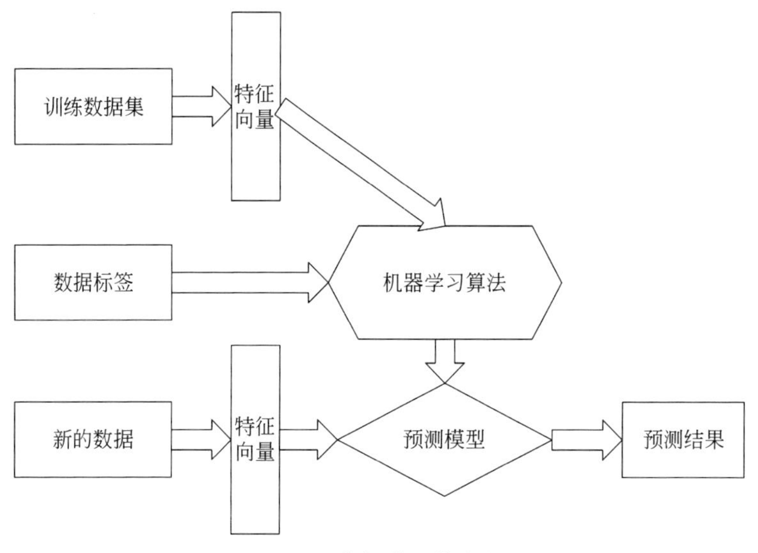

图 1-7 监督学习的流程

习器之后,学习器会给出该图像属于这10个类别中的哪一个。但是,由于训练集并没有任何标记,学习器不知道每个类别代表的数字是什么,或者说,学习器不知道每个类别代表的实际语义是什么。

(3) 半监督学习

半监督学习在学习过程中使用标记和未标记的数据。半监督学习主要考虑如何利用少量有标记的数据和大量未标记的数据进行学习,其中,标记的数据用来学习模型,而未标记的数据用来进一步改进类的边界。如图1-8所示,使用+表示正实例,−表示负实例,而实心圆表示未标记数据,如果只考虑对有标记的数据进行分类,那么虚线是分隔两种不同类型的最佳决策边界,当将未标记的数据考虑进去之后,可以将决策边界改为实线。其中,在正

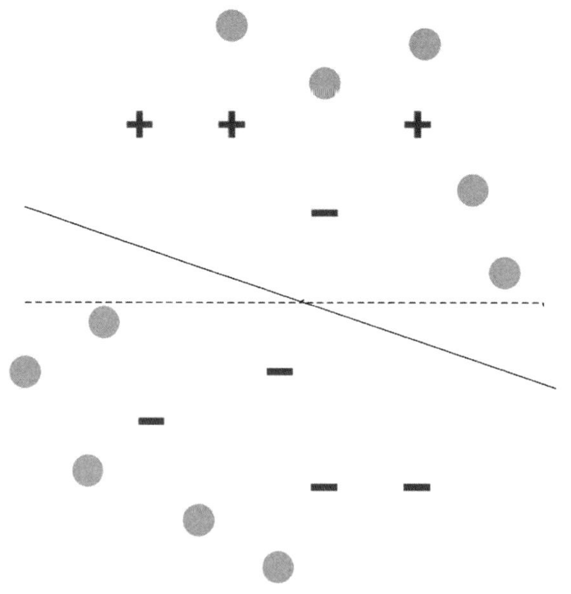

图 1-8 半监督学习实例

实例一侧出现的负实例很可能是噪声或离群点。

从机器学习的学习方式和方法可以看出，机器学习和数据挖掘有许多相似之处。机器学习通过自主学习改进自身，提高预测的准确性。除此之外，数据挖掘也非常关注挖掘方法在大型数据集上的有效性。

3. 数据库系统与数据仓库

数据库系统是为了解决数据处理方面的问题而建立起来的数据处理系统，注重于为用户创建、维护和使用数据库。由于文件系统不支持对任意数据的快速访问，而这在数据量迅速增大时至关重要。为了实现数据的快速访问，需要使用许多优化技术，这些技术通过数据库系统实现，并提供给用户简单的数据库语言来操作数据。许多数据挖掘的任务都需要处理大型数据集，因此，数据挖掘可以利用数据库技术在大型数据集上高效地存储和管理数据，以满足复杂的数据分析需求。

数据仓库汇集了来自多个不同数据源的数据，通过数据仓库可以在不同维度合并数据，形成数据立方体，便于从不同角度对数据进行分析和挖掘。

4. 模式识别

人们在认识事物时，常常要通过将它和其他事物进行对比从而发现其不同之处，并根据对比结果和先前的认知将相似的事物归类。人的这种思维方式就构成了对不同事物“模式”的识别。随着计算机技术的不断进步和发展，人们希望计算机也能够像人类一样具有这种能力，帮助人们完成一些繁重的任务。

模式识别的研究内容非常广泛，包括文字识别、语音识别、图像识别、医学诊断以及指纹识别等，在生活中也有非常多的应用。例如，手机、平板计算机等电子产品丰富着人们的生活，但每次解锁都需要输入较长的密码却给人们带来诸多不便，而借助于模式识别技术发展起来的声纹解锁和指纹解锁技术很好地解决了这个问题。

模式识别的本质就是抽象出不同事物中的模式，并根据这些模式对事物进行分类或聚类的过程，在很多情况下对数据挖掘有着很重要的借鉴意义。

5. 高性能计算

数据挖掘研究的是在海量数据中发现规律和知识，通常来说，在数据量很小时，计算机能够很好地处理这些问题，但随着数据量的不断增大，这些问题就会变得越来越困难，甚至无法处理，此时就需要考虑高性能计算的相关技术。

高性能计算是指突破单台计算机资源不足的限制，使用多个处理器或多台计算机共同完成同一项任务的计算环境。例如，常见的天气预报就使用了高性能计算的技术，由于天气不仅和当地的环境有关，还可能和周围的气温、气压有很大的关系，甚至海上的某个气流也可能对陆地上的天气产生很大的影响，如果只采用单台计算机处理这些数据，则可能需要上百年的时间，即使计算出来也没有任何意义了，而采用高性能计算技术能够及时、高效地分析和处理海量的气象数据，得到较为精确的结果，大大方便了人们的生产和生活。

1.5 应用场景及存在的问题

1.5.1 数据分析与数据挖掘的应用

作为跨学科的通用技术,数据分析与数据挖掘已经在许多领域获得了丰硕的成果,本节将通过几个样例说明数据分析与数据挖掘在不同领域的应用。

1. 商务智能

在商务智能方面,通过数据挖掘等技术可以获得隐藏在各种数据中的有用信息,从而帮助商家进一步调整营销策略,例如根据顾客的购买习惯调整商品摆放的位置。

在大型超市中,具有相似功能的商品往往集中放置在同一个区域,因为顾客通常需要多次对比才能选出最满意的商品。但有些时候,看上去没有任何联系的两种商品也被放置在同一区域,一个著名的例子就是“尿布与啤酒”。某超市通过对销售数据的分析和挖掘发现,在购买尿布的人群中有很多人同时也购买了啤酒,于是超市将啤酒和尿布摆在一起销售,大大提高了二者的销量。通过实际的调查发现,一些年轻的父亲在下班后经常要去超市购买婴儿的尿布,而其中一部分人通常会为自己购买啤酒。

这种现象在在线销售平台也很普遍。当购买或浏览了一些商品之后,通常会在显眼的位置提示“关注这些商品的人同时也浏览了以下商品”。如果这些推荐的商品正是顾客需要的,那么这些商品的销售量就会相应地提高。这些精确的商品推荐就依赖于对大量销售数据的分析与挖掘。

2. 信息识别

信息识别是指信息接收者从一定的目的出发,运用已有的知识和经验,对信息的真伪性、有用性进行辨识和甄别,例如电子邮件极大地方便了人们的交流,但经常收到垃圾邮件也让人们头痛不已。由于邮件内容大部分是文本数据,垃圾邮件检测可以通过简单的关键词过滤实现,但这样很有可能错过一些重要的邮件。实际上,垃圾邮件检测是一个二元分类的过程,即判断一封邮件是正常邮件还是垃圾邮件。除了关键词以外,往往需要根据关键词出现的位置和频率进行判断,有时候还需要考虑发件人的邮件地址、IP 地址以及是否与收件人是好友关系等信息。通过对大量邮件的分析和挖掘获得垃圾邮件的特征和模式,大大提高了垃圾邮件的识别率,并防止了错过重要的正常邮件。

3. 搜索引擎

搜索引擎使在互联网上检索自己需要的内容变得更加方便和快捷,它的主要任务就是根据用户提供的关键词,在互联网上搜索用户最需要的内容。

用户的期望是准确而高效地获得相关的信息,但互联网上的数据是海量的,而且正在以惊人的速度增加,一般的数据处理和分析方法无法完成这样的任务,搜索引擎常常需要数以万计的计算机共同挖掘这些数据。

其次，将搜索结果以怎样的顺序提供给用户也是一个具有挑战性的问题。一些网站为了获得较高的排名，可能会提供虚假的关键词；一些关键词在不同的领域可能会有完全不同的意义；用户提供的关键词可能有其他不同的表达形式或者某些意义相近的词；一些词在近期成为热门的词汇，与某个特定的人或事相关联等。这些问题都会对搜索结果的顺序产生很大的影响，当搜索引擎为用户返回搜索结果之后，用户会选择自己真正感兴趣的网页而忽略其他不重要的信息，搜索引擎根据用户对结果的反应来判断是否应该调整这些结果的顺序，为用户提供更好的体验。

4. 辅助医疗

在科技不断进步的今天，人们对健康的要求越来越高，然而有些疾病不容易被发现和诊断。由于不同的疾病可能会引起相同的反应，同一种疾病在不同时期或不同人群之间也会发生不同的反应，即使是一名医生，可能也需要几年甚至十几年的经验才能掌握这些疾病的症状和治疗方法。通过数据分析和数据挖掘的方法对大量历史诊断数据进行分析和挖掘，得出各种疾病在不同时期和不同人群中的症状，当遇到新的病人时，数据分析和数据挖掘得到的这些结果有助于医生对病人的病情进行有效的判断，可以早日发现疾病所在，便于控制病情和治疗。

1.5.2 存在的主要问题

虽然数据分析和数据挖掘已经在很多领域获得了巨大的成功，但不可否认的是，数据分析与数据挖掘依然存在着一些有挑战性的问题。

1. 数据类型的多样性

数据分析与数据挖掘通常涉及多种不同的数据类型，同种类型的数据也可能具有不同的结构，如何综合这些不同类型和不同结构的数据从而得到对用户有意义的结果是一项有挑战性的工作。

2. 高维度数据

数据分析与数据挖掘常常涉及海量的数据以及高维度的数据，传统的算法在数据量小、数据维度低的情况下有较好的表现，随着数据量和数据维度的增加，必须采用其他策略解决复杂度较高的问题。例如，当需要处理的数据无法完整地放到内存时，本来很简单的排序工作也变得很复杂；当数据维度很高时，计算数据在空间上的相对关系也需要使用特殊的数据结构进行辅助。

3. 噪声数据

在数据分析与数据挖掘的过程中，经常会出现数据包含噪声、数据缺失甚至数据错误的情况，数据缺失可能会导致得到的结果不佳，而噪声和错误很有可能导致得到错误的结果。同时，数据的来源错综复杂，时效性和准确性也得不到保证。

4. 数据分析与挖掘结果的可视化

数据分析与数据挖掘通常会得到隐藏在数据之中的规律或模式,这些规律不容易理解和解释,往往需要进一步的调查和结合专业知识进行分析和理解,如何将分析和挖掘的结果以容易理解、便于观察的形式提供给用户是一项重大的挑战。

5. 隐私数据的保护

数据分析与数据挖掘涉及大量的数据,这些数据中包含的个人信息等隐私部分会有被泄露的风险。近几年来,一些互联网公司发生了大量用户信息泄露的事件,对数据安全造成了很大的影响。因此,如何在数据分析和挖掘的过程中保证数据的安全性,也是一个需要深入研究的问题。

1.6 本书结构概述

本书第1章介绍数据分析和数据挖掘的基本概念、主要方法以及实际应用,使读者在深入学习之前对数据分析和数据挖掘有简要的认识。

从第2章开始深入介绍相关的技术问题。第2章介绍数据的属性和基本统计描述,以及数据的相似性和相异性度量,这些内容为进一步的学习打下基础。

数据预处理是数据挖掘中重要的一步,第3章介绍数据清理、数据集成以及数据规约的相关概念和方法,为数据挖掘提供准确的数据。

第4章讨论数据仓库和联机分析处理的相关知识,数据仓库将多种不同来源的数据集中起来,便于从多个维度对数据进行分析和处理。

第5章介绍回归分析的相关内容,包括一元线性回归、多元线性回归以及多项式回归,回归分析通过对观测数据建立多种变量之间的关系,分析数据内在的规律和联系,用于对数据进行评估和预测。

第6章主要介绍频繁模式和关联规则的相关概念,以及常用的挖掘方法,最后讨论关联模式的评估问题。

分类和聚类是数据分析和数据挖掘的重点内容。本书第7章介绍决策树、朴素贝叶斯等多种分类方法。

第8章介绍基于划分的聚类、基于层次的聚类以及基于密度的聚类,这一章内容丰富且有一定的难度,阅读时应有一定的耐心。

第9章首先介绍离群点的基本概念,之后讨论基于距离、统计、聚类和分类的多种离群点检测的方法。

1.7 习题

1. 什么是数据挖掘?讨论以下任务是否属于数据挖掘的范畴。

(1) 计算整个班级学生"数据分析与数据挖掘"这门课的平均分。

(2) 根据历史信息预测某公司的股票价格。

(3) 根据历史销售数据和顾客经常查看的商品,为顾客推荐其可能需要的商品。

(4) 将一个很大的数进行质因数分解。

2. 举例说明数据分析与数据挖掘的区别。

3. 数据库和数据仓库是同一个概念吗? 为什么?

4. 数据挖掘有哪些常用的方法?

5. 除本章列举的例子外,还有哪些数据分析与数据挖掘在实际生活中的应用?

第 2 章 数据

数据预处理是数据挖掘过程的第一个主要步骤,了解数据才能为分析与挖掘做好预处理。本章介绍数据的属性和字段、每种属性所对应的数据值类型、数据的分布和图形表示形式,以及数据的相似性与相异性。

2.1 数据对象与属性类别

数据对象又称样本、实例、数据点或对象。通常,数据对象用属性描述,一个数据对象代表一个实体,多个数据对象组成了数据集。如果数据对象存放在数据库中,则它们是数据元组。也就是说,数据表的每一行对应于数据对象,而每一列则对应于属性。

2.1.1 属性的定义

属性(Attribute)是对象的性质或特性,它因对象而异,或随时间而变化。

例如,眼球颜色因人而异,而物体的温度随时间而变。需要注意的是,眼球颜色是一种符号属性,具有少量可能的值{棕色,黑色,蓝色,绿色,淡褐色,…},而温度是数值属性,可以取无穷多个值。

属性并非只是数字或符号,只是为了讨论和精细地分析对象的特性,才为它们赋予了数字或符号。在数据挖掘中,属性是一个数据字段,表示数据对象的特征。

2.1.2 属性的分类

属性的类型由该属性可能具有的值的集合决定。属性可以分为标称属性、二元属性、序数属性、数值属性等几种类型。

1. 标称属性

标称属性(Nominal Attribute)的值是一些符号或事物的名称。每个值代表某种类别、编码或状态,因此标称属性又可称为是分类的属性。

例 2.1 标称属性。

“眼球颜色”和“性别”是人的两种属性。在应用中,属性“眼球颜色”的可能值为棕色、黑色、蓝色、绿色和淡褐色。属性“性别”的取值可以是男性和女性。“眼球颜色”和“性别”都是标称属性。邮政编码、雇员 ID 号都是标称属性的例子。

标称属性的值不仅仅是不同的名字,标称值提供了足够的信息用于区分对象。

2. 二元属性

二元属性(Binary Attribute)是标称属性的一种特殊情况,它只有两个类别或状态:0或1,其中,0通常表示该属性不出现,而1表示该属性出现。二元属性又称为布尔属性,0和1两种状态分别对应于false和true。

例2.2 二元属性。

假设一位患者到医院检查是否患有癌症。属性cancer_test是二元的,其中值1表示阳性(即患有癌症),0表示阴性(即不是癌症)。

3. 序数属性

序数属性(Ordinal Attribute)的属性值之间存在等级关系。在序数属性中,其可能的值之间具有有意义的序或秩评定(Ranking)。

例2.3 序数属性。

假设"顾客满意度"的等级可分为:0-很不满意,1-不太满意,2-中性,3-满意,4-很满意,这些值具有有意义的先后次序。序数属性的其他例子包括成绩、矿石的硬度和街道号码等。序数属性的值提供足够的信息确定对象的顺序。

4. 数值属性

数值属性(Numeric Attribute)是定量的,即它是可度量的量,用整数或实数值表示。数值属性可以是区间标度的或比率标度的。

(1) 区间标度属性

区间标度(Interval-scaled)属性用相等的单位尺度度量。区间属性的值有序,可以为正、0或负。因此,除了值的秩评定之外,这种属性允许比较和定量评估值之间的差。

例2.4 区间标度属性。

"日期"是区间标度属性。2020年3月10日和2020年3月21日相差11天。此外,温度也是区间标度属性的例子。

(2) 比率标度属性

比率标度(Ratio-scaled)属性是具有固有零点的数值属性。简单地说,如果度量是比率标度的,则可以说一个值是另一个的倍数或比率。此外,这些值是有序的,因此可以计算值之间的差,也可以计算均值、中位数和众数。

例2.5 比率标度属性。

当温度用绝对标度测量时,从物理意义上讲,绝对温度2度(2K)是绝对温度1度(1K)的两倍。

2.2 数据的基本统计描述

数据的基本统计描述可以清楚地将数据的全貌展示出来,并且展示数据的走势和相关性。把握数据的全貌是成功进行数据预处理的前提条件。

本节主要介绍数据的中心趋势度量、数据分散度量以及数据的图形显示。

2.2.1 中心趋势度量

中心趋势度量包括均值、中位数、众数和中列数，这些描述性统计量能够更好地描述数据的分布。

1. 均值

均值(Mean)一般指平均数，是表示一组数据集中趋势的量数，是指一组数据中所有数据之和除以这组数据的个数，它是反映数据集中趋势的一项指标。

令 $x_1, x_2, \cdots, x_N$ 为某数值属性 X(如 score)的 N 个观测值或观测。那么该值集合的均值 $\bar{x}$ 的计算如式(2-1)所示。

$$\bar{x}=\frac{\sum_{i=1}^{N} x_i}{N}=\frac{x_1+x_2+\cdots+x_N}{N} \tag{2-1}$$

例 2.6 均值的计算。

假设有学生考试成绩的值：60,45,33,77,80,100,100,90,70,65，试计算学生考试成绩的平均值。

解：使用式(2-1)计算成绩的平均值，即

$$\bar{x}=\frac{60+45+33+77+80+100+100+90+70+65}{10}=\frac{720}{10}=72$$

因此，学生考试成绩的均值为72。

截尾均值(Trimmed Mean)是指在一个数列中，去掉两端的极端值后所计算的算术平均数，也称为切尾均值。截尾均值一般用于比赛评分。例如，跳水比赛计分需要在去除最高分和最低分后再计算平均分(跳水比赛中的平均分需要乘以难度系数)。

2. 加权算术均值

加权算术均值又称加权平均(Weighted Mean)。对于 $i=1,2,\cdots,N$，每个值 x_i 都有一个权重 w_i。权重反映它们所依附的对应值的意义、重要性或出现的频率。加权算术平均值如式(2-2)所示。

$$\bar{x}=\frac{\sum_{i=1}^{N} w_i x_i}{\sum_{i=1}^{N} w_i}=\frac{w_1x_1+w_2x_2+\cdots+w_Nx_N}{w_1+w_2+\cdots+w_N} \tag{2-2}$$

例 2.7 加权算术平均值的计算。

某位学生的某一科目的考试成绩如下：平时测验成绩为80，期中考试成绩为90，期末考试成绩为95。假设规定的科目成绩的计算方式是平时测验成绩占20%，期中考试成绩占30%，期末考试成绩占50%。计算该科目考试成绩。

解：本例中每个成绩所占的比重即为权重，则该生的该科目成绩为

$$\bar{x}=\frac{80\times 20\%+90\times 30\%+95\times 50\%}{20\%+30\%+50\%}=90.5$$

3. 中位数

中位数又称中值(Median),代表一个样本、种群或概率分布中的一个数值,可以将数值集合划分为相等的上、下两部分。对于有限的数集,可以通过把所有观测值高低排序后找出正中间的一个数值作为中位数。如果观测值有偶数个,则通常取最中间的两个数值的平均数作为中位数。

例 2.8 中位数的计算。

找出例 2.6 中数据的中位数。

解:将数据按递增顺序排序为:33,45,60,65,70,77,80,90,100,100。因为观测值有偶数个,所以中位数是最中间两个值 70 和 77 的平均值。

中位数为$\frac{70+77}{2}=73.5$。

分组数据中位数(The Median of Grouped Data)计算时,要先根据 $N/2$ 确定中位数的位置,并确定中位数所在的组,然后使用式(2-3)计算中位数的近似值。

$$M_e=L+\frac{N/2-S_{m-1}}{f_m}\times d \tag{2-3}$$

在式(2-3)中,M_e 表示中位数,L 表示中位数所在组的下限,S_{m-1} 表示中位数所在组以下各组的累计次数,f_m 表示中位数所在组的次数,d 表示中位数所在组的组距。

例 2.9 分组数据中位数的计算。

表 2-1 为某公司员工薪酬的分组数据,计算数据的近似分组数据中位数。

表 2-1 员工薪酬分组数据

薪酬/元	频率	薪酬/元	频率
1500~1599	110	2000~2099	250
1600~1699	180	2100~2199	130
1700~1799	320	2200~2299	70
1800~1899	460	2300~2399	20
1900~1999	850	2400~2499	10

解:

① 判断中位数区间。

$$N=110+180+320+460+850+250+130+70+20+10=2400$$

$$N/2=1200$$

因为

$$[(110+180+320+460)=1070]<1200<[(1070+850)=1920]$$

所以,1900~1999 为对应区间。

② 这里有 $L=1900$,$N=2400$,$S_{m-1}=1070$,$f_m=850$,$d=100$,由式(2-3)得

$$M_e=1900+\frac{\frac{2400}{2}-1070}{850}\times 100\approx 1915.29$$

因此,近似分组数据中位数为1915.29。

4. 众数

众数(Mode)是一组数据中出现次数最多的数值。有时数组中有多个众数,众数用 M 表示。简单地说,众数就是一组数据中占比例最多的那个数。

例 2.10 众数的计算。

计算例2.6中数据的众数。

解:在例2.6中,数字100出现的次数最多,因此众数为100。

5. 中列数

中列数(Midrange)在统计中指的是数据集中最大值和最小值的算术平均值。

例 2.11 中列数的计算。

找出例2.6中数据的中列数。

解:将该数据按递增顺序排序为:33,45,60,65,70,77,80,90,100,100。最小值和最大值分别为33和100,则中列数为 $\frac{33+100}{2}=66.5$。

2.2.2 数据分散度量

数据分散度量包括极差、分位数、四分位数、方差和标准差。

1. 极差

极差又称全距(Range),是集合中最大值与最小值之间的差距,即最大值减最小值后所得的数据。

例 2.12 极差的计算。

例2.8中的极差为100−33=67。

2. 分位数和四分位数

分位数(Quantile)是取自数据分布的每隔一定间隔上的点,把数据划分成大小基本相等的连贯集合。假设属性 X 的数据以数值递增顺序排列,然后挑选某些数据点,以便把数据分布划分成大小相等的连贯集,这些数据点称为分位数,如图2-1所示。

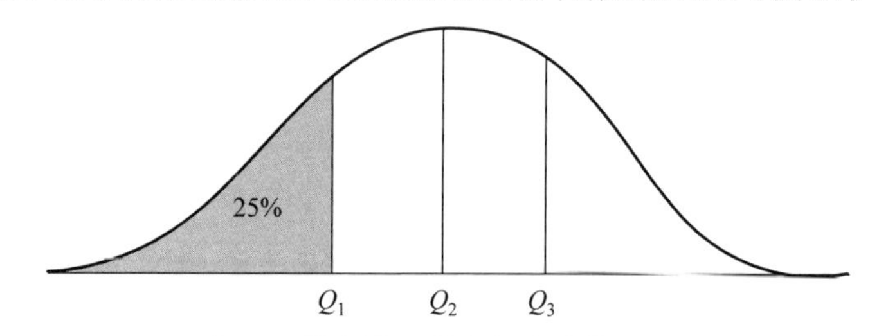

图 2-1 某变量 X 的数据统计描述显示

给定数据分布的第 k 个 q-分位数的值为 x，使得小于 x 的数据值最多为 k/q 个，而大于 x 的数据值最多为 $(q-k)/q$ 个，其中 k 是整数，使得 $0<k<q$。这里有 $q-1$ 个 q-分位数。

例如，四分位数中的 3 个数据点（Q_1、Q_2、Q_3）把数据分布划分成 4 个相等的部分，使每部分表示数据分布的四分之一，这 3 个数据点通常被称为**四分位数**（Quartile），如图 2-1 所示。

四分位数图中，Q_1 又称“较小四分位数”或“下四分位数”，等于该样本中所有数值由小到大排列后第 25%的数据；Q_2 又称“中位数”，等于该样本中所有数值由小到大排列后第 50%的数据；Q_3 又称“较大四分位数”或“上四分位数”，等于该样本中所有数值由小到大排列后第 75%的数据。

确定四分位数位置的常用方法如下。

$$Q_1 \text{ 的位置} = (n+1)/4 = (n+1) \times 0.25$$

$$Q_2 \text{ 的位置} = 2 \times (n+1)/4 = (n+1) \times 0.5$$

$$Q_3 \text{ 的位置} = 3 \times (n+1)/4 = (n+1) \times 0.75$$

其中，n 表示数据项数。

实际应用中，如果 $(n+1)/4$ 的计算结果是整数，则计算结果即为四分位数的位置。如果 $(n+1)/4$ 的计算结果不是整数，此时四分位数应该是与该位置相邻的两个整数位置上的数据的加权平均值，权数的大小取决于两个相邻的整数位置距离的远近，距离越近则权数越大，距离越远则权数越小，权数之和等于 1。

Q_1 和 Q_3 之间的距离是分散的一种简单度量，该距离称为四分位数极差或四分位距（IQR）。四分位数极差如式(2-4)所示。

$$\mathrm{IQR} = Q_3 - Q_1 \tag{2-4}$$

例 2.13　四分位数及四分位数极差的计算。

由 8 人组成的旅游小团队的成员年龄分别为：17，19，22，24，25，28，34，36。求年龄数据的四分位数及四分位数极差。

解：计算步骤如下。

① 计算 Q_1、Q_2 与 Q_3 的位置。

$$Q_1 \text{ 的位置} = (n+1)/4 = (8+1)/4 = 2.25$$

$$Q_2 \text{ 的位置} = 2 \times (n+1)/4 = (8+1)/2 = 4.5$$

$$Q_3 \text{ 的位置} = 3 \times (n+1)/4 = 3 \times (8+1)/4 = 6.75$$

即 Q_1、Q_2 与 Q_3 的位置分别为第 2.25 位、第 4.5 位和第 6.75 位。

② 确定 Q_1、Q_2 与 Q_3 的数值。

$$Q_1 = 0.75 \times \text{第 2 项} + 0.25 \times \text{第 3 项} = 0.75 \times 19 + 0.25 \times 22 = 19.75\text{(岁)}$$

$$Q_2 = 0.5 \times \text{第 4 项} + 0.5 \times \text{第 5 项} = 0.5 \times 24 + 0.5 \times 25 = 24.5\text{(岁)}$$

$$Q_3 = 0.25 \times \text{第 6 项} + 0.75 \times \text{第 7 项} = 0.25 \times 28 + 0.75 \times 34 = 32.5\text{(岁)}$$

即第 2.25 位、第 4.5 位和第 6.75 位对应年龄分别为 19.75 岁、24.5 岁和 32.5 岁。

③ 计算四分位数极差。

$$\mathrm{IQR} = Q_3 - Q_1 = 32.5 - 19.75 = 12.75\text{(岁)}$$

因此，四分位数极差为 12.75 岁。

3. 方差和标准差

方差(Variance)是衡量随机变量或一组数据离散程度的度量。方差(总体方差)是各个数据分别与其平均数之差的平方和的平均数。

数值属性 X 的 N 个观测值 $x_1, x_2, \cdots, x_N$ 的方差如式(2-5)所示。

$$\sigma^2 = \frac{1}{N}\sum_{i=1}^{N}(x_i - \bar{x})^2 = \frac{1}{N}\sum_{i=1}^{N} x_i{}^2 - \bar{x}^2 \tag{2-5}$$

其中,$\bar{x}$ 是观测的均值,由式(2-1)定义。观测值的**标准差** σ 是方差 σ^2 的平方根。

例 2.14　方差和标准差的计算。

计算例 2.6 中数据的方差及标准差。

解:利用式(2-1)计算均值得到 $\bar{x}=72$。

此时,$N=10$,利用式(2-5)得到方差为

$$\sigma^2 = \frac{1}{10}(60^2 + 45^2 + 33^2 + 77^2 + 80^2 + 100^2 + 100^2 + 90^2 + 70^2 + 65^2) - 72^2 = 442.8$$

标准差为 $\sigma=\sqrt{442.8}\approx 21.04$。

2.2.3　数据的图形显示

本节主要介绍箱图、饼图、频率直方图和散点图等基本统计图形显示。这些图形有助于将数据可视化,是数据预处理的前提。

1. 箱图

箱图又称箱线图(Box-plot),是一种用来描述数据分布的统计图形,可以表现观测数据的中位数、四分位数和极值等描述性统计量,从视觉的角度观测变量值的分布情况,如图 2-2 所示。主要包含 6 个数据结点,分别是一组数据的上边缘(最大值)、上四分位数(Q_3)、中位数、下四分位数(Q_1)、下边缘(最小值)和异常值。

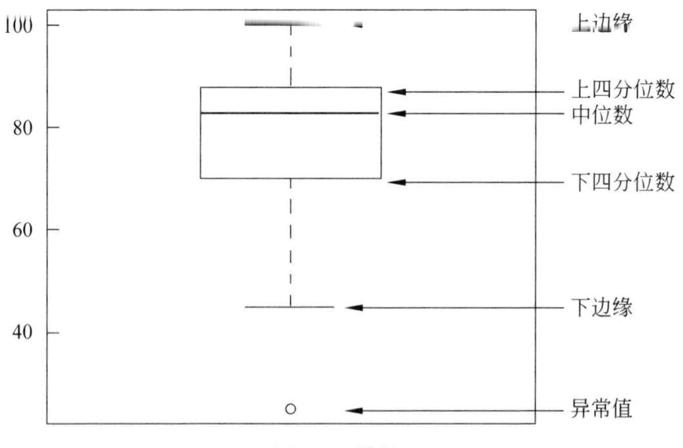

图 2-2　箱图

例 2.15 箱图的绘制。

根据表 2-2 的某班级学生成绩表中的数据，绘制包括最大值、上四分位数 Q_3、中位数、下四分位数 Q_1 以及最小值的箱图。

表 2-2 学生成绩表

学号	各课程成绩		
	语文分数	数学分数	英语分数
1	77	65	93
2	88	95	81
3	97	51	76
4	71	74	87
5	70	78	66
6	93	63	79
7	86	91	83
8	83	80	92
9	78	75	78
10	85	71	86
11	81	64	80

解：

① 分别求出表 2-2 中所示数据的下四分位数、最大值、最小值、中位数以及上四分位数，如表 2-3 所示。

表 2-3 数据表

数据名称	各科目成绩		
	语文分数	数学分数	英语分数
下四分位数	77	64	78
最大值	97	95	93
最小值	70	51	66
中位数	83	74	81
上四分位数	88	80	87

② 根据表 2-3 的数据，得到如图 2-3 所示的学生成绩箱图。

2. 饼图

饼图又称圆形图或饼形图(Pie Graph)，通常用来表示整体的构成部分以及各部分之间的比例关系。饼图显示一个数据系列中各项的大小与各项总和的比例关系。

例 2.16 饼图的绘制。

表 2-4 为某活动在不同年龄阶段的覆盖率，根据表中数据绘制饼图。

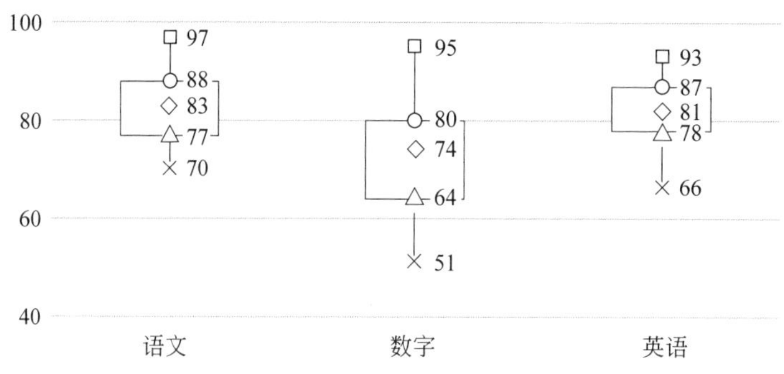

图 2-3 学生成绩箱图

表 2-4 某活动在不同年龄阶段的覆盖率

年龄区间	参与人数	年龄区间	参与人数
19 岁及以下	270	40～49 岁	280
20～29 岁	1248	50 岁及以上	180
30～39 岁	1080		

解：图 2-4 为表 2-4 某活动覆盖不同年龄段人群数据的饼图。

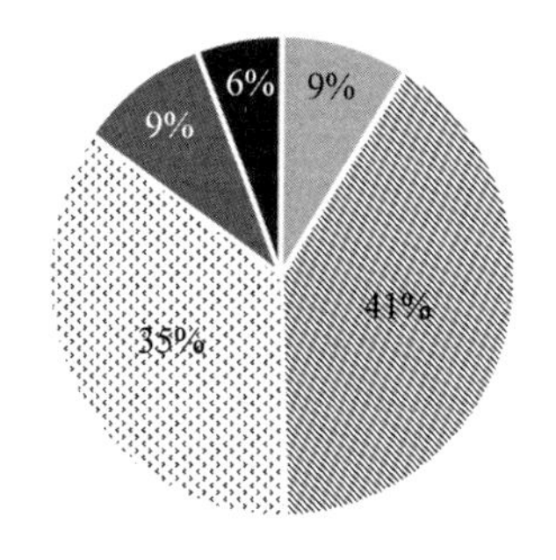

图 2-4 某活动覆盖不同年龄段人群数据的饼图

3. 频率直方图

频率直方图又称频率分布直方图(Frequency Histogram)，是在统计学中表示频率分布的图形。在直角坐标系中，用横轴表示随机变量的取值，横轴上的每个小区间对应一个组的组距，作为小矩形的底边；纵轴表示频数，并用它作为小矩形的高，以这种小矩形构成的一组图称为频率直方图。

例 2.17 频率直方图的绘制。

表 2-5 为某班级学生的数学成绩表，根据表中数据绘制频率直方图。

表 2-5 某班级学生的数学成绩表

学号	数学分数	学号	数学分数
701	60	708	66
702	71	709	77
703	56	710	60
704	99	711	88
705	66	712	79
706	90	713	83
707	100	714	55

解：图 2-5 为表 2-5 学生数学成绩的频率直方图。

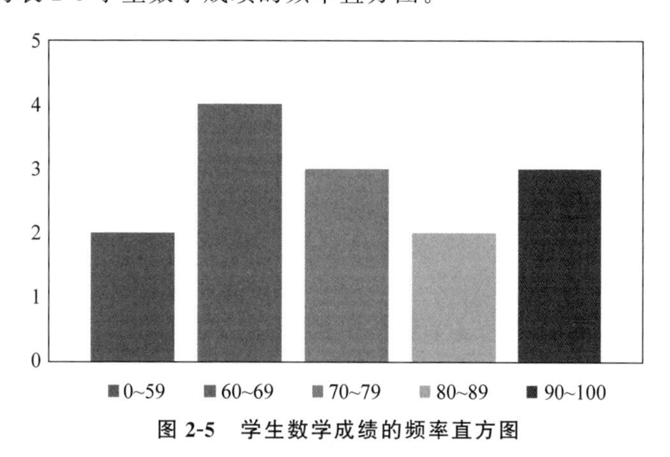

图 2-5 学生数学成绩的频率直方图

4. 散点图

散点图(Scatter Diagram)是相关分析过程中常用的一种直观分析方法，人们将样本数据点绘制在二维平面或三维空间上，然后根据数据点的分布特征，直观地研究变量之间的统计关系和强弱程度。

图 2-6 所示的散点图表示变量之间的相关程度。就两个变量而言，如果变量之间的关系近似地表现为一条直线，则称为线性相关，如图 2-6(a)所示；如果变量之间的关系近似地表现为一条曲线，则称为非线性相关或曲线相关，如图 2-6(b)所示；如果两个变量的观测点

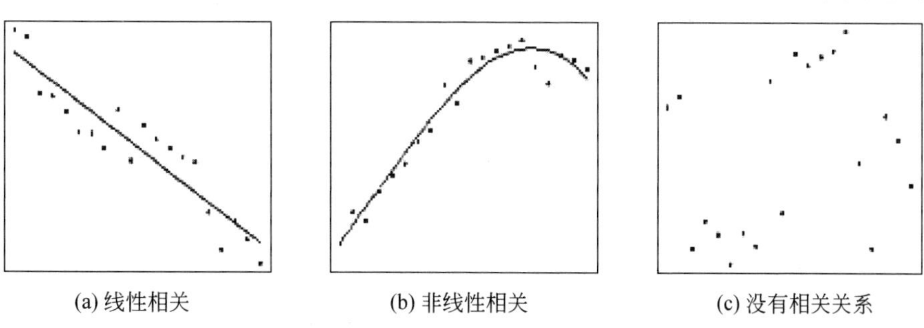

图 2-6 散点图中变量之间的相关程度

很分散,无任何规律,则表示变量之间没有相关关系,如图 2-6(c)所示。

例 2.18 散点图的绘制。

表 2-6 为物流收货天数和客户满意度相关数据的调查表。根据表中数据绘制散点图。

表 2-6 物流收货天数和客户满意度相关数据的调查表

物流收货天数	客户满意度	物流收货天数	客户满意度
6	4.5	3	4
12	3	8	2.5
8	3	11	3
6	5	2	5
18	1.5	12	2.5
7	3.5	15	2

解:图 2-7 为表 2-6 中物流收货天数和客户满意度相关数据的散点图。

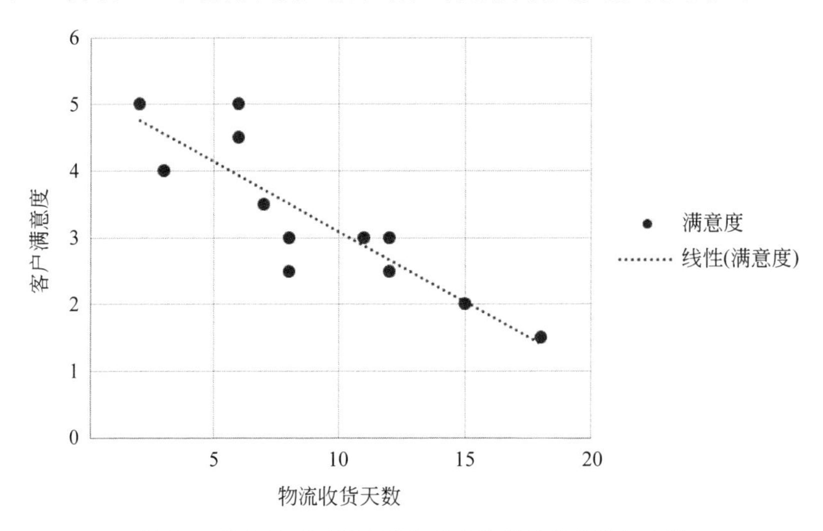

图 2-7 物流收货天数和客户满意度相关数据的散点图

2.3 数据的相似性和相异性度量

数据的相似性和相异性是两个非常重要的概念,在许多数据挖掘技术中都会使用,如聚类、最近邻分类和异常检测等。在许多情况下,一旦计算出数据的相似性或相异性,就不再需要原始数据了。这种方法可以视为先将数据变换到相似性(相异性)空间,然后再进行分析。

2.3.1 数据矩阵与相异性矩阵

数据矩阵(Data Matrix)又称对象-属性结构,这种数据结构用关系表的形式或者 $m\times n$ (m 个对象$\times n$ 个属性)矩阵存放 m 个数据对象,数据矩阵如式(2-6)所示。

$$\begin{bmatrix} x_{11} & \cdots & x_{1f} & \cdots & x_{1n} \\ \cdots & \cdots & \cdots & \cdots & \cdots \\ x_{i1} & \cdots & x_{if} & \cdots & x_{in} \\ \cdots & \cdots & \cdots & \cdots & \cdots \\ x_{m1} & \cdots & x_{mf} & \cdots & x_{mn} \end{bmatrix} \tag{2-6}$$

在式(2-6)中,每一行对应一个对象。在记号中,使用 f 作为遍取 n 个属性的下标。

数据矩阵由两种实体或者“事物”组成,即行代表对象,列代表属性。因此,数据矩阵经常被称为二模(Two-Mode)矩阵。

相异性矩阵(Dissimilarity Matrix)又称对象-对象结构,它存放 n 个对象两两之间的邻近度(Proximity),通常用一个 $n\times n$ 矩阵表示,相异性矩阵如式(2-7)所示。

$$\begin{bmatrix} 0 & & & & \\ d(2,1) & 0 & & & \\ d(3,1) & d(3,2) & 0 & & \\ \vdots & \vdots & \vdots & \ddots & \\ d(n,1) & d(n,2) & \cdots & \cdots & 0 \end{bmatrix} \tag{2-7}$$

其中,$d(i,j)$是对象 i 和 j 之间相异性的量化表示,通常为非负值。两个对象越相似或越接近,其值越接近 0;反之,其值越大,并且满足 $d(i,j)=d(j,i)$,$d(i,i)=0$。

相异性矩阵只包含一类实体,因此被称为一模(One-Mode)矩阵。

许多聚类和最邻近算法都是在相异性矩阵的基础上进行的。因此,在使用这些算法前要先把数据矩阵转换成相异性矩阵。

2.3.2 标称属性的邻近性度量

通常,邻近性度量(特别是相似度)被定义为或变换到区间[0,1]中的值。这样做的目的是由邻近性度量的值表明两个对象之间的相似(或相异)程度。这种变换通常是比较直观的。

两个对象 i 和 j 之间的相异性可以根据不匹配率来计算,如式(2-8)所示。

$$d(i,j)=\frac{p-m}{p}=1-\frac{m}{p} \tag{2-8}$$

其中,m 是匹配的数目(即对象 i 和 j 状态相同的属性数),p 是对象的属性总数。

例 2.19 标称属性之间的相异性计算。

根据表 2-7 中的数据,计算相异性矩阵。

表 2-7 标称属性样本数据表

对象标识符	Test(标称属性)	对象标识符	Test(标称属性)
1	A	3	C
2	B	4	A

解：由式(2-7)得到相异性矩阵

$$\begin{bmatrix} 0 & & & \\ d(2,1) & 0 & & \\ d(3,1) & d(3,2) & 0 & \\ d(4,1) & d(4,2) & d(4,3) & 0 \end{bmatrix}$$

则有

$$d(2,1)=1-\frac{0}{1}=1$$

$$d(3,1)=1-\frac{0}{1}=1$$

$$d(3,2)=1-\frac{0}{1}=1$$

$$d(4,1)=1-\frac{1}{1}=0$$

$$d(4,2)=1-\frac{0}{1}=1$$

$$d(4,3)=1-\frac{0}{1}=1$$

经计算得

$$\begin{bmatrix} 0 & & & \\ 1 & 0 & & \\ 1 & 1 & 0 & \\ 0 & 1 & 1 & 0 \end{bmatrix}$$

两个对象 i 和 j 之间的相似性计算如式(2-9)所示。

$$\mathrm{sim}(i,j)=1-d(i,j)=\frac{m}{p} \tag{2-9}$$

2.3.3 二元属性的邻近性度量

二元属性只有两种状态，通常表示为 0 或 1，其中 0 表示属性不出现，1 则表示属性出现。二元属性又称布尔属性，用 false 和 true 表示。例如描述一位男性是否喝酒，用 1 表示喝酒，0 表示不喝酒。

二元属性的取值情况可以使用列联表表示，如表 2-8 所示。在表 2-8 中，m 是对象 i 和 j 都取 1 的属性数，n 是在对象 i 中取 1、在对象 j 中取 0 的属性数，p 是在对象 i 中取 0、在对象 j 中取 1 的属性数，而 q 是在对象 i 和 j 都取 0 的属性数。属性的总数是 sum，其中 sum$=m+n+p+q$。

表 2-8 二元属性的列联表

吸烟(i)	患肺癌(j)		合计
	是(1)	否(0)	
是(1)	m	n	$m+n$
否(0)	p	q	$p+q$
合计	$m+p$	$n+q$	sum

如果对象 i 和 j 都用对称的二元属性刻画，则 i 和 j 的相异性为

$$d(i,j)=\frac{p+n}{m+n+p+q}=\frac{p+n}{\text{sum}} \tag{2-10}$$

这就是对象 i 和对象 j 之间的**对称的二元相异性**。

给定两个非对称的二元属性，假设表 2-8 中两个都取值 1 的情况被认为比两个都取值 0 的情况更有意义。此时，q 是不重要的，因此在计算时被忽略，如式(2-11)所示。

$$d(i,j)=\frac{p+n}{m+n+p} \tag{2-11}$$

这就是对象 i 和对象 j 之间的**非对称的二元相异性**。

与之对应的**非对称的二元相似性**为

$$\text{sim}(i,j)=\frac{m}{m+n+p}=1-d(i,j) \tag{2-12}$$

式(2-12)中的 $\text{sim}(i,j)$ 被称为 **Jaccard 系数**。

例 2.20 二元属性之间的相异性计算。

表 2-9 是居民家庭情况调查表，包含属性 name(姓名)、marital status(婚姻状态)、house(是否有房)、car(是否有车)。计算居民之间的相异性。

表 2-9 居民家庭情况调查表

name	marital status	house	car
Harry	Y	N	Y
Marry	N	Y	Y
Angel	Y	Y	N

解：表 2-9 中，值 Y(yes)被设置为 1，值 N(no)被设置为 0。由表 2-9 中的数据可以看出，对象间的二元属性是对称的。因此，根据式(2-10)，3 个居民两两之间的相异性分别为

$$d(\text{Harry},\text{Marry})=\frac{1+1}{1+1+1}=0.67$$

$$d(\text{Harry},\text{Angel})=\frac{1+1}{1+1+1}=0.67$$

$$d(\text{Marry},\text{Angel})=\frac{1+1}{1+1+1}=0.67$$

2.3.4 数值属性的相异性

数值属性的相异性主要包括欧几里得距离、曼哈顿距离、闵可夫斯基距离和切比雪夫距离。

1. 欧几里得距离

欧几里得距离(Euclidean Metric)又称直线距离或“乌鸦飞行”距离。$\boldsymbol{i}=(x_{i1},x_{i2},\cdots,x_{ip})$ 和 $\boldsymbol{j}=(x_{j1},x_{j2},\cdots,x_{jp})$ 是两个被 p 个数值属性描述的对象。对象 i 和 j 之间的欧几里得距离为

$$d(i,j)=\sqrt{(x_{i1}-x_{j1})^2+(x_{i2}-x_{j2})^2+\cdots+(x_{ip}-x_{jp})^2} \tag{2-13}$$

2. 曼哈顿距离

曼哈顿距离(Manhattan Distance)又称城市块距离,之所以如此命名,是因为它可以表示城市两点之间的街区距离(如向南2个街区,横过3个街区,共计5个街区)。$\boldsymbol{i}=(x_{i1},x_{i2},\cdots,x_{ip})$和$\boldsymbol{j}=(x_{j1},x_{j2},\cdots,x_{jp})$是两个被$p$个数值属性描述的对象。对象$i$和$j$之间的曼哈顿距离为

$$d(i,j)=|x_{i1}-x_{j1}|+|x_{i2}-x_{j2}|+\cdots+|x_{ip}-x_{jp}| \tag{2-14}$$

欧几里得距离和曼哈顿距离都满足如下数学性质。

① 非负性:$d(i,j)\geqslant 0$,即距离是一个非负的数值。

② 同一性:$d(i,i)=0$,即对象到自身的距离为0。

③ 三角不等式:$d(i,j)\leqslant d(i,k)+d(k,j)$,即从对象$i$到对象$j$的直接距离不会大于途经任何其他对象$k$的距离。

满足这些条件的测度称为**度量**(Metric)。

3. 闵可夫斯基距离

闵可夫斯基距离(Minkowski Distance)是衡量数值点之间距离的一种非常常见的方法,$\boldsymbol{i}=(x_{i1},x_{i2},\cdots,x_{ip})$和$\boldsymbol{j}=(x_{j1},x_{j2},\cdots,x_{jp})$是两个被$p$个数值属性描述的对象。对象$i$和$j$之间的闵可夫斯基距离为

$$d(i,j)=\sqrt[h]{|x_{i1}-x_{j1}|^h+|x_{i2}-x_{j2}|^h+\cdots+|x_{ip}-x_{jp}|^h} \tag{2-15}$$

其中,h是实数,$h\geqslant 1$。当$h=1$时,$d(i,j)$表示曼哈顿距离;当$h=2$时,$d(i,j)$则表示欧几里得距离。

4. 切比雪夫距离

切比雪夫距离(Chebyshev Distance)又称上确界距离,定义两个对象之间的距离为其各坐标数值差的最大值。其定义如式(2-16)所示。

$$d(i,j)=\lim_{h\to\infty}\left(\sum_{f=1}^{p}|x_{if}-x_{jf}|^h\right)^{\frac{1}{h}}=\max_{f\to p}|x_{if}-x_{jf}| \tag{2-16}$$

例2.21 欧几里得距离、曼哈顿距离、闵可夫斯基距离以及切比雪夫距离的计算。

给定两个对象分别用元组(2,8,7,4)和(1,5,3,0)描述,计算这两个对象之间的欧几里得距离、曼哈顿距离、闵可夫斯基距离($h=4$)以及切比雪夫距离。

解:欧几里得距离为

$$d(i,j)=\sqrt{(2-1)^2+(8-5)^2+(7-3)^2+(4-0)^2}=\sqrt{42}=6.48$$

曼哈顿距离为

$$d(i,j)=|2-1|+|8-5|+|7-3|+|4-0|=1+3+4+4=12$$

闵可夫斯基距离为

$$d(i,j)=\sqrt[4]{|2-1|^4+|8-5|^4+|7-3|^4+|4-0|^4}=\sqrt[4]{594}\approx 4.94$$

切比雪夫距离为

$$d(i,j)=\max\{|2-1|,|8-5|,|7-3|,|4-0|\}=\max\{1,3,4,4\}=4$$

2.3.5 序数属性的邻近性度量

序数属性可以通过把数值属性的值域划分成有限个类别后对数值属性离散化得到。这些类别组织成排位，即数值属性的值域可以映射到具有 M_f 个状态的序数属性 f。其中，序数属性可能的状态数为 M。这些有序的状态定义了一个排位 $1,2,\cdots,M_f$。

假设 f 是用于描述 n 个对象的一组序数属性之一，关于 f 的相异性计算步骤如下。

① 第 i 个对象的 f 值为 x_{if}，属性 f 有 M_f 个有序的状态，表示排位 $1,2,\cdots,M_f$。用对应的排位 $r_{if}\in\{1,2,\cdots,M_f\}$取代 x_{if}。

② 由于每个序数属性都可以有不同的状态数，所以通常需要将每个属性的值域映射到[0.0,1.0]上，以便每个属性都有相同的权重。通过用 z_{if} 代替第 i 个对象的 r_{if} 实现数据规格化，其中

$$z_{if}=\frac{r_{if}-1}{M_f-1} \tag{2-17}$$

③ 相异性可以用任意一种数值属性的距离度量计算，使用 z_{if} 作为第 i 个对象的 f 值。

例 2.22 序数属性之间的相异性的计算。

如表 2-10 中的数据，计算序数属性之间的相异性。

表 2-10 序数属性样本数据表

对象标识符	Test(序数属性)	对象标识符	Test(序数属性)
1	excellent	3	ordinary
2	good	4	excellent

解：Test 有 3 个状态：ordinary、good 和 excellent，则 $M_f=3$。

① 把 Test 的每个值替换为它的排位，则 4 个对象的排位值分别为 3、2、1、3。

② 通过将排位 1 映射为 0.0、排位 2 映射为 0.5、排位 3 映射为 1.0 来实现对排位的规格化。

③ 使用欧几里得距离得到相异性矩阵

$$\begin{bmatrix} 0 & & & \\ 0.5 & 0 & & \\ 1.0 & 0.5 & 0 & \\ 0 & 0.5 & 1.0 & 0 \end{bmatrix}$$

因此，对象 1 与对象 3 最不相似，对象 3 与对象 4 也不相似，即 $d(3,1)=1.0$，$d(4,3)=1.0$。这符合其原始数值之间的关系：对象 1 和对象 4 都是 excellent。对象 3 是 ordinary，在 Test 的值域的另一端。

序数属性的相似性为

$$\text{sim}(i,j)=1-d(i,j) \tag{2-18}$$

2.3.6 混合类型属性的相异性

在许多实际应用中，对象的属性并不是只有标称、二元、数值或序数属性类型中的一种，

而是包含混合类型的属性。对于混合类型属性的对象之间的相异性计算,一种可取的方法是将所有属性类型一起处理,将不同的属性组合在单个相异性矩阵中,把所有有意义的属性转换到共同的区间[0.0,1.0]上。

假设数据集包含 p 个混合类型的属性,对象 i 和 j 之间的相异性 $d(i,j)$ 定义为

$$d(i,j)=\frac{\sum_{f=1}^{p}\delta_{ij}^{(f)}d_{ij}^{(f)}}{\sum_{f=1}^{p}\delta_{ij}^{(f)}} \tag{2-19}$$

其中,$\delta_{ij}^{(f)}$ 取值为0或1。如果 x_{if} 或 x_{jf} 缺失,即对象 i 或对象 j 没有属性 f 的度量值,或者 $x_{if}=x_{jf}=0$,并且 f 是非对称的二元属性,则 $\delta_{ij}^{(f)}=0$;否则,$\delta_{ij}^{(f)}=1$。

对象 i 和对象 j 在属性 f 上的相异性 $d_{ij}^{(f)}$,根据如下属性 f 的类型计算。

① f 是数值属性:$d_{ij}^{(f)}=\frac{|x_{if}-x_{jf}|}{\max_h x_{hf}-\min_h x_{hf}}$,其中 h 取遍属性 f 的所有非缺失值对象。

② f 是标称或二元属性:如果 $x_{if}=x_{jf}$,则 $d_{ij}^{(f)}=0$;否则 $d_{ij}^{(f)}=1$。

③ f 是序数属性:计算排位 r_{if} 和 $z_{if}=\frac{r_{if}-1}{M_f-1}$,并将 z_{if} 作为数值属性对待。

混合属性中的每一个属性的处理与各种单一属性类型的处理基本相同,唯一不同是对于数值属性的处理,需要使用规格化使得变量值映射到区间[0.0,1.0]。这样,即便描述对象的属性具有不同类型,对象之间的相异性也能够进行计算。

例 2.23　混合类型属性间的相异性的计算。

计算表2-11中对象的相异性矩阵。

表 2-11　包含混合类型属性的样本数据表

对象标识符	Test-1(标称属性)	Test-2(序数属性)	Test-3(数值属性)
1	A	excellent	45
2	B	good	22
3	C	ordinary	64
4	A	excellent	28

解:例2.19到例2.22中对每种属性都计算了相异性矩阵。处理Test-1(标称属性)和Test-2(序数属性)的过程与前面所给出的处理混合类型属性的过程是相同的。因此,在计算式(2-19)时,可以使用由例2.19和例2.22所得到的相异性矩阵。计算属性Test-3(数值属性)的相异性矩阵,必须计算 $d_{ij}^{(3)}$。根据数值属性的相异性计算规则,令 $\max_h x_h=64$,$\min_h x_h=22$,两者之差用来规格化相异性矩阵的值。计算后Test-3的相异性矩阵为

$$\begin{bmatrix} 0 & & & \\ 0.55 & 0 & & \\ 0.45 & 1.00 & 0 & \\ 0.40 & 0.14 & 0.86 & 0 \end{bmatrix}$$

利用3个属性的相异性矩阵计算式(2-19)。此例中,对于每个属性 f,有 $d_{ij}^{(f)}=1$。

计算过程如下。

$$d(2,1)=\frac{1\times(1)+1\times(0.5)+1\times(0.55)}{3}=0.68$$

$$d(3,1)=\frac{1\times(1)+1\times(1.0)+1\times(0.45)}{3}=0.82$$

$$d(4,1)=\frac{1\times(0)+1\times(0)+1\times(0.40)}{3}=0.13$$

$$d(3,2)=\frac{1\times(1)+1\times(0.5)+1\times(1.0)}{3}=0.83$$

$$d(4,2)=\frac{1\times(1)+1\times(0.5)+1\times(0.14)}{3}=0.55$$

$$d(4,3)=\frac{1\times(1)+1\times(1.0)+1\times(0.86)}{3}=0.95$$

3个混合类型的属性所描述的数据的相异性矩阵为

$$\begin{bmatrix} 0 & & & \\ 0.68 & 0 & & \\ 0.82 & 0.83 & 0 & \\ 0.13 & 0.55 & 0.95 & 0 \end{bmatrix}$$

由表2-11,基于对象1和对象4的属性Test-1和Test-2上的值,可以直观地猜测出它们两个最相似。这一猜测通过相异性矩阵得到了印证,因为$d(4,1)$是任何两个不同对象的相异性最小值。类似地,相异性矩阵表明对象3和对象4最不相似。

2.3.7 余弦相似性

余弦相似性(Cosine Similarity)又称余弦相似度,是基于向量的,它利用向量空间中两个向量夹角的余弦值作为衡量两个个体间差异的大小。令向量$\boldsymbol{x}=(x_1,x_2,\cdots,x_p)$,向量$\boldsymbol{y}=(y_1,y_2,\cdots,y_p)$,两个向量的余弦相似性定义为

$$\operatorname{sim}(\boldsymbol{x},\boldsymbol{y})=\frac{\boldsymbol{x}\cdot\boldsymbol{y}}{\|\boldsymbol{x}\|\|\boldsymbol{y}\|}=\frac{x_1y_1+x_2y_2+\cdots+x_py_p}{\sqrt{x_1^2+x_2^2+\cdots+x_p^2}\sqrt{y_1^2+y_2^2+\cdots+y_p^2}}$$

$$=\frac{\sum_{i=1}^{p}x_iy_i}{\sqrt{\sum_{i=1}^{p}x_i^2}\sqrt{\sum_{i=1}^{p}y_i^2}} \tag{2-20}$$

其中,$\|\boldsymbol{x}\|$是向量$\boldsymbol{x}=(x_1,x_2,\cdots,x_p)$的欧几里得范数,定义为$\sqrt{x_1^2+x_2^2+\cdots+x_p^2}$。同理,$\|\boldsymbol{y}\|$是向量$\boldsymbol{y}=(y_1,y_2,\cdots,y_p)$的欧几里得范数,定义为$\sqrt{y_1^2+y_2^2+\cdots+y_p^2}$。该度量计算向量$\boldsymbol{x}$和$\boldsymbol{y}$之间夹角的余弦。

余弦值为0意味两个向量呈90°夹角(正交),没有匹配。余弦值越接近于1,则夹角越小,说明向量之间的匹配越大。

余弦相似性经常用于计算文本相似度。两个文本根据关键词建立两个向量,计算这两个向量的余弦值,就可以知道这两个文本在统计学方法中的相似度情况。如果余弦值为1,则说明两篇文档完全相同;如果余弦值为0,则说明两篇文档完全不同。

例 2.24　余弦相似度的计算。

给定两个对象的元组 $\boldsymbol{x}=(1,2,5,4)$ 和 $\boldsymbol{y}=(2,3,5,1)$，计算两个对象的余弦相似度。

解：余弦相似度为

$$\text{sim}(x,y)=\frac{1\times 2+2\times 3+5\times 5+4\times 1}{\sqrt{1+4+25+16}\times\sqrt{4+9+25+1}}=\frac{37}{\sqrt{46}\times\sqrt{39}}\approx 0.87$$

当属性是二值属性时，余弦相似性函数可以用共享特征或属性解释。其中，$x\cdot y$ 表示 x 与 y 所共有的属性个数，$x\cdot x+y\cdot y-x\cdot y$ 表示 x 或 y 所具有的属性个数。于是，$\text{sim}(x,y)$ 是公共属性相对拥有的一种度量。

此时，余弦相似度的定义为

$$\text{sim}(x,y)=\frac{x\cdot y}{x\cdot x+y\cdot y-x\cdot y}\tag{2-21}$$

该函数被称为 **Tanimoto 系数**，又称广义 **Jaccard 系数**。

2.4　习题

1. 分析下列属性是标称的还是比率的。

(1) 用 AM 和 PM 表示的时间。

(2) 根据曝光表测出的亮度 2-3。

(3) 根据人的判断测出的亮度。

(4) 医院中的病人数。

(5) 书的 ISBN 号。

(6) 用每立方厘米表示的物质密度。

2. 给定两个向量对象，分别表示为 $\boldsymbol{p}_1(22,1,42,10)$ 和 $\boldsymbol{p}_2(20,0,36,8)$。

(1) 计算两个对象之间的欧几里得距离。

(2) 计算两个对象之间的曼哈顿距离。

(3) 计算两个对象之间的闵可夫斯基距离，其中参数 $h=3$。

(4) 计算两个对象之间的切比雪夫距离。

3. 对于向量 $\boldsymbol{x}$ 和 $\boldsymbol{y}$，计算指定的相似性或距离度量。

(1) $\boldsymbol{x}=(1,1,1,1)$，$\boldsymbol{y}=(2,2,2,2)$ 的余弦相似度、欧几里得距离。

(2) $\boldsymbol{x}=(0,1,0,1)$，$\boldsymbol{y}=(1,0,1,0)$ 的余弦相似度、欧几里得距离。

(3) $\boldsymbol{x}=(2,-1,0,2,0,-3)$，$\boldsymbol{y}=(-1,1,-1,0,0,-1)$ 的余弦相似度。

4. 假设用于分析的数据包含属性 age，数据元组中 age 的值为(按递增序)：13，15，16，16，19，20，20，21，22，22，25，25，25，25，30，33，33，35，35，35，35，36，40，45，46，52，70。

(1) 画一个宽度为 10 的等宽的直方图。

(2) 画一个区间为 10 的饼图。

5. 根据第 4 题的数据进行如下计算。

(1) 该组数据的平均值是多少？

(2) 该组数据的中位数是多少？

(3) 该组数据的众数是多少？

(4) 该组数据的中列数是多少?

6. 某工厂 50 名工人日加工零件的数据如表 2-12 所示,计算近似中位数。

表 2-12　零件加工数据表

零件个数	人数	零件个数	人数
105～109	3	125～129	10
110～114	5	130～134	6
115～119	8	135～139	4
120～124	14		

7. 假设有两个文档:新闻 a 和新闻 b,将它们的内容经过分词、词频统计后得到两个向量:***a*** 为(1,1,2,1,1,1,0,0,0),***b*** 为(1,1,1,0,1,3,1,6,1)。使用余弦相似度来计算两个文档的相似度。

第3章 数据预处理

数据预处理是数据挖掘中的重要一环，而且必不可少。要想更有效地挖掘出知识，就必须为它提供干净、准确、简洁的数据。然而，在实际应用系统中收集到的原始数据往往是“脏”的。

现实世界中的数据大都是不完整、不一致的脏数据，无法直接进行数据挖掘，或者挖掘结果无法令人满意。为了提高数据挖掘的质量就需要使用数据预处理技术。数据预处理有多种方法，如数据清理、数据集成、数据变换和数据归约等。这些数据预处理技术在数据挖掘之前使用可以大大提高数据挖掘模式的质量，降低实际挖掘所需要的时间。

数据清理（Data Cleaning）过程是通过填写缺失的值、光滑噪声数据、识别或删除离群点以及解决不一致性等手段来“清理”数据，主要达到如下目标：格式标准化、异常数据清除、错误纠正等。

数据集成（Data Integration）是将多个数据源中的数据结合起来并统一存储，建立数据仓库的过程。

数据变换（Data Transformation）是通过平滑聚集、数据概化、规范化等方式将数据转换成适用于数据挖掘的形式。

数据归约（Data Reduction），数据挖掘时往往数据量非常大，进行挖掘分析需要很长的时间，数据归约技术可以得到数据集的归约表示，它比原数据集小很多，但基本可以保持原数据的完整性，对归约后的数据集进行挖掘的结果与对原数据集进行挖掘的结果相同或几乎相同。

3.1 数据预处理及任务

本节主要介绍数据预处理的必要性以及数据预处理的主要任务。

3.1.1 数据预处理的必要性

1. 原始数据存在的问题

数据挖掘使用的数据常常来源于不同的数据源，且不同数据源的用途不同。因此，数据挖掘常常不能在数据来源处控制数据质量。由于无法避免数据质量问题，因此数据挖掘对数据质量问题的控制着眼于两个方面：①数据质量的检测和纠正；②使用可以容忍低质量数据的算法。数据质量的检测和纠正，通常称为数据清理，重点关注的是测量和数据收集方面的数据质量问题，主要是测量误差和数据收集错误。

(1) 测量误差

测量误差(Measurement Error)是指测量过程中导致的问题。例如,测量记录的值与实际值不同。对于连续属性,测量值与实际值的差称为误差(Error)。测量误差的数据问题通常包括噪声、伪像、偏倚、精度和准确率。

① **噪声**(Noise):是测量误差的随机部分,收集数据的时候难以得到精确的数据。例如,收集数据的设备可能出现故障、数据输入时可能出现错误、数据传输过程中可能出现错误、存储介质可能出现损坏等,这些情况都可能导致噪声数据的出现。

处理数据时常常使用的噪声检测技术,包括基于统计的技术和基于距离的技术。即使可以检测出噪声,但要完全消除噪声也是困难的,因此许多数据挖掘工作都关注设计鲁棒算法(Robust Algorithm),即在噪声干扰下也能产生可以接受的结果。

② 伪像:数据错误可能是更确定性现象的结果如一组照片在同一个地方出现条纹。数据的这种确定性失真称为**伪像**(Artifact)。

③ 精度、偏倚和准确率:在统计学和科学实验中,测量过程和结果数据的质量用精度和偏倚度量。假定对相同的基本量进行重复测量,并且用测量值集合计算平均值来作为实际值的估计值。

精度(Precision)是对同一个量的重复测量值之间的接近程度。

偏倚(Bias)是测量值与被测量之间的系统变差。

精度通常用值集合的标准差度量,而偏倚用值集合的均值与测出的已知值之间的差度量。只有那些通过外部手段能够得到测量值的对象,其偏倚才是可确定的。

假定有1g标准试验重量,如果称重5次,得到下列值:{1.015,0.990,1.013,1.001,0.986}。这些值的均值为1.001,因此偏倚是0.001。用标准差度量,精度是0.012。

准确率(Accuracy)是指被测量的测量值与实际值之间的接近度。准确率通常是更一般的表示数据测量误差程度的术语。

准确率依赖于精度和偏倚。准确率的一个重要方面是有效数字(Significant Digit)的使用。其目标是仅使用数据精度所能确定的数字位数表示的测量或计算结果。例如,对象的长度用最小刻度为毫米的米尺测量,则只能记录最接近毫米的长度数据,这种测量的精度为±0.5mm。

(2) 数据收集错误

数据收集错误(Data collection error)是指诸如遗漏数据对象或属性值,或者不当地包含了其他数据对象等错误。例如,一种特定类动物研究可能包含了相关种类的其他动物,它们只是表面上与要研究的种类相似。测量误差和数据收集错误可能是系统的,也可能是随机的。

同时涉及的测量和数据收集的数据质量问题包括:离群点、缺失值和不一致的值、重复数据。

① **离群点**(Outlier):在某种意义上,离群点是具有不同于数据集中其他大部分数据对象特征的数据对象,或者是相对于该属性的典型值来说不寻常的属性值。离群点也称为异常对象或异常值。有许多定义离群点的方法,并且统计学和数据挖掘界已经提出了很多不同的定义。此外,区别噪声和离群点这两个概念是非常重要的。离群点可以是合法的数据对象或值。因此,不像噪声,离群点本身有时是人们感兴趣的对象。例如,在欺诈和网络攻

击检测中,目标就是在大量正常对象或事件中发现不正常的对象和事件。本书第9章将详细讨论离群点检测。

② **缺失值**:一个对象缺失一个或多个属性值的情况并不少见,由于实际系统设计时可能存在的缺陷以及使用过程中人为因素所造成的影响,数据记录中可能会出现有些数据属性的值丢失或不确定的情况,还可能缺少必需的数据而造成数据不完整。例如,有的人拒绝透露年龄或体重。再如,收集数据的设备出现了故障,导致一部分数据的缺失,这就会使数据不完整。另外,实际使用的系统中可能存在大量的模糊信息,有些数据甚至还具有一定的随机性质。无论何种情况,在数据分析时都应当考虑缺失值。

③ **不一致的值**:原始数据是从各种实际应用系统(多种数据库、多种文件系统)中获取的,由于各应用系统的数据缺乏统一的标准和定义,数据结构也有较大的差异,因此各系统间的数据存在较大的不一致性,共享问题严重,往往不能直接拿来使用。例如,某数据库中两个不同的表可能都有重量这个属性,但是一个以kg为单位,一个是以g为单位,这样的数据就会有较大的杂乱性。再如,地址字段列出了邮政编码和城市名,但是有的邮政编码区域并不包含在对应的城市中。可能是人工输入该信息时录颠倒了两个数字,或许是在手写体扫描时读错了一个数字。不管导致不一致数据的原因是什么,重要的是能检测出来,并且如果可能的话还要纠正这种错误。

④ **重复数据**:数据可能包含重复或几乎重复的数据对象。许多人都收到过重复的邮件,因为它们以稍微不相同的名字多次出现在数据库中。为了检测并删除这种重复,必须处理两个主要问题。首先,两个对象实际代表同一个对象,但对应的属性值不同,必须解决这些不一致的值;其次,需要避免意外地将两个相似但并非重复的数据对象(如两个人具有相同姓名)合并在一起。去重复(Reduplication)通常用来表示处理这些问题的过程。

现实世界中收集到的原始数据存在较多的问题是:数据的不一致、噪声数据以及缺失值。

例 3.1 收集的数据可能出现的问题。

假设某公司的领导想要分析某个月的销售数据。首先需要选择分析需要的属性,例如商品价格、商品ID等。如果人工录入时有输入错误,就会降低数据的准确性。再如,公司领导希望知道每种销售商品是否做过降价销售广告,但是这些信息可能是缺失的,这样就无法保证数据的完整性;存放用户具体信息的表中某用户的手机号为13110345615,但是购买记录表中的手机号被存为13110345610,这样就无法保证数据的一致性。

2. 数据质量要求

现实世界中的数据大都存在数据不一致、噪声数据以及缺失值等问题,但是数据挖掘需要的都必须是高质量的数据,即数据挖掘所处理的数据必须具有准确性(Correctness)、完整性(Completeness)、一致性(Consistency)等性质。另外,时效性(Timeliness)、可信性(Believability)和可解释性(Interpretability)也会影响数据的质量。

(1) 准确性

准确性是指数据记录的信息是否存在异常或错误。

(2) 完整性

完整性是指数据信息是否存在缺失的情况。数据缺失的情况可能是整个数据记录缺失,也可能是数据中某个字段信息的记录缺失。

(3) 一致性

一致性是指数据是否遵循了统一的规范,数据集合是否保持了统一的格式。数据质量的一致性主要体现在数据记录的规范和数据是否符合逻辑。

(4) 时效性

时效性是指某些数据是否能及时更新。更新时间越短,则时效性越强。

(5) 可信性

可信性是指用户信赖的数据的数量。用户信赖的数据越多,则可信性越好。

(6) 可解释性

可解释性是指数据自身是否易于人们理解。数据自身越容易被人们理解,则可解释性越高。

3.1.2 数据预处理的主要任务

数据预处理主要包括数据清理、数据集成、数据归约和数据变换。数据预处理的主要任务如图 3-1 所示。

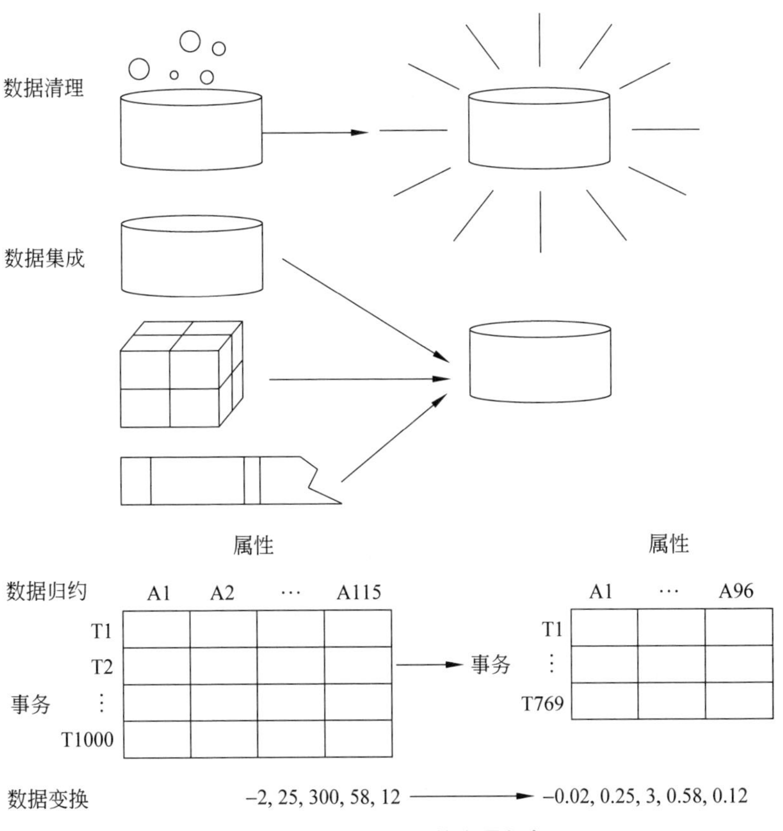

图 3-1 数据预处理的主要任务

1. **数据清理**

数据清理通过填写缺失的值、光滑噪声数据、识别或删除离群点等方法去除源数据中的噪声数据和无关数据,并且处理遗漏的数据和清洗"脏"数据,考虑时间顺序和数据变化等。数据清理主要是针对缺失值的数据处理.并完成数据类型的转换。

2. 数据集成

当需要分析挖掘的数据来自多个数据源的时候,就需要集成多个数据库、数据立方体或文件,即**数据集成**。来自多个不同数据源的数据,可能存在数据的不一致性和冗余问题:代表同一概念的属性的属性名在不同数据库中可能不同,例如在某个数据库中的商品名称的属性名为 product_name,它在另一个数据库中却是 brand_name。数据的不一致还可能出现在属性值中,例如同一个商品在第一个数据库中的商品名取值为"sofa",在另一个数据库中值为"couch",在第三个数据库可能还会有其他值。除此之外,还有某些属性是由其他属性导出的。

3. 数据归约

数据归约是指对数据集进行简化表示。大量的冗余数据会降低知识发现过程的性能或使之陷入混乱。因此,在数据预处理中不仅要进行数据清理,还必须采取措施避免数据集成后数据的冗余。这样既能降低数据集的规模,又可以不损害数据挖掘的结果。数据归约后,比原来小得多,但是可以得到几乎相同的分析结果。

4. 数据变换

数据变换是将数据从一种表示形式变成另一种表现形式的过程,它包括了数据的规范化、数据的离散化和概念分层,可以使数据的挖掘在多个抽象层上进行。

现实世界中的数据需要使用数据预处理提高数据的质量,这样可以提高挖掘过程的准确率和效率。因此,数据预处理是数据挖掘的重要步骤。

3.2 数据清理

现实世界中的大多数数据是不完整、有噪声和不一致的。那么就需要对"脏"数据进行数据清理。数据清理就是对数据进行重新审查和校验的过程,其目的是纠正存在的错误,并提供数据一致性。

3.2.1 缺失值、噪声和不一致数据的处理

1. 缺失值的处理

缺失值是指在现有的数据集中缺少某些信息。也就是说,某个或某些属性的值是不完全的。处理缺失值一般使用以下几种方式。

(1) 忽略元组

在数据中缺少类标号的情况下经常采用忽略元组这种方法(假定挖掘任务涉及分类)。但是,除非元组有多个属性缺失值,否则该方法就没有什么效果。当每个属性缺失值的百分比变化很大时,它的性能会特别差。

(2) 忽略属性列

如果某个属性的缺失值太多,假设超过了 80%,那么在整个数据集中就可以忽略该属性。

(3) 人工填写缺失值

一般来说,人工填写缺失值会耗费过多的人力和物力,而且如果数据集缺失了很多值或者数据集很大,该方法不方便实现。

(4) 使用属性的中心度量值填充缺失值

如果数据的分布是正常的,就可以使用均值来填充缺失值。例如,一条属于 a 类的记录在 A 属性上存在缺失值,那么可以用该属性上属于 a 类全部记录的平均值代替该缺失值。例如,对于顾客一次来超市时所消费的金额这一字段,就可以按照顾客的年龄这一字段进行分类,然后使用处于相同年龄段的顾客的平均消费金额填充缺失值。

如果数据的分布是倾斜的,则可以使用中位数来填充缺失值。

(5) 使用一个全局常量填充空缺值

使用一个全局常量填充空缺值就是对一个所有属性的所有缺失值都使用一个固定的值填补(如 Not sure 或∞)。此方法最大的优点就是简单、省事,但是也可能产生一个问题,挖掘的程序可能会误认为这是一个特殊的概念。

(6) 使用与给定元组同一类的所有样本的属性均值或中位数

该方法经常用于分类挖掘任务。例如,在对商场顾客按信用风险(credit_risk)进行分类挖掘时,可以用在同一信用风险类别下(如良好)的 income 属性的平均值,来填补所有在同一信用风险类别下属性 income 的遗漏值。

(7) 使用可能的特征值替换缺失值

以上这些简单方法的替代值都不准确,数据都有可能产生误差。为了比较准确地预测缺失值,数据挖掘者可以生成一个预测模型预测每个丢失值。例如,如果每个样本给定 3 个特征值 A、B、C,那么可以将这 3 个值作为一个训练集的样本,生成一个特征之间的关系模型。一旦有了训练好的模型,就可以提出一个包含丢失值的新样本,并产生预测值。也就是说,如果特征 A 和 B 的值已经给出,模型会生成特征 C 的值。如果丢失值与其他已知特征高度相关,这样的处理就可以为特征生成最合适的值。

当然,如果缺失值总是能够被准确地预测,就意味着这个特征在数据集中是冗余的,在进一步的数据挖掘中是不必要的。在现实世界的应用中,缺失值的特征和其他特征之间的关联应该是不完全的。所以,不是所有的自动方法都能填充出正确的缺失值。但此方法在数据挖掘中是很受欢迎的,因为它可以最大限度地使用当前数据的信息预测缺失值。

2. 噪声的处理

噪声是指被测量的变量产生的随机错误或误差。

噪声是随着随机误差出现的,包含错误点值或孤立点值。噪声数据产生的主要原因是数据输入数据库产生的纰漏及设备可能的故障。噪声检测可以降低根据大量数据做出错误决策的风险,并有助于识别、防止、去除恶意或错误行为的影响。

发现噪声数据并且从数据集中去除它们的过程可以描述为从 n 个样本中选 k 个与其余数据显著不同或例外的样本($k<<n$)。定义噪声数据的问题是非同寻常的,在多维样本中

尤其如此。常用的噪音检测的技术如下。

(1) 基于统计的技术

基于统计的噪声探测方法可以分为一元方法和多元方法,目前多数研究团体通常采用多元方法,但是这种方法并不适合高维数据集和数据分布未知的任意数据集。

多元噪声探测的统计方法常常能指出远离数据分布中心的样本。这个任务可以使用几个距离度量值完成。马哈拉诺比斯(Mahalanobis)距离(简称马氏距离)值包括内部属性之间的依赖关系,这样系统就可以比较属性组合。这个方法依赖多元分布的估计参数,给定 p 维数据集中的 n 个观察值 x_i(其中 $n>>p$),用 $\bar{\boldsymbol{x}}_n$ 表示样本平均向量,$\boldsymbol{V}_n$ 表示样本协方差矩阵,则有

$$\boldsymbol{V}_n=\frac{1}{n-1}\sum_{i=1}^{n}(x_i-\bar{\boldsymbol{x}}_n)(x_i-\bar{\boldsymbol{x}}_n)^{\mathrm{T}} \tag{3-1}$$

每个多元数据点 $i(i=1,2,\cdots,n)$ 的马哈拉诺比斯距离 M_i 为

$$M_i=\left[\sum_{i=1}^{n}(x_i-\bar{\boldsymbol{x}}_n)^{\mathrm{T}}\boldsymbol{V}_n^{-1}(x_i-\bar{\boldsymbol{x}}_n)\right]^{\frac{1}{2}} \tag{3-2}$$

于是,马氏距离很大的 n 个样本就被视为噪声数据。

(2) 基于距离的技术

基于距离的噪声检测方法与基于统计的方法最大的不同是:基于距离的噪声检测方法可以用于多维样本;而大多数的基于统计的方法仅分析一维样本,即使分析多维样本,也是单独分析每一维。这种基于距离的噪声检测方法的基本计算复杂性,在于估计 n 维数据集中所有样本间的测量距离。如果样本 S 中至少有一部分数量为 p 的样本到 s_i 的距离比 d 大,那么样本 s_i 就是数据集 S 中的一个噪声数据。也就是说,这种方法的检测标准基于参数 p 和 d,这两个参数可以根据数据的相关知识提前给出或者在迭代过程中改变,以选择最有代表性的噪声数据。

例 3.2 基于距离的噪声检测方法。

给定一组三维样本 S,$S=\{S_1,S_2,S_3,S_4,S_5,S_6\}=\{(1,2,0),(3,1,4),(2,1,5),(0,1,6),(2,4,3),(4,4,2)\}$,求在距离阈值 $d\geqslant 4$、非邻点样本的阈值部分 $p\geqslant 3$ 时的噪声数据。

解:首先,求数据集中样本的欧几里得距离,使用 $d=\sqrt{(x_1-x_2)^2+(y_1-y_2)^2+(z_1-z_2)^2}$,如表 3-1 所示。

表 3-1 数据集 S 的距离表

数据集	S_1	S_2	S_3	S_4	S_5	S_6
S_1	—	4.583	5.196	6.164	3.742	4.123
S_2	—	—	1.414	3.606	3.317	3.742
S_3	—	—	—	2.236	3.606	4.690
S_4	—	—	—	—	4.690	6.403
S_5	—	—	—	—	—	2.236

然后,再根据阈值距离 $d=4$ 计算出每个样本的 p 值,即距离大于或等于 d 的样本数量,计算结果如表 3-2 所示。

表 3-2　*S* 中每个点的距离大于或等于 *d* 的 *p* 值表

样本	p	样本	p
S_1	4	S_4	3
S_2	1	S_5	1
S_3	2	S_6	3

根据表 3-2 所示的结果，可选择 S_1、S_4、S_6 作为噪声数据(因为它们的 $p \geqslant 3$)。

3. 不一致数据的处理

数据的不一致性，是指各类数据的矛盾性和不相容性，主要是由于数据冗余、并发控制不当以及各种故障和错误造成的。由于存在很多破坏数据一致性的因素，数据库系统都会有一些相应的措施解决并保持数据库的一致性，因此可以使用数据库系统来保持数据的一致性。

但是对于某些事务中一些数据记录的不一致，可以使用其他比较权威的材料改正这些事务的数据不一致。另外，数据输入时产生的问题可以用纸上的记录改正这些数据的不一致。知识工程工具也可以用来检测违反约束条件的数据。

3.2.2　数据清理方式

噪声和缺失值都会产生“脏”数据，也就是有很多原因会使数据产生错误，在进行数据清理时，就需要对数据进行偏差检测。导致偏差的原因有很多，例如，人工输入数据时有可能误输入；数据库的字段设计自身可能产生一些问题；用户填写信息时有可能没有填写真实信息以及数据退化等。不一致的数据表示和编码的不一致使用也可能出现数据偏差，例如身高 170cm 和 1.70m，日期“2011/12/12”和“12/12/2011”。字段过载(Field Overloading)产生的原因一般是开发者将新属性的定义挤进已经定义的属性的未使用(位)的部分，例如，使用一个属性未使用的位，该属性取值已经使用了 32 位中的 31 位。

可以使用唯一性原则、连续性原则和空值原则观察数据，进行偏差检测。

(1) 唯一性原则

每个值都是唯一的，一个属性的每一个值都不能和这个属性的其他值相同。

(2) 连续性原则

首先要满足唯一性原则，然后每个属性的最大值和最小值之间没有缺失的值。

(3) 空值原则

需要明确空白、问号、特殊符号等指示空值条件的其他串的使用，并且知道如何处理这样的值。

此外，为了统一数据格式和解决数据冲突，在数据清理时还可以使用外部源文件更正错误数据。外部源文件就是以记录的形式表示信息的文件，这些外部源文件可以从一些拥有单位或个人完整并真实的有效信息的行政部门获得，如例 3.3 所示。

例 3.3　使用外部源文件更正错误数据。

在表 3-3 所示的外部源文件中，ID 是唯一的，是关键字段。表 3-4 是一条脏记录。外部源文件模式与脏数据的模式一致,根据外部源文件的关键字段确定脏数据中字段的格式。清理过后的结果如表3-5所示,对表中Name字段的值重新进行了调整。

表3-3 外部源文件实例

ID	Name	Address	Sex
20161009211	Zhang San	12	M
20161009212	Li Si	30	M
20161009213	Wang Wu	25	F

表3-4 一条脏记录

ID	Name	Address	Sex
20161009211	Zhang S	12	M

表3-5 清理后的记录

ID	Name	Address	Sex
20161009211	Zhang San	12	M

3.3 数据集成

数据集成主要是在数据分析任务中把不同来源、格式、特点和性质的数据合理地集中并合并起来,从而为数据挖掘提供完整的数据源(包括多个数据库、数据立方体或一般文件),然后存放在一个一致的数据存储中,这样有助于减少结果数据集的冗余和不一致,提高在这之后的挖掘过程的准确性和速度。

数据集成的过程涉及的两个问题是实体识别问题和冗余问题。

1. 实体识别问题

这个问题主要是来自多个信息源的现实世界产生的"匹配"问题。例如,一个数据库中的brand_name和另一个数据库的product_name指的是同一实体。通常,数据库和数据仓库中的元数据(关于数据的数据)可以帮助避免模式集成中的错误。

2. 冗余问题

在进行数据集成的过程中很可能会遇到冗余。某些冗余可以通过相关性分析检测出来,主要分两种情况:一种是对数值属性数据(即数值数据),使用相关系数和协方差;另一种是对标称数据,使用χ^2(卡方)检验。

(1) 数值数据的相关系数(Correlation Coefficient)

属性X和Y的相关度使用其**相关系数**$r_{X,Y}$来表示。

$$r_{X,Y}=\frac{\sum_{i=1}^{n}(x_i-\overline{X})(y_i-\overline{Y})}{n\sigma_X\sigma_Y}=\frac{\sum_{i=1}^{n}(x_iy_i)-n\overline{X}\overline{Y}}{n\sigma_X\sigma_Y} \tag{3-3}$$

式(3-3)中的 n 代表元组的个数，x_i 是元组 i 在属性 X 上的值，y_i 是元组 i 在属性 Y 上的值，$\overline{X}$ 表示 X 的均值，$\overline{Y}$ 表示 Y 的均值，σ_X 表示 X 的标准差，σ_Y 表示 Y 的标准差，$\sum_{i=1}^{n}(x_i, y_i)$ 表示每个元组中 X 的值乘 Y 的值。且 $r_{X,Y}$ 的取值范围为 $-1 \leqslant r_{X,Y} \leqslant 1$。

如果 $r_{X,Y}>0$，则 X 和 Y 是正相关的，也就是说，X 值随 Y 值的变大而变大。如果 $r_{X,Y}$ 的值较大，数据可以作为冗余而被删除。

如果 $r_{X,Y}=0$，则 X 和 Y 是独立的且互不相关。

如果 $r_{X,Y}<0$，则 X 和 Y 是负相关的，也就是说，X 值随 Y 值的减小而变大，即一个字段随着另一个字段的减少而增多。

例 3.4　相关系数的计算。

已知体重与血压的12个样本数据如表3-6所示，试判断其相关性。

表 3-6　体重与血压表

指标	样本号											
	1	2	3	4	5	6	7	8	9	10	11	12
体重	68	48	56	60	83	56	62	59	77	58	75	64
血压	95	98	87	96	110	155	135	128	113	168	120	115

解：

① 由表3-6可计算体重 X 和血压 Y 的均值和标准差。

$$\overline{X}=\frac{68+48+56+60+83+56+62+59+77+58+75+64}{12}=63.83$$

$$\overline{Y}=\frac{95+98+87+96+110+155+135+128+113+168+120+115}{12}=118.33$$

$$\sigma_X=\sqrt[2]{\frac{1}{12}(68^2+48^2+56^2+60^2+83^2+56^2+62^2+59^2+77^2+58^2+75^2+64^2)-63.83^2}$$
$$=10.14$$

$$\sigma_Y=\sqrt[2]{\frac{1}{12}(95^2+98^2+87^2+96^2+110^2+155^2+135^2+128^2+113^2+168^2+120^2+115^2)-118.33^2}$$
$$=24.74$$

② 计算相关系数 $r_{X,Y}$。

$$r_{X,Y}=\frac{\sum_{i=1}^{n}(x_i-\overline{X})(y_i-\overline{Y})}{n\sigma_X\sigma_Y}=\frac{\sum_{i=1}^{12}(x_i-63.83)(y_i-118.33)}{12\times 10.14\times 24.74}=-0.112$$

由于 $r_{X,Y}<0$，可知 X 和 Y 是负相关的。

但是，相关性并不代表因果关系。假设 X 和 Y 具有相关性，不能代表 X 导致 Y 或者 Y 导致 X。例如，在超市售卖货物的时候，会发现卖出的商品与货物的摆放位置是相关的，但是这并不意味着卖出的商品与商品的摆放位置是有因果关系的。

(2) 数值数据的协方差

在概率论和统计学中，**协方差**(Covariance)用于衡量两个变量的总体误差。而方差是协方差中两个变量相同的一种特殊情况。协方差也可以评估两个变量的相互关系。

期望值就是指在一个离散性随机变量试验中每次可能结果的概率乘以其结果的总和。

设有两个属性 X 和 Y,以及有 n 次观测值的集合$\{(x_1,y_1),(x_2,y_2),\cdots,(x_n,y_n)\}$,则 X 的期望值(均值)为

$$E(X)=\overline{X}=\frac{\sum_{i=1}^{n}x_i}{n} \tag{3-4}$$

Y 的期望值(均值)为

$$E(Y)=\overline{Y}=\frac{\sum_{i=1}^{n}y_i}{n} \tag{3-5}$$

X 和 Y 的**协方差**定义为

$$\mathrm{Cov}(X,Y)=E[(X-\overline{X})(Y-\overline{Y})]=\frac{\sum_{i=1}^{n}(x_i-\overline{X})(y_i-\overline{Y})}{n} \tag{3-6}$$

将式(3-3)与式(3-6)结合,得到

$$r_{X,Y}=\frac{\mathrm{Cov}(X,Y)}{\sigma_X\sigma_Y} \tag{3-7}$$

其中,σ_X 和 σ_Y 分别是 X 和 Y 的标准差。

还可以证明

$$\mathrm{Cov}(X,Y)=E(X\cdot Y)-\overline{X}\overline{Y} \tag{3-8}$$

当 $\mathrm{Cov}(X,Y)>0$ 时,表明 X 与 Y 正相关;当 $\mathrm{Cov}(X,Y)<0$ 时,表明 X 与 Y 负相关;当 $\mathrm{Cov}(X,Y)=0$ 时,表明 X 与 Y 不相关。

若属性 X 和 Y 是相互独立的,有

$$E(X\cdot Y)=E(X)\cdot E(Y) \tag{3-9}$$

则协方差的公式是

$$\mathrm{Cov}(X,Y)=E(X\cdot Y)-\overline{X}\,\overline{Y}=E(X)\cdot E(Y)-\overline{X}\,\overline{Y}=0$$

但是,它的逆命题是不成立的。

例 3.5 协方差的计算。

依据表 3-6 体重与血压表中的数据,求血压是否会随着体重一起变化。

解:

① 计算期望值或标准差,利用例 3.4 计算结果,如表 3-7 所示。

表 3-7 体重和血压的均值和标准差值

指标	均值	标准差
体重	63.83	10.14
血压	118.33	24.74

② 计算协方差。

$$\mathrm{Cov}(X,Y)=r_{X,Y}\cdot\sigma_X\cdot\sigma_Y=-0.112\times10.14\times24.74=-28.10$$

因为协方差为负，所以血压和体重呈负相关。

(3) 标称数据的χ^2 检验

对于标称数据，两个属性 X 和 Y 之间的相关联系可以通过χ^2(卡方)检验发现。假设 X 有 n 个不同值，分别为 $x_1,x_2,\cdots,x_n$；Y 有 r 个不同值，分别为 $y_1,y_2,\cdots,y_r$。使用列联表表示 X 和 Y 的数据，如表 3-8 所示。

表 3-8 列联表

X \ Y	y_1	y_2	…	y_j	…	y_r	sum
x_1	o_{11}	o_{12}	…	o_{1j}	…	o_{1r}	$O_{1.}$
x_2	o_{21}	o_{22}	…	o_{2j}	…	o_{2r}	$O_{2.}$
⋮	⋮	⋮	⋮	⋮	⋮	⋮	⋮
x_i	o_{i1}	o_{i2}	…	o_{ij}	…	o_{ir}	$O_{i.}$
⋮	⋮	⋮	⋮	⋮	⋮	⋮	⋮
x_n	o_{n1}	o_{n2}	…	o_{nj}	…	o_{nr}	$O_{n.}$
sum	$O_{.1}$	$O_{.2}$	…	$O_{.j}$	…	$O_{.r}$	m

列联表是用 X 的 n 个值作为列联表的行，用 Y 的 r 个值作为列联表的列。使用(x_i,y_j)表示一个联合事件：字段 X 的值为 x_i，字段 Y 的值为 y_j，即$(X=x_i,Y=y_j)$，每个单元 o_{ij} 都是(x_i,y_j)的联合事件。

χ^2 值又称 Pearson χ^2 统计量，其计算为

$$\chi^2=\sum_{i=1}^{n}\sum_{j=1}^{r}\frac{(o_{ij}-e_{ij})^2}{e_{ij}} \tag{3-10}$$

式(3-10)中的 o_{ij} 是联合事件(x_i,y_j)的观测频度(即实际计数)，而 e_{ij} 是(x_i,y_j)的期望频度。其中，e_{ij} 的计算为

$$e_{ij}=\frac{\text{count}(X=x_i)\times\text{count}(Y=y_j)}{m}=\frac{(O_{i.}\times O_{.j})}{m} \tag{3-11}$$

式(3-11)中的 m 是数据元组的个数，$\text{count}(X=x_i)$是 X 上值为 x_i 的元组个数，而 $\text{count}(Y=y_j)$是 Y 上值为 y_j 的元组个数。特别注意，对χ^2 值贡献最大的单元是其实际计数与期望计数极不相同的单元。

χ^2 相关检验假设的 X 和 Y 是独立的，检验基于显著水平 α，具有自由度$(r-1)\times(n-1)$。可以使用χ^2 检验两个属性是否独立。

独立性检验的步骤如下。

① 统计假设：

设 H_0：属性 X 和属性 Y 之间是独立的；则 H_1：属性 X 和属性 Y 之间是相关的。

② 计算期望频数：

$$e_{ij}=\frac{(O_{i.}\times O_{.j})}{m}$$

③ 确定自由度：

$$\text{df}=(r-1)\times(n-1)$$

④ 计算 Pearson χ^2 统计量：

$$\chi^2=\sum_{i=1}^{n}\sum_{j=1}^{r}\frac{(o_{ij}-e_{ij})^2}{e_{ij}}$$

⑤ 统计推断：

$\chi^2>$临界值(具有自由度 df 和显著水平 α)：拒绝假设 H_0。

$\chi^2<$临界值(具有自由度 df 和显著水平 α)：接受假设 H_0。

例 3.6 使用χ^2 的标称数据的相关分析。

对从事两种工种的某一年龄段男性患某种疾病的情况进行调查，如表 3-9 所示。分析某一年龄段男性患某种疾病与从事工种是否相关。

表 3-9 患病情况调查列联表

从事工种	患病	不患病	合计
工种 1	386	895	1281
工种 2	65	322	387
合计	451	1217	1668

解：

① 统计假设：H_0 为某一年龄段男性患某种疾病与从事工种不相关。

② 计算期望频数：根据式(3-11) 计算期望频度。

$$e_{11}=1281\times 451/1668=346.36$$

$$e_{12}=1281\times 1217/1668=934.64$$

$$e_{21}=387\times 451/1668=104.64$$

$$e_{22}=387\times 1217/1668=282.36$$

③ 确定自由度 df：

$$df=(2-1)\times(2-1)=1$$

④ 计算卡方统计量，根据式(3-10)，计算卡方值。

$$\chi^2=\frac{(386-346.36)^2}{346.36}+\frac{(895-934.64)^2}{934.64}+\frac{(65-104.64)^2}{104.64}+\frac{(322-282.36)^2}{282.36}=26.80$$

⑤ 统计判断：假设取显著水平 $\alpha=0.05$，查询表 3-10 的卡方检验临界值表。

表 3-10 卡方检验临界值表(部分)

自由度	显著水平									
	0.99	0.98	0.95	0.90	0.50	0.10	**0.05**	0.02	0.01	0.005
1	0.000	0.001	0.004	0.016	0.045	2.71	**3.84**	5.41	6.46	10.83
2	0.020	0.040	0.103	0.211	1.36	4.61	5.99	7.82	9.21	13.82
3	0.115	0.185	0.352	0.584	2.366	6.25	7.82	9.84	11.34	16.27

此例中的显著水平 α 为 0.05，自由度为 1 的卡方检验临界值为 3.84，此例卡方值为 26.80，大于 3.84，因此拒绝假设 H_0，说明某一年龄段男性患某种疾病与从事工种是统计相

关的。

两个独立样本比较可以分为以下 3 种情况。

① 所有的期望频度 $e_{ij} \geqslant 5$ 并且总样本量 $m \geqslant 40$，用 Pearson 卡方进行检验。

② 如果期望频度 $e_{ij} < 5$ 但 $e_{ij} \geqslant 1$，并且 $m \geqslant 40$，用连续性校正的卡方进行检验。

$$x^2 = \sum_{i=1}^{n} \sum_{j=1}^{r} \frac{(|o_{ij} - e_{ij}| - 0.5)^2}{e_{ij}} \tag{3-12}$$

③ 如果有期望频度 $e_{ij} < 1$ 或 $m < 40$，则用精确概率检验。

3.4　数据归约

数据归约是指在对挖掘任务和数据自身内容理解的基础上，通过删除列、删除行和减少列中值的数量，来删掉不必要的数据，以保留原始数据的特征，从而在尽可能保持数据原貌的前提下最大限度地精简数据量。

数据归约技术可以得到数据集的归约表示，虽然小，但仍大致保持原数据的完整性。在归约后的数据集上挖掘将更有效，并产生相同（或几乎相同）的分析结果。

数据归约的主要策略如下。

① 数量归约：通过直方图、聚类和数据立方体聚集等非参数方法，使用替代的、较小的数据表示形式替换原数据。

② 属性子集选择：检测并删除不相关、弱相关或冗余的属性。

③ 抽样：使用比数据小得多的随机样本表示大型的数据集。

④ 回归和对数线性模型：对数据建模，使之拟合到一条直线，主要用来近似给定的数据。

⑤ 维度归约：通过小波变换、主成分分析等特征变换方式减少特征数目。

3.4.1　直方图

直方图（Histogram）是一种常见的数据归约的形式。属性 X 的**直方图**将 X 的数据分布划分为不相交的子集或桶。通常情况下，子集或桶表示给定属性的一个连续区间。**单值桶**表示每个桶只代表单个属性值/频率对（单值桶对于存放那些高频率的离群点非常有效）。

划分桶和属性值的规则有以下两点。

① 等宽：在等宽直方图中，每个桶的宽度区间是一致的。例如，图 3-2 中的桶宽为 10。

② 等频（或等深）：在等频直方图中，每个桶的频率粗略地计为常数，即每个桶大致包含相同个数的邻近数据样本。

例 3.7　用直方图表示数据。

已知某人在不同时刻下所量的血压值为：95，98，87，96，110，155，135，128，113，168，120，115，110，155，135，128，113，158，87，96，110，98，87，94，80，93，89，95，99，101，111，123，128，113，158，128，113，168，87，96，110。

使用等宽直方图表示数据如图 3-2 所示，桶宽为 10。

如果需要继续压缩数据，可以使用桶表示某个属性的一个连续值域，如图 3-3 中的每个桶都代表不同的血压值的区间为 20。

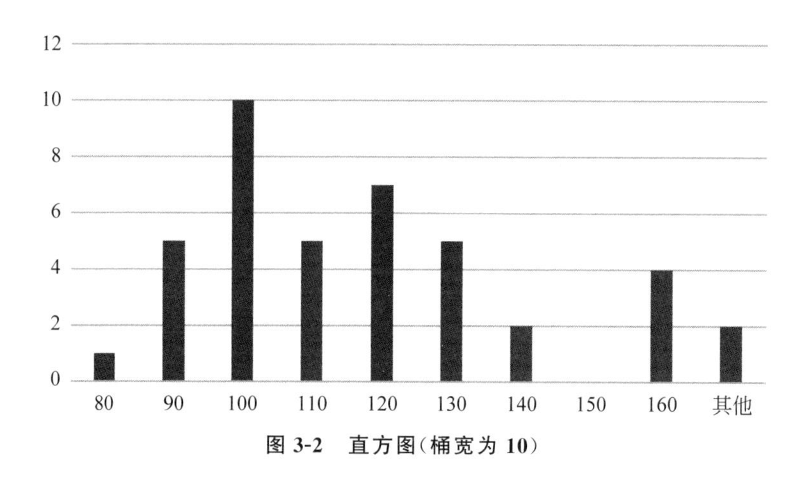

图 3-2 直方图(桶宽为 10)

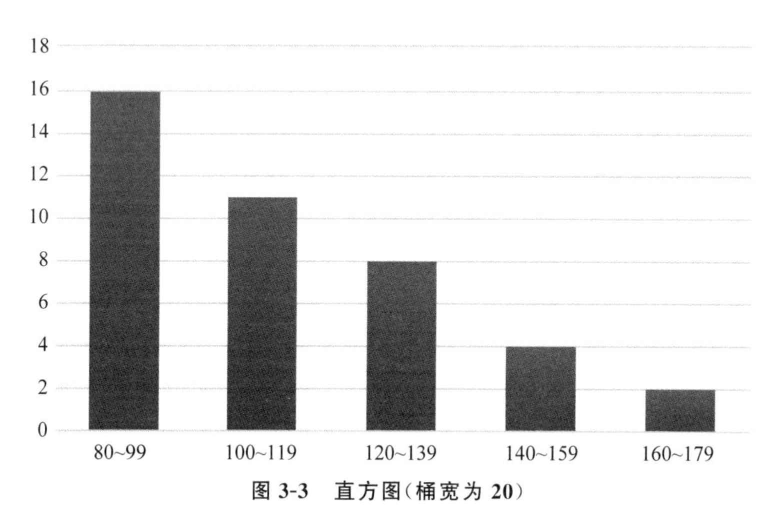

图 3-3 直方图(桶宽为 20)

3.4.2 数据立方体聚集

数据立方体是一类多维矩阵,可以使用户从多个维度探索和分析数据集,其中的数据是已经处理过的并且聚合成了立方体形式。数据立方体中的基本概念如下。

① 方体:不同层创建的数据立方体。

② 基本方体:最低抽象层创建的立方体。

③ 顶方体:最高层抽象的立方体。

④ 方体的格:每一个数据立方体。

例 3.8 某公司部分商品的销售数据立方体。

已知某公司的部分商品在不同城市前 4 个月(即 1~4 月份)每个月的销售情况,如图 3-4 所示。如果想要得到每种商品、每个地区、1~4 月份的销售总量,就可以对这些数据进行聚集。

图 3-4 是一个从商品、时间和城市 3 个维度表示的销售数据的立方体。其中,内部的每一个小立方体表示了某个城市、某个月份、销售某种商品的销售量。

右边缘上部分每个浅色的小立方体是对时间维度的汇总,如最右上边的立方体表示了

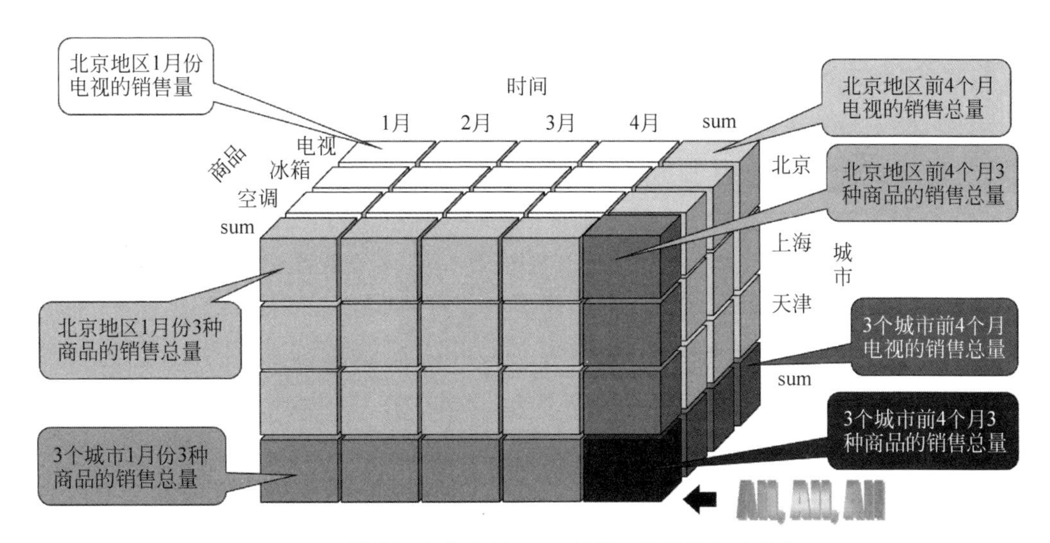

图 3-4 某公司部分商品 1～4 月份的销售数据立方体

北京地区前 4 个月电视的销售总量,它是对内部小立方体在时间维度的上一层抽象。前边缘上部分每个浅色的小立方体是对商品维度的汇总,如最左上边的立方体表示了北京地区 1 月份 3 种商品的销售总量,它是对内部小立方体在商品维度的上一层抽象。

右边缘下部分每个深色的小立方体是对时间和城市两个维度的汇总,如最右边的立方体表示了 3 个城市前 4 个月电视的销售总量,它是对上部分浅色立方体在城市维度的上一层抽象。前边缘下部分每个深色的立方体是对商品和城市两个维度的汇总,如最左边的立方体表示了 3 个城市 1 月份 3 种商品的销售总量,它是对上部分浅色立方体在城市维度的上一层抽象。

前边缘和右边缘中间的边缘上部分每个深色的立方体是对时间和商品两个维度的汇总,如最上边右侧的立方体表示了北京地区前 4 个月 3 种商品的销售总量,它是对左侧浅色立方体或右侧浅色立方体的上一层抽象。

最右下角的黑色立方体是对时间、商品和城市 3 个维度的汇总,即 3 个城市前 4 个月份 3 种商品的销售总量,它是最高层的抽象。

数据立方体的抽象层次可以用立方体的格表示,图 3-5 给出了某公司部分商品销售情况的数据抽象层次。其中的顶点表示了图 3-4 中的每个小立方体的层次概念,立方体最低层是最详细的数据,称为基本立方体。最上面一层即最高层是所有维度的汇总,称为顶立方体。中间层是对不同维度的抽象。

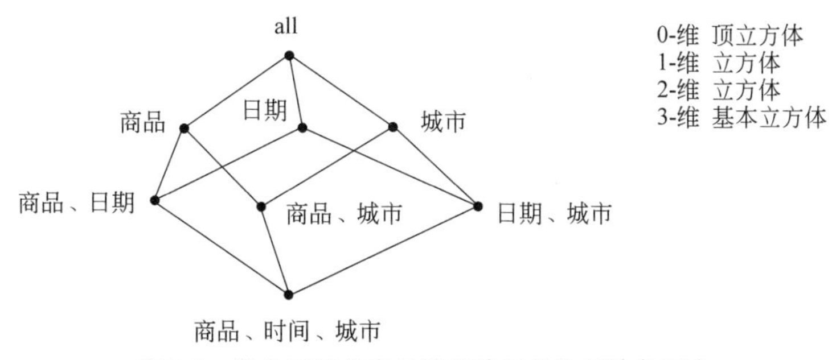

图 3-5 某公司部分商品销售情况的数据抽象层次

3.4.3 属性子集选择

属性子集选择是从一组已知属性集合中通过删除不相关或冗余的属性(或维度)来减少数据量。属性子集选择主要是为了找出最小属性集,使所选的最小属性集可以像原来的全部属性集一样能正确区分数据集中的每个数据对象。这样可以提高数据处理的效率,简化学习模型,使得模型更易于理解。

属性子集选择的基本启发式方法包括逐步向前选择、逐步向后删除以及决策树归纳,表3-11给出了属性子集选择方法。

表3-11 属性子集选择方法

向前选择	向后删除	决策树归纳
初始属性集： $\{X_1,X_2,X_3,X_4,X_5,X_6\}$ 初始化归约集： $\{\}$ $\Rightarrow\{X_1\}$ $\Rightarrow\{X_1,X_4\}$ $\Rightarrow\{X_1,X_4,X_6\}$	初始属性集： $\{X_1,X_2,X_3,X_4,X_5,X_6\}$ $\Rightarrow\{X_1,X_2,X_3,X_4,X_5,X_6\}$ $\Rightarrow\{X_1,X_3,X_4,X_5,X_6\}$ $\Rightarrow\{X_1,X_4,X_5,X_6\}$ $\Rightarrow\{X_1,X_4,X_6\}$	初始属性集： $\{X_1,X_2,X_3,X_4,X_5,X_6\}$ 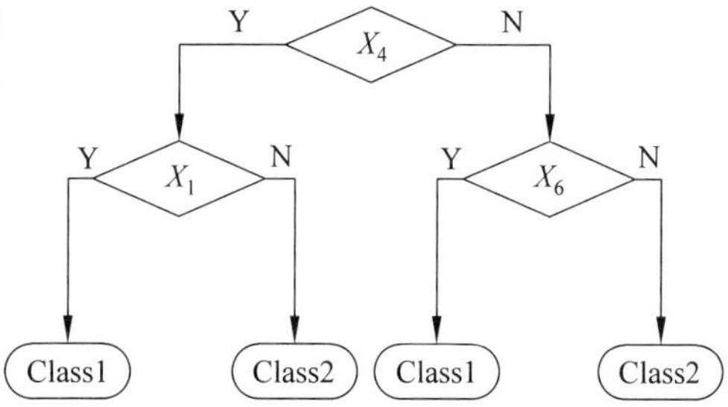 X_4 (Y / N) Y: X_1 (Y: Class1; N: Class2) N: X_6 (Y: Class1; N: Class2)
⇒归约后的属性集： $\{X_1,X_4,X_6\}$	⇒归约后的属性集： $\{X_1,X_4,X_6\}$	⇒归约后的属性集： $\{X_1,X_4,X_6\}$

(1) 逐步向前选择

以空的属性集作为开始,首先确定原属性集中最好的属性,如表3-10所示,初始化归约集后,首先选择属性X_1,将它添加到归约后的属性集中。然后继续迭代,每次都从原属性集剩下的属性中寻找最好的属性并添加到归约后的属性集中,依次选择属性X_4和X_6,最终得到归约后的属性集$\{X_1,X_4,X_6\}$。

(2) 逐步向后删除

从原属性集开始,删除在原属性集中最差的属性,如表3-10所示,首先删除属性X_2,然后依次迭代,再依次删除属性X_3和X_5,最终得到归约后的属性集$\{X_1,X_4,X_6\}$。

(3) 决策树归纳

使用给定的数据构造决策树,假设不出现在树中的属性都是不相关的。决策树中每个非叶子结点代表一个属性上的测试,每个分支对应一个测试的结果,每个叶子结点代表一个类预测,如表3-11所示,对于属性X_1的测试,结果为“是”的对应Class1的类预测结果;结果为“否”的对应Class2的类预测结果。在每个结点上,算法选择“最好”的属性,将数据划分成类。出现在树中的属性形成归约后的属性子集。

以上这些方法的结束条件都可以是不同的,最终都通过一个度量阈值确定何时结束属性子集的选择过程。

也可以使用这些属性创造某些新属性,这就是属性构造。例如,已知属性“radius(半径)”,可以计算出“area(面积)”。这对于发现数据属性间联系的缺少信息是有用的。

3.4.4　抽样

抽样在统计中主要是在数据的事先调查和数据分析中使用。抽样是很常用的方法,用于选择数据子集,然后分析出结果。但是,抽样在统计学与数据挖掘中的使用目的是不同的。统计学使用抽样,主要是因为得到数据集太费时费力;数据挖掘使用抽样,主要是因为处理这些数据太耗费时间并且代价太大,使用抽样在某种情况下会压缩数据量。

有效抽样的理论是:假设有代表性的样本集,那么样本集和全部的数据集被使用且得到的结论是一样的。例如,假设对数据对象的均值感兴趣,并且样本的均值近似于数据集的均值,则样本是有代表性的。但是抽样是一个过程,特定的样本的代表性不是不变的,所以最好选择一个确保以很高的概率得到有代表性的样本的抽样方案。抽样的效果取决于样本的大小和抽样的方法。

假定大型数据集 D 包含 N 个元组。3 种常用的抽样方法如下。

① 无放回的简单随机抽样方法:该方法从 N 个元组中随机$\left(每一数据行被选中的概率为\frac{1}{N}\right)$抽取出 n 个元组,以构成抽样数据子集。

② 有放回的简单随机抽样方法:该方法与无放回的简单随机抽样方法类似,也是从 N 个元组中每次抽取一个元组,但是抽中的元组接着放回原来的数据集 D 中,以构成抽样数据子集。这种方法可能会产生相同的元组。

图 3-6 表示无放回和有放回的简单随机抽样方法。

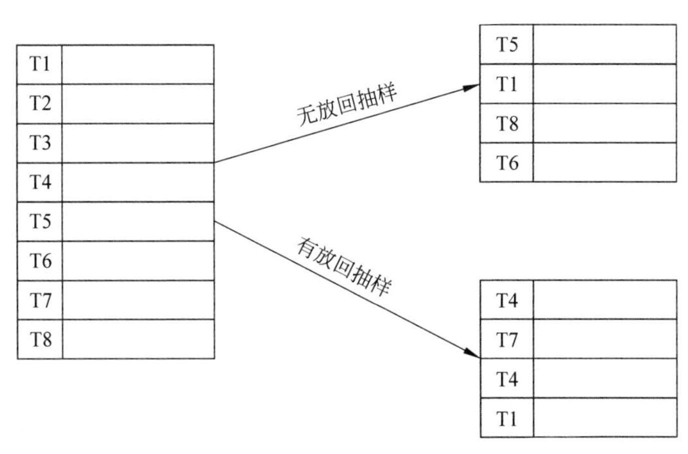

图 3-6　无放回和有放回的简单随机抽样方法示意图

③ 分层抽样:在总体由不同类型的对象组成且每种类型的对象数量差别很大时使用。分层抽样需要预先指定多个组,然后从每个组中抽取样本对象。一种方法是从每个组中抽取相同数量的对象,而不管这些组的大小是否相同。另一种方法是从每一组抽取的对象数量正比于该组的大小。

首先将大数据集 D 划分为互不相交的层,然后对每一层简单随机选样得到 D 的分层选样。例如,根据顾客的年龄组进行分层,然后再在每个年龄组中进行随机选样,从而确保了最终获得的分层采样数据子集中的年龄分布具有代表性。

选择好了抽样技术,接下来就需要选择样本容量了。过多的样本容量会使计算变得庞杂,但是却可以使得样本更具有代表性;过少的样本容量可以使计算变得简单,但是却可能使得结果不准确。所以,确定适当的样本容量同样非常重要。

3.5 数据变换与数据离散化

3.5.1 数据变换策略及分类

数据变换是将数据转换为适合于数据挖掘的形式,数据变换策略主要包括光滑、聚集、数据泛化、规范化、属性构造和离散化。

① 光滑:去掉数据中的噪声。这类技术包括分箱、回归和聚类。

② 聚集:对数据进行汇总或聚集。例如,可以聚集某超市每一季度的销售商品数据,以获得商品年销售量。一般来说,聚集主要用来为多粒度的数据分析构造数据立方体。

③ 数据泛化:使用概念分层,用高层概念替换低层或“原始”数据。例如,可以把某超市的顾客家庭住址泛化为较高层的概念,如city、district、street。

④ 规范化:把属性数据按比例缩放,使之落入一个特定的小区间,如-10.0~0.0或0.0~10.0。

⑤ 属性构造(特征构造):通过已知的属性构建出新的属性,然后放入属性集中,有助于挖掘过程。

⑥ 离散化:数值属性(如年龄)的原始值用区间标签(如0~10或11~20)或概念标签(如youth、adult、senior)替换。这些标签可以递归地组织成更高层概念,形成数值属性的概念分层。图3-7就是属性年龄的离散化。

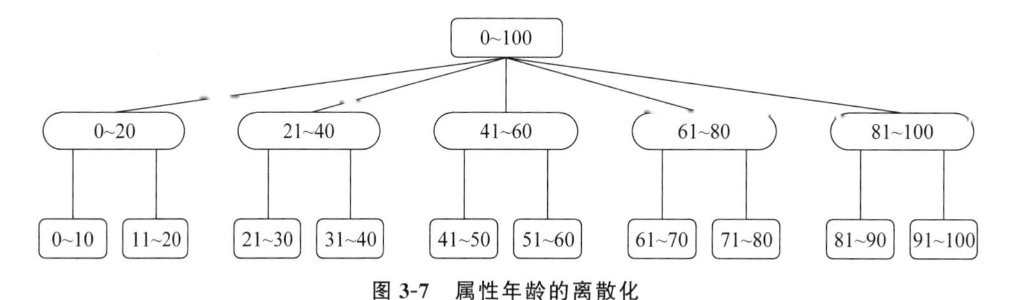

图3-7 属性年龄的离散化

3.5.2 数据泛化

概念分层可以用来泛化数据,虽然这种方法可能会丢失某些细节,但泛化后的数据更有意义、更容易理解。

对于数值属性,概念分层可以根据数据的分布自动地构造,如用分箱、直方图分析、聚类分析、基于熵的离散化和自然划分分段等技术生成数据概念分层。

对于分类属性,有时可能具有很多个值。如果分类属性是序数属性,则可以使用类似于处理连续属性方法的技术，以减少分类值的个数。如果分类属性是标称的或无序的，就需要使用其他方法。例如，一所大学由许多系组成，系名属性可能具有数十个值。在这种情况下，可以使用系之间的学科联系，将系合并成较大的学科；或者使用更为经验性的方法，仅当分类结果能提高分类准确率或达到某种其他数据挖掘目标时，才将值聚集到一起。

由于一个较高层概念通常包含若干从属的较低层概念，高层概念属性（如区）与低层概念属性（如街道）相比，通常包含较少数目的值。据此，可以根据给定属性集中每个属性不同值的个数自动产生概念分层。具有越多不同值的属性在分层结构中的层次就越低，属性的不同值越少，则所产生的概念在分层结构中所处的层次就越高。

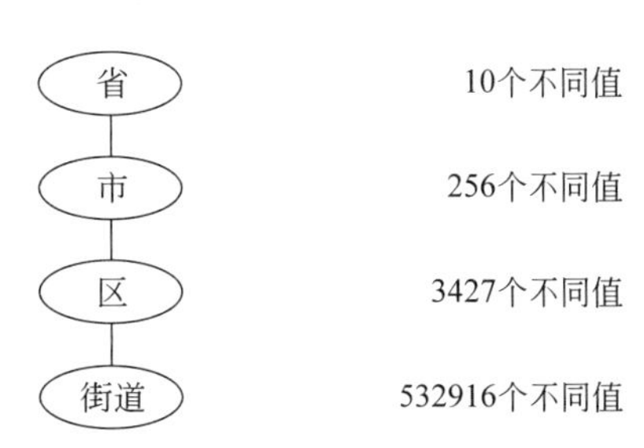

图3-8 属性地区概念分层的自动生成

首先，根据每个属性的不同值的个数，将属性按升序排列。其次，按照排好的次序，自顶向下产生分层，第一个属性在最顶层，最后一个属性在最低层，如图3-8所示。

3.5.3 数据规范化

数据规范化是通过将数据压缩到一个范围内（通常是0～1或者－1～1），赋予所有属性相等的权重。对于神经网络的分类算法或者基于距离度量的分类和聚类，规范化是特别有用的。但是有时并不需要规范化，例如算法使用相似度函数而不是距离函数时；再如随机森林算法，它从不比较一个特征与另一个特征，因此也不需要规范化。

数据规范化的常用方法有3种：按小数定标规范化、最小-最大值规范化和z-score规范化。

1. 按小数定标规范化

通过移动属性值的小数点的位置进行规范化，通俗地说就是将属性值除以10^j，使其值落在[－1,1]。属性A的值v_i被规范化v'_i，其计算公式为

$$v'_i=\frac{v_i}{10^j} \tag{3-13}$$

其中，v_i表示对象i的原属性值，v'_i表示规范化的属性值。j是使$\max(|v'_i|)<1$的最小整数。

例3.9 按小数定标规范化。

设某属性的最大值为5870，最小值为2320，按小数定标规范化，使属性值缩小到[－1,1]的范围内。

解：题中属性的最大绝对值为5870，显然只要将属性中的值分别除以10000，就满足$\max(|v'_i|)<1$，这时$j=5870$规范化后为0.587，而2320被规范化为0.232。达到了将属性值缩到小的特定区间[－1,1]的目标。

2. 最小-最大值规范化

最小-最大值规范化对原始数据进行了线性变化。

假设 $\min A$ 和 $\max A$ 分别表示属性 A 的最小值和最大值，则最小-最大值规范化计算公式为

$$v_i'=\frac{v_i-\min A}{\max A-\min A}(b-a)+a \tag{3-14}$$

其中，v_i 表示对象 i 的原属性值，v_i'表示规范化的属性值。$[a,b]$表示 A 属性的所有值在规范化后落入的区间。

例 3.10 最小-最大值规范化。

某公司员工的最大年龄为52岁，最小年龄为21岁，将年龄映射到[0.0,1.0]的范围内。

解：根据最小-最大值规范化，44岁将变换为$\frac{44-21}{52-21}(1.0-0)+0\approx0.742$。

3. z-score 规范化

z-score 规范化方法是基于属性的均值和标准差进行规范化的。

z-score 规范化的计算公式为

$$v_i'=\frac{v_i-\overline{A}}{\sigma_A} \tag{3-15}$$

其中，v_i表示对象 i 的原属性值，v_i'表示规范化的属性值，$\overline{A}$ 表示属性 A 的平均值，σ_A 表示属性 A 的标准差。

例 3.11 z-score 规范化。

某公司员工的平均值和标准差分别为25岁和11岁。根据 z-score 规范化，将44岁这个数据规范化。

解：根据 z-score 规范化，44岁变换为$\frac{44-25}{11}\approx1.727$。

3.5.4 数据离散化

连续变量的离散化就是将具体性的问题抽象为概括性的问题，即将它取值的连续区间划分为小的区间，再将每个小区间重新定义为一个唯一的取值。例如，学生考试成绩可以划分为两个区间，[0,60)为不及格，[60,100]为及格。60是两个区间的分界点，称为断点。断点就是小区间的划分点，区间的一部分数据小于断点值，另一部分数据则大于或等于断点值。选取断点的方法不同，从而产生了不同的离散化方法。

对连续变量进行离散化处理，一般经过以下步骤。

① 对连续变量进行排序。

② 选择某个点作为候选断点，根据给定的要求，判断此断点是否满足要求。

③ 若候选断点满足离散化的要求，则对数据集进行分裂或合并，再选择下一个候选断点。

④ 重复步骤②和③，如果满足停止准则，则不再进行离散化过程，从而得到最终的离散

结果。

(1) 分箱法

分箱法主要包括等宽分箱法和等深分箱法,它们是基本的离散化算法。分箱的方法是基于箱的指定个数自顶向下的分裂技术,在离散化的过程中不使用类信息,属于无监督的离散化方法。

① 等宽分箱法:就是使数据集在整个属性值的区间上平均分布,即每个箱的区间范围是一个常量,称为箱子宽度。

② 等深分箱法:是要把这些数据按照某个定值分箱,这个数值就是每箱的记录的行数,也称为箱子的深度。

在等宽或等深划分后,可以用每个箱中的中位数或者平均值替换箱中的所有值,实现特征的离散化。

例 3.12　按照两种分箱法进行分箱。

某公司存储员工信息的数据库中表示收入的字段 income 排序后的值(元)为:900,1000,1300,1600,1600,1900,2000,2400,2600,2900,3000,3600,4000,4600,4900,5000。分别按照等深分箱法和等宽分箱法的方法进行分箱。

解:

① 等深分箱法:设定权重(箱子深度)为 4,分箱后有

箱 1:900,1000,1300,1600

箱 2:1600,1900,2000,2400

箱 3:2600,2900,3000,3600

箱 4:4000,4600,4900,5000

使用平均值平滑结果为

箱 1:1200,1200,1200,1200

箱 2:1975,1975,1975,1975

箱 3:3025,3025,3025,3025

箱 4:4625,4625,4625,4625

② 等宽分箱法:设定区间范围(箱子宽度)为 1000 元,分箱后有

箱 1:900,1000,1300,1600,1600,1900

箱 2:2000,2400,2600,2900,3000

箱 3:3600,4000,4600

箱 4:4900,5000

使用平均值平滑结果为

箱 1:1383,1383,1383,1383,1383,1383

箱 2:2580,2580,2580,2580,2580

箱 3:4067,4067,4067

箱 4:4950,4950

(2) 直方图分析法

直方图也可以用于数据离散化,它能够递归地用于每一部分,可以自动产生多级概念分层,直到满足用户需求的层次水平后结束。

例如,图3-9是某数据集的分布直方图,被划分成了范围相等的区间(80～99,100～119,…,160～179),这就产生了多级概念分层。

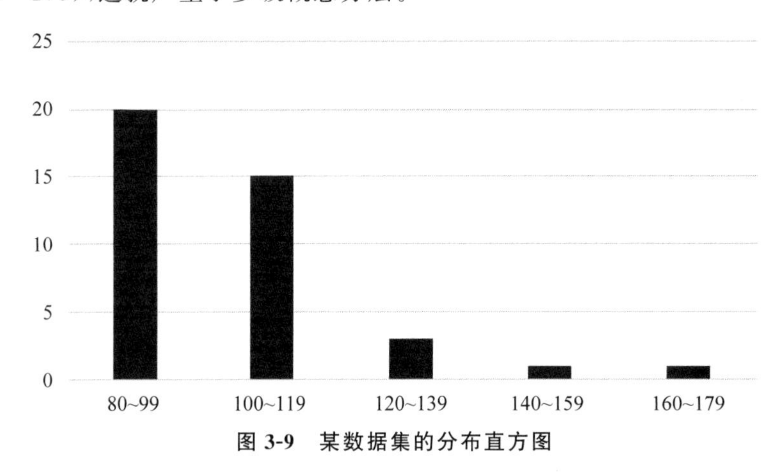

图3-9 某数据集的分布直方图

3.6 习题

1. 数据预处理的主要方法有哪些?每个方法的主要内容是什么?

2. 高质量的数据有哪些性质?

3. 是否存在可以用于预测的标识号?如果有,给出例子。

4. 使用例3.2中的数据,求出距离阈值为6且非邻点样本的阈值部分为2的噪声数据。

5. 以下规范方法的值域是什么?

(1) z-score规范化

(2) 小数定标规范化

(3) 最小-最大值规范化

6. 某工厂工人体检的血压值结果如下(已按递增排序):

73,75,76,86,89,90,90,91,92,92,105,105,105,105,120,133,134,134,135,135,135,135,136,140,145,146,152,160。

试求解下列问题。

(1) 使用z-score规范化转换血压值135,其中血压的标准偏差为12.94。

(2) 使用小数定标规范化转换血压值135。

(3) 使用最小-最大值规范化,将血压值135转换到[0.0,1.0]。

7. 什么是数据规范化?有哪些方法?

第 4 章 数据仓库与联机分析处理

信息管理系统的广泛应用使各行业积累了大量有重要潜在价值的历史数据，从而激发起对数据分析功能的更高要求，数据仓库由此得以快速发展。构造数据仓库的过程可以看作挖掘多维数据的预处理过程。

本章主要介绍数据仓库的基本概念、数据仓库的设计和实现、联机分析处理(Online Analytical Processing，OLAP)、元数据模型、数据立方体(用于数据仓库、OLAP 和 OLAP 操作的多维数据模型)以及数据泛化等内容。

4.1 数据仓库基本概念

4.1.1 数据仓库的定义

数据仓库的概念始于 20 世纪 80 年代中期，首次出现在被誉为“数据仓库之父”的 William H.Inmon 所著的《建立数据仓库》一书中。随着人们对大型数据库系统的研究、管理、维护等方面的认识加深和不断完善，在总结、丰富、集中多行业企业信息的经验后，为数据仓库给出了更为精确的定义，即**数据仓库**是一个面向主题的、集成的、时变的、非易失的数据集合，支持管理者的决策过程。

数据仓库是一种集成型数据库，也可以看作是多维异构历史数据的存储过程。当历史数据长期积累，传统的联机事务处理(Online Transaction Processing，OLTP)数据库无法满足决策支持的需求时，数据仓库成为必然选择。数据仓库所具有的功能可概括为：面向业务的主题内容，汇总并统一日常操作数据，掌握并管理历史信息的变换和积累、使用与处理过程，实现数据在逻辑上的集成。简单来说，数据仓库的目的是合并和组织历史数据，并借助一些分析工具，帮助决策者从数据中发现重要的隐藏事实。这些历史数据的来源通常多种多样，可以来源于 OLTP 系统、文本文件、图表或电子表格等。数据仓库整合这些多维数据，对其进行清理、转换和组织，得到精准一致的数据集，有利于后续高效的查询分析过程。

4.1.2 数据仓库的性质

区别于其他数据存储系统，如关系数据库系统、事务处理系统和文件系统，数据仓库有以下 4 个关键性质。

1. 面向主题

主题是在较高层次上将企业信息系统中的数据进行综合、归类和分析利用的一个抽象概念,每一个主题基本对应一个宏观的分析领域。在逻辑意义上,它是对应企业中某一宏观分析领域所涉及的分析对象。例如,“销售分析”就是一个分析领域,因此这个数据仓库应用的主题就是“销售分析”。

数据仓库紧紧围绕决策者(如顾客、供应商和销售组织)所关注的主题进行数据建模和分析,排除对于决策者无用的数据,提供该特定主题的简明视图。这种面向主题的数据组织方式,完整统一地刻画了各个分析对象所涉及的企业中各项数据之间的联系。

2. 集成性

数据仓库中的数据来自于多个异构数据源,如关系数据库、联机事务处理记录和一般文件,通过使用数据清理和数据集成技术整合到数据仓库中。由于原始数据一般不适合用于分析处理,简单的复制又难以保证数据的质量,因此必须进行清理集成(包括编码转换、单位转换、字段转换等),以确保结果数据中编码结构、度量属性、命名约定的一致性。

3. 与时间相关

数据仓库关注历史数据,其关键结构总是包含时间元素,利用它抽取到的知识与信息,也间接体现出所属时段的特性。

4. 不可变更

从数据的使用方式角度来看,数据仓库只需要两种访问操作:数据的初始化装入和数据访问。当数据存放到数据仓库中以后,用户是不需要且不能修改数据仓库中的数据的。

由此,数据仓库可被理解为一种语义上一致的数据存储,通过集成异构数据源中的数据,整合企业战略决策所需要的信息。

4.1.3 数据仓库体系结构

数据仓库是一个环境,为了高效地把操作型历史数据集成到统一的环境中并提供决策型数据访问与挖掘,数据仓库通常采用一种三层体系结构,如图 4-1 所示,包括数据仓库服务器、OLAP 服务器、前端工具。

1. 底层:数据仓库服务器

使用一些后端工具和实用程序,对其他外部数据源的数据进行提取、清理、变换、装入和刷新,将高质量的数据更新到数据仓库。数据集市也称为数据市场,是一个从操作的数据和其他为某个特殊的专业人员团体服务的数据源中收集数据的仓库,是数据仓库的子集。

2. 中间层:OLAP 服务器

联机分析处理是数据仓库系统前端分析服务的分析工具,能快速汇总大量数据并进行高效查询分析,为分析人员提供决策支持。使用 OLAP 相关模型将多维数据上的操作映射为标准的关系操作,或者直接实现多维数据操作。OLAP 操作可以与关联、分类、预测、聚类等数据挖掘功能结合,以加强多维数据挖掘。

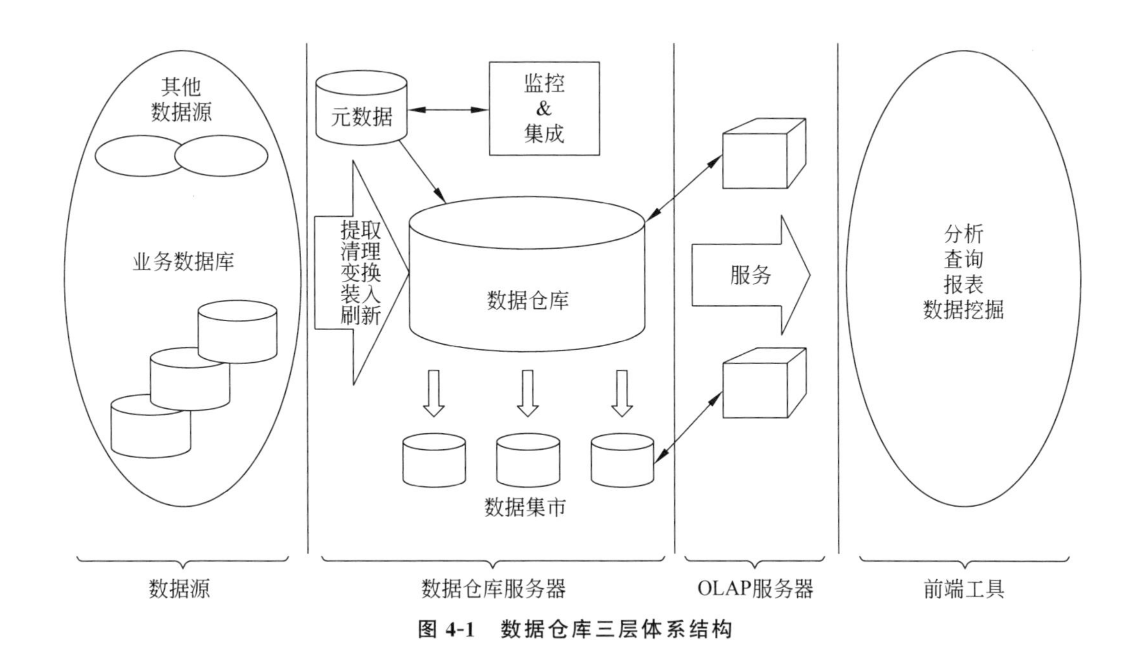

图 4-1　数据仓库三层体系结构

3. 顶层：前端工具

前端工具包括数据挖掘工具(如趋势分析、预测等)、数据分析工具和查询与报表工具，用于最终用户(如经理、主管、分析人员等)直接操作获取知识。

这种数据仓库体系结构能够有效地支持海量数据的存储与快速检索。设计良好的数据仓库结构与强大的 OLAP 分析工具，能够满足各种复杂的决策需求。

4.1.4　数据仓库设计模型

1. 数据模型

数据模型是数据仓库建设的基础，一个完整、灵活、稳定的数据模型对数据仓库项目的成功有以下重要作用。

① 数据模型是整个系统建设过程的导航图。

② 有利于数据的整合。

③ 排除数据描述的不一致性。

④ 可以消除数据仓库中的冗余数据。

数据仓库设计的三级数据模型是：概念模型、逻辑模型和物理模型。

(1) 概念模型

概念模型对现实世界中问题域内的事物的描述，不是对软件设计的描述。

(2) 逻辑模型

逻辑模型对概念模型中的主题进行细化，定义实体与实体之间的关系，以及实体的属性。

(3) 物理模型

物理模型依照逻辑模型在数据库中建表、索引等。为了满足高性能的需求，数据仓库可以增加冗余、隐藏表之间的约束等反第三范式操作。

2. 粒度

粒度影响数据仓库中数据量的大小，粒度是一个设计数据仓库的重要问题。

粒度是指数据仓库的数据单位中保存数据的细化或综合程度的级别，也是对数据仓库中的数据综合程度高低的一个度量，它既影响数据仓库中的数据量的多少，也影响数据仓库所能实现的查询类型。粒度越小，则细节程度越高，综合程度越低，查询类型也越多；粒度越大，则综合程度越高，查询的效率也越高。

在数据仓库中可将小粒度的数据存储在低速存储器上，大粒度的数据存储在高速存储器上。

4.2 数据仓库设计

数据仓库面向主题、集成、不可更新等特点决定了其设计方法区别于传统的联机事务处理数据库的设计。数据仓库的设计是由数据驱动的，而且需要不断地循环和反馈，使数据仓库系统不断地完善。模型设计原则遵循“自顶向下、逐步细化”的原则。设计方案需要充分考虑系统的健壮性和可扩展性，并提前做好相应的准备工作，减少因后续的修改或完善系统所造成的代价和开销。

数据仓库的设计大体上分为以下3个步骤。

① 数据仓库的概念模型设计。

② 数据仓库的逻辑模型设计。

③ 数据仓库的物理模型设计。

4.2.1 数据仓库的概念模型设计

概念模型设计的目的是：对数据仓库所涉及的实体和客观的实体进行抽象和分析，并在此基础上构建一个相对稳固的模型。在设计概念模型的时候，需要充分了解业务及其主要关系，最终形成一个能够充分刻画对象的主题和关系的模型。概念模型为全局工作服务，集成了全方位的数据而形成了一个统一的概念蓝图。

概念模型需要完成的工作有以下几个方面。

① 界定系统边界，即全方位了解任务和环境，充分理解需求，绘制大致的系统边界。也就是完成数据仓库系统设计的需求分析。

② 确定主要的主题域，完成对一些属性、主题域公共码以及主题域之间联系的描述工作，其中的属性能够清楚、充分地代表主题。

③ 细分具体内容及确定分析维度，维元素对应的是分析角度，通常是一些离散型的数据；度量对应的是指标，实际使用中要根据指标的存储和查询使用的频度来判断分析指标属于维元素还是维属性。

概念模型设计最常用的策略是自底向上的方法，即先自顶向下地进行需求分析，然后再自底向上地设计概念结构。

概念模型设计主要有以下步骤。

① 抽象数据并设计局部视图。

② 集成局部视图,得到全局的概念结构。

多维数据的表示和存储是数据仓库设计的核心,数据仓库的多维数据模型是简洁且面向主题的,这样可以更加直观地展示数据组织形式,同时也利于数据的访问。多维数据模型主要分为星型模型、雪花模型、事实星座模型。

1. 星型模型

星型模型是比较常用的模型范式,是一种使用关系数据库实现多维分析空间的模型。主要由一个主题事实表和一组维表构成。事实表规模较大,包含大量的数据并且不含冗余;维表又称为维度表,是事实表的附属表,每一维都会有一个附属表围绕在事实表周围。星型模型的命名来源于维表围绕中心事实表的表现形式。

一个典型的星型模型包括一个大型的事实表和一组逻辑上围绕这个事实表的维表。事实表是星型模型的核心,事实表由主键和度量数据组成。星型模型中各维表主键的组合构成事实表的主键。事实表中所存放的数据是大量和主题密切相关的、用户最关心的度量数据。维度是观察事实、分析主题的角度。维表的集合是构建数据仓库数据模式的关键,维表通过主键与事实表相连。用户依赖维表中的维度属性,从事实表中获取支持决策的数据。

例 4.1 使用星型模型设计产品销售数据仓库。

某商品销售中心,每天都有不同的销售商将成千上万种商品销售到不同的地方。现在为了方便销售中心管理,需要建立一个关于产品销售的数据仓库,以便更好地管理与统计销售中心的经营状况。

可以使用星型模型设计产品销售数据仓库,如图4-2所示。星型模型包含一个销售事实表,它包含4个维的码。每个维用一个维度表标识,这个表包含一系列的属性,这些维表是直接与中心事实表相关联的。

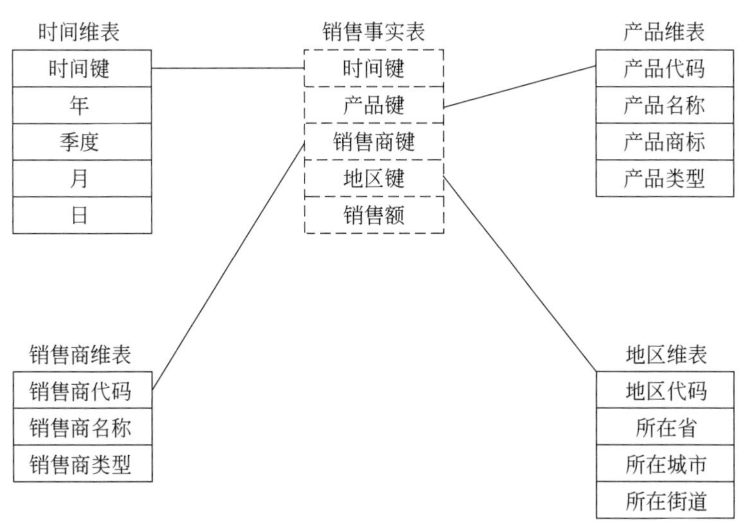

图 4-2 产品销售数据仓库的星型模型

星型模型的优势在于对数据的维度进行了一定程度的预处理,为OLAP提供了良好的工作条件,提高查询性能。不足之处是建立这些预处理需要较长时间,而且数据的冗余量大。

2. 雪花模型

在某些情况下,星型模型在设计完成后需要对维度实体进行更加深入、详细的分析,这就需要设计数据仓库的雪花模型。雪花模型是对星型模型的扩展、延伸以及标准化,同时对星型模型的维表进行规范化。具体的做法是在星型模型维表的基础上进一步分解出类别维表。

例4.2　使用雪花模型设计产品销售数据仓库。

可以使用雪花模型设计产品销售数据仓库,如图4-3所示。产品销售的雪花模型和星型模型基本相同,不同的是维表。雪花模型在星型模型的基础上对维表进行了规范化,产生了新的类别维表,产品维表包含类型维表,以对产品维表进行细化;地区维表包含城市维表,以对消费地点按照城市类别进行细化。

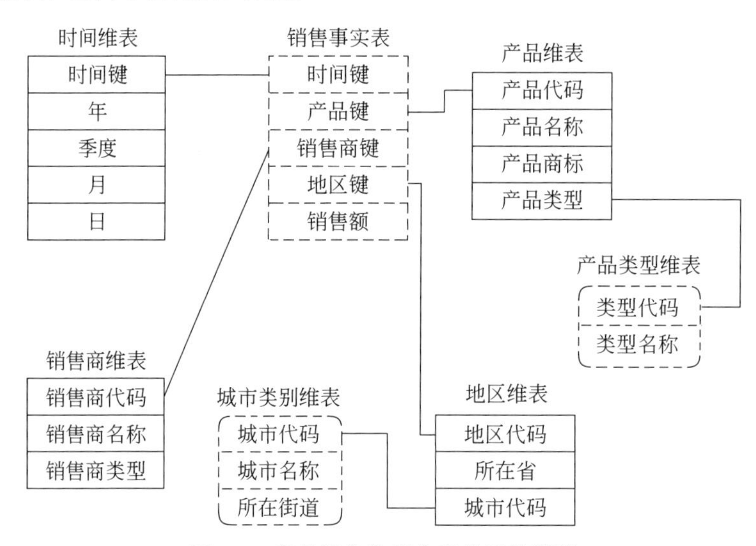

图4-3　产品销售数据仓库的雪花模型

雪花模型在一定程度上可以节省存储空间,但由于对数据仓库的不同表的连接操作时查询速度较慢,因此会影响查询效率,造成系统性能的下降。在实际应用中,雪花模型并没有星型模型使用得那么广泛。

3. 事实星座模型

当遇到较为复杂的应用时,可能需要多个事实表共享一个维表,此时星型模型和雪花模型无法满足要求,而事实星座模型则可以很好地解决复杂应用的模型设计。事实星座模型可以视为星型模型的集合,故也被称为星系模型。

例4.3　使用事实星座模型设计产品销售数据仓库。

根据设计需要,可以使用事实星座模型设计产品销售数据仓库,如图4-4所示。在产品销售星型模型建立的基础上添加货运事实表，这个货运事实表和销售事实表共享时间维表和地区维表。

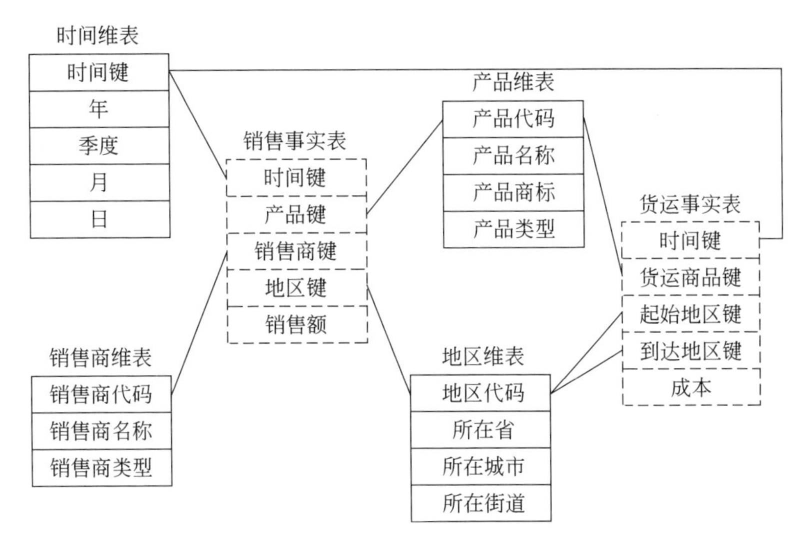

图 4-4 产品销售数据仓库的事实星座模型

4.2.2 数据仓库的逻辑模型设计

概念模型设计完成之后，要想真正地将设计的模型实现出来还需要一个衔接的环节。一方面，该环节可以将需求充分地体现出来；另一方面，该环节可以为实现数据仓库起到指导的作用。这一环节就是数据仓库的逻辑模型设计。数据仓库的逻辑模型设计是在概念模型设计中确定的几个基本的主题域基础上，进一步完善和细化设计、扩展主题域。数据仓库的逻辑模型把业务需求用规范化的模型和关系进行表示，奠定数据仓库的物理设计基础。因此，数据仓库的逻辑模型设计是数据仓库设计的核心基础。逻辑模型体现了系统分析设计人员对数据存储的观点，是对概念数据模型进一步的分解和细化。

逻辑模型的设计是数据仓库实施中最重要的一步，因为它直接反映了业务部门的实际需求和业务规则，同时对物理模型的设计和实现具有指导作用。它通过实体和实体之间的关系勾勒出整个企业的数据蓝图和规划。

逻辑模型设计主要有以下步骤。

① 分析主题域，确定要装载到数据仓库的主题。

② 粒度层次划分，通过估计数据量和所需的存储设备确定粒度划分方案。

③ 确定数据分隔策略，将逻辑上整体的数据分割成较小的、可以独立管理的物理单元进行存储。

④ 定义关系模式，在概念设计阶段时基本的主题已经确定，在逻辑模型设计阶段要将主题划分成多个表并确定表的结构。

逻辑模型设计的关键是细化主题划分并建立维度模型，主要的工作是进行事实表模型设计和维表模型设计。

1. 事实表模型设计

事实表的设计一般是对概念模型中的几个主题域进行进一步的分析。事实表一般包含两个部分：一部分是键，通常由事实表的主键和维表的外键组成；另一部分是所需度量的数值指标，具有数值化和可添加等特性。

对概念模型进行事实表模型设计，需要把主题、公共键、属性组列出来进行分析。在一般的产品销售数据仓库中，常常有产品、销售商、销售3个主题，对主题进行分析后，其详细描述如表4-1所示。

表4-1 产品销售数据仓库部分主题的详细描述

主题名	公共键	属性组
产品	产品代码	固有信息：产品代码、产品名称、产品类型等 采购信息：产品代码、供销售代码、采购日期等 库存信息：产品代码、库房号、库存量、入库时间等
销售商	销售商代码	固有信息：销售商代码、销售商名称、销售商类型等
销售	销售代码	固有信息：销售代码、销售地址等 销售信息：销售代码、产品代码、销售价格、销售时间等

度量是事件或者动作的事实记录，例如产品销售，可能的度量有销售总额、平均销售额等。度量变量可以是连续的，也可以是离散的。

事实表常用在星型模型、雪花模型和事实星座模型之中，具有以下特征。

① 除度量变量外，其余都是维表或其他表的关键字。

② 字段数和与事实相关的维度成正比。

③ 记录量很大。

例4.4 事实表的模型设计。

根据例4.1中的星型模型，主题为销售，通过分析表4-1，得到相应的销售事实表如表4-2所示，其中销售代码是主键，时间键、产品代码、销售商代码、地区代码是外键，用来与维表相联系，销售额是事实表的度量。

表4-2 销售事实表

属性
销售代码
时间键
产品代码
销售商代码
地区代码
销售额

此例为销售事实表增加了销售代码属性作为主键，也可以不增加销售代码属性，使用时间键、产品代码、销售商代码和地区代码的组合作为销售事实表的主键，这4个属性同时也是外键。

2. 维表模型设计

在建立事实表的基础上要想进一步分析，还需要有维表的支持。维表的作用就是为用户提供有关主题的更加详细和具体的信息。要设计出维表同样需要进行维度详细信息的分析，如可以按照时间维度进行分析，也可以按照产品维度进行分析，还可以按照销售商维度进行分析，这样可以从多个不同的角度进行分析，使获得的决策更加完善。表4-3是对例4.1中维表的模型设计。

表 4-3　产品销售数据仓库的维表的模型设计

维　度	属　　性
时间维	时间键、年、季度、月、日
产品维	产品代码、产品名称、产品商标、产品类型
地区维	地区代码、所在省、所在城市、所在街道
销售商维	销售商代码、销售商名称、销售商类型

可以构建出产品销售情况的各个维度表，进而和事实表相结合构成逻辑模型，如图 4-5 所示。

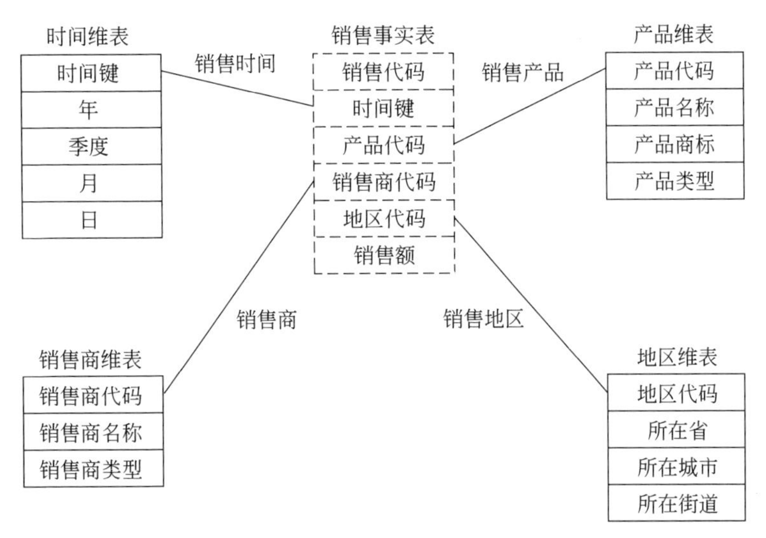

图 4-5　产品销售事实表的逻辑模型

4.2.3　数据仓库的物理模型设计

完成数据仓库的概念模型和逻辑模型的设计之后，下一步就是数据仓库的物理模型的设计。这个阶段需要在充分了解数据和硬件配置的基础上，确定数据的存储结构、索引策略、数据存放位置等信息。

1. 确定数据的存储结构

数据仓库的存储结构设计要充分考虑所选择的存储结构是否适合数据的需要，还要考虑存储时间和存储空间的利用率。表 4-4 展示了销售事实表存储结构关系模型。

表 4-4　销售事实表存储结构关系模型

字段名	说明描述	主键/外键	数据类型	数据类型说明
SaleID	销售代码	主键	Integer	整型
TimeID	时间键	外键	Integer	整型
EquipmentID	产品键	外键	Integer	整型

续表

字段名	说明描述	主键/外键	数据类型	数据类型说明
CustomerID	销售商键	外键	Integer	整型
LocationID	地区键	外键	Integer	整型
Amount	销售额	—	Money	货币型

2. 构建索引策略

由于数据仓库是只读环境,大多数情况进行的是查询操作,当数据量非常大时,查询效率会变得低下,通过索引的构架可以提高查询的效率和数据库的性能。常见的构建索引的方法有B树索引、位图索引和簇索引。

构建索引一般的规则是索引的个数和表的大小呈反比。在建立索引时,需要注意以下几个通用的原则。

① 索引和加载:当存在大量的索引时,向数据仓库中加载数据的速度会非常慢,可以在加载前先删除索引,完成后再建立索引。

② 建立大表索引:当表太大时不能建立太多索引,如果必须建立多个索引,建议将大表分成小表后再建立多个索引。

③ 只读索引:在数据检索过程中,索引记录是首先读入的,然后再读入对应的数据。也就是说,在检索过程中,索引是只能被读取而不能被修改的。

④ 选择索引的列:分析最常用的查询,哪几列经常用来限定查询,那么这几列就是建立索引的候选列。

⑤ 分阶段的方法:一开始只为每个表的主键和外键建立索引,然后监视系统性能,特别是长时间运行的查询,根据监视结果再增加索引。

3. 数据存放位置

相同主题的数据不需要存放在同一存储介质上,根据数据的使用频率、数据的重要程度以及时间响应要求,可将不同数据存放在不同的存储设备上。例如,可以将对响应时间要求较高的数据存放在高速存储设备上。此外,还要考虑是否进行冗余存储、是否进行合并、是否建立数据序列等问题。

4.3 数据仓库实现

完成数据仓库模型设计之后,可以创建数据仓库。数据仓库系统是一个信息提供平台,它从业务处理系统获得数据,并主要以星型模型和雪花模型进行数据组织,为用户提供各种手段以从数据中获取信息和知识。数据仓库不是一个静态的概念,只有及时将信息交给需要的使用者,信息才能发挥作用,才具有意义,把信息加以归纳整理并及时提供给用户是数据仓库的根本任务。因此,数据仓库的建设是一项工程,是一个过程。

数据仓库的实现具体包括以下步骤。

① 创建 Analysis Services 项目。

② 定义数据源。

③ 定义数据视图。

④ 定义多维数据集。

⑤ 部署 Analysis Services 项目。

本实例的实现使用的数据仓库实现软件是 Microsoft SQL Server 2012，数据源采用的是 SQL Server 中的示例数据库 AdventureWorks2012。

1. 创建 Analysis Services 项目

① 单击“开始”菜单，选择 Microsoft SQL Server Management Studio 应用程序，打开该应用程序后单击“连接”按钮进入如图 4-6 所示的窗口。在其中的“对象资源管理器”中，连接示例数据库 AdventureWorks2012。

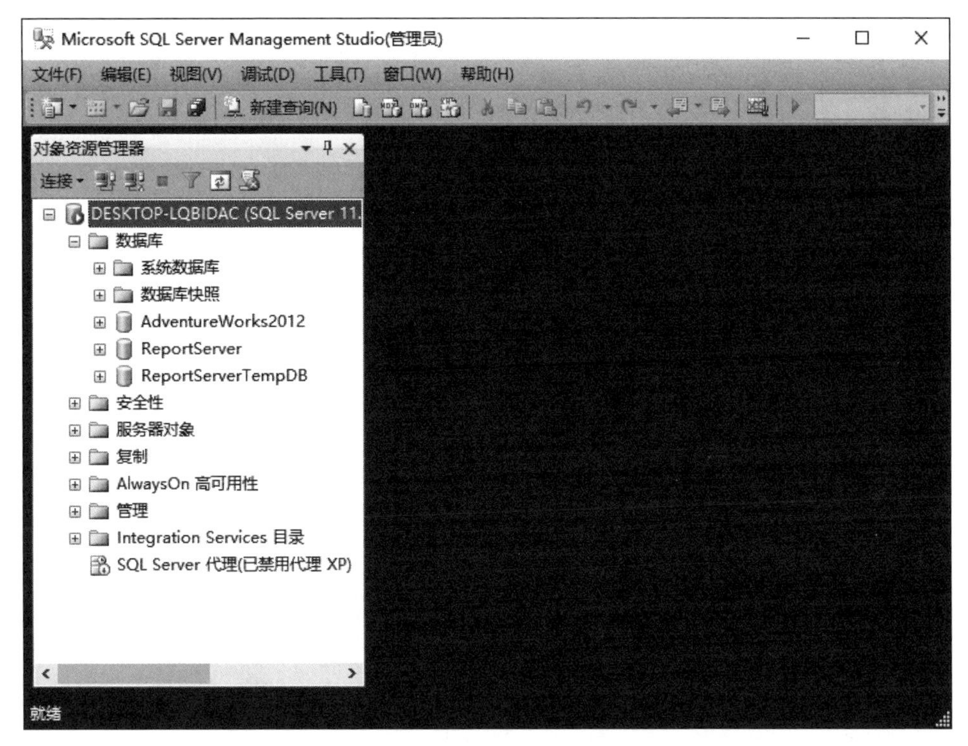

图 4-6　Microsoft SQL Server Management Studio 窗口

② 单击“开始”菜单，选择 SQL Server Business Intelligence Development Studio 应用程序，打开该应用程序后出现如图 4-7 所示的 Microsoft Visual Studio 2010 开发环境。

③ 选择“文件”菜单，在出现的菜单项列表中选择“新建”菜单项，选择“项目”选项后出现如图 4-8 所示的“新建项目”对话框。在左侧“最近的模板”子窗口中选择“商业智能”下的 Analysis Services，在中间子窗口中选择“Analysis Services 多维和数据挖掘项目”，在对话框底部的默认项目名称、默认项目位置、默认解决方案名称处可以根据需要进行修改，本实例将默认项目名称改为 Analysis Services Test。

图 4-7 Microsoft Visual Studio 2010 开发环境

图 4-8 “新建项目”对话框

④ 设置好后，单击“确定”按钮。至此，已经在名为 Analysis Services Test 的新解决方案中，基于 Analysis Services 项目模板，成功创建了名为 Analysis Services Test 的项目。如图 4-9 右侧“解决方案资源管理器”子窗口中显示的是在 Visual Studio 开发环境中的 Analysis Services Test 项目。

2. 定义数据源

创建项目后，通常通过定义此项目将要使用的一个或多个数据源开始使用此项目。本

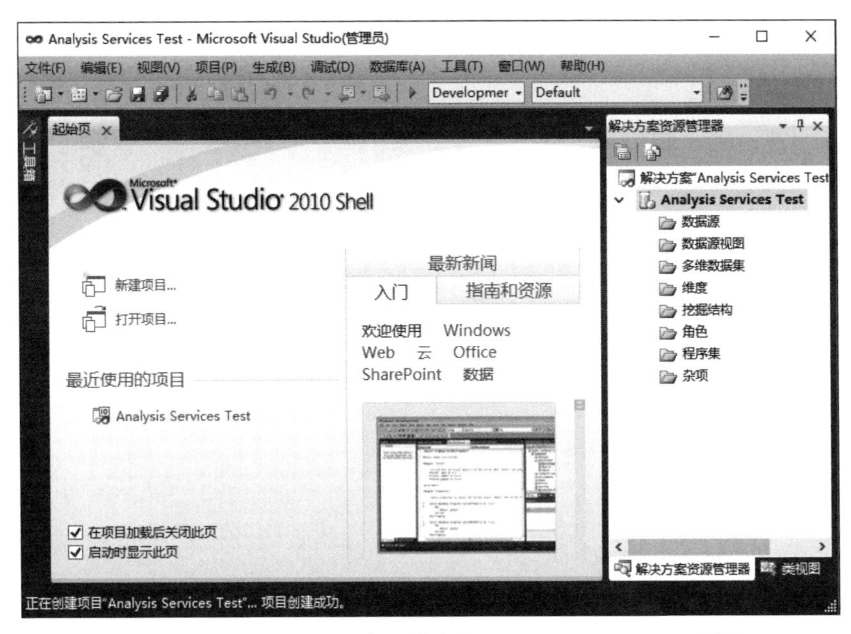

图 4-9　Visual Studio 开发环境中的 Analysis Services Test 项目

实例将把 Adventure Works2012 示例数据库定义为 Analysis Services Test 项目的数据源。

① 在图 4-9 中的"解决方案资源管理器"子窗口中，右击"数据源"文件夹，然后在快捷菜单中选择"新建数据源"，随后出现"欢迎使用数据源向导"窗口。

② 在"欢迎使用数据源向导"窗口中单击"下一步"按钮，出现"数据源向导——选择如何定义连接"对话框，如图 4-10 所示。在该对话框中可以基于现有连接或新连接创建数据源，也可以基于另一个对象创建数据源。在该对话框中选择"基于现有连接或新连接创建数据源"，在"数据连接"列表框中选择 DESKTOP-LQBIDAC.AdventureWorks2012 选项。

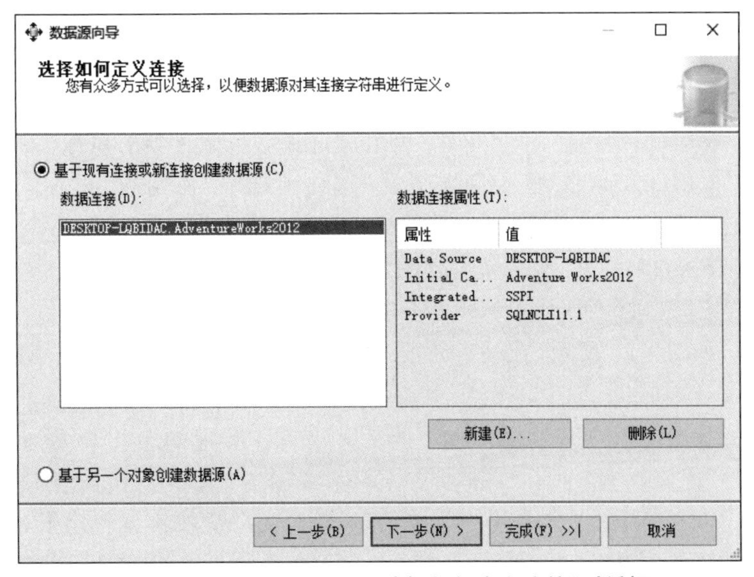

图 4-10　"数据源向导——选择如何定义连接"对话框

③ 单击“新建”按钮，出现如图4-11所示的“连接管理器”对话框。

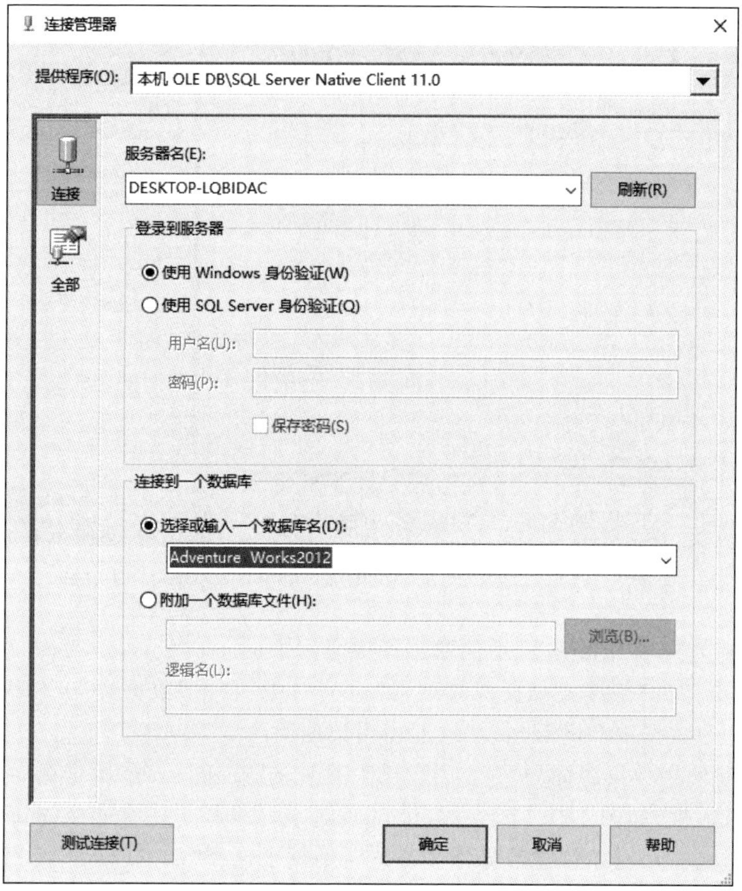

图 4-11　已经定义设置的“连接管理器”

④ 在“连接管理器”对话框中可以定义数据源的连接属性。连接管理器是将在运行时使用的连接的逻辑表示形式。在“提供程序”列表中选择“本机 OLE DB\SQL Server Native Client 11.0”(一般是默认)。在“服务器名”列表中选择本机服务器的名称(图4-11中选择的是 DESKTOP-LQBIDAC)，在“登录到服务器”选项中选中“使用 Windows 身份验证”，在“连接到一个数据库”选项中选择“选择或输入一个数据库名”单选按钮，在其下的列表中选择 Adventure Works2012。已经定义设置的“连接管理器”如图4-11所示。

⑤ 单击“确定”按钮返回图4-10，然后单击“下一步”按钮将会出现“数据源向导——模拟信息”对话框，如图4-12所示，在该对话框中可以定义 Analysis Services 用于连接数据源的安全凭据。

⑥ 选择“使用服务账户”，然后单击“下一步”按钮，出现如图4-13所示的“数据源向导——完成向导”窗口。

⑦ 图4-13中显示了数据源名称等相关信息，单击“完成”按钮就创建了名为 Adventure Works2012 的数据源，如图4-14所示，在“解决方案资源管理器”中“数据源”文件夹下显示了 Adventure Works2012.ds 数据源。

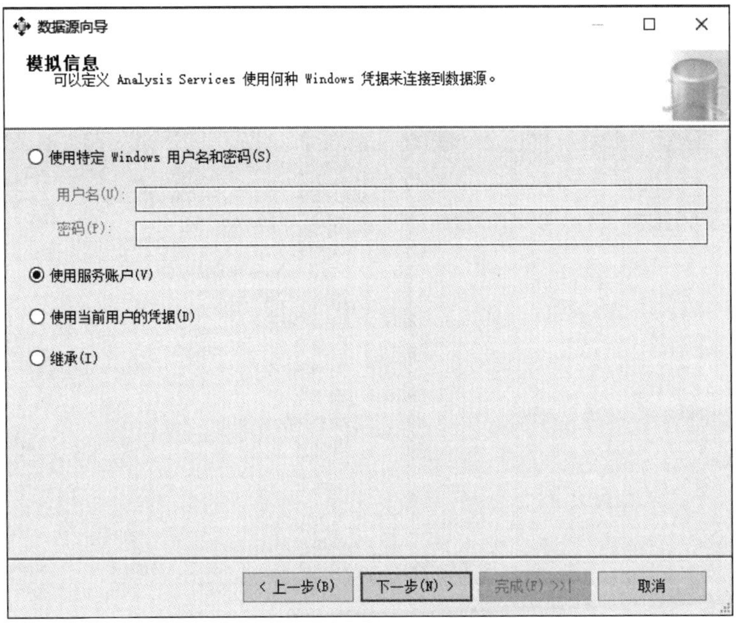

数据源向导

模拟信息

可以定义 Analysis Services 使用何种 Windows 凭据来连接到数据源。

○ 使用特定 Windows 用户名和密码(S)

用户名(U):

密码(P):

◉ 使用服务账户(V)

○ 使用当前用户的凭据(D)

○ 继承(I)

< 上一步(B)　下一步(N) >　完成(F) >>|　取消

图 4-12　“数据源向导——模拟信息”窗口

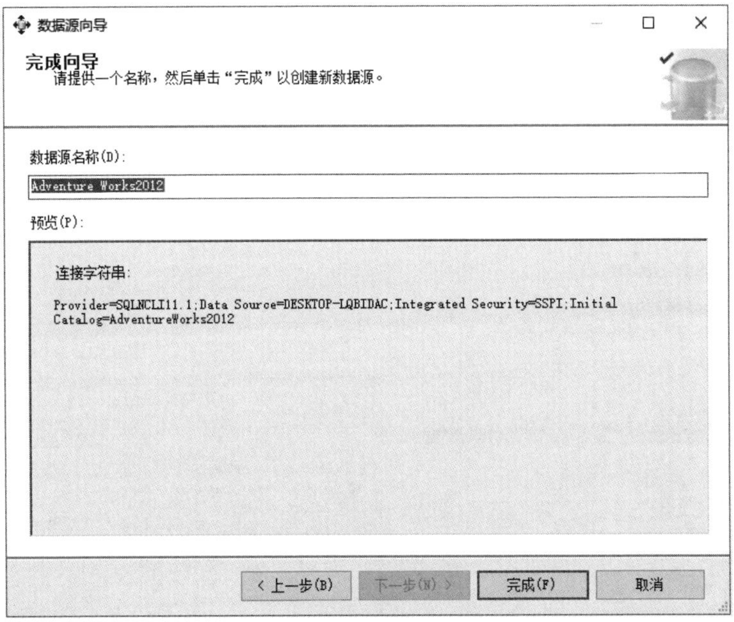

数据源向导

完成向导

请提供一个名称，然后单击“完成”以创建新数据源。

数据源名称(D):

Adventure Works2012

预览(P):

连接字符串:

Provider=SQLNCLI11.1;Data Source=DESKTOP-LQBIDAC;Integrated Security=SSPI;Initial Catalog=AdventureWorks2012

< 上一步(B)　下一步(N) >　完成(F)　取消

图 4-13　“数据源向导——完成向导”窗口

3. 定义数据源视图

定义数据源后，下一步通常是定义项目的数据源视图。数据源视图是一个元数据的视图，该元数据来自指定的表以及数据源在项目中定义的视图。通过在数据源视图中存储元数据，可以在开发过程中使用元数据，而无须打开与任何基础数据源的连接。

图 4-14　解决方案资源管理器中的数据源

① 在图4-14中的“解决方案资源管理器”中，右击“数据源视图”文件夹，在快捷菜单中选择“新建数据源视图”菜单项，打开“数据源视图向导”窗口。

② 在“欢迎使用数据源视图向导”页单击“下一步”按钮后，出现“数据源视图向导——选择数据源”窗口，如图4-15所示，在“关系数据源”列表框中选择Adventure Works2012。

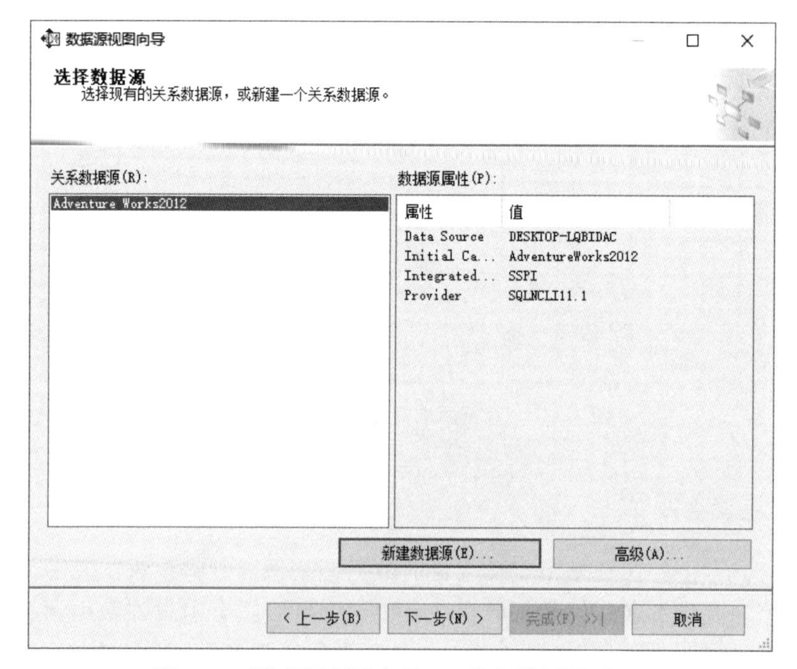

图 4-15　“数据源视图向导——选择数据源”窗口

③ 单击“下一步”按钮后，出现“数据源视图向导——选择表和视图”窗口，如图 4-16 所示。可以从选定的数据源提供的“可用对象”列表中选择表和视图。在“可用对象”列表中选择以下列表：

- SalesOrderHeader(Sales)。
- SalesPerson(Sales)。
- Customer(Sales)。
- SalesTerritory(Sales)。
- CurrencyRate(Sales)。
- Address(Person)。
- ShipMethod(Purchasing)。

单击>按钮，将选中的对象添加到“包含的对象”列表中，添加了“包含的对象”后的“选择表和视图”窗口如图 4-16 所示。

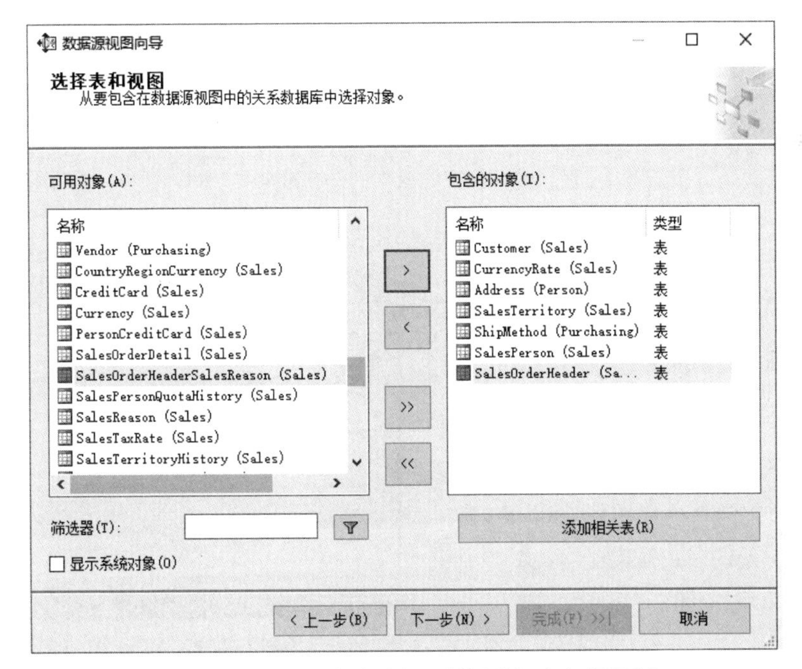

图 4-16　添加了“包含的对象”后的“选择表和视图”窗口

④ 选好表后，单击“下一步”按钮，进入如图 4-17 所示的“数据源视图向导——完成向导”窗口，此窗口显示了数据源名称及其所包含的对象。

⑤ 单击“完成”按钮即完成数据源视图的创建，如图 4-18 所示。在右上方“解决方案资源管理器”中的“数据源视图”文件夹下有名为 Adventure Works2012.dsv 的数据源视图，同时数据源视图的内容在中部的“数据源视图”设计器中显示。

4. 定义多维数据集

① 在图 4-18 中的“解决方案资源管理器”子窗口中右击“多维数据集”文件夹，选择“新建多维数据集”进入“欢迎使用多维数据集向导”窗口。

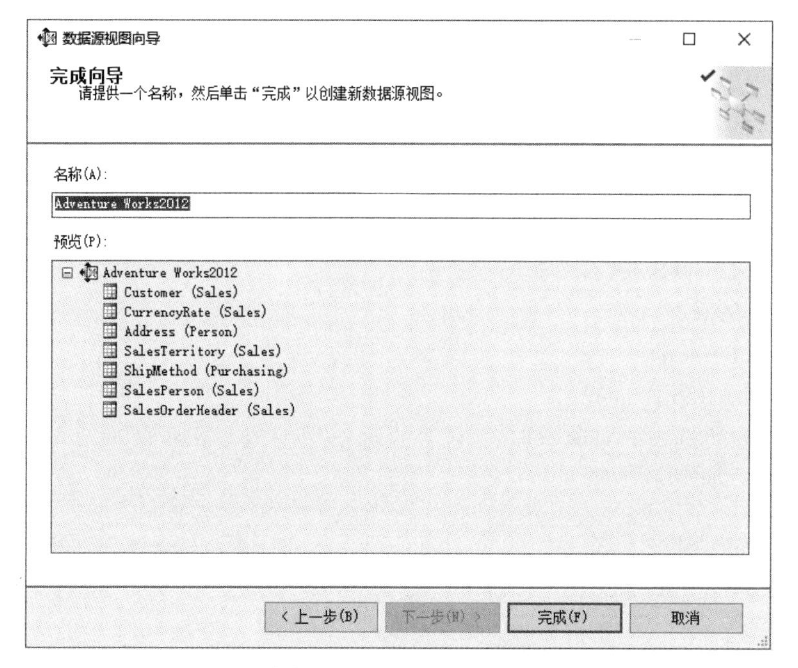

图 4-17　“数据源视图向导——完成向导”窗口

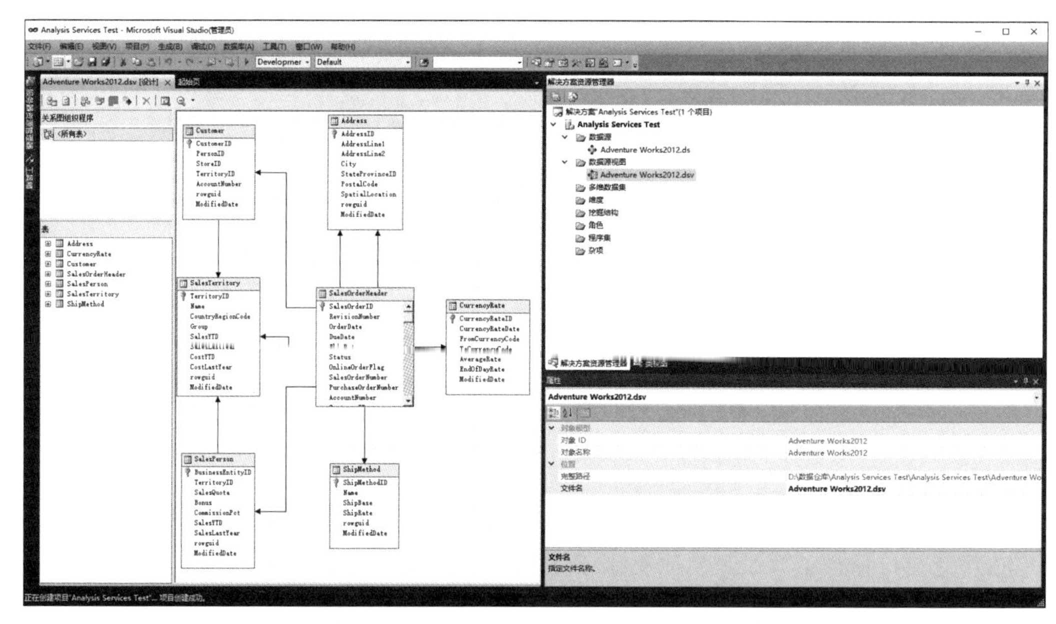

图 4-18　数据源视图设计器中的 Adventure Works2012 数据源视图

② 单击“下一步”按钮进入如图 4-19 所示的“多维数据集向导——选择创建方法”窗口。

③ 选择“使用现有表”选项，单击“下一步”按钮，出现如图 4-20 所示的“多维数据集向导——选择度量值组表”窗口。在“度量值组表”列表框中选择 Salesperson、SalesOrderHeader。

④ 单击“下一步”按钮，进入如图 4-21 所示的“多维数据集向导——选择度量值”窗口，

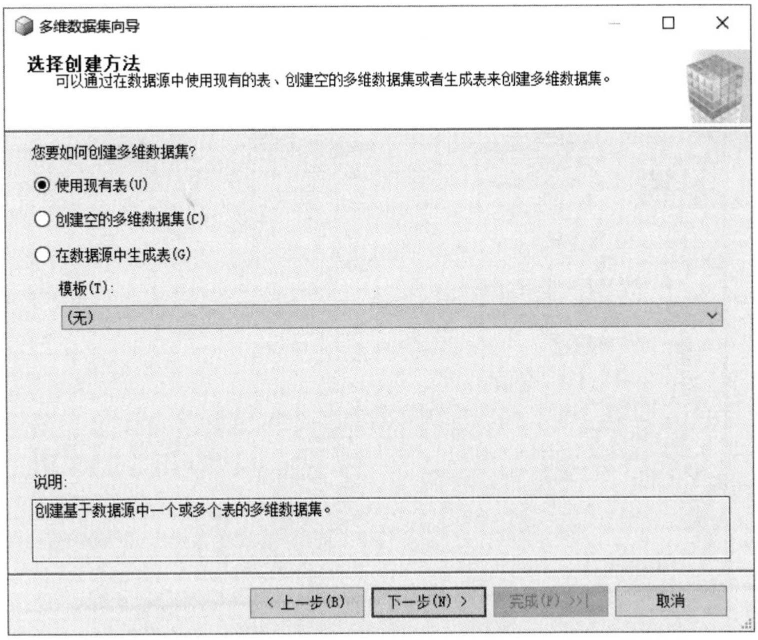

图 4-19 “多维数据集向导——选择创建方法”窗口

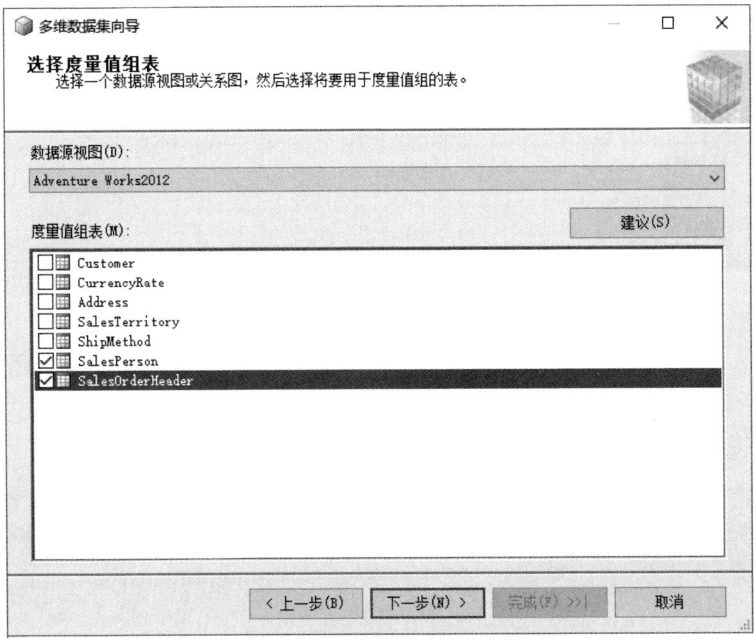

图 4-20 “多维数据集向导——选择度量值组表”窗口

其中显示了该向导所选择的度量值。该向导默认选择了事实数据表中的各数值数据类型列作为度量值。

⑤ 单击“下一步”按钮，进入如图 4-22 所示的“多维数据集向导——选择新维度”窗口，其中显示了该向导所选择的维度。

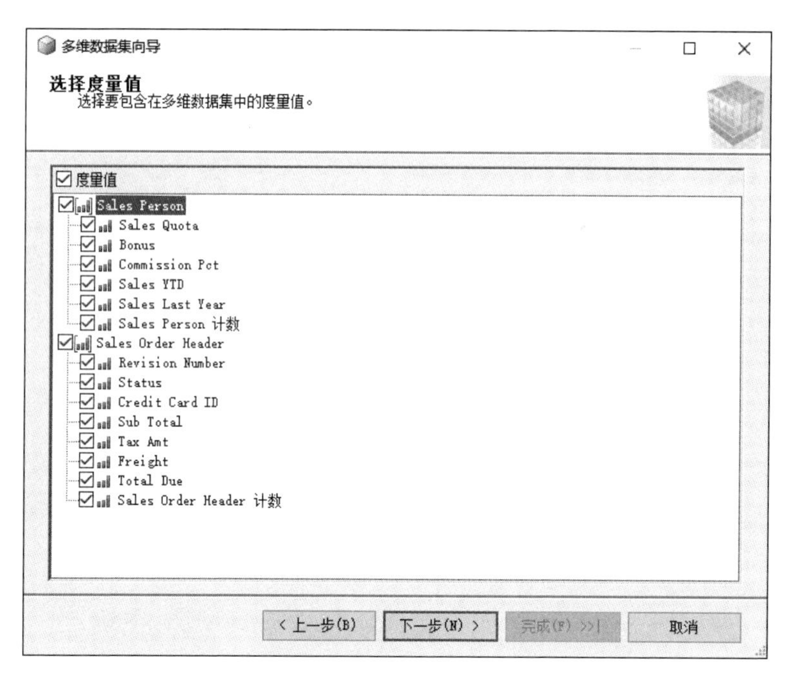

图 4-21 “多维数据集向导——选择度量值”窗口

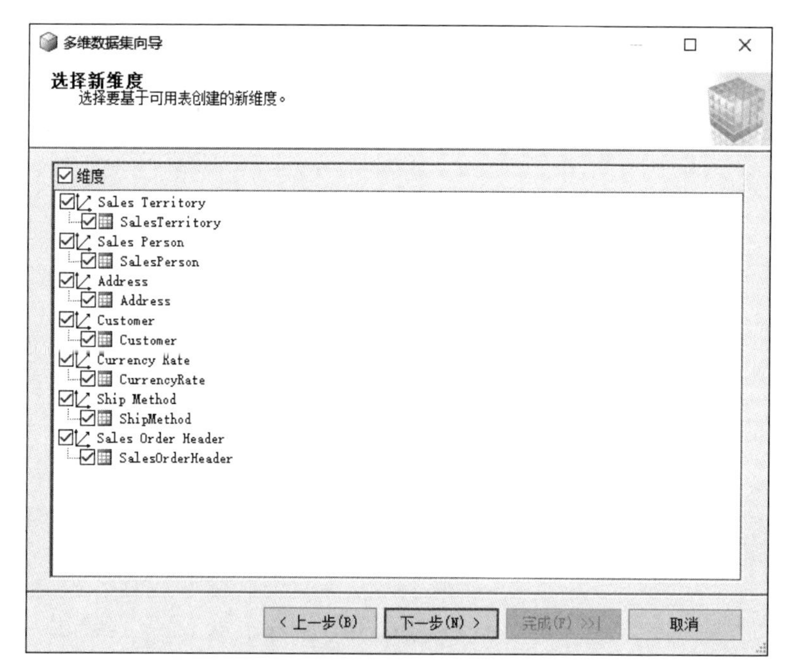

图 4-22 “多维数据集向导——选择新维度”窗口

⑥ 单击“下一步”按钮，进入“多维数据集向导——完成向导”窗口，如图 4-23 所示。

⑦ 单击“完成”按钮即完成多维数据集的建立，如图 4-24 所示。在右上方“解决方案资源管理器”中可以看到在“多维数据集”文件夹下创建好的 Adventure Works2012.cube，在中部的“数据源视图”设计器中显示了多维数据集数据信息。

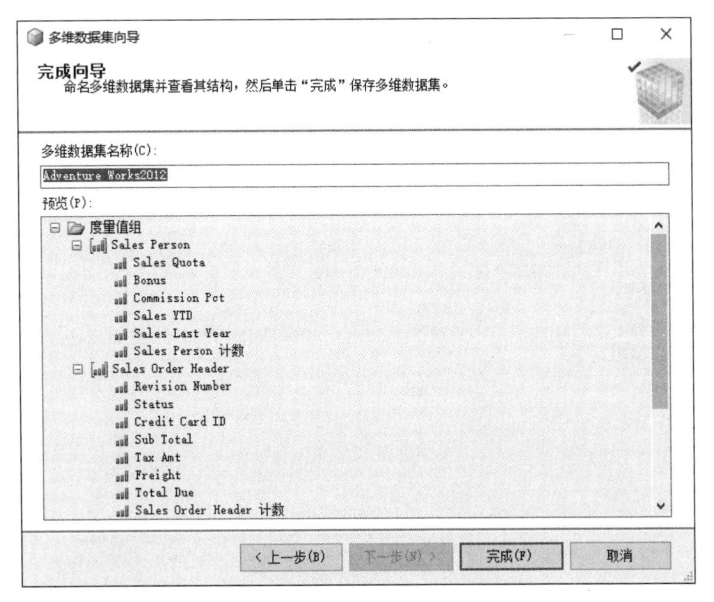

图 4-23　“多维数据集向导——完成向导”窗口

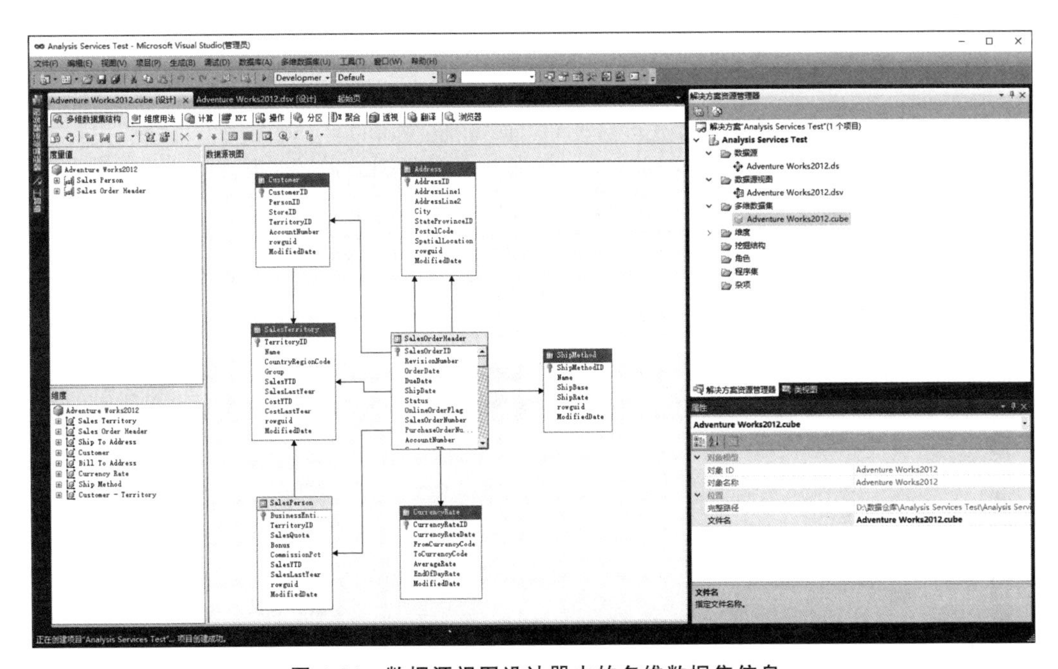

图 4-24　数据源视图设计器中的多维数据集信息

5. 部署 Analysis Services 项目

若要查看位于 Analysis Services Test 项目的 Analysis Services Test 多维数据集中对象的多维数据集和多维数据，必须将项目部署到 Analysis Services 的指定实例。本实例将 Analysis Services Test 项目部署到本地实例中。

① 在图 4-24 中的“解决方案资源管理器”子窗口中右击 Analysis Services Test，在出现的快捷菜单中选择“属性”菜单项，出现如图 4-25 所示的“Analysis Services Test 属性页”对

话框。在该对框中的“配置属性”层次结构中选择“部署”选项，在右侧子窗口中显示部署属性。默认情况下，Analysis Services 项目模板将所有项目增量部署到本地计算机中的 Analysis Services 实例，创建一个与此项目同名的 Analysis Services 数据库，并在部署后使用默认处理选项处理这些对象。

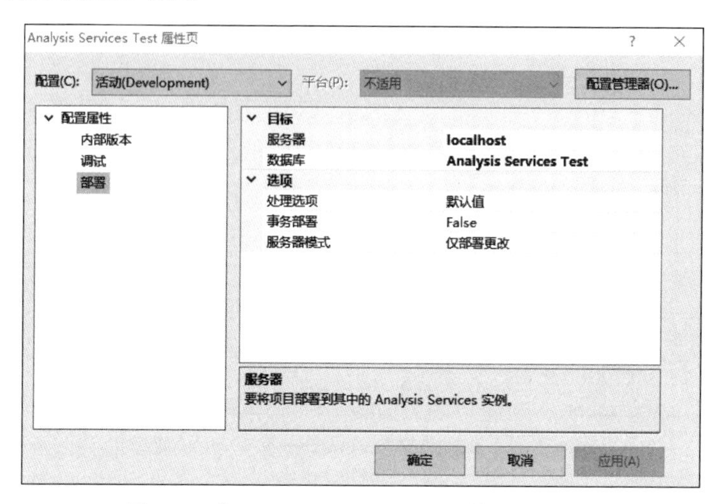

图 4-25 “Analysis Services Test 属性页”对话框

② 本实例不对服务器的属性进行修改，单击“确定”按钮后出现图 4-26 页面。右击“解决方案资源管理器”中的 Analysis Services Test，在出现的快捷菜单中选择“部署”，将会在“部署进度”子窗口中看到项目的部署进度，在“状态”子窗口中看到项目的部署状态，如果部署发生错误，将会在“输出”子窗口中看到错误信息。图 4-26 显示本实例中的 Analysis Services Test 项目部署成功。

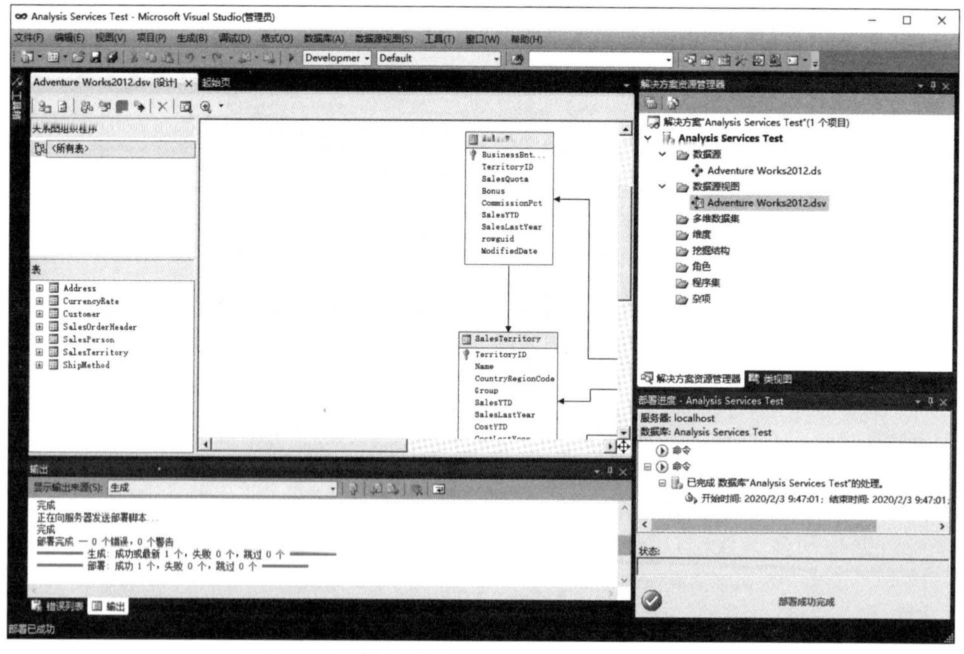

图 4-26 部署成功的 Analysis Services Test 项目

4.4　联机分析处理

数据仓库的建立是为了对数据仓库中的数据进行查询分析，为管理者提供准确的决策分析。但数据仓库仅仅是数据的集合，并不能完成对数据的灵活多样的查询分析，因此，联机分析处理(OLAP)技术应运而生。OLAP 可以根据不同分析人员的不同需求，对数据仓库中的数据进行复杂的查询处理，从而获得分析人员所需的信息。通过组织和汇总数据，为高效分析查询创建多维数据集，OLAP 为数据仓库数据提供了一种多维表现方式。数据仓库和 OLAP 是密不可分的。

4.4.1　OLAP 简介

20 世纪 60 年代，关系数据库之父 E. F. Codd 提出了关系模型，促进了联机事务处理(OLTP)的发展。1993 年，E. F. Codd 又提出了联机分析处理的概念，认为联机事务处理已不能满足最终用户对数据的分析需要，SQL 对大型数据库进行的简单查询也不能满足最终用户分析的要求。用户的决策分析需要对关系数据库进行大量计算才能得到结果，而 SQL 查询的结果并不能满足决策者提出的需求，因此，E. F. Codd 提出了多维数据库和多维分析的概念，即 OLAP。

OLAP 委员会对 OLAP 的定义为：**OLAP** 是使分析人员、管理人员或执行人员能够从多种角度，对从原始数据中转化出来的、能够真正为用户所理解的并真实反映企业多维特性的信息，进行快速、一致、交互地存取，从而获得对数据的更深入了解的一类软件技术。

1. OLAP 特点

针对多维数据分析的需求，OLAP 具有以下特点。

(1) 快速性

用户对 OLAP 的快速反应能力一般具有较高的要求，系统能够在秒级以内对用户的大部分分析要求做出响应。如果最终用户在秒级以内没有得到系统响应，那么他们会失去耐心，因此可能导致失去分析主线索，影响分析质量。对于大量的数据分析，要达到这个速度并不容易，因此需要一些技术上的支持，例如专门的数据存储格式、大量的事先运算、特别的硬件设计等。

(2) 可分析性

OLAP 系统能够处理与应用有关的任何逻辑分析和统计分析。OLAP 系统已经预先提供了很多统计分析的功能，但仍支持 OLAP 的最终用户定义新的专门计算，将其作为分析的一部分，并以用户理想的方式给出报告。用户可以在 OLAP 平台上进行数据分析，也可以连接到其他外部分析工具上，例如时间序列分析工具、成本分配工具、意外报警、数据开采等。

(3) 多维性

多维性是 OLAP 的关键属性。系统必须提供数据分析的多维视图和分析，包括对层次维和多重层次维的完全支持。事实上，多维分析是分析企业数据最有效的方法，是 OLAP 的灵魂。

2. OLAP 体系结构

数据仓库与OLAP的关系是互补的，现代OLAP系统一般以数据仓库作为基础，即从数据仓库中抽取详细数据的一个子集，并且经过必要的聚集存储到OLAP存储器中，供前端分析工具读取。典型的OLAP系统体系结构如图4-27所示。

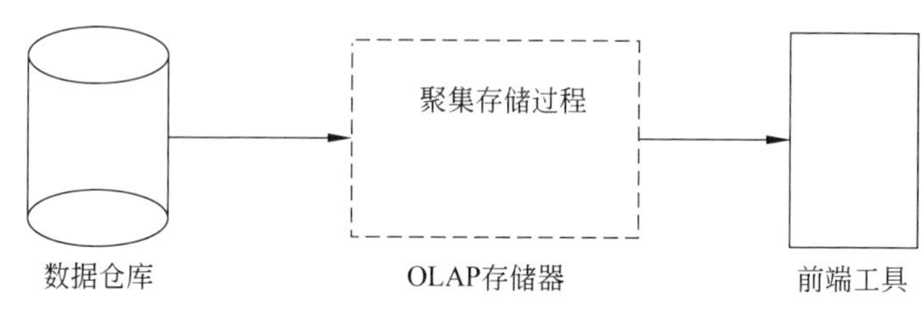

图4-27 典型的OLAP系统体系结构

3. OLAP 实现类型

按照数据存储格式，OLAP实现可分为关系OLAP(ROLAP)、多维OLAP(MOLAP)和混合OLAP(HOALP)。

(1) ROLAP

ROLAP(Relational OLAP)表示基于关系数据库的OLAP实现。以关系数据库为核心，以关系型结构进行多维数据的表示和存储。ROLAP将多维数据库的多维结构划分为两类表：一类是事实表，用来存储数据和维关键字；另一类是维表，即对每个维至少使用一个表来存放维的层次、成员类别等维的描述信息。事实表和维表通过主关键字和外关键字联系在一起，形成了星型模型。对于层次复杂的维，为避免冗余数据占用过大的存储空间，可以使用多个表描述，这种星型模型的扩展即为雪花模型。ROLAP的特点是将细节数据保留在关系型数据库的事实表中，聚合后的数据也保存在关系型的数据库中。这种方式的查询效率最低，不推荐使用。

(2) MOLAP

MOLAP(Multidimensional OLAP)表示基于多维数据组织的OLAP实现。以多维数据组织方式为核心，即MOLAP使用多维数组存储数据。多维数据在存储中将形成“立方体”(Cube)的结构，对“立方体”的“旋转”“切块”和“切片”是产生多维数据报表的主要技术。MOLAP特点是将细节数据和聚合后的数据均保存在立方体中，所以是以空间换效率，查询时效率高，但生成立方体时需要大量的时间和空间。

(3) HOLAP

HOLAP(Hybrid OLAP)表示基于混合数据组织的OLAP实现。例如，低层是关系型的，高层是多维矩阵型的。这种方式具有更好的灵活性。HOLAP特点是将细节数据保留在关系型数据库的事实表中，但是聚合后的数据保存在立方体中，聚合时需要比ROLAP更多的时间，查询效率比ROLAP高，但低于MOLAP。

4.4.2 OLAP 与 OLTP 的关系

OLAP和OLTP的主要区别如下。

- OLAP 面向的是市场，主要供企业的决策人员和中高层管理人员使用，用于数据分析；而 OLTP 是面向顾客的，主要供操作人员和底层管理人员使用，用于事务和查询处理。
- OLAP 系统管理大量历史数据，提供汇总和聚集机制，并在不同的粒度级别上存储和管理信息，这些特点使得数据更容易用于决策分析；OLTP 系统则仅管理当前数据，通常情况下，这种数据太琐碎，难以用于决策。
- OLAP 系统处理的是来自不同组织的信息，即由多个数据存储集成的信息。由于数据量巨大，OLAP 数据存放在多个存储介质上，不过对 OLAP 系统的访问大部分是只读操作，尽管许多可能是复杂的查询。相比之下，OLTP 系统则主要关注企业或部门内部的当前数据，而不涉及历史数据或不同组织的数据。

OLAP 与 OLTP 的对比如表 4-5 所示。

表 4-5 OLAP 与 OLTP 的对比

比较项	OLAP	OLTP
特性	信息处理	操作处理
用户	面向决策人员	面向操作人员
功能	支持管理需要	支持日常操作
面向	面向数据分析	面向应用
驱动	分析驱动	事务驱动
数据量	一次处理的数据量大	一次处理的数据量小
访问	不可更新，但周期性刷新	可更新
数据	历史数据	当前值数据
汇总	综合性和提炼性数据	细节性数据
视图	导出数据	原始数据

由表 4-5 可见，OLAP 和 OLTP 是两类不同的应用。OLTP 是对数据库数据的联机查询和增加、删除、修改操作，以数据库为基础；而 OLAP 更适合以数据仓库为基础的数据分析处理。OLAP 中历史的、导出的以及经综合提炼的数据主要来自 OLTP 所依赖的底层数据库。OLAP 数据较之 OLTP 数据要进行更多的数据维护或预处理操作。例如，对一些统计数据，首先进行预综合处理，建立不同粒度、不同级别的统计数据，从而使其能满足快速数据分析和查询的要求。除了数据和处理上的不同之外，OLAP 前端产品的界面风格和数据访问方式也与 OLTP 不同。OLAP 大多采用非数据处理专业人员容易理解的方式(如多维报表、统计图形等)，查询和数据显示直观灵活，用户可以方便地进行逐层细化及切片、切块、数据旋转等操作；而 OLTP 大多使用操作人员常用的固定表格，查询及数据显示也比较固定、规范。

4.4.3 典型的 OLAP 操作

OLAP 基于多维数据模型，对应的数据集称为多维数据集，有时也称为数据立方体，它由事实和维定义组成。

多维数据集可以用一个多维数组来表示，它是维和变量的组合表示。一个多维数据集可以表示为(维 1，维 2，…，维 n，变量列表)。变量是多维数据集的核心值，是最终用户在数据仓库应用中所需要查看的数据。

OLAP 的基本操作主要包括对多维数据进行切片、切块、旋转、上卷和下钻等，这些操作可以使用户从多角度、多侧面观察数据。下面通过实例介绍 OLAP 的这些基本操作。

例 4.5 多维数据集实例。

表 4-6 是某商店销售情况数据表，可以按时间、地区和商品组织构成三维立方体，如图 4-28 所示。加上变量“销售量”，组成多维数据集(时间，地区，商品，销售量)。当某一维度取具体值时即为维成员，例如“北京”即为“地区”维度的一个维成员。当在多维数据集中的每个维都选中一个维成员以后，这些维成员的组合就唯一确定了观察变量的值，例如(第一季度，北京，电视机，12)。

表 4-6 商店销售情况数据表

季度	北京			上海		
	电视机/件	电冰箱/件	洗衣机/件	电视机/件	电冰箱/件	洗衣机/件
第一季度	12	34	43	23	21	67
第二季度	15	32	32	54	6	70
第三季度	11	43	32	37	16	67
第四季度	10	30	35	40	20	65

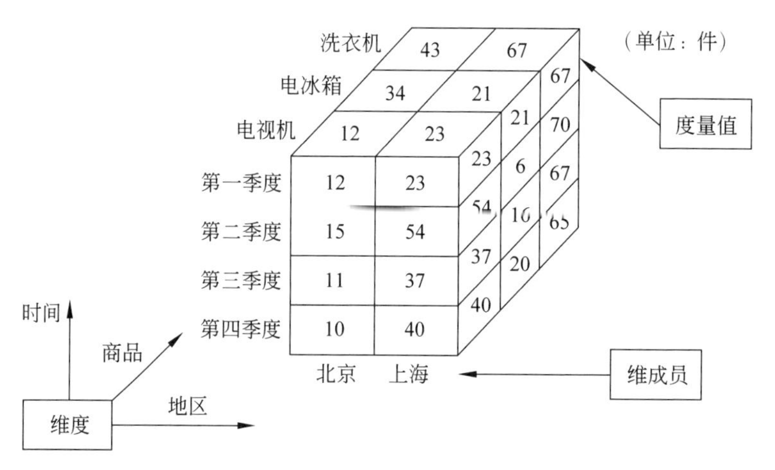

图 4-28 多维数据集实例

1. 切片

在给定的数据立方体的一个维上进行的选择操作就是**切片**(Slice)，切片的目的是降低多维数据集的维度，使注意力集中在较少的维度上。

例如，对图 4-28 所示的数据立方体，多维数据集通过对“第二季度”切片得到一个切片

（“第二季度”，地区，商品，销售量）子集，相当于在原来的立方体中切出一片，结果如图 4-29 所示。

2. 切块

在给定的数据立方体的两个或多个维上进行的选择操作就是**切块**（Dice），切块的结果是得到一个子立方体。

例如，对图 4-28 所示的数据立方体，在“时间”维上选择“第一季度”和“第二季度”，在“商品”维上选择“电视机”和“电冰箱”，在“地区”维上选择“北京”，结果如图 4-30 所示。

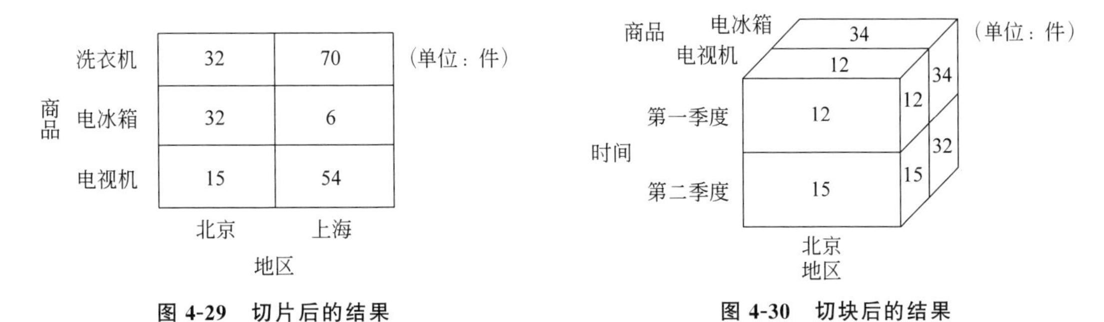

图 4-29　切片后的结果　　图 4-30　切块后的结果

3. 上卷

上卷（Roll-Up）是在数据立方体中执行聚集操作，通过在维级别上升或者通过消除某个或某些维来观察更概括的数据。

例如，将图 4-28 所示的数据立方体沿着维的层次上卷，由“季度”上升到半年，得到图 4-31 所示的立方体。

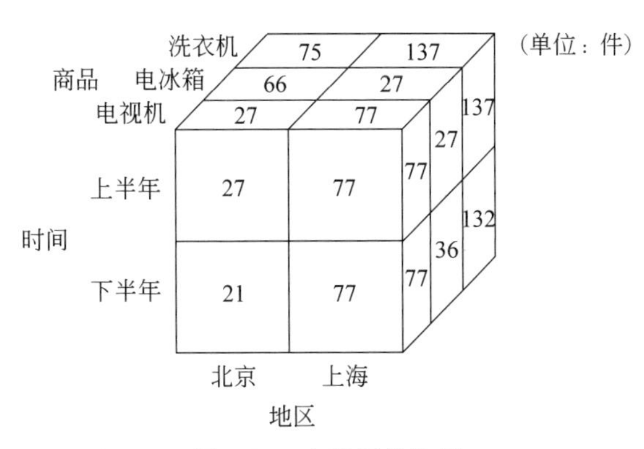

图 4-31　上卷后的结果

从图 4-31 中可以看出，销售量不再按照“季度”分组求值，而是按照“半年”分组求值。通过上卷操作，决策人员可以方便地查看立方体中更概括的统计数据，便于掌握经济活动的整体状态。

上卷的另一种情况是通过消除一个或多个维观察更加概括的数据。例如，图 4-32 所示的二维立方体就是通过将图 4-28 中的三维立方体中消除“地区”维后得到的结果，将不同商品在所有地区的销量都累计在一起。

(单位：件)

	电视机	电冰箱	洗衣机
第一季度	35	55	110
第二季度	69	38	102
第三季度	48	59	99
第四季度	50	50	100

图 4-32　消除“地区”维后的结果

4. 下钻

下钻(Drill-Down)是通过在维级别中下降或者通过引入某个或某些维更加细致地观察数据,它是上卷的逆操作。

例如,对图 4-28 中的数据立方体经过沿时间维进行下钻,将第一季度下降到月,就得到如图 4-33 所示的数据立方体。

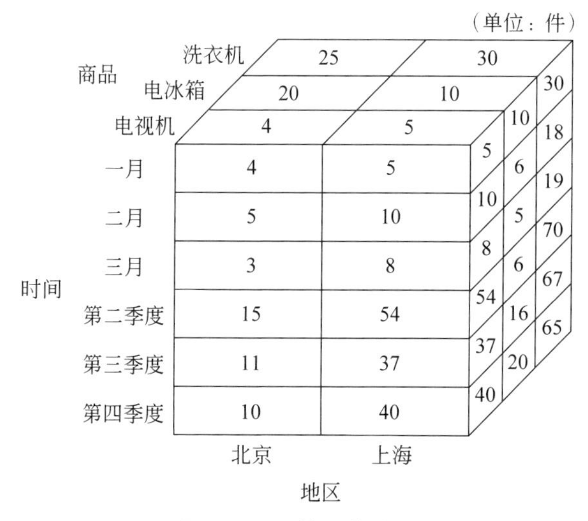

图 4-33　下钻后的结果

同样,下钻操作也存在另一种形式,即通过添加某个或某些维度来实现。例如,在图 4-32 的二维立方体中重新添加“地区”维度,立方体重新回到图 4-28 所示的立方体形式。

5. 旋转

改变数据立方体维次序的操作称为**旋转**(Rotate)。旋转操作并不对数据进行任何改变,只是改变用户观察数据的角度。在分析过程中,有些分析人员可能认为感兴趣的数据按列表示比按行表示更为直观,希望将感兴趣的维放在 Y 轴的位置。

例如,图 4-34 所示的立方体就是将图 4-28 立方体的“商品”和“地区”两个轴交换位置的结果。

例 4.6　旋转数据的视角。

表 4-7 和表 4-8 分别是某品牌在不同观察视角下的销售情况,可以按照地区、季度和年

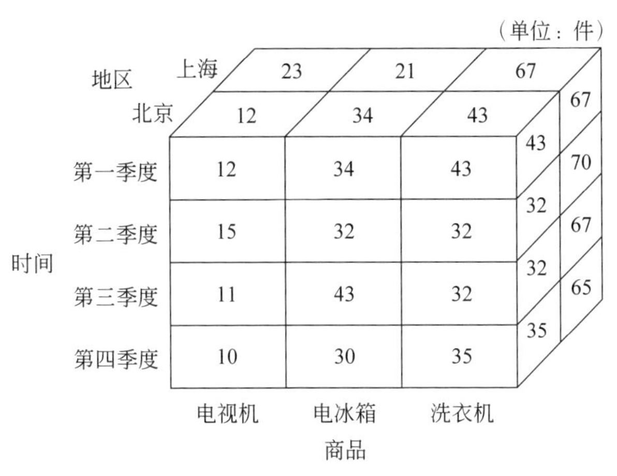

图 4-34　旋转后的结果

度来组成多个维度、不同层次的数据集。其中，表 4-7 展示了 2018 年和 2019 年内每个季度各个地区的销售情况，而表 4-8 展示了每个季度在 2018 年和 2019 年各地区的销售情况。此例通过旋转数据观察的视角提供了数据的替代表示，从而使分析人员能够更加直观地分析感兴趣的内容。

表 4-7　品牌销售情况

地区	2018 年				2019 年			
	第一季度/万元	第二季度/万元	第三季度/万元	第四季度/万元	第一季度/万元	第二季度/万元	第三季度/万元	第四季度/万元
北京	20	18	25	22	22	20	28	20
上海	18	21	23	20	19	24	25	19
杭州	16	19	18	18	18	21	26	21

表 4-8　旋转后的品牌销售情况

地区	第一季度		第二季度		第三季度		第四季度	
	2018 年/万元	2019 年/万元	2018 年/万元	2019 年/万元	2018 年/万元	2019 年/万元	2018 年/万元	2019 年/万元
北京	20	22	18	20	25	28	22	20
上海	18	19	21	24	23	25	20	19
杭州	16	18	19	21	18	26	18	21

4.5　元数据模型

元数据(Metadata)又称为中介数据、中继数据，是描述数据的数据，也是描述数据属性的信息，用来支持如指示存储位置、历史数据、资源查找、文件记录等功能。元数据存储对数据结构、数据模型、数据模型与数据仓库的关系、操作数据的历史记录等内容进行记录。数据仓库的元数据主要目标是为数据资源提供指南,在整个数据仓库的设计和运行过程中起着非常重要的作用,是数据仓库的核心。

元数据是一个相对的概念,如果数据A对数据B进行描述,那么数据A就是数据B的元数据,但是如果数据C对数据A进行描述,那么数据C就是数据A的元数据。元数据本身在结构上是分层的,上层元数据对下层元数据进行抽象描述。

4.5.1 元数据的类型

根据使用情况的不同,元数据可以分为业务元数据和技术元数据。

(1) 业务元数据

业务元数据用来和终端的商业模型或者前端工具建立映射关系,经常用于开发决策工具。

业务元数据从业务角度对数据仓库的数据进行描述,即使不了解技术的业务人员也能读懂数据。业务元数据主要包括:访问数据的原则和数据的来源,系统提供的分析方法和报表信息,使用者的术语所表达的数据模型、对象名和属性名。元数据为业务用户提供了很大的支持,为决策分析人员提供了访问数据仓库信息的路线图,常见的业务元数据实例如表4-9所示。

表4-9 业务元数据实例

业务元数据
域值
数据位置
数据负责人
属性和业务术语定义
主题领域
数据质量统计信息
数据仓库系统刷新日期

(2) 技术元数据

技术元数据是为了从环境中向数据仓库进行转化而建立的,包括数据属性、数据项以及在数据仓库中的转换。

技术元数据描述了关于数据仓库技术的细节,主要用于开发、管理和维护数据仓库,其包含的主要信息有:描述数据仓库的结构,如数据仓库的模式、层次、视图、维度等;汇总所用的方法,包括数据粒度、主题汇聚、聚合、汇总等;由操作环境到数据仓库的映射,主要包括元数据以及内容、数据分割、数据清洗、转换规则等;业务系统、数据仓库和数据集市的体系结构。

根据元数据的状态又可以把元数据分为静态元数据和动态元数据两种。

(1) 静态元数据

静态元数据主要包括业务规则、类别、索引、来源、生成时间、数据类型等。

(2) 动态元数据

动态元数据主要包括数据质量、统计信息、状态、处理、存储位置、存储大小、引用处等。

4.5.2 元数据的作用

元数据在数据仓库管理人员看来是包含了所有的内容和过程的知识库,在使用者看来是数据仓库的信息地图,如此重要的作用使得元数据存在于数据仓库建设的整个过程中。元数据可以进行数据质量的校验和保证,也可以审查数据问题,跟踪不正确的数据,还可以帮助数据分析人员有效地使用数据仓库环境。此外,数据仓库中数据存放的时间较长,数据仓库的结构也有可能发生变化,而元数据模型可以跟踪这一变化过程。

数据仓库中元数据模型的主要作用如下。

① 描述数据仓库的内容。为了能够描述数据仓库中的数据以及数据间的各种复杂关系，元数据定义了数据仓库的一系列内容。元数据描述了数据仓库中有什么数据及数据间的关系，它们是用户使用和系统管理数据仓库的基础。

② 定义抽取和转化。元数据可以用来生成源代码以完成数据的转换工作，即完成由操作型数据转换生成以特殊形式存放的、面向主题的数据仓库数据。元数据中的抽取表映射和抽取域映射定义了实际抽取转换工作的过程。

③ 抽取调度基于商业的事件。抽取调度是指何时进行从元数据到数据仓库的抽取工作，元数据必须对数据的抽取安排加以说明。

④ 保证数据质量。元数据必须提供一个机制，即针对特定应用并根据用户确立的数据容忍程度来提醒用户是否采用该数据进行决策。

图 4-35 展示了元数据在整个数据仓库开发和使用过程中的作用。

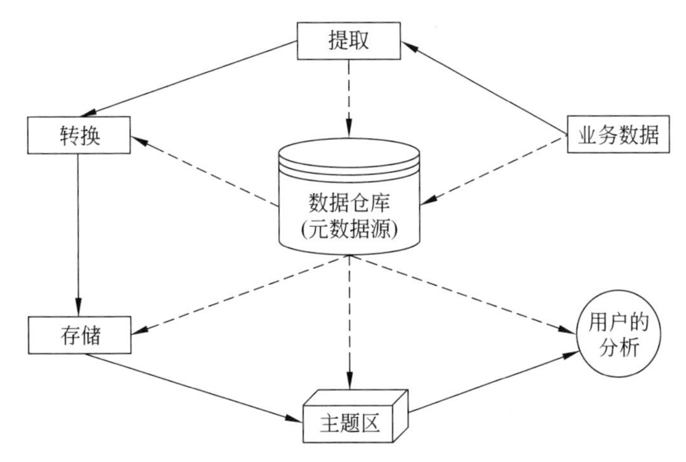

图 4-35　元数据在整个数据仓库开发和使用过程中的作用

如图 4-35 所示，通过原始业务数据以及通过提取获得的元数据源，可以用于数据转换、数据存储、主题区以及用户的分析。

4.5.3　元数据的使用

元数据可以对数据仓库中的数据内容和来源进行详细的解释说明，这样用户就可以根据主题利用元数据查询数据仓库的内容。元数据也可以提供查询信息，当元数据的查询包含用户所要查询的内容时，查询就可以实现复用，这样就不需要进行多次查询了。

元数据的使用人员主要分为技术人员、业务人员和高级使用人员，这 3 类人员对元数据的使用各不相同，但都要通过元数据进行相应的查询和操作。

(1) 技术人员

技术人员可以通过元数据进行数据仓库的管理和维护，技术人员需要理解数据仓库中的数据抽取、数据转换和封装到数据仓库的过程，技术元数据可以让技术人员更好地、更精确地进行数据仓库的后续开发。

(2) 业务人员

由于业务人员不熟悉技术但具备资深的业务背景,业务人员常常需要从数据仓库中获取自己想要的信息,业务人员往往通过元数据来确定数据仓库中数据的信息,对于大多数业务人员来说,实现自己的查询操作和报表都需要使用元数据。

(3) 高级使用人员

高级使用人员既懂技术也懂业务,这些用户理解业务数据,同时还能以正常的方式访问数据仓库系统,对业务报表也很熟悉,他们更关心数据是如何发生变化以及数据是如何转换并进而加载到数据仓库的。

4.6 习题

1. 名词解释:维,维表,事实,事实表,元数据。

2. 什么是数据仓库?数据仓库主要有哪些特点?

3. 简述数据仓库概念模型与逻辑模型的设计步骤。

4. 简述 OLAP 的特点。

5. OLAP 与 OLTP 的区别是什么?

6. 在一般的信息管理中,采用哪些概念模型描述信息处理的对象?这些概念数据模型是否适合数据仓库的开发环境?

7. 随着学生数量的增加以及教学管理要求的提高,某中学为满足数据信息化管理,决定组建本学校的教学管理系统,假设该系统中的相关信息如下。

学生(学生 ID,姓名,性别,出生日期,籍贯,职务,班级 ID)

班级(班级 ID,班级名)

课程(课程 ID,课程名称,课程性质,学期 ID)

教师(教师 ID,教师姓名,性别,职称,出生日期,籍贯)

学期表(学期 ID,学年名,学期名)

教室(教室 ID,教室地址)

请为该中学设计此数据仓库的星型模型。

第5章 回归分析

回归分析是使用最为广泛的统计学分支，在质量管理、市场营销、宏观经济管理等领域都有非常广泛的应用。本章介绍一元线性回归、多元线性回归、多项式回归，这3种回归方法应用非常广泛。通过本章的学习，读者可以掌握基本的回归分析原理及应用方法。

5.1 回归分析概述

回归分析(Regression Analysis)是确定两种或两种以上变量间相互依赖的定量关系的一种统计分析方法，应用广泛。回归分析按照涉及变量的多少，分为一元回归分析和多元回归分析；按照自变量和因变量之间的关系类型，可分为线性回归分析和非线性回归分析。如果在回归分析中，只包括一个自变量和一个因变量，且二者的关系可用一条直线近似表示，则这种回归分析称为一元线性回归分析。如果回归分析中包括两个或两个以上的自变量，且因变量与自变量之间存在线性相关，这种回归分析则称为多元线性回归分析。

回归分析主要解决两个问题：一是确定几个变量之间是否存在相关关系，如果存在，则找出它们之间适当的数学表达式；二是根据一个或几个变量的值，预测或控制另一个或几个变量的值，且要估计这种控制或预测可以达到何种精确度。

在经济管理和其他领域中，人们经常需要研究两个或多个变量(现象)之间的相互(因果)关系，并使用数学模型加以描述和解释，如商品销售量与价格之间的关系。

5.1.1 变量间的两类关系

1. 确定性关系

确定性关系是指当一些变量的值确定以后，另一些变量的值也随之完全确定的关系，这些变量间的关系完全是已知的，变量之间的关系可以用函数关系表示。

例如，圆的面积 S 与半径 r 之间的关系 $S=\pi r^2$，电路中电阻值 R、电压 U 与电流 I 之间的关系 $U=IR$，等等。

图5-1为价格不变时，某商品的销售收入与销售量之间的关系，属于确定性关系。

2. 非确定性关系

非确定性关系是指变量之间有一定的依赖关系，变量之间虽然相互影响和制约，但由于受到无法预计和控制的因素的影响，使变量间的关系呈现不确定性，当一些变量的值确定以后，另一些变量值虽然随之变化，却不能完全确定，这时变量间的关系就不可以精确地用函

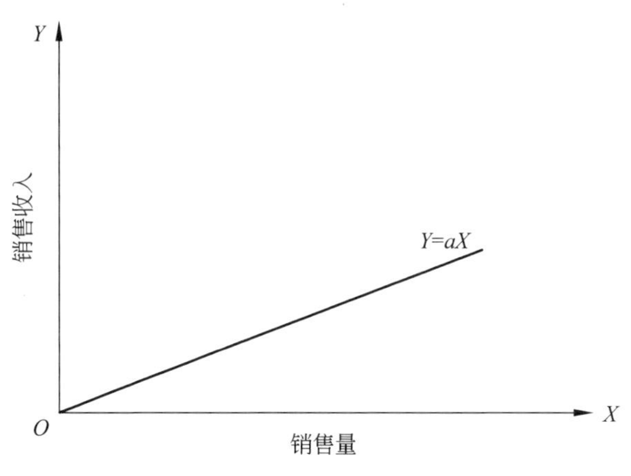

图 5-1 某商品销售收入与销售量的关系

数表示,即不能由一个或若干变量的值精确地确定另一个变量的值。

例如,子女的身高与父母的身高之间有一定的关系,但这种关系不是确定的,即不能根据父母的身高精确地得出子女的身高;某块农田粮食的产量与施肥量之间的关系;某种商品的销售量与广告费之间的关系。

5.1.2 回归分析的步骤

回归分析的主要步骤如下。

(1) 确定变量

明确预测的具体目标,也就是确定因变量。例如,预测的具体目标是下一年度的销售量,那么销售量 Y 就是因变量。通过市场调查和查阅资料,寻找与预测目标相关的影响因素,即自变量,并从中选出主要的影响因素。

(2) 建立预测模型

依据自变量和因变量的历史统计资料进行计算,在此基础上建立回归分析方程,即回归分析预测模型。

(3) 进行相关分析

回归分析是对具有因果关系的影响因素(自变量)和预测对象(因变量)所进行的数理统计分析处理。只有当自变量与因变量确实存在某种关系时,建立的回归方程才有意义。因此,作为自变量的因素与作为因变量的预测对象是否有关,相关程度如何以及判断这种相关程度的把握性多大,就成为进行回归分析必须要解决的问题。进行相关分析,一般需要求出相关系数,以相关系数的大小判断自变量和因变量的相关程度。

(4) 计算预测误差

回归预测模型是否可用于实际预测取决于对回归预测模型的检验和对预测误差的计算。回归方程只有通过各种检验,且预测误差较小,才能将回归方程作为预测模型进行预测。

(5) 确定预测值

利用回归预测模型计算预测值,并对预测值进行综合分析,确定最后的预测值。

注意:*应用回归预测法时,应首先确定变量之间是否存在相关关系。如果变量之间不存在相关关系,则对这些变量应用回归预测法就会得出错误的结果。*

5.2　一元线性回归

一元线性回归分析是处理两个变量之间关系的最简单模型，研究的对象是两个变量之间的线性相关关系。通过对这个模型的讨论，不仅可以掌握有关一元线性回归的知识，而且可以从中了解回归分析方法的基本思想、方法和应用。

5.2.1　原理分析

1. 一元线性回归模型

一元线性回归模型只包含一个解释变量（自变量）和一个被解释变量（因变量），是最简单的线性回归模型。一元线性回归模型如式(5-1) 所示。

$$Y = a + bX + \varepsilon \tag{5-1}$$

其中，X 为自变量，Y 为因变量；a 为截距，即常量；b 为回归系数，表示自变量对因变量的影响程度；ε 为随机误差项。

一元线性回归模型特点如下。

① Y 是 X 的线性函数加上误差项。

② 线性部分反映了由于 X 的变化而引起的 Y 的变化。

③ 误差项 ε 是随机变量，反映了除 X 和 Y 之间的线性关系之外的随机因素对 Y 的影响，它是一个期望值为 0 的随机变量，即 $E(\varepsilon)=0$；也是一个服从正态分布的随机变量，且相互独立，即 $\varepsilon \sim N(0,\sigma^2)$。

④ 对于一个给定的 X 值，Y 的期望值为 $E(Y)=a+bX$，称为 Y 对 X 的**回归**。

2. 回归方程

记 $\hat{a}$，$\hat{b}$ 分别为参数 a 和 b 的点估计，并记 $\hat{Y}$ 为 Y 的条件期望 $E(Y|X)$的点估计，由式(5-1)得式(5-2)。

$$\hat{Y} = \hat{a} + \hat{b}X \tag{5-2}$$

式(5-2)称为**回归方程**。其中，$\hat{a}$ 和 $\hat{b}$ 为回归方程的回归系数，$\hat{a}$ 是回归直线在 y 轴上的截距，$\hat{b}$ 是直线的斜率。$\hat{Y}$ 表示 X 每变动一个单位时 Y 的平均变动值。对于每一个 x_i 值，由回归方程可以确定一个回归值 $\hat{y}_i=\hat{a}+\hat{b}x_i$。

5.2.2　回归方程求解及模型检验

1. 最小二乘法

可以使用最小二乘法(Least Square Estimation，LSE)求解一元线性回归方程。对每一个点(x_i,y_i)，y_i 为其实际测量值，$\hat{y}_i$ 是通过式(5-2)得到的预测值。**最小二乘法**的原理就是，找到一组 $\hat{a}$ 和 $\hat{b}$，使所有点的实际测量值 y_i 与预测值 $\hat{y}_i$ 的偏差的平方和最小。其中，称 $\Delta y=y_i-\hat{y}_i$ 为**残差**。**残差平方和**(Residual Sum of Squares，RSS)的定义为

$$\text{RSS}=Q(\hat{a},\hat{b})=\sum_{i=1}^{n}(y_i-\hat{y}_i)^2=\sum_{i=1}^{n}(y_i-\hat{a}-\hat{b}x_i)^2 \tag{5-3}$$

由式(5-3)知,$Q(\hat{a},\hat{b})$是关于 $\hat{a}$ 和 $\hat{b}$ 的二次函数,所以 $Q(\hat{a},\hat{b})$存在最小值。由微积分知识,分别对 $\hat{a}$ 和 $\hat{b}$ 求一阶偏导并令其一阶偏导值为 0,即

$$\frac{\partial Q}{\partial \hat{a}}=-2\sum_{i=1}^{n}(y_i-\hat{a}-\hat{b}x_i)=0 \tag{5-4}$$

$$\frac{\partial Q}{\partial \hat{b}}=-2\sum_{i=1}^{n}(y_i-\hat{a}-\hat{b}x_i)x_i=0 \tag{5-5}$$

式(5-4)和式(5-5)称为正规方程组,据此可求解出 $\hat{a}$ 和 $\hat{b}$ 的值为

$$\hat{a}=\bar{y}-\hat{b}\bar{x} \tag{5-6}$$

$$\hat{b}=\frac{\bar{x}\cdot\bar{y}-\overline{xy}}{\bar{x}^2-\overline{x^2}} \tag{5-7}$$

其中,$\bar{x}=\frac{1}{n}\sum_{i=1}^{n}x_i$,$\bar{y}=\frac{1}{n}\sum_{i=1}^{n}y_i$,$\overline{xy}=\frac{1}{n}\sum_{i=1}^{n}x_iy_i$,$\overline{x^2}=\frac{1}{n}\sum_{i=1}^{n}x_i^2$。

将求得的 $\hat{a}$ 和 $\hat{b}$ 的值代入方程 $\hat{y}=\hat{a}+\hat{b}x$ 中,得到的方程就是最佳拟合曲线。

2. 拟合优度检验

拟合优度是指所求得的回归直线对观测值的拟合程度。若观测值与回归直线之间的距离近,则认为拟合优度较好,反之则较差,这里用决定系数(Coefficient of Determination)度量拟合优度。

(1) 离差、回归差、残差

首先给出离差、回归差、残差的概念。

离差定义为 $y_i-\bar{y}$,表示实际值与平均值之差。

回归差定义为 $\hat{y}_i-\bar{y}$,表示估计值与平均值之差。

残差定义为 $y_i-\hat{y}_i$,表示实际值与估计值之差。

离差=回归差+残差。三者的关系如图 5-2 所示。

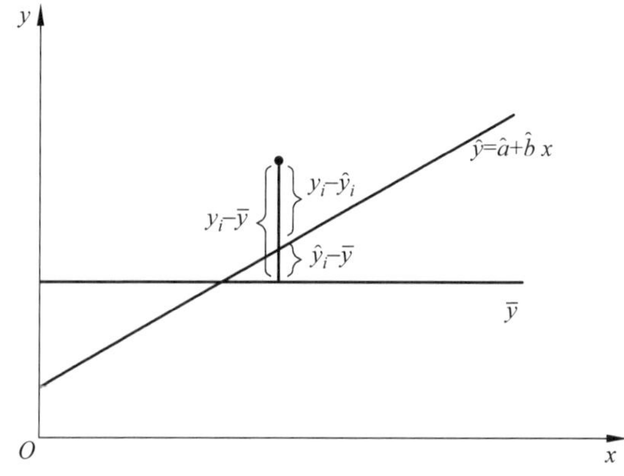

图 5-2 离差、回归差、残差三者的关系

用**总平方和**(Total Sum of Squares,TSS)表示因变量的 n 个观察值与其均值的误差的总和,TSS 是各个数据离差的平方和,即

$$\mathrm{TSS}=\sum_{i=1}^{n}(y_i-\bar{y})^2 \tag{5-8}$$

用**回归平方和**(Explained Sum of Squares,ESS)表示自变量 x 的变化对因变量 y 取值变化的影响,ESS 是各个数据回归差的平方和,即

$$\mathrm{ESS}=\sum_{i=1}^{n}(\hat{y}_i-\bar{y})^2 \tag{5-9}$$

用**残差平方和**(Residual Sum of Squares,RSS)表示实际值与拟合值之间的差异程度,RSS 是各个数据残差的平方和,即

$$\mathrm{RSS}=\sum_{i=1}^{n}(y_i-\hat{y}_i)^2 \tag{5-10}$$

TSS、ESS、RSS 三者之间的关系为 TSS=ESS+RSS,即

$$\sum_{i=1}^{n}(y_i-\bar{y})^2=\sum_{i=1}^{n}(\hat{y}_i-\bar{y})^2+\sum_{i=1}^{n}(y_i-\hat{y}_i)^2 \tag{5-11}$$

证明:

$$\begin{aligned}
\mathrm{TSS}&=\sum_{i=1}^{n}(y_i-\bar{y})^2\\
&=\sum_{i=1}^{n}[(y_i-\hat{y}_i)+(\hat{y}_i-\bar{y})]^2\\
&=\sum_{i=1}^{n}[(y_i-\hat{y}_i)^2+2(y_i-\hat{y}_i)(\hat{y}_i-\bar{y})+(\hat{y}_i-\bar{y})^2]\\
&=\sum_{i=1}^{n}(y_i-\hat{y}_i)^2+\sum_{i=1}^{n}(\hat{y}_i-\bar{y})^2+2\sum_{i=1}^{n}(y_i-\hat{y}_i)(\hat{y}_i-\bar{y})\\
&=\mathrm{RSS}+\mathrm{ESS}+2\sum_{i=1}^{n}(y_i-\hat{y}_i)(\hat{y}_i-\bar{y})\\
&=\mathrm{RSS}+\mathrm{ESS}+2\sum_{i=1}^{n}(y_i-\hat{a}-\hat{b}x_i)(\hat{a}+\hat{b}x_i-\bar{y})
\end{aligned}$$

$$\sum_{i=1}^{n}(y_i-\hat{a}-\hat{b}x_i)(\hat{a}+\hat{b}x_i-\bar{y})=\sum_{i=1}^{n}(y_i-\hat{a}-\hat{b}x_i)(\hat{a}-\bar{y})+\hat{b}\sum_{i=1}^{n}(y_i-\hat{a}-\hat{b}x_i)x_i$$

由式(5-4)和式(5-5)知,$\sum_{i=1}^{n}(y_i-\hat{a}-\hat{b}x_i)=0$,$\sum_{i=1}^{n}(y_i-\hat{a}-\hat{b}x_i)x_i=0$,$(\hat{a}-\bar{y})$ 和 $\hat{b}$ 为常数,所以

$$\mathrm{TSS}=\mathrm{ESS}+\mathrm{RSS}$$

证明结束。

(2) 拟合优度

拟合优度(Goodness of Fit)是指回归直线对观测值的拟合程度。度量拟合优度的统计量是**决定系数**(也称确定系数)R^2,其计算公式为

$$R^2=\frac{\mathrm{ESS}}{\mathrm{TSS}}=\frac{\mathrm{TSS}-\mathrm{RSS}}{\mathrm{TSS}}=1-\frac{\mathrm{RSS}}{\mathrm{TSS}} \tag{5-12}$$

其中,$R^2\in[0,1]$,R^2 越接近于 1,说明回归曲线拟合度越好;R^2 越小,说明回归曲线拟合度

越差。$R^2=0$ 时，表示自变量 x 与因变量 y 没有线性关系；$R^2=1$ 时，表示回归曲线与样本点重合。

3. 线性关系的显著性检验

采用 F 检验来度量一个或多个自变量同因变量之间的线性关系是否显著。F 检验（F test）运用服从 F 分布的统计量或方差比作为统计检验，通过**显著性水平**（Significant Level）**检验**回归方程的线性关系是否显著。

F 检验的计算方式为

$$F=\frac{\mathrm{ESS}/k}{\mathrm{RSS}/(n-k-1)} \tag{5-13}$$

且服从 F 分布 $F=(k,n-k-1)$。

式(5-13)中，k 为自由度（自变量的个数），n 为样本总量。一元线性回归方程只有一个自变量 x，所以 $k=1$。

F 值越大，说明自变量和因变量之间在总体上的线性关系越显著，反之线性关系越不显著。

4. 回归参数的显著性检验

采用 t 检验对回归参数进行显著性检验，t 检验检测变量 x 是否是被解释变量 y 的一个显著性的影响因素，t 检验是用于样本的两个平均值差异程度的检验方法。它使用 T 分布理论来推断差异发生的概率，从而判断两个平均数的差异是否显著。

t 检测的计算方式为

$$t_i=\frac{\hat{b}_i}{s_{\hat{b}_i}} \tag{5-14}$$

其中，$s_{\hat{b}_i}$ 的计算公式为

$$s_{\hat{b}_i}=\frac{\sqrt{\dfrac{\mathrm{RSS}}{n-k-1}}}{\sqrt{\sum_{i=1}^{n}x_i^2-\dfrac{1}{n}\left(\sum_{i=1}^{n}x_i\right)^2}} \tag{5-15}$$

式(5-15)中，$\hat{b}_i$ 是自变量 $\hat{x}_i$ 的回归参数，$s_{\hat{b}_i}$ 是回归参数 $\hat{b}_i$ 的抽样分布的标准差，k 为自由度，n 为样本总量，RSS 为残差平方和。

对于一元线性回归模型，只有一个自变量 x_i，所以 $\hat{b}_i=\hat{b}$，自由度 $k=1$。

如果某个自变量 x_i 对因变量 y 没有产生影响或者影响很小，应当将自变量 x_i 的系数取值为 0，即 $\hat{b}_i=0$。

5.2.3 一元线性回归实例

例 5.1 某种商品与家庭平均消费量的关系。

以某家庭为调查单位，某种商品在某年各月的家庭平均月消费量 Y(kg) 与其价格 X(元/kg) 之间的调查数据如表 5-1 所示。

表 5-1 商品价格与消费量的数据表

月份	1	2	3	4	5	6	7	8	9	10	11	12
价格 X	5.0	5.2	5.8	6.4	7.0	7.0	8.0	8.3	8.7	9.0	10.0	11
消费量 Y	4.0	5.0	3.6	3.8	3.0	3.5	2.9	3.1	2.9	2.2	2.5	2.6

图 5-3 为该商品的家庭平均月消费量与商品价格之间的线性关系。

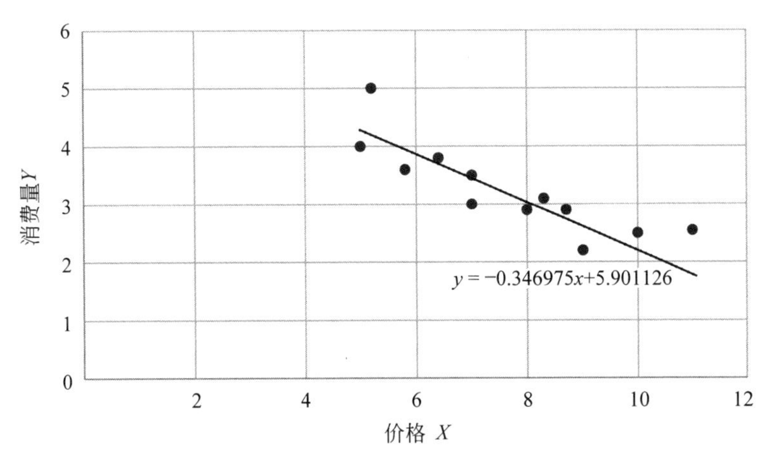

图 5-3 家庭平均月消费量与商品价格之间的线性关系

由图 5-3 可知，该商品在某家庭月平均消费量 Y 与价格 X 间基本呈线性关系，这些点与直线间的偏差是由其他一些无法控制的因素和观察误差引起的。根据 Y 与 X 之间的线性关系及表 5-1 中的数据，求两者之间的回归方程。

解：① 求解一元线性回归方程。

根据表 5-1 中的数据求解 $\bar{x}$、$\bar{y}$、$\overline{xy}$、$\overline{x^2}$。

$$\bar{x} = \frac{1}{12}(5.0+5.2+5.8+6.4+7.0+7.0+8.0+8.3+8.7+9.0+10.0+11)$$
$$=7.616667$$

$$\bar{y} = \frac{1}{12}(4.0+5.0+3.6+3.8+3.0+3.5+2.9+3.1+2.9+2.2+2.5+2.6)$$
$$=3.258333$$

$$\overline{xy} = \frac{1}{12}(5.0\times 4.0+5.2\times 5.0+5.8\times 3.6+6.4\times 3.8+7.0\times 3.0+7.0\times 3.5+$$
$$8.0\times 2.9+8.3\times 3.1+8.7\times 2.9+9.0\times 2.2+10.0\times 2.5+11\times 2.6)$$
$$=23.688333$$

$$\overline{x^2} = \frac{1}{12}(5.0^2+5.2^2+5.8^2+6.4^2+7.0^2+7.0^2+8.0^2+8.3^2+$$
$$8.7^2+9.0^2+10.0^2+11^2)=61.268333$$

根据 $\bar{x}$、$\bar{y}$、$\overline{xy}$、$\overline{x^2}$ 求解 $\hat{b}$ 的值。

$$\hat{b}=\frac{7.616667\times 3.258333-23.688333}{7.616667^2-61.268333}=-0.346975$$

根据 $\hat{b}$、$\bar{x}$、$\bar{y}$ 求解 $\hat{a}$。

$$\hat{a}=3.258333-(-0.346975)\times 7.616667=5.901126$$

故求得的线性回归方程为 $\hat{y}=-0.346975x+5.901126$。

② 回归方程拟合优度检验。

根据所求得的线性回归方程,可以计算出每月消费量的估计值,价格 x、消费量预测 $\hat{y}$、实际消费量 y 的数据如表 5-2 所示。

表 5-2 x、$\hat{y}$ 与 y 的数据

月份	x	$\hat{y}$	y
1	5.0	4.166251	4.0
2	5.2	4.096856	5.0
3	5.8	3.888671	3.6
4	6.4	3.680486	3.8
5	7.0	3.472301	3.0
6	7.0	3.472301	3.5
7	8.0	3.125326	2.9
8	8.3	3.0212335	3.1
9	8.7	2.8824435	2.9
10	9.0	2.778351	2.2
11	10.0	2.431376	2.5
12	11.0	2.084401	2.6

根据式(5-8)和式(5-9)求解 TSS、ESS。

$$\begin{aligned}\text{TSS}=&(4.0-3.258333)^2+(5.0-3.258333)^2+(3.6-3.258333)^2+\\&(3.8-3.258333)^2+(3.0-3.258333)^2+(3.5-3.258333)^2+\\&(2.9-3.258333)^2+(3.1-3.258333)^2+(2.9-3.258333)^2+\\&(2.2-3.258333)^2+(2.5-3.258333)^2+(2.6-3.258333)^2\\=&6.529167\end{aligned}$$

$$\begin{aligned}\text{ESS}=&(4.166251-3.258333)^2+(4.096856-3.258333)^2+\\&(3.888671-3.258333)^2+(3.680486-3.258333)^2+\\&(3.472301-3.258333)^2+(3.472301-3.258333)^2+\\&(3.125326-3.258333)^2+(3.0212335-3.258333)^2+\\&(2.8824435-3.258333)^2+(2.778351-3.258333)^2+\\&(2.431376-3.258333)^2+(2.084401-3.258333)^2\\=&4.702097\end{aligned}$$

根据式(5-12)求解 R^2。

$$R^2=\frac{\text{ESS}}{\text{TSS}}=\frac{4.702097}{6.529167}=0.720168$$

R^2 接近于 1,说明该回归方程拟合度较好。

③ 回归方程线性关系的显著性检验。

首先,求解 F 分布的值。

此例中,$k=1$,$n=12$,假设 $\alpha=0.05$,经查 F 值表有

$$F_{0.05}(k,n-k-1)=F_{0.05}(1,10)=4.965$$

然后,根据式(5-11) 利用 ESS、TSS 和 RSS 三者之间的关系求解 RSS。

$$\text{RSS}=\text{TSS}-\text{ESS}=6.529167-4.702097=1.82707$$

最后,根据式(5-13)求解 F 值。

$$F=\frac{\text{ESS}/k}{\text{RSS}/(n-k-1)}=\frac{4.702097/1}{1.82707/(12-1-1)}=25.735724$$

求得 F 值为 $25.735724>F_{0.05}(1,10)=4.965$,所以在显著性概率为 0.05 的条件下,回归方程显著成立。

④ 回归参数的显著性检验。

首先,根据 t 分布表求解 t 分布值。

此例中,$n=12$,自由度 $v=n-1=11$,在**置信度水平**(Confidence level)为 0.05 的情况下,经查 t 分布表知 t 值为 1.796。

然后,根据式(5-15)求解得 $s_{\hat{b}_i}$ 的值为

$$s_{\hat{b}_i}=\frac{\sqrt{\dfrac{\text{RSS}}{n-k-1}}}{\sqrt{\sum_{i=1}^{n}x_i^2-\dfrac{1}{n}\left(\sum_{i=1}^{n}x_i\right)^2}}=0.068396$$

最后,根据式(5-14)求得 t 值为

$$t=\frac{\hat{b}_i}{s_{\hat{b}_i}}\ \frac{-0.346975}{0.068396}=-5.07301$$

$|t|=5.073031>1.796$,所以变量 x 对于因变量 y 有显著影响。

置信度水平是指总体参数值落在样本统计值某一区间内的概率,用来表示区间估计的把握程度。假设置信度水平为 0.05,表示真值发生的概率为 95%。

5.2.4　案例分析:使用 Weka 实现一元线性回归

例 5.2　信用卡积分与月收入之间的线性关系。

某家银行想统计信用卡积分与使用者月收入之间的关系,现有一文件 bank.arff,该文件包含 7 个属性,分别为月收入、每月工作天数、当前信用卡额度、历史统计的按时还款比例、曾经的最大透支额、银行贷款的数目、信用卡积分。但是银行只想统计信用卡积分与月收入之间的关系,所以在构建模型的时候需要去除其余 5 个属性的影响,只留下“月收入”和“信用卡积分”这两个属性。

该文件为自定义文件,文件 bank.arff 的内容如下。

```
@RELATION creditCardScore
%%%%
%SECTION1:PERSONAL INFO
%%%%
%
%月收入
%
@ATTRIBUTE personInfo.monthlySalary  NUMERIC
%%%%
%SECTION2: BUSINESS INFO
%%%%
%
%每月工作天数
%
@ATTRIBUTE businessInfo.workingDayPerMonth NUMERIC
%%%%
%SECTION 3: CREDIT CARD INFO(信用卡信息)
%%%%
%
%当前额度
%
@ATTRIBUTE creditCardInfo.currentLimit  NUMERIC
%
%月度正常还款比例
%
@ATTRIBUTE creditCardInfo.percentageOfNormalReturn NUMERIC
%
%曾经最大透支额
%
@ATTRIBUTE creditCardInfo.maximumOverpay NUMERIC
%%%%
%SECTION 4: FINANCIAL INFO(财政信息)
%%%%
%
%贷款数目
%
@ATTRIBUTE financialInfo.personalLoan NUMERIC
%%%%
%RESULT: CREDIT SCORE(积分)
%%%%
@ATTRIBUTE creditScore NUMERIC
@DATA
10000,22,20000,1,0,200000,55
15000,20,30000,0.5,14200,20000, 78
20000,18,40000,0.6,50000,200000,87
30000,22,60000,0.2,30000,150000,67
22000,15,30000,0.7,20000,140000,71
13200,21,18000,0.9,40000,500000,43
```

```
15500,20,30000,0.4,14200,20000, 59
25000,26,40000,0.5,50000,200000,88
28670,23,40000,0.7,30000,120000,68
22000,15,40000,0.7,20000,140000,72
10000,18,20000,0.6,30000,150000,47
14300,20,29800,0.5,14200,20000,72
20000,18,40000,0.9,50000,200000,88
34335,22,50000,0.6,30000,150000,74
24555,15,20000,0.9,20000,120000,79
10055,22,80000,1,0,200000,76
15000,20,80000,0.9,90200,20000,86
25440,17,30000,0.7,50000,200000,82
30000,22,70000,0.2,30000,0,72
22000,30,80000,0.7,20000,140000,71
```

使用 Weka 实现一元线性回归的具体步骤如下。

① 打开 Weka 软件，进入 Weka 图形用户界面选择器主页面，如图 5-4 所示。

② 单击 Explorer 按钮，在出现的 Weka Explorer 窗口中，单击 Open file…按钮，在出现的“打开”对话框中选择 bank.arff 文件，如图 5-5 所示。

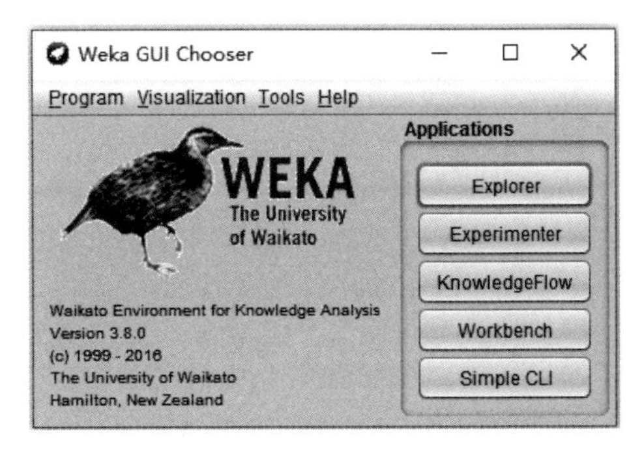

图 5-4　Weka 图形用户界面选择器主页面

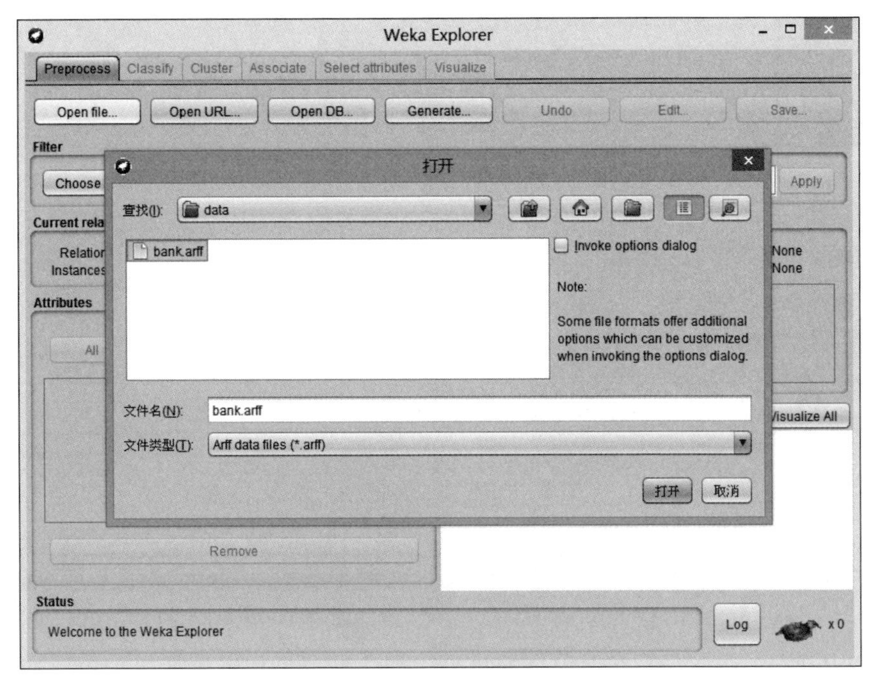

图 5-5　“打开”对话框

③ 单击“打开”按钮,返回如图5-6所示的bank.arff的导入数据集的Weka Explorer窗口。

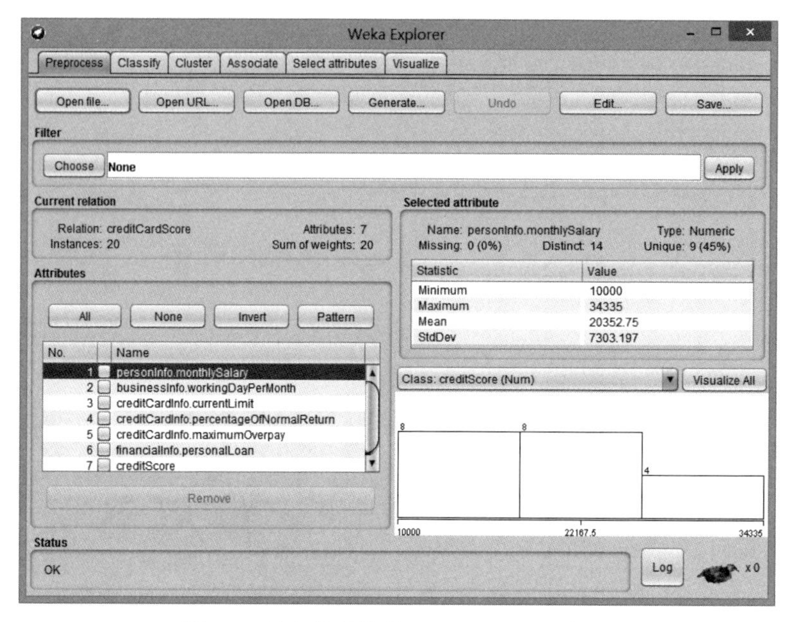

图5-6 导入数据集的Weka Explorer窗口

④ 单击Edit…按钮,弹出Viewer对话框,列出该数据集中的全部数据,该窗口以二维表的形式展现数据,用户可以查看和编辑整个数据集,如图5-7所示。

Viewer

Relation: creditCardScore

No.	1: personInfo.monthlySalary Numeric	2: businessInfo.workingDayPerMonth Numeric	3: creditCardInfo.currentLimit Numeric	4: creditCardInfo.percentageOfNormalReturn Numeric	5: creditCardInfo.maximumOverpay Numeric	6: financialInfo.personalLoan Numeric	7: creditScore Numeric
1	10000.0	22.0	20000.0	1.0	0.0	200000.0	55.0
2	15000.0	20.0	30000.0	0.5	14200.0	20000.0	78.0
3	20000.0	18.0	40000.0	0.6	50000.0	200000.0	87.0
4	30000.0	22.0	60000.0	0.2	30000.0	150000.0	67.0
5	22000.0	15.0	30000.0	0.7	20000.0	140000.0	71.0
6	13200.0	21.0	18000.0	0.9	40000.0	500000.0	43.0
7	15500.0	20.0	30000.0	0.4	14200.0	20000.0	59.0
8	25000.0	26.0	40000.0	0.5	50000.0	200000.0	88.0
9	28670.0	23.0	40000.0	0.7	30000.0	120000.0	68.0
10	22000.0	15.0	40000.0	0.7	20000.0	140000.0	72.0
11	10000.0	18.0	20000.0	0.6	30000.0	150000.0	47.0
12	14300.0	20.0	29800.0	0.5	14200.0	20000.0	72.0
13	20000.0	18.0	40000.0	0.9	50000.0	200000.0	88.0
14	34335.0	22.0	50000.0	0.6	30000.0	150000.0	74.0
15	24555.0	15.0	20000.0	0.9	20000.0	120000.0	79.0
16	10055.0	22.0	80000.0	1.0	0.0	200000.0	76.0
17	15000.0	20.0	80000.0	0.9	90200.0	20000.0	86.0
18	25440.0	17.0	30000.0	0.7	50000.0	200000.0	82.0
19	30000.0	22.0	70000.0	0.2	30000.0	0.0	72.0
20	22000.0	30.0	80000.0	0.7	20000.0	140000.0	71.0

Add instance　Undo　OK　Cancel

图5-7 数据集编辑器Viewer对话框

由图5-7可知,bank.arff数据集共有20条信息,每条信息包含7个属性,分别为personInfo.monthlySalary(月收入)、businessInfo.workingDayPerMonth(每月工作天数)、creditCardInfo.currentLimit(当前信用卡额度)、creditCardInfo.percentageOfNormalReturn(历史统计的按时还款比例)、creditCardInfo.maximumOverpay(曾经的最大透支额)、financialInfo.personaLoan(银行贷款的数目)、creditScore(信用卡积分)。

以第2行数据为例,月收入为15000.0元,每月工作天数为20.0天,当前信用卡额度为30000.0元,历史统计的按时还款比例为0.5,曾经的最大透支额为14200.0元,银行贷款的数目为 20000.0 元,信用卡积分为 78.0。

⑤ 关闭图 5-7 后,返回至图 5-6,在 Attributes 区域中,选中除了 personInfo.monthlySalary(月收入)和 creditScore(信用卡积分)之外的其他属性,单击 Remove 按钮删除其他属性,如图 5-8 所示。

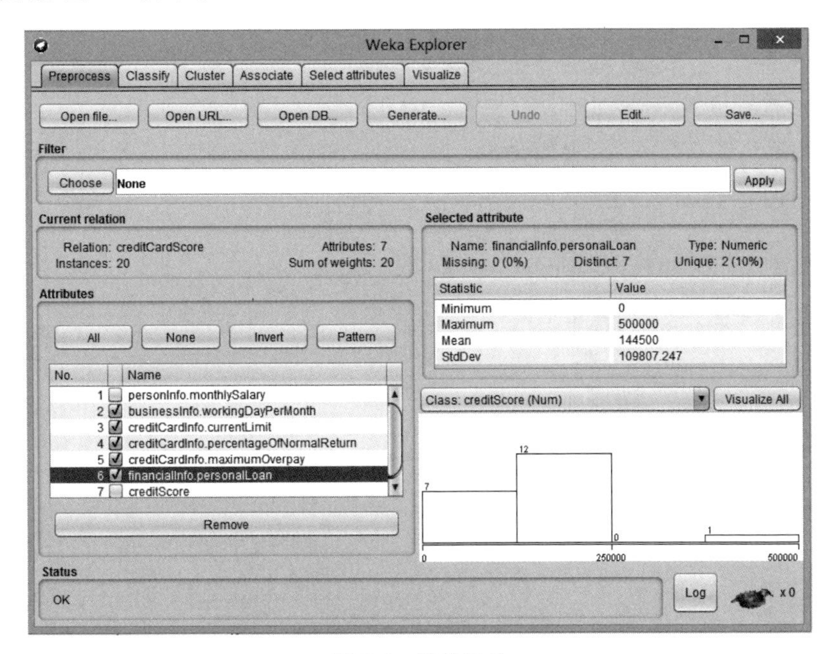

图 5-8　移除属性

⑥ 选择 Classify 选项卡,单击 Choose 按钮,在 Classifier 属性下,选择 LinearRegression 选项,如图 5-9 所示。

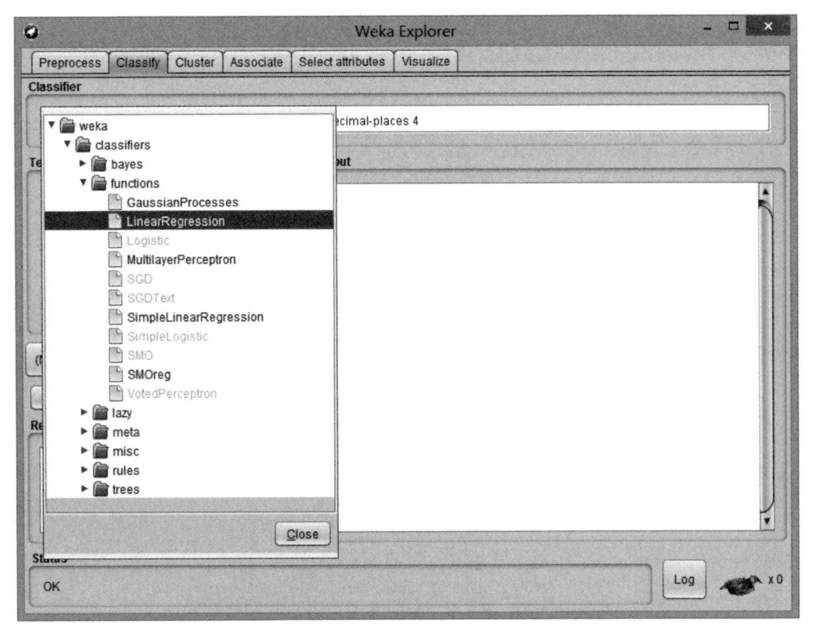

图 5-9　选择 LinearRegression 选项

⑦ 选择线性回归后进入图5-10,在左侧 Test Options 区域中,选择测试选项。该区域为数据划分参数设置,有4个选项,分别为 Use training set、Supplied test set、Cross-validation、Percentage split,其含义如下。

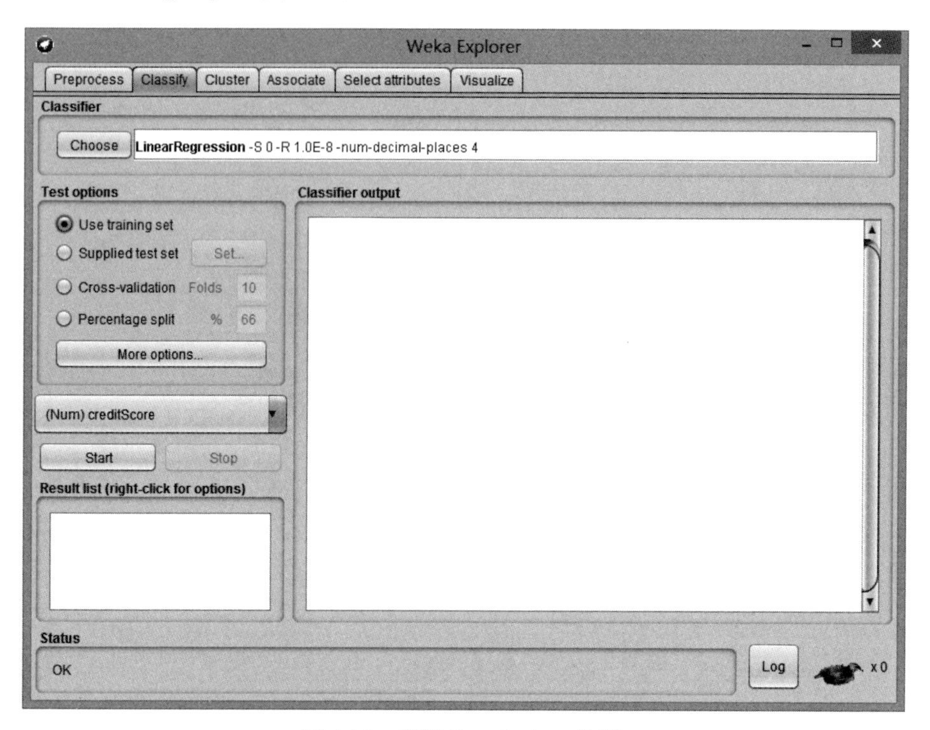

图 5-10 设置 Test Options 选项

Use training set:将全部数据用作模型训练。

Supplied test set:设置测试集,模型训练完成后,从这里设置测试数据集。

Cross-validation:将数据集按照交叉验证的方法均匀划分,一部分作为训练集,另一部分作为测试集。

Percentage split:按照一定比例,将数据集划分为训练集和测试集。

此例选择 Use training set 选项进行实验。

⑧ 在图5-10中,单击 Start 按钮,可以看到对数据集 bank.arff 的分析结果,如图5-11右侧窗口所示,并且给出了回归方程一些数据统计结论。

分析结果显示了 creditScore(信用卡积分)与 personInfo.monthlySalary(月收入)之间的线性函数关系:

$$creditScore = 0.0006 \times personInfo.monthlySalary + 58.8169$$

图5-11中显示了相关系数(Correlation coefficient)、平均绝对误差(Mean absolute error)、均方根误差(Root mean squared error)、相对绝对误差(Relative absolute error)、相对平方根误差(Root relative squared error)和案例数(Total Number of Instances)的数值。

相关系数(Correlation coefficient)值大于0,说明回归方程是正相关的,creditScore(信用卡积分)随着 personInfo.monthlySalary(月收入)的增加而增加;绝对平均误差(Mean absolute error)、均方根误差(Root mean squared error)、相对绝对误差(Relative absolute

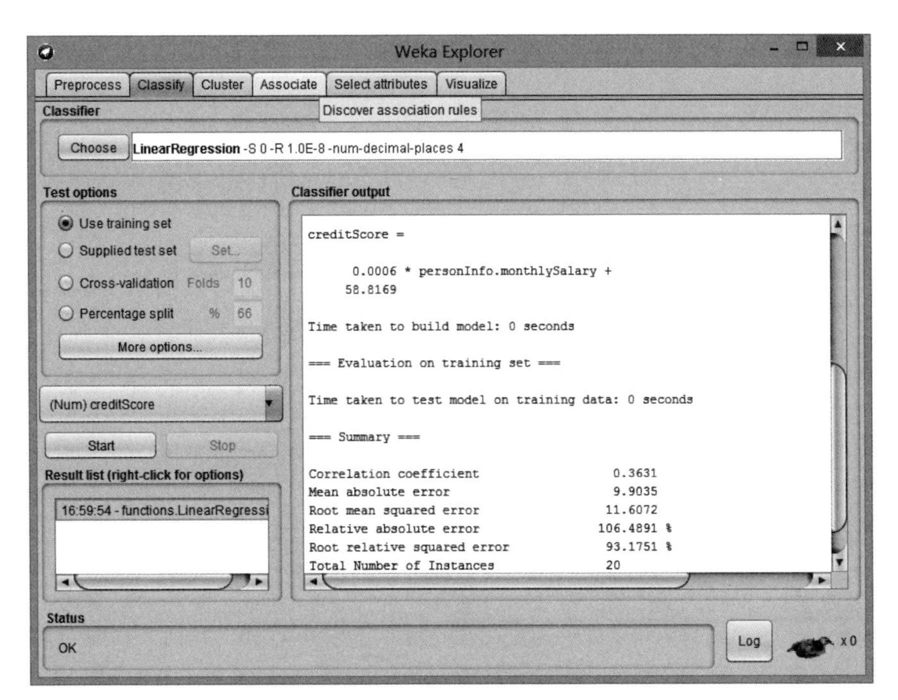

图 5-11 数据集分析结果

error)、相对平方根误差(Root relative squared error)表明了所求回归方程与实际值之间的各项误差。

5.3 多元线性回归

多元线性回归研究一个因变量与多个自变量之间的线性关系。有时,单独的一个自变量不能很好地解释因变量,一个因变量受多个自变量的影响,这在实际应用中是很常见的现象。

5.3.1 原理分析

1. 多元线性回归模型

多元线性回归模型表示的是多个解释变量(自变量)与一个被解释变量(因变量)之间的线性关系。

设被解释变量 Y 与多个解释变量 $X_1, X_2, X_3, \cdots, X_k$ 之间具有线性关系,称之为多元线性回归模型,即

$$Y = a + b_1 X_1 + b_2 X_2 + \cdots + b_k X_k + \varepsilon \tag{5-16}$$

其中,Y 为被解释变量,$X_1, X_2, X_3, \cdots, X_k$ 为解释变量,ε 表示随机误差。

多元线性回归模型的特点如下。

① Y 与 $X_1, X_2, X_3, \cdots, X_k$ 之间具有线性关系。

② 各个观测值 $Y_i (i=1,2,\cdots,n)$ 之间相互独立。

③ 随机误差 $\varepsilon \sim N(0,\sigma^2)$。

2. 回归方程

假设 $\hat{a},\hat{b}_1,\hat{b}_2,\cdots,\hat{b}_k,\hat{Y}$ 分别为 $a,b_1,b_2,\cdots,b_k,Y$ 的点估计值,则多元线性回归方程为

$$\hat{Y}=\hat{a}+\hat{b}_1X_1+\hat{b}_2X_2+\cdots+\hat{b}_kX_k \tag{5-17}$$

其中,$\hat{a}$ 为回归方程的常数项,$\hat{b}_1,\hat{b}_2,\cdots,\hat{b}_k$ 为偏回归系数。式(5-17)的一般形式为

$$\hat{y}=\hat{a}+\hat{b}_1x_1+\hat{b}_2x_2+\cdots+\hat{b}_kx_k \tag{5-18}$$

对于 n 组样本 $x_{1i},x_{2i},x_{3i},\cdots,x_{ki},y_i(i=1,2,\cdots,n)$,其回归方程组形式为

$$\hat{y}_i=\hat{a}+\hat{b}_1x_{1i}+\hat{b}_2x_{2i}+\cdots+\hat{b}_kx_{ki} \tag{5-19}$$

即

$$\begin{cases}\hat{y}_1=\hat{a}+\hat{b}_1x_{11}+\hat{b}_2x_{21}+\cdots+\hat{b}_kx_{k1}\\ \hat{y}_2=\hat{a}+\hat{b}_1x_{12}+\hat{b}_2x_{22}+\cdots+\hat{b}_kx_{k2}\\ \vdots\\ \hat{y}_n=\hat{a}+\hat{b}_1x_{1n}+\hat{b}_2x_{2n}+\cdots+\hat{b}_kx_{kn}\end{cases} \tag{5-20}$$

5.3.2 回归方程求解及模型检验

1. 最小二乘法求解回归方程

使用最小二乘法求解回归方程的各个参数,残差平方和 RSS 的定义为

$$\begin{aligned}\mathrm{RSS}=Q(\hat{a},\hat{b}_1,\cdots,\hat{b}_k)&=\sum_{i=1}^{n}(y_i-\hat{y}_i)^2\\ &=\sum_{i=1}^{n}(y_i-\hat{a}-\hat{b}_1x_{1i}-\hat{b}_2x_{2i}-\cdots-\hat{b}_kx_{ki})^2\end{aligned} \tag{5-21}$$

其中,$Q(\hat{a},\hat{b}_1,\cdots,\hat{b}_k)$分别对 $\hat{a},\hat{b}_1,\cdots,\hat{b}_k$ 求一阶偏导并置一阶偏导为0,得到式(5-22)的方程组。

$$\begin{cases}\dfrac{\partial Q}{\partial \hat{a}}=0\\ \dfrac{\partial Q}{\partial \hat{b}_1}=0\\ \dfrac{\partial Q}{\partial \hat{b}_2}=0\\ \vdots\\ \dfrac{\partial Q}{\partial \hat{b}_k}=0\end{cases} \tag{5-22}$$

根据式(5-22),化简得

$$
\begin{cases}
-2\sum_{i=1}^{n}(y_i-\hat{a}-\hat{b}_1x_{1i}-\hat{b}_2x_{2i}-\cdots-\hat{b}_kx_{ki})=0\\
-2x_{1i}\sum_{i=1}^{n}(y_i-\hat{a}-\hat{b}_1x_{1i}-\hat{b}_2x_{2i}-\cdots-\hat{b}_kx_{ki})=0\\
-2x_{2i}\sum_{i=1}^{n}(y_i-\hat{a}-\hat{b}_1x_{1i}-\hat{b}_2x_{2i}-\cdots-\hat{b}_kx_{ki})=0\\
\vdots\\
-2x_{ki}\sum_{i=1}^{n}(y_i-\hat{a}-\hat{b}_1x_{1i}-\hat{b}_2x_{2i}-\cdots-\hat{b}_kx_{ki})=0
\end{cases}
\tag{5-23}
$$

求解式(5-23),即可得到回归方程的参数估计值 $\hat{a},\hat{b}_1,\cdots,\hat{b}_k$。

2. 回归方程的拟合优度检验

使用决定系数 R^2 对回归方程进行拟合优度检验,即

$$R^2=\frac{\text{ESS}}{\text{TSS}}=\frac{\text{TSS}-\text{RSS}}{\text{TSS}}=1-\frac{\text{RSS}}{\text{TSS}},\quad (R^2\in[0,1]) \tag{5-24}$$

总平方和 TSS 为

$$\text{TSS}=\sum_{i=1}^{n}(y_i-\bar{y})^2$$

回归平方和 ESS 为

$$\text{ESS}=\sum_{i=1}^{n}(\hat{y}_i-\bar{y})^2$$

残差平方和 RSS 为

$$\text{RSS}=\sum_{i=1}^{n}(y_i-\hat{y}_i)^2$$

R^2 越大表示回归方程的拟合程度越好,R^2 越小表示回归方程的拟合程度越差。

在实际应用中,如果在回归模型中增加一个解释变量 x_m,得到的 R^2 会变大。这样往往会产生一种误解:只要增加解释变量,就能使回归模型的拟合程度变好。但是,现实是回归方程拟合程度与增加解释变量导致的 R^2 变大无关,所以需要对 R^2 进行适当调整,降低解释变量数量对 R^2 的影响。新的 R^2 用 $\bar{R}^2$ 来表示,即

$$\bar{R}^2=1-\frac{\text{RSS}/(n-k-1)}{\text{TSS}/(n-1)} \tag{5-25}$$

其中,RSS 的自由度为 $n-k-1$,TSS 的自由度为 $n-1$。n 为样本总量,k 为解释变量个数。$\bar{R}^2$ 越大表示回归方程的拟合程度越好,$\bar{R}^2$ 越小则表示回归方程的拟合程度越差。

R^2 与 $\bar{R}^2$ 的关系为

$$\bar{R}^2=1-(1-R^2)\frac{n-1}{n-k-1} \tag{5-26}$$

根据式(5-26)可知:

① 当 $k=0$ 时,$R^2=\bar{R}^2$。

② $\bar{R}^2$ 可能小于0。

③ 当$k>0$时,$\bar{R}^2 \leqslant R^2$。

3. 线性关系的显著性检验

可以使用F检验对多元线性回归方程进行线性关系的显著性检验。对于多元线性回归方程,自变量个数为n,所以$k=n$。所求F值越大,说明线性关系越显著,反之越不显著。

4. 回归参数的显著性检验

可以使用t检验对多元线性回归方程进行回归参数的显著性检验。对于多元线性回归方程,自变量个数为n,故需分别对n个回归参数进行t检验,分别检验各个回归参数是否对回归方程有显著性影响。

5.3.3 多元线性回归实例

例 5.3 某商品销售量与商品价格和人均月收入之间的关系。

已知某商品的销售量受商品价格和人均月收入这两个因素的影响,表5-3是该商品在某年1月至10月间每个月的销售量情况。

表 5-3 某商品1月至10月的销售量

月份	1	2	3	4	5	6	7	8	9	10
商品价格/元·件$^{-1}$	89	78	70	60	69	52	45	56	32	45
人均月收入/元	560	530	600	680	750	830	880	830	980	1100
商品销售量/件	5800	5890	6200	6800	7100	8900	9000	8100	9990	9800

表5-3中,人均月收入(元)和商品价格(元/件)是解释变量,商品销售量(件)是被解释变量。求解某商品销售量与商品价格和人均月收入之间的回归方程。

解: ① 求解多元线性回归方程。

假设回归方程为$\hat{y}=\hat{a}+\hat{b}_1x_1+\hat{b}_2x_2$。其中,$y$为商品实际销售量,$x_1$为商品价格,$x_2$为人均月收入,$\hat{y}$为商品预测销售量。

根据最小二乘法求解方法,残差平方和RSS为

$$\mathrm{RSS}=Q(\hat{a},\hat{b}_1,\hat{b}_2)=\sum_{i=1}^{10}(y_i-\hat{y}_i)^2=\sum_{i=1}^{10}(y_i-\hat{a}-\hat{b}_1x_{1i}-\hat{b}_2x_{2i})^2$$

$Q(\hat{a},\hat{b}_1,\hat{b}_2)$分别对$\hat{a}$、$\hat{b}_1$、$\hat{b}_2$求偏导得

$$\begin{cases}-2\sum_{i=1}^{10}(y_i-\hat{a}-\hat{b}_1x_{1i}-\hat{b}_2x_{2i})=0\\ -2\sum_{i=1}^{10}x_{1i}(y_i-\hat{a}-\hat{b}_1x_{1i}-\hat{b}_2x_{2i})=0\\ -2\sum_{i=1}^{10}x_{2i}(y_i-\hat{a}-\hat{b}_1x_{1i}-\hat{b}_2x_{2i})=0\end{cases}$$

代入表5-3中的数据得

$$\begin{cases}77580-10\times\hat{a}-\hat{b}_1\times 596-\hat{b}_2\times 7740=0\\ \sum_{i=1}^{10}x_{1i}\times y_i-596\times\hat{a}-38180\times\hat{b}_1-435830\times\hat{b}_2=0\\ \sum_{i=1}^{10}x_{2i}\times y_i-7740\times\hat{a}-435830\times\hat{b}_1-\sum_{i=1}^{10}x_{2i}^2\times\hat{b}_2=0\end{cases}$$

求解得 $\hat{a}=6034.05966$，$\hat{b}_1=-38.4049384$，$\hat{b}_2=5.18459$。故回归方程为

$$\hat{y}=6034.05966-38.4049384x_1+5.18459x_2$$

② 回归方程拟合优度检验。

根据求得的多元线性回归方程可得到商品销售量的预测值 $\hat{y}$，如表 5-4 所示。

表 5-4　x_1、x_2、$\hat{y}$ 与 y 的数据

月份	x_1	x_2	$\hat{y}$	y
1	89	560	5519	5800
2	78	530	5786	5890
3	70	600	6456	6200
4	60	680	7255	6800
5	69	750	7273	7100
6	52	830	8340	8900
7	45	880	8868	9000
8	56	830	8187	8100
9	32	980	9886	9990
10	45	1100	10009	9800

根据表 5-3 求得商品销售量的平均值 $\bar{y}=7758$。

根据式(5-8)和式(5-9)求解 TSS 和 ESS。

$$\begin{aligned}\mathrm{TSS}=&(5800-7758)^2+(5890-7758)^2+(6200-7758)^2+\\&(6800-7758)^2+(7100-7758)^2+(8900-7758)^2+\\&(9000-7758)^2+(8100-7758)^2+(9990-7758)^2+\\&(9800-7758)^2\\=&23216560\end{aligned}$$

$$\begin{aligned}\mathrm{ESS}=&(5519-7758)^2+(5786-7758)^2+(6456-7758)^2+\\&(7255-7758)^2+(7273-7758)^2+(8340-7758)^2+\\&(8868-7758)^2+(8187-7758)^2+(9886-7758)^2+\\&(10009-7758)^2\\=&22435593\end{aligned}$$

根据式(5-12)求得

$$R^2=\frac{\mathrm{ESS}}{\mathrm{TSS}}=\frac{22435593}{23216560}=0.96636$$

根据式(5-26)求得

$$\bar{R}^2=1-(1-R^2)\frac{n-1}{n-k-1}=1-0.03364\times\frac{10-1}{10-2-1}=0.956751$$

$\bar{R}^2$ 接近于1,表示求得的回归方程的拟合度很高。

③ 回归方程线性关系的显著性检验。

首先,根据式(5-11),利用ESS、TSS和RSS三者之间的关系求解RSS。

$$\text{RSS}=\text{TSS}-\text{ESS}=23216560-22435593=780967$$

本例中,自变量个数为2,所以 $k=2$;数据量共10组,所以 $n=10$。

然后,根据式(5-13)求解 F 值。

$$F=\frac{\text{ESS}/k}{\text{RSS}/(n-k-1)}=\frac{22435593/2}{780967/(10-2-1)}=100.547879$$

假设 $\alpha=0.05$,经查表,$F_{0.05}(k,n-k-1)=F_{0.05}(2,7)=4.73<100.547879$。所以,在显著性概率为0.05的条件下,回归方程显著成立。

④ 回归参数的显著性检验。

首先,根据 t 分布表求解 t 分布值。

此例中,$n=10$,在**置信度水平**为0.05的情况下,经查 t 分布表,知 t 值为1.833。

然后,根据式(5-14)和式(5-15)求解得

$$t_1=\frac{\hat{b}_1}{S_{\hat{b}_1}}=-5.928296$$

$$t_2=\frac{\hat{b}_2}{S_{\hat{b}_2}}=8.629544$$

t_1 和 t_2 分别是回归方程回归系数 $\hat{b}_1$ 和 $\hat{b}_2$ 的 t 检验。

由于 $|t_1|$ 和 $|t_2|$ 值均大于 t 分布值1.833,所以两个自变量均对因变量 y 有显著性影响。

5.3.4 案例分析:使用Weka实现多元线性回归

例5.4 信用卡积分与多个影响因子之间的线性关系。

某银行想知道信用卡积分与月收入、历史统计的按时还款比例、曾经的最大透支额、银行贷款的数目这4个影响因素之间的线性关系,仍使用例5.2中的数据文件bank.arff,在构建模型的时候需要去除每月工作天数、当前信用卡额度这两个属性的影响。

实验步骤如下。

① 按照例5.2中的步骤①~④操作,打开Weka软件,导入数据集。

② 导入数据集之后的界面如图5-12所示。

③ 在左下半区域Attributes选项中选中businessInfo.workingDayPerMonth(每月工作天数)属性和creditCardInfo.currentLimit(当前信用卡额度)属性,单击Remove按钮移除两个选中的属性,如图5-13所示。

④ 选择Classify选项卡,单击Choose按钮,在Classifier属性中选择LinearRegression选项,如图5-14所示。

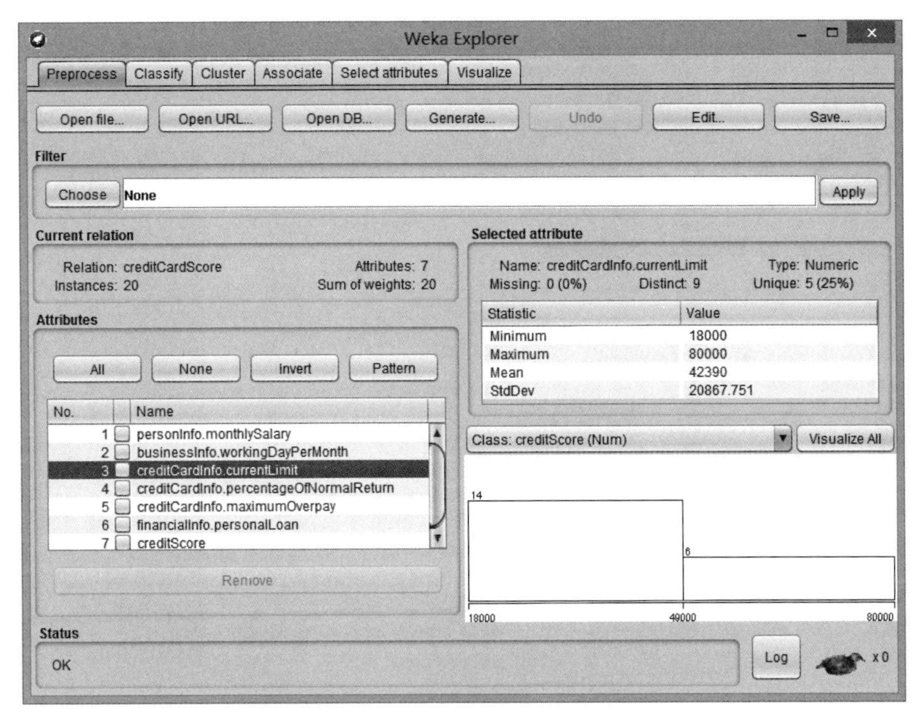

图 5-12 导入数据集后界面

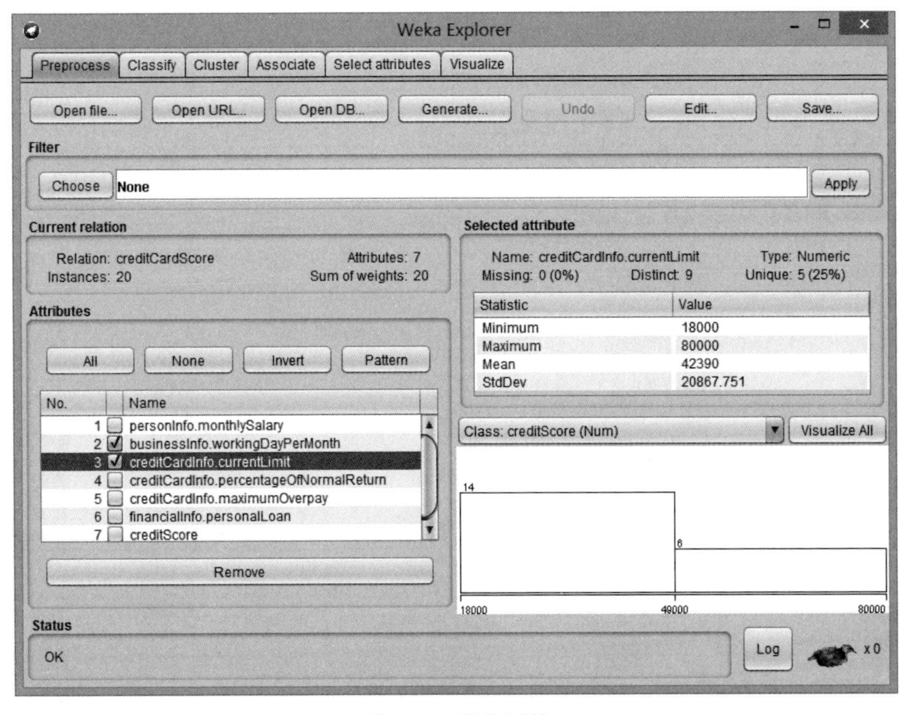

图 5-13 移除属性

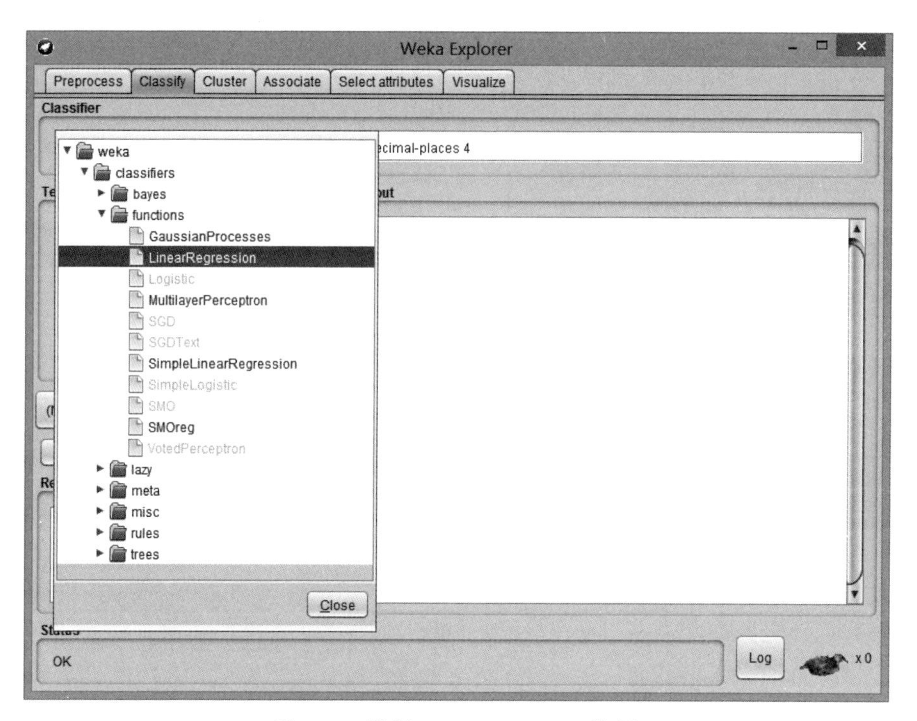

图 5-14　选择 LinearRegression 选项

⑤ 选择好线性回归后进入图 5-15，在左侧 Test Options 属性中选择 Use training set 选项，如图 5-15 所示。

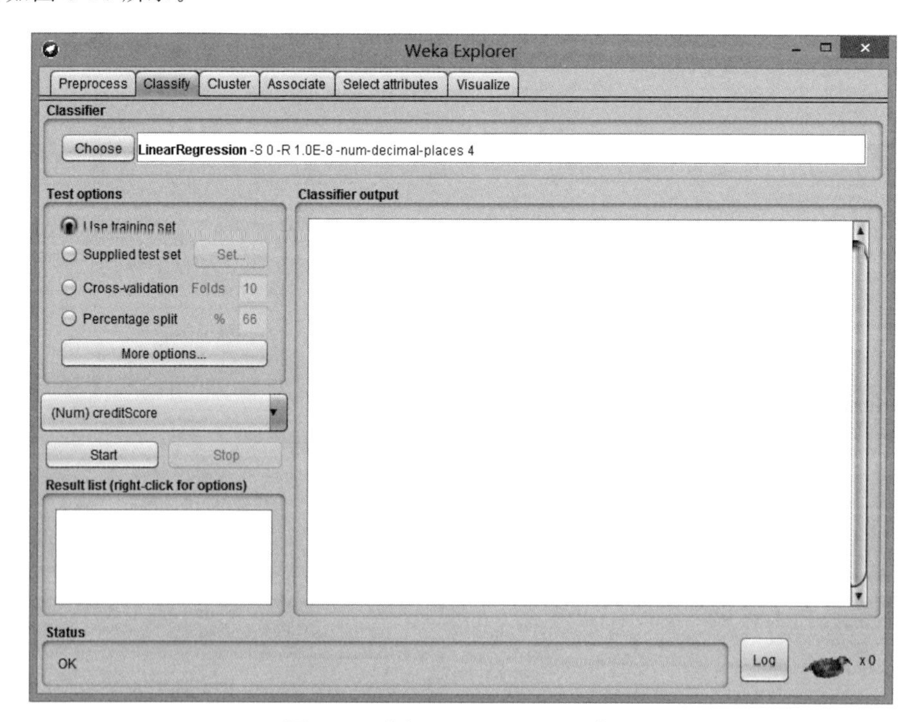

图 5-15　选择 Use training set 选项

⑥ 单击 Start 按钮，可以看到对当前数据集的分析结果，并且给出了回归方程和一些数据统计结论，如图 5-16 所示。

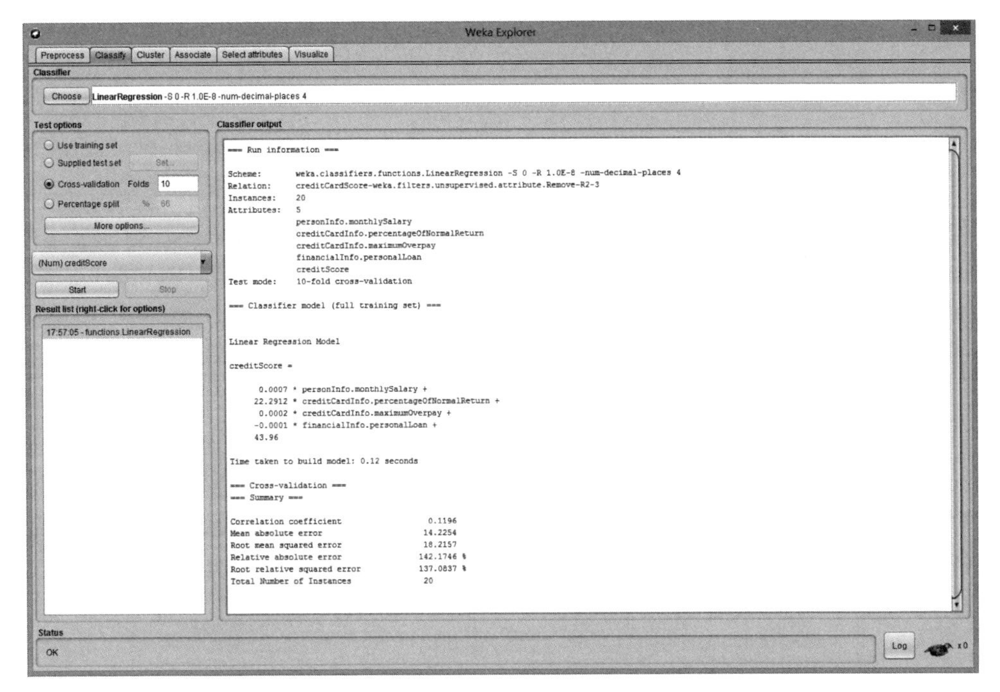

图 5-16 数据集分析结果

分析结果显示 creditScore(信用卡积分)与 4 个影响因子之间的线性函数关系为

$$
\begin{aligned}
\text{creditScore} = {} & 0.0007 \times \text{personInfo.monthlySalary} + \\
& 22.2912 \times \text{creditCardInfo.percentageOfNormalReturn} + \\
& 0.0002 \times \text{creditCardInfo.maximumOverpay} + \\
& -0.0001 \times \text{financialInfo.personalLoan} + 43.96
\end{aligned}
$$

据此得到了信用卡积分与月收入、历史统计的按时还款比例、曾经的最大透支额、银行贷款的数目这 4 个影响因素之间的线性模型。

5.4 多项式回归

多项式回归研究的是一个因变量与一个或多个自变量之间的多项式关系。在实际问题中，因变量与自变量之间的关系不一定是线性关系。例如麻醉剂药效与时间的关系，药效是先增强后减弱，此时不能用线性回归表示两者之间的关系，可以采用多项式方程表示两者之间的关系。

5.4.1 原理分析

研究一个因变量与多个自变量之间的多项式关系称为**多项式回归**(Polynomial Regression)。若自变量的个数为 1，则称为一元多项式回归；若自变量的个数大于 1，则称为多元多项式回归。

一元 k 次多项式回归方程为

$$\hat{y}=\hat{a}+\hat{b}_1x+\hat{b}_2x^2+\cdots+\hat{b}_kx^k \tag{5-27}$$

其中,只有一个自变量 x,而 $\hat{b}_1,\hat{b}_2,\cdots,\hat{b}_k$ 为多项式的系数,$\hat{a}$ 为多项式的截距。

例如,二元二次多项式回归方程为

$$\hat{y}=\hat{a}+\hat{b}_1x_1+\hat{b}_2x_2+\hat{b}_3x_1^2+\hat{b}_4x_2^2+\hat{b}_5x_1x_2 \tag{5-28}$$

其中,有两个自变量 x_1 和 x_2,最高次为 2。

最简单的多项式是二次多项式,其中一元二次多项式方程为 $\hat{y}=\hat{a}+\hat{b}_1x+\hat{b}_2x^2$。图 5-17 和图 5-18 是该一元二次多项式的图形,它是抛物线。其中,图 5-17 是 $b_2>0$ 时一元二次多项式方程的图形,曲线凹向下,有一个极小值;图 5-18 是 $b_2<0$ 时一元二次多项式方程的图形,曲线凸向上,有一个极大值。

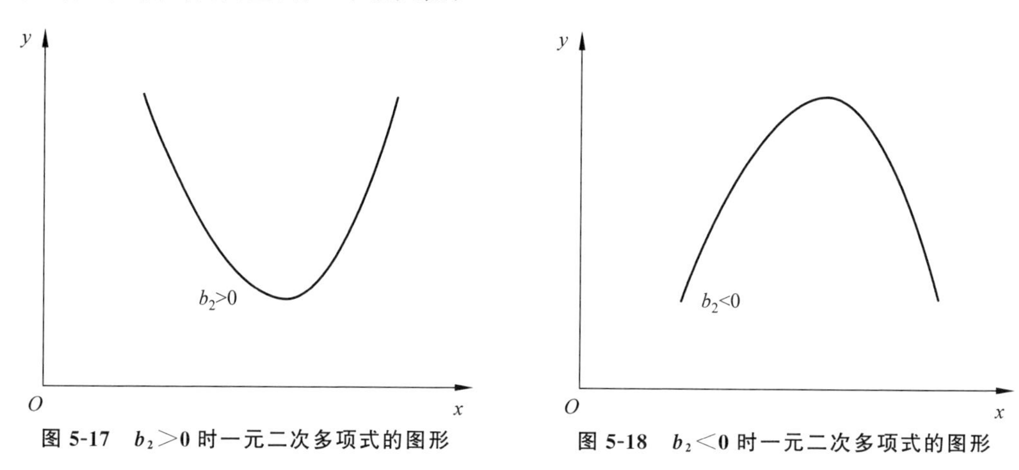

图 5-17　$b_2>0$ 时一元二次多项式的图形　　图 5-18　$b_2<0$ 时一元二次多项式的图形

5.4.2　多项式回归实例

例 5.5　多项式回归求解。

表 5-5 是某曲线自变量 x 与因变量 y 的数据集,图 5-19 是该曲线中 x 与 y 的散点图,试求出 x 与 y 之间的回归关系。

表 5-5　x 与 y 的数据集

id	1	2	3	4	5	6	7	8	9	10	11	12	13
x	42.50	41.01	36.99	37.50	38.50	38.01	39.01	42.01	41.50	39.50	40.00	43.01	40.51
y	2.54	1.81	3.40	3.00	2.26	3.00	2.10	2.35	1.90	1.83	1.52	2.90	1.71

解:① 求解回归方程。

从图 5-19 知,x 与 y 之间的关系可近似用一个一元二次多项式来表示,故假设 x 与 y 之间的回归方程为 $\hat{y}=\hat{a}+\hat{b}_1x+\hat{b}_2x^2$。这里仍然采用最小二乘法求解参数 $\hat{a}$、$\hat{b}_1$ 和 $\hat{b}_2$。对于 $Q(\hat{a},\hat{b}_1,\hat{b}_2)=\sum_{i=1}^{n}(y_i-\hat{y}_i)^2=\sum_{i=1}^{n}(y_i-\hat{a}-\hat{b}_1x_i-\hat{b}_2x_i^2)^2$,分别对 $\hat{a}$、$\hat{b}_1$ 和 $\hat{b}_2$ 求偏导得

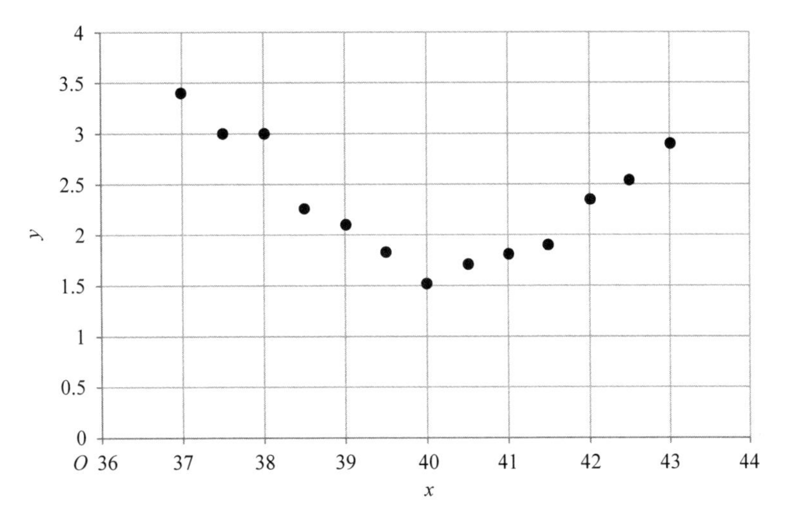

图5-19　x 与 y 的散点图

$$\begin{cases} 2\sum_{i=1}^{n}(y_i-\hat{a}-\hat{b}_1x_i-\hat{b}_2x_i^2)\times(-1)=0 \\ 2\sum_{i=1}^{n}(y_i-\hat{a}-\hat{b}_1x_i-\hat{b}_2x_i^2)\times(-x_i)=0 \\ 2\sum_{i=1}^{n}(y_i-\hat{a}-\hat{b}_1x_i-\hat{b}_2x_i^2)\times(-x_i^2)=0 \end{cases}$$

化简得

$$\begin{cases} \sum_{i=1}^{n}y_i-n\hat{a}-\hat{b}_1\sum_{i=1}^{n}x_i-\hat{b}_2\sum_{i=1}^{n}x_i^2=0 \\ \sum_{i=1}^{n}x_iy_i-\hat{a}\sum_{i=1}^{n}x_i-\hat{b}_1\sum_{i=1}^{n}x_i^2-\hat{b}_2\sum_{i=1}^{n}x_i^3=0 \\ \sum_{i=1}^{n}x_i^2y_i-\hat{a}\sum_{i=1}^{n}x_i^2-\hat{b}_1\sum_{i=1}^{n}x_i^3-\hat{b}_2\sum_{i=1}^{n}x_i^4=0 \end{cases}$$

将上式看成是关于 $\hat{a}$、$\hat{b}_1$ 和 $\hat{b}_2$ 的三元一次方程组，代入表5-5中的数据，求解得

$$\hat{a}=269.7715,\quad \hat{b}_1=-13.2941,\quad \hat{b}_2=0.164841$$

根据表5-5求得的多项式回归方程为

$$\hat{y}=269.7715-13.2941x+0.164841x^2$$

② 多项式方程拟合优度检验。

根据求得的多项式回归方程，可得到预测值 $\hat{y}$，如表5-6所示。

首先，根据表5-5求得 $\bar{y}=2.33$。

然后，根据式(5-8)和式(5-9)，结合表5-6中的数据求解TSS和ESS。

$$\text{TSS}=\sum_{i=1}^{n}(y_i-\bar{y})^2=4.2157$$

$$\text{ESS}=\sum_{i=1}^{n}(\hat{y}_i-\bar{y})^2=3.950395$$

表 5-6 x、y 及 $\hat{y}$ 的值

x	y	$\hat{y}$
42.5	2.54	2.516306
41.01	1.81	1.813366
36.99	3.4	3.568104
37.5	3	3.050406
38.5	2.26	2.284222
38.01	3	2.618459
39.01	2.1	2.020412
42.01	2.35	2.204366
41.5	1.9	1.963762
39.5	1.83	1.847720
40	1.52	1.753100
43.01	2.9	2.925048
40.51	1.71	1.741497

最后,根据式(5-12)求得

$$R^2=\frac{\text{ESS}}{\text{TSS}}=\frac{3.950395}{4.2157}=0.937067$$

R^2 非常接近1,故求得的回归方程对数据的拟合度较好。

③ 回归方程显著性检验。

首先,根据式(5-11)求解 RSS。

$$\text{RSS}=\text{TSS}-\text{ESS}=4.2157-3.950395=0.265305$$

然后,根据式(5-13)求解 F 值。

此例中,$k=2$,$n=13$。

$$F=\frac{\text{ESS}/k}{\text{RSS}/(n-k-1)}=\frac{3.950395/2}{0.265305/(13-2-1)}=74.4501$$

假设 $\alpha=0.01$,查 F 分布临界值表知 $F_{0.01}(k,n-k-1)=F_{0.01}(2,10)=7.56<74.4501$,故该回归方程是高度显著的。

④ 回归参数的显著性检验。

首先,根据 t 分布表求解 t 分布值。

此例中,$n=13$,在置信度水平为0.01的情况下,经查 t 分布表,知 t 值为2.681。

然后,根据式(5-14)和式(5-15)求解得

$$t_1=\frac{\hat{b}_1}{s_{\hat{b}_1}}=-11.46478$$

$$t_2=\frac{\hat{b}_2}{s_{\hat{b}_2}}=11.37554$$

t_1 和 t_2 分别是回归方程回归系数 $\hat{b}_1$ 和 $\hat{b}_2$ 的 t 检验。

由于 $|t_1|$ 和 $|t_2|$ 值均大于 t 分布值 2.681，所以两个自变量均对因变量 y 有显著性影响。

5.4.3 案例分析：使用 Excel 实现多项式回归

例 5.6 多项式回归方程求解。

使用表 5-5 中数据作为实验数据，以 x 为自变量，y 为因变量，求解 y 与 x 之间的多项式关系。

实验数据共有 3 列，分别为 x、x^2 和 y 的数据值。实验环境为 Excel 2013，使用 Excel 的数据分析库进行实验。

实验步骤如下。

① 启动 Excel，首先将实验数据输入 Excel 中，如图 5-20 所示。

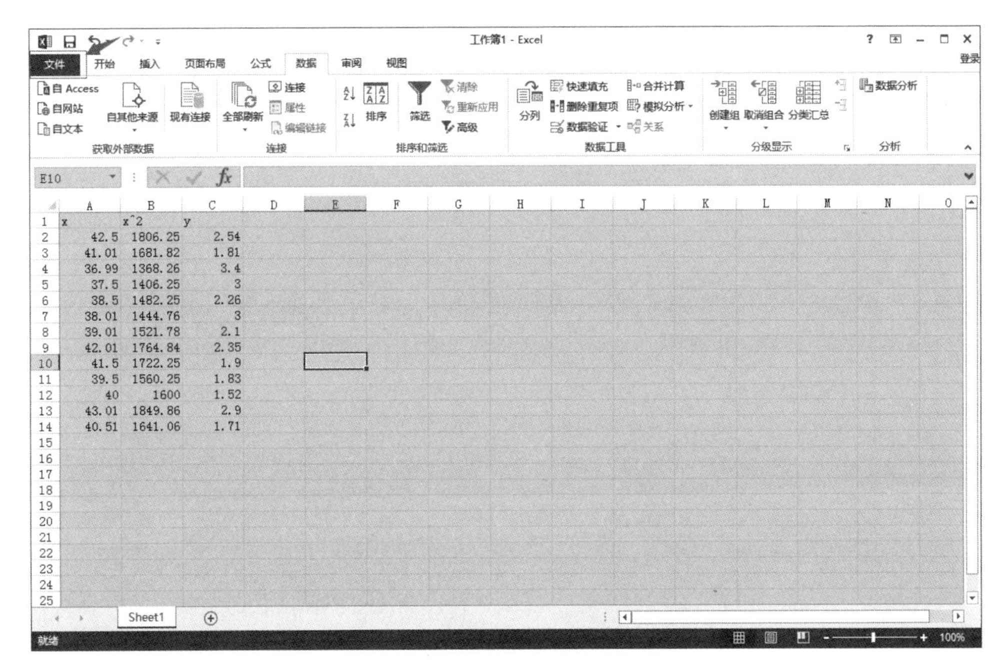

图 5-20 实验数据

② 单击“文件”菜单，出现图 5-21 所示的窗口，选择“选项”菜单项。

③ 在出现的如图 5-22 所示的“选项”界面中，选择“加载项”选项。

④ 选择“分析工具库”选项，然后单击“转到”按钮，如图 5-23 所示。

⑤ 在弹出的“加载宏”界面中选择“分析工具库”选项，然后单击“确定”按钮，如图 5-24 所示。

⑥ 在 Excel 主窗口选择“数据”菜单项，然后单击最右边的“数据分析”工具按钮，如图 5-25 所示。

⑦ 在“分析工具”选项中选择“回归”选项，然后单击“确定”按钮，如图 5-26 所示。

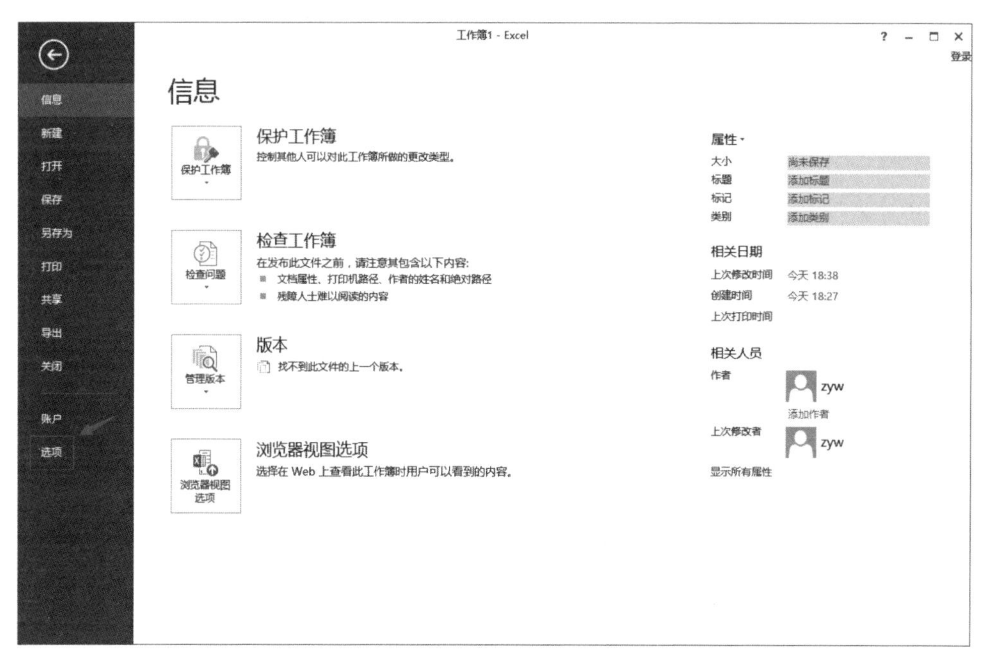

图 5-21 选择“选项”菜单项

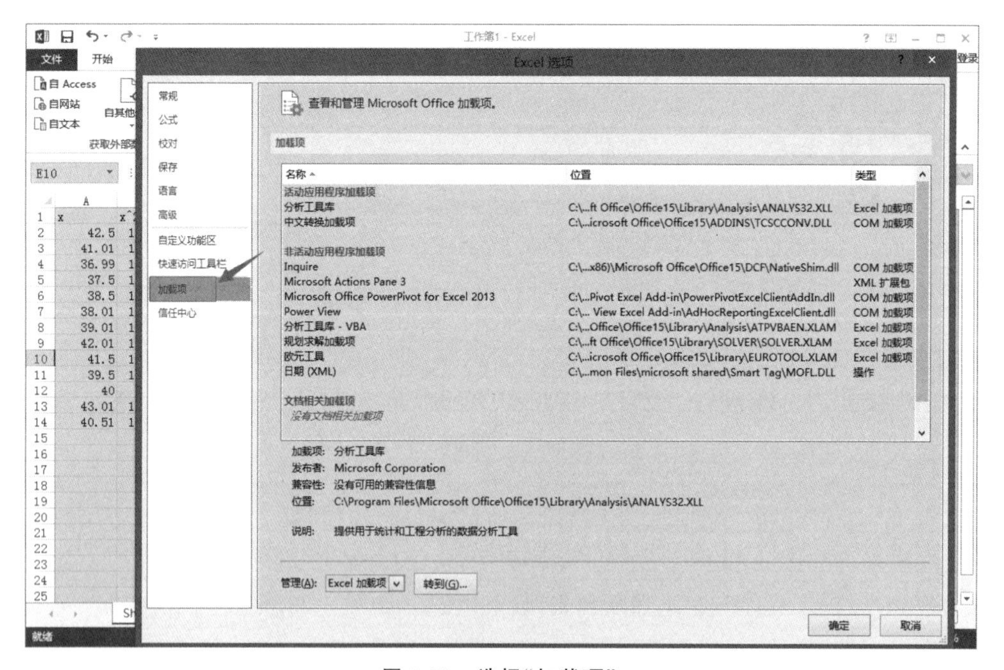

图 5-22 选择“加载项”

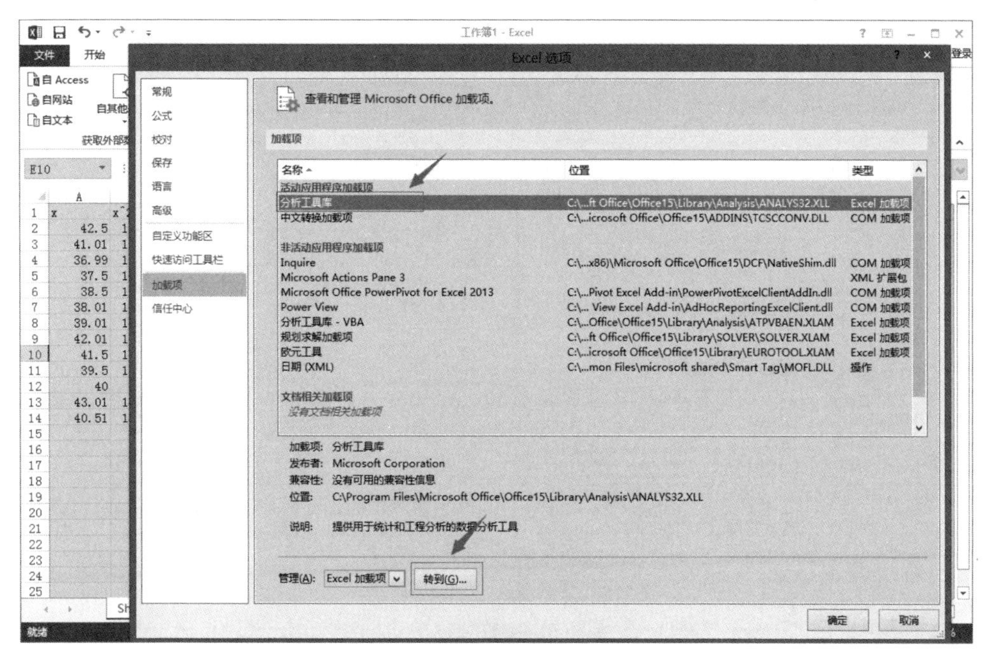

图 5-23　选择“分析工具库”

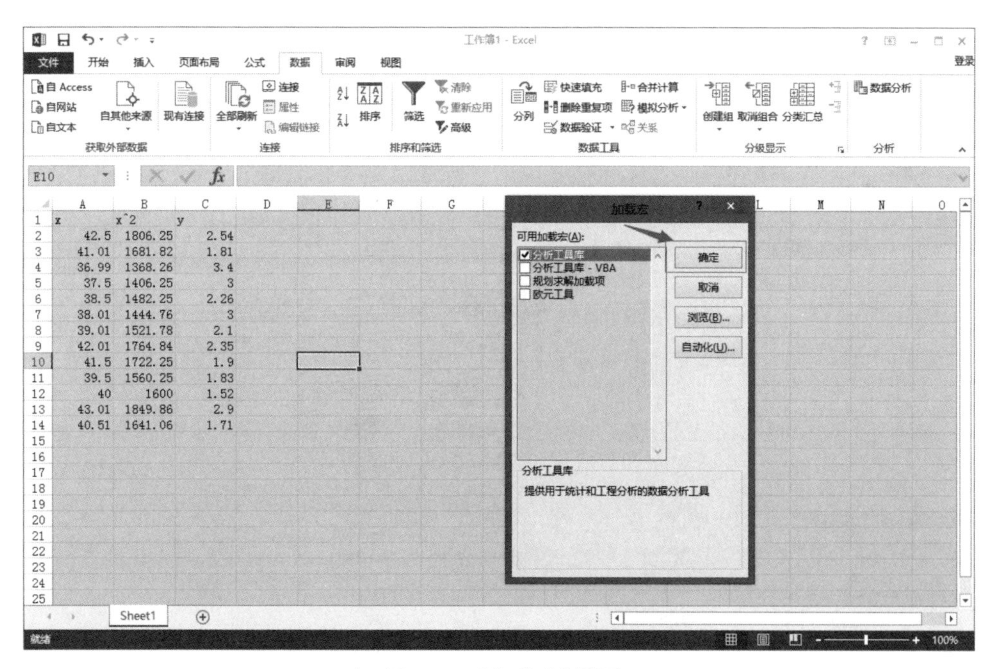

图 5-24　“加载宏”界面

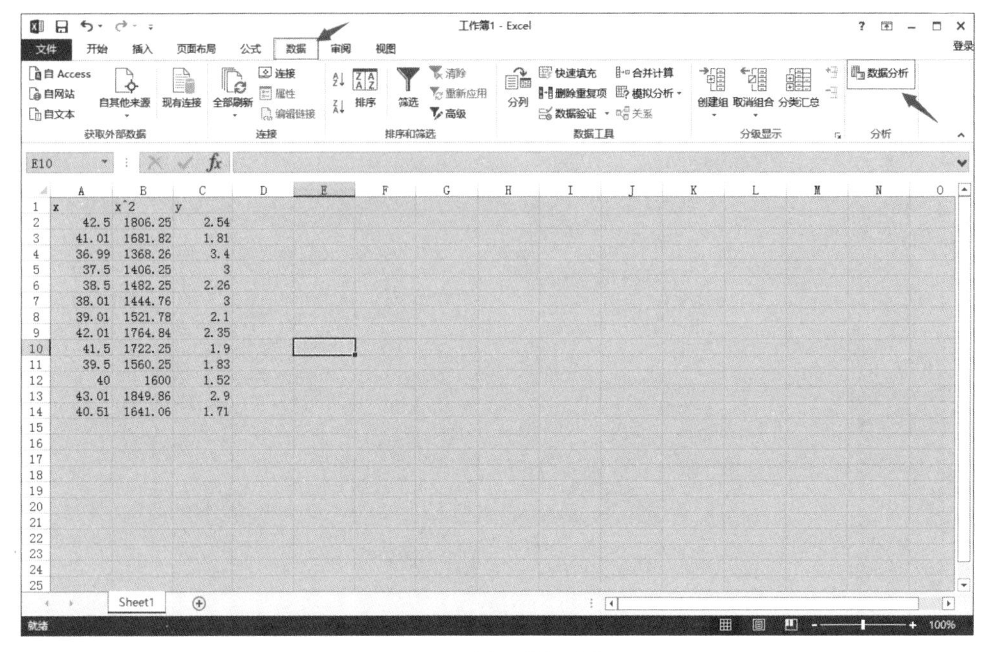

图 5-25 选择“数据分析”

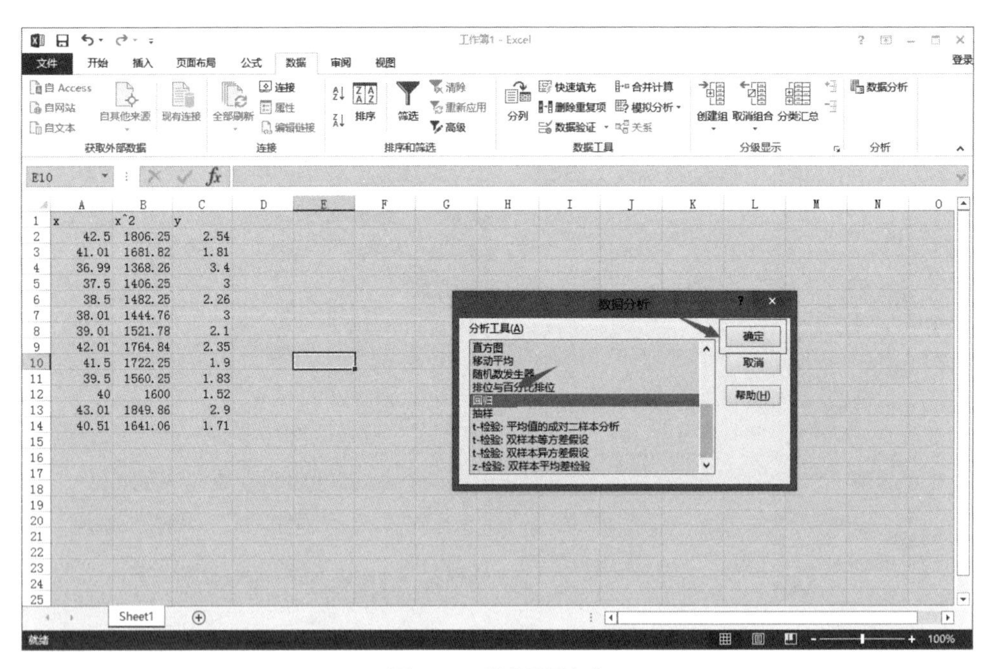

图 5-26 选择“回归”

⑧ 选择 Y 值和 X 值输入区域的选项，如图 5-27 所示。

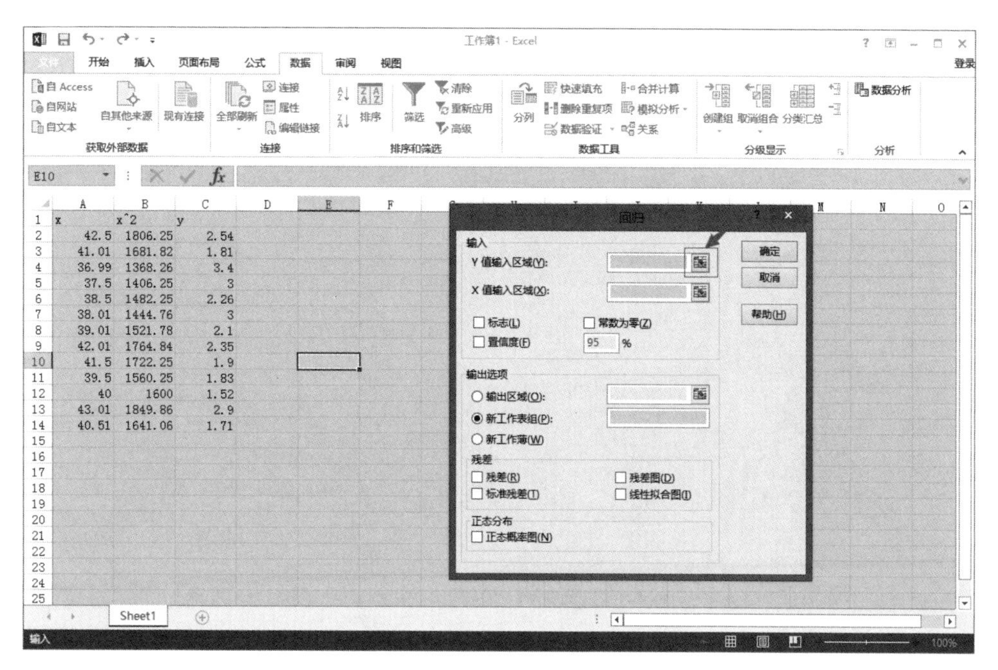

图 5-27 Y 值和 X 值输入区域

⑨ 选择 Y 值输入区域选中在 Excel 文件中属于 Y 值的输入数据，如图 5-28 所示。

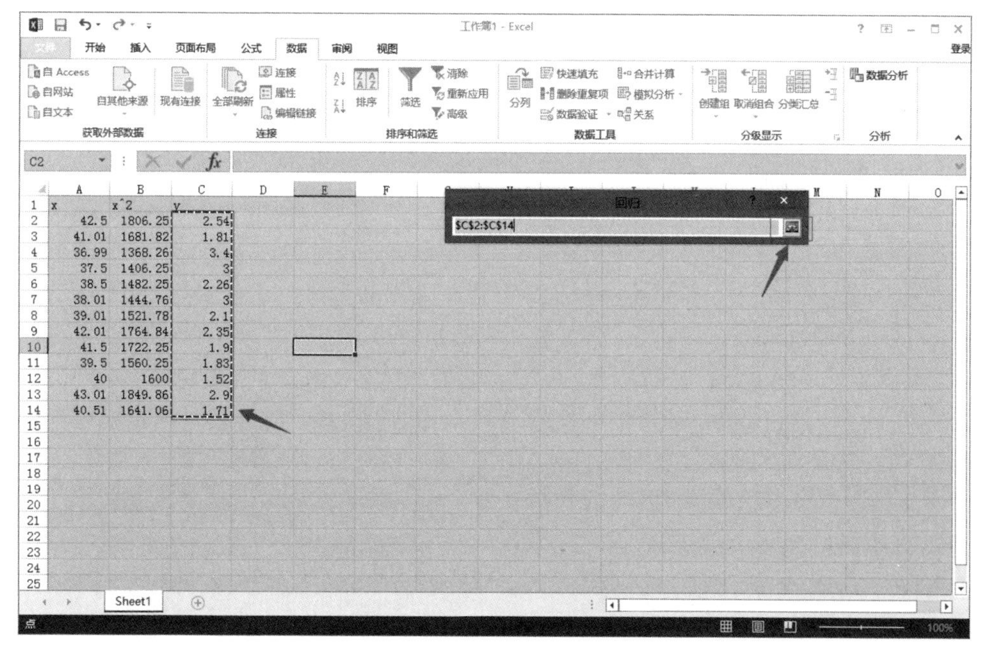

图 5-28 Y 值的输入数据

⑩ 同理，选择 X 值输入区域，选中 Excel 文件中属于 X 值的输入数据，如图 5-29 所示。

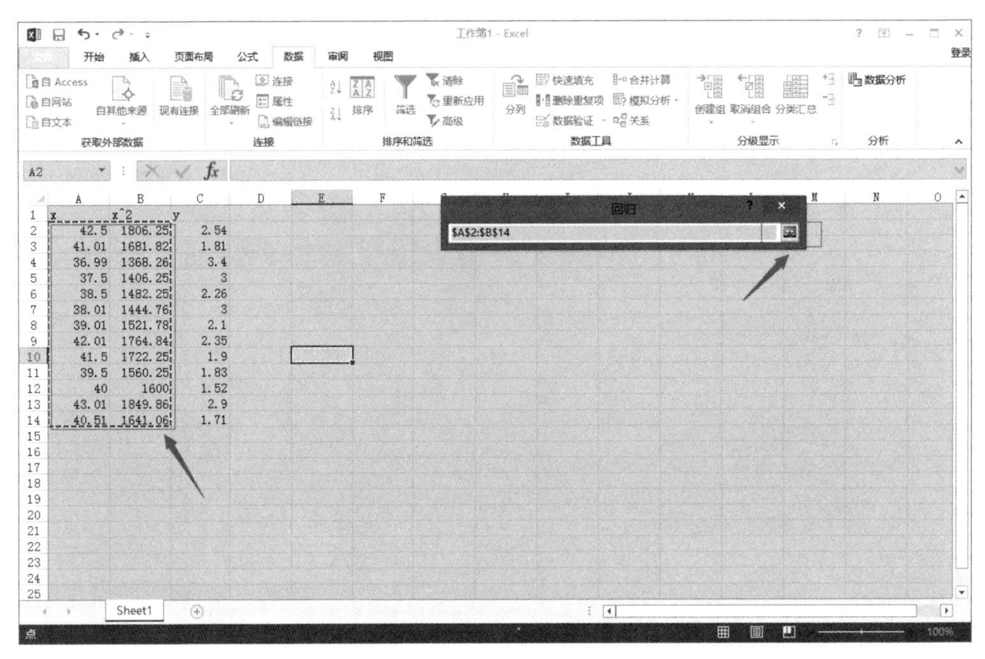

图 5-29　*X* 值的输入数据

⑪ 数据选择完成后，单击“确定”选项，如图 5-30 所示。

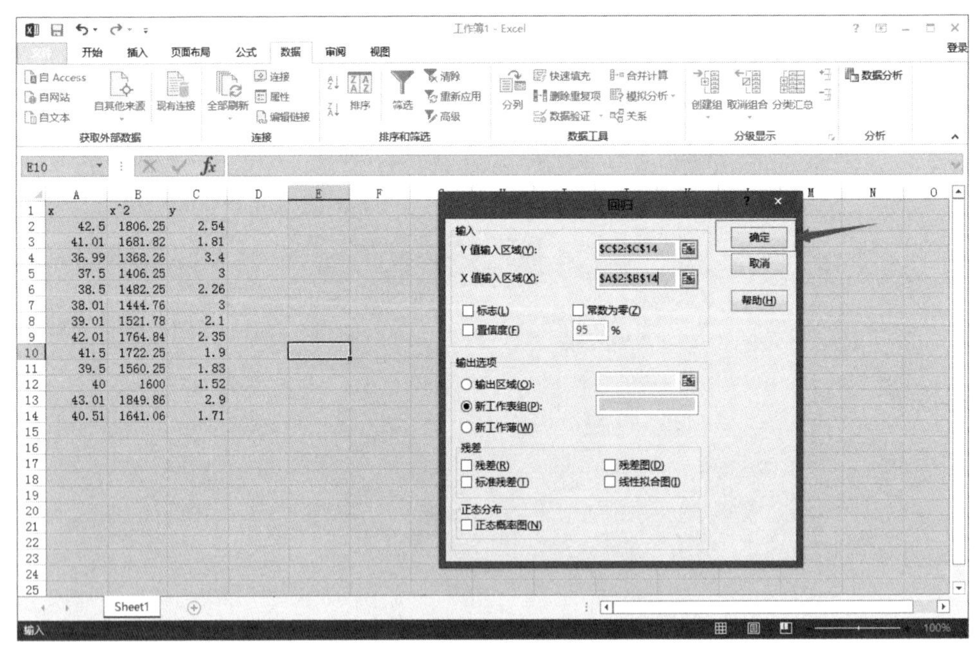

图 5-30　*Y* 值和 *X* 值输入区域选择后的界面

⑫ 多项式回归求解结果，如图 5-31 所示。

设所求的多项式为 $y=ax^2+bx+c$。在如图 5-31 所示的分析结果中，对于 Coefficient，其下面的 Intercept = 269.7715，所求值即为多项式中的 c 值，即 $c=269.7715$；第一个

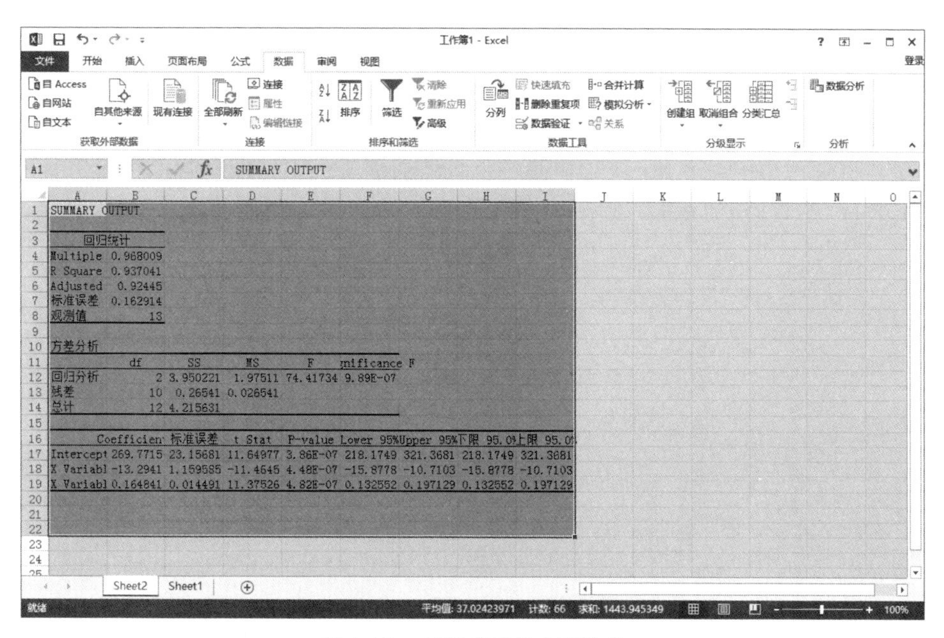

图 5-31　多项式回归求解结果

X Variable=−13.2941,所得值为多项式的一次项系数,即 $b=-13.2941$;第二个 X Variable=0.164841,所求值为多项式的二次项系数,即 $a=0.164841$。由此得到多项式表达式为

$$y=0.164841x^2-13.2941x+269.7715$$

所得结果与 5.4.2 节求得的结果基本吻合,证明求解所用方法正确。

5.5　习题

1. 简述回归分析的步骤,解释什么是回归差、残差和离差,并说明三者之间的关系。

2. 某家运输公司 10 辆汽车的运输记录如表 5-7 所示,该表显示的是运送距离(km)和运送时间(天)的数据。

表 5-7　运送距离与运送时间的数据表

运送距离/km	1215	550	920	825	215	170	480	1350	325	670
运送时间/天	5.0	2.0	3.0	3.5	1.0	0.8	1.4	4.5	1.2	2.9

求解:

(1) 绘制运送距离(x)和运送时间(y)的散点图。

(2) 利用最小二乘法求出回归方程,并解释回归系数的意义。

(3) 求解决定系数 R^2,说明回归曲线拟合度程度。

3. x 和 y 的数据如表 5-8 所示。

表 5-8　x 与 y 的数据

x	8	5	6	2	4
y	70	60	50	30	40

(1) $y=6.4x+17.4$。

(2) $y=6.9x+16.8$。

求解：

(1)和(2)是关于以上数据的两个回归方程,试比较哪一个回归方程的拟合效果更好。

4. 某种电视机的销售额(万元)与各种广告费用之间的关系如表5-9所示。

表5-9 电视机销售额与广告费数据表

销售额 y/万元	电视广告费用 x_1/万元	报纸广告费用 x_2/万元
96	5.0	1.5
90	2.0	2.0
95	4.0	1.5
92	2.5	2.5
95	3.0	3.3
94	3.5	2.3
94	2.5	4.2
94	3.0	2.5

求解：

(1) 建立合适的回归方程模型,并求解回归方程。

(2) 求出决定系数 R^2。

(3) 回归方程是否显著？各个自变量对因变量是否有显著性影响？

5. 多元线性回归模型与一元线性回归模型有哪些区别？

6. 某种血药浓度 y(g/ml)与服药时间 x(h)之间的关系如表5-10所示。

表5-10 血药浓度与服药时间数据表

服药时间/h	1	2	3	4	5	6	7	8	9
血药浓度/g·ml^{-1}	21.89	47.13	61.86	70.78	72.81	66.36	50.34	25.31	3.17

求解：

(1) 画出血药浓度与服药时间之间的散点图。

(2) 选择合适的回归模型,求解回归方程。

7. 某种肥料施用量 x 与粮食产量 y 之间的数据如表5-11所示。

表5-11 肥料使用量与粮食产量数据表

施用量 x	0	24	49	73	98	147	196	245	294	342
粮食产量 y	33.46	34.76	36.06	37.96	41.04	40.09	41.26	42.17	40.36	42.73

求解：

建立一元二次多项式回归方程,试用Excel求解该回归方程。

第 6 章

频繁模式挖掘

随着人们生活水平的提高、互联网和电子商务领域的不断发展，政府和企业对于顾客购买行为的研究越来越重视。为了最大限度地实现销售增长，企业需要增加顾客购买次数和顾客购物车中的商品件数，因此除了提高商品的质量外，挖掘顾客购买信息中的频繁模式可使企业深入了解顾客的实时需求，并根据得到的频繁模式对商品数量、种类、商品摆放位置、促销手段等销售方式进行改变，企业可以以此获得更大的利润。

本章介绍频繁模式和关联规则的相关概念，并通过实例介绍常用的频繁模式挖掘算法 Apriori 和 FP-growth，然后引入解决频繁项集过大问题的方法，最后介绍对所得到的关联模式进行评估的方法。

6.1 概述

美国著名的沃尔玛超市发现啤酒与尿布总是共同出现在购物车中，沃尔玛超市经过分析发现，许多年轻的父亲在下班之后经常要购买婴儿的尿布，而在购买尿布的同时，他们往往会顺手购买一些啤酒。因此，沃尔玛超市将啤酒与尿布放在相近的位置，方便顾客购买，同时也明显提高了销售额。

上述就是一个典型的频繁模式案例。频繁模式是指频繁出现在数据集中的模式，这些模式包括项集、子序列和子结构等。研究频繁模式的目的是得到关联规则和其他联系，并在实际中应用这些规则和联系。

图 6-1 是一个购物车的例子。购物车中包括油、牛奶、沙丁鱼酱、面包、香蕉、葡萄、洗衣液等商品，展示了顾客会同时购买哪些商品。每个顾客在不同的时间、不同的地点购买的商品所组成的购物车包含了许多信息，而在分析无数个类似于图 6-1 所示的购物车之后，就能够得到频繁出现在顾客购物车中的商品组合，进而挖掘出有趣的模式。

图 6-1　购物车商品

频繁模式将多次重复出现的关联从繁杂的数据中提取出来,而购物车分析、信用卡分析、银行产品分析、保险索赔分析和患者就诊分析则是频繁模式最广泛的应用模式。

与这些分析关系最密切的是关联分析,如通过解析购物车中是否有某个商品、购买的商品供几个人使用、为什么购买此商品、为什么不购买另一件商品等顾客购物行为,得到顾客购买行为背后所隐藏的含义,并自动产生相应的关联规则,为商务过程提供帮助。至于得到的关联规则是否有用,则需要人工判定。

6.1.1 案例分析

例 6.1 购物车分析。

表 6-1 给出了某商店的销售事务数据,其中每行对应一个事务,每一行的 Items 所包含的内容则是一组商品在一次购物中同时购买的组合。

表 6-1 某商店销售事务数据

TID	Items	TID	Items
1	牛奶,面包,麦片	4	糖,鸡蛋
2	牛奶,面包,麦片,鸡蛋	5	黄油,麦片
3	牛奶,面包,黄油,麦片	6	糖,鸡蛋

从表 6-1 可以发现,{牛奶,面包,麦片}、{牛奶,面包}、{牛奶,麦片}、{麦片,面包}组合出现 3 次,{糖,鸡蛋}、{黄油,麦片}组合出现了 2 次,其他的组合都只出现了 1 次。如果认定出现 3 次或者 3 次以上的组合是比较频繁的组合,那么可以得出“如果一位顾客购买了面包,那么他很有可能会购买牛奶”或者“如果一位顾客购买了牛奶,那他很有可能会购买面包”这样的关联规则。根据这些关联规则,商业企业就可以将面包和牛奶摆放得近一些,以便顾客可以方便地购买该商品组合,或者将面包和牛奶摆放在商品架的两端,以便使顾客购买商品架中的其他商品。

6.1.2 相关概念

1. 项集

包含 0 个或者多个项的集合称为**项集**。任何给定的事务数据都包含许多项集,而项集有时会提供相当多的规则。如果一个项集包含 k 个项,则称它为 ***k* 项集**。

例 6.2 项集。

使用表 6-1 的事务数据,TID=1 的事务 t_1={牛奶,面包,麦片}为 3 项集,TID=2 的事务 t_2={牛奶,面包,麦片,鸡蛋}为 4 项集。

2. 关联规则

关联规则的概念由 Agrawal、Imielinski 和 Swami 在 1993 年提出,定义如下。

设 $I=\{i_1,i_2,i_3,\cdots,i_n\}$是事务数据中所有项的集合,$T=\{t_1,t_2,t_3,\cdots,t_n\}$是所有事务的集合,其中每个事务 t_i 都有一个独一无二的标识符 TID。

关联规则是形如 $X \Rightarrow Y$ 的蕴涵式，其中 X 称为规则前件，Y 称为规则后件，并且 X 和 Y 满足：X 和 Y 是 I 的真子集，并且 X 和 Y 的交集为空集。

例 6.3　关联规则。

对于“如果一个顾客购买了面包，那他很有可能会购买牛奶”这样的表述，可以得出关联规则：购买面包⇒购买牛奶[支持度=50%，置信度=100%]。

在典型情况下，如果关联规则满足最小支持度阈值和最小置信度阈值，关联规则被认为是有用的。

3. 支持度

支持度是指事务中同时包含集合 A 和集合 B 的百分比。支持度揭示了 A 与 B 同时出现的概率。如果 A 与 B 同时出现的概率小，说明 A 与 B 关系不大；如果 A 与 B 同时出现得非常频繁，则说明 A 与 B 相关。而最小支持度则是由用户定义衡量支持度的一个阈值，表示该规则在统计意义上必须满足支持度的最低重要性。关联规则的支持度公式如式(6-1)[①]所示。

$$\text{support}(A \Rightarrow B) = P(A \cup B) \tag{6-1}$$

4. 置信度

置信度是指事务中同时包含集合 A 与集合 B 的事务数与包含集合 A 的事务数的百分比。置信度揭示了 A 出现时，B 也出现的可能性大小。如果置信度为 100%，则说明 A 与 B 完全相关。如果置信度太低，则说明 A 的出现与 B 是否出现的关系不大。而最小置信度则是由用户定义衡量置信度的一个阈值，表示该规则统计意义上必须满足置信度的最低重要性。置信度公式如式(6-2) 所示。

$$\text{confidence}(A \Rightarrow B) = P(B \mid A) \tag{6-2}$$

例 6.4　支持度和置信度。

通过支持度和置信度可以表示出具体的关联规则。例如，$A \Rightarrow B$[支持度=20%；置信度=60%]。该关联规则的支持度为 20%，说明有 20%的事务同时出现了 A 与 B；置信度为 60%，则说明有 60%包含 A 的事务同时也包含了 B。假设最小支持度为 20%，最小置信度为 50%，则该关联规则满足最小置信度和最小支持度阈值，因此被认为是有用的，而这些阈值可以人为设定。

5. 频繁项集

如果某一个项集 I 的支持度满足了预定的最小支持度阈值，则称 I 为**频繁项集**。一个频繁项集的所有子集也都是频繁的。当数据集很大时，通常会挖掘出大量的频繁项集，计算和存储起来就比较困难。

例 6.5　频繁项集。

使用表 6-1 的事务数据，设最小支持度阈值为 30%，那么项集{面包，麦片}的支持度为

---

① 注意：本书中的 $P(A \cup B)$表示事务包含 A 和 B 的并(即包含 A 和 B 中的每个项)的概率，不表示事务包含 A 或 B 的概率。

50%,因为支持度大于30%,所以该项集是频繁项集。

6. **强关联规则**

图6-2是项集$I=\{a,b,c,d,e\}$的项集格,可以看出,项集探索空间可能是指数规模。通常一个包含k个项的项集可能产生2^k-1个频繁项集,可能产生$3^k-2^{k+1}+1$个规则。即使对于小数据来说,产生的频繁项集和规则都相当多,其中大部分规则可能是低效或者是无用的。因此,关联分析需要从大量可能的规则中,按条件挑选出最好的、少量的规则。传统的关联分析度量包括支持度、置信度和提升度,而从事务集合中挖掘出同时满足最小支持度和最小置信度阈值要求的所有关联规则被称为**强关联规则**。

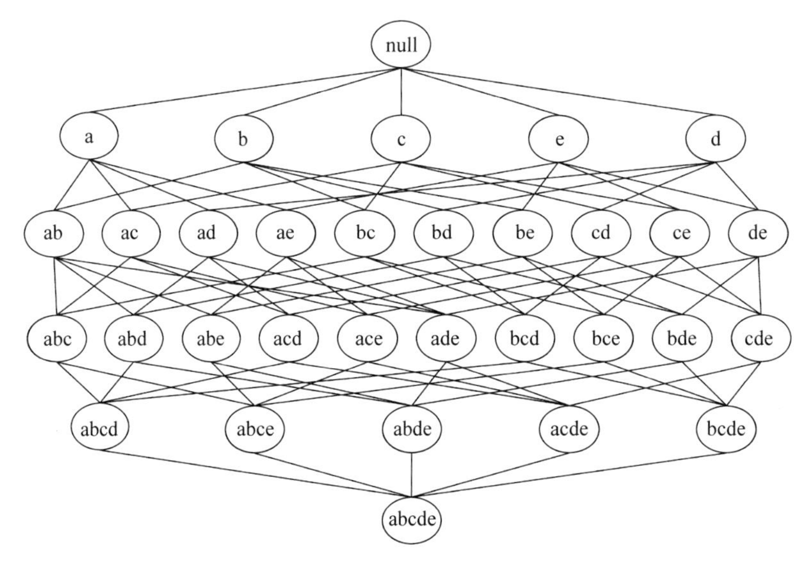

图6-2 项集I的项集格

例6.6 强关联规则。

假设最小支持度阈值为30%,最小置信度阈值为70%,而关联规则:购买面包⇒购买牛奶[支持度=50%,置信度=100%],其支持度和置信度都满足条件,则该规则为强关联规则。

6.1.3 先验性质

为了得到有用的关联规则,大多数关联规则的挖掘算法采用的策略是将其分解为以下3个子任务:

① 根据最小支持度阈值,找出数据集中所有的频繁项集。

② 挖掘出频繁项集中满足最小支持度和最小置信度阈值要求的规则,得到强关联规则。

③ 对产生的强关联规则进行剪枝,找出有用的关联规则。

通常,产生频繁项集所需的计算开销远大于产生规则所需的计算开销,因此需要降低频繁项集的计算复杂度,而先验性质就是一种不用计算支持度而删除某些候选项集的有效方法。

先验原理：如果一个项集是频繁的，那么它的所有非空子集也是频繁的。

在图6-2中，假设项集{a,b,c}是频繁项集，那么包含它的事务也包含它的子集{a,b}，{a,c}，{b,c}，{a}，{b}，{c}，而它的子集的支持度大于或等于它本身的支持度，所以它的所有子集也是频繁的。反之，如果{a,b,c}不是频繁项集，那么所有包含{a,b,c}的项集一定不是频繁的。

6.2 Apriori 算法

发现频繁项集的最简单的方法就是穷举法，即将所有满足条件的项集找出来，构成候选项集，然后根据相应条件筛选出频繁项集。穷举法中最具影响力的挖掘频繁项集的算法是Apriori算法。本节主要介绍Apriori算法的基本思想，根据Apriori算法的结果得出相应的关联规则，然后使用Weka进行Apriori算法操作。

6.2.1 Apriori 算法分析

Agrawal 和 Srikant 在1994年提出使用频繁项集性质先验知识的Apriori算法，该算法应用基于支持度的剪枝技术，用来控制候选项集的指数增长。其核心思想是通过候选项集生成和向下封闭检测两个阶段从而挖掘频繁项集。Apriori算法使用逐层搜索的迭代方法，随着 k 的递增不断寻找满足最小支持度阈值的"k 项集"，因此它的总迭代次数等于人为设定的频繁项集的极大长度加一次。Apriori算法的第 k 次迭代从第 $k-1$ 次迭代的结果中查找频繁 k 项集，每一次迭代都需要扫描一次数据库。

Apriori 算法伪代码如下。

```
输入:
    D: 事务数据集
    min_sup: 最小支持度计数阈值
输出:
    D中的频繁项集
方法:
    L1=find_frequent_1-itemsets(D);
    k=2;
    for( ; Lk-1!=null; k++){
        Ck=apriori_gen(Lk-1);
        for each 事务 t∈D{                    //扫描D用于计数
            Ct=subset(Ck, t);                  //得到t的子集,用于候选
            for each 候选 c∈Ct;
                c.count++;
        }
        Lk={c∈Ck|c.count>=min_sup}
    }
    return L=∪kLk;
```

```
procedure apriori_gen(L_{k-1}: frequent (k-1)-itemset)
    for each 项集 l_1 ∈ L_{k-1}
        for each 项集 l_2 ∈ L_{k-1}
            if (l_1[1]=l_2[1]) ∧ (l_1[2]=l_2[2]) ∧…∧ (l_1[k-2])=l_2[k-2]) ∧ (l_1[k-1]<l_2[k-1])
            then{
                c=l_1∞l_2                        //连接步: 产生候选
                if has_infrequent_subset(c, L_{k-1})
                then
                        delete c;                //剪枝步: 删除非频繁的候选
                else    add c to C_k;
            }
return C_k;

procedure has_infrequent_subset(c: candidate k itemset, L_{k-1}: frequent (k-1)-
itemset)
    //使用先验知识
    for each (k-1)-subset s of c
        if s∉ L_{k-1}
        then
            return TRUE;
    return FALSE;
```

Apriori 算法的实现步骤如下。

① 连接步。使用连接运算从数据库中找到所有的候选 k 项集的集合 $C_k(k\neq1)$。

构造候选 k 项集的集合 C_k 时,使用前一次迭代中的所有频繁 $k-1$ 项集的集合 L_{k-1} 的自身连接来构造,即 $C_k=L_{k-1}\infty L_{k-1}$。

设 l_1 和 l_2 是 L_{k-1} 的两个元素,如果 $(l_1[1]=l_2[1])\wedge(l_1[2]=l_2[2])\wedge\cdots\wedge(l_1[k-2]=l_2[k-2])\wedge(l_1[k-1]<l_2[k-1])$,即两个可连接的元素的前 $k-2$ 个项是相同的,只有最后一项不同,则连接 l_1 和 l_2 产生的结果项集是 $\{l_1[1],l_1[2],\cdots,l_1[k-2],l_1[k-1],l_2[k-1]\}$。条件 $(l_1[k-1]<l_2[k-1])$ 可简单地确保不产生重复。Apriori 算法假定项集中的项按字典序排序,即对于 L_{k-1},$l_1[1]<l_1[2]<\cdots<l_1[k-2]<l_1[k-1]$。

② 剪枝步。按照先验原理对得到的候选 k 项集的集合 C_k 进行剪枝,以减小因 C_k 较大而产生较大的计算量。先验性质指出,如果某一 $k-1$ 项集的支持度小于最小支持度阈值,那么它的所有真超项集的支持度都小于最小支持度阈值,所以该 $k-1$ 项集和它的所有真超项集都不是频繁项集,从而可以在 C_k 中剪掉该 $k-1$ 项集的真超 k 项集,在以后的迭代步骤中不予考虑。然后再根据最小支持度阈值,在剪枝后的候选 k 项集的集合 C_k 中剪掉支持度小于最小支持度阈值的 k 项集,生成频繁 k 项集的集合 L_k。

例 6.7 使用 Apriori 算法挖掘事务数据中的步骤项集。

如表 6-2 所示的事务数据,该数据库具有 9 个事务,设最小支持度为 2。试使用 Apriori 算法挖掘表 6-2 的事务数据中的频繁项集。

表 6-2　某商店的详细事务数据

TID	Items	TID	Items
1	面包,可乐,麦片	6	牛奶,面包,可乐
2	牛奶,可乐	7	牛奶,面包,鸡蛋,麦片
3	牛奶,面包,麦片	8	牛奶,面包,可乐
4	牛奶,可乐	9	面包,可乐
5	面包,鸡蛋,麦片		

解：挖掘频繁项集的步骤如下,具体过程如图 6-3 所示。

找到1项候选集的集合C_1 →

C_1

项集	支持度计数
牛奶	6
面包	7
可乐	6
鸡蛋	2
麦片	4

生成频繁1项集的集合L_1 →

L_1

项集	支持度计数
牛奶	6
面包	7
可乐	6
鸡蛋	2
麦片	4

生成2项候选集的集合C_2 →

C_2

项集	支持度计数
牛奶，面包	4
牛奶，可乐	4
牛奶，鸡蛋	1
牛奶，麦片	2
面包，可乐	4
面包，鸡蛋	2
面包，麦片	4
可乐，鸡蛋	0
可乐，麦片	1
鸡蛋，麦片	2

生成频繁2项集的集合L_2 →

L_2

项集	支持度计数
牛奶，面包	4
牛奶，可乐	4
牛奶，麦片	2
面包，可乐	4
面包，鸡蛋	2
面包，麦片	4
鸡蛋，麦片	2

生成2项候选集的集合C_3 →

C_3

项集	支持度计数
牛奶，面包，可乐	2
牛奶，面包，麦片	2
面包，鸡蛋，麦片	2

生成频繁3项集的集合L_3 →

L_3

项集	支持度计数
牛奶，面包，可乐	2
牛奶，面包，麦片	2
面包，鸡蛋，麦片	2

图 6-3　Apriori 算法具体实现过程

① 设置 $k=1$,扫描该数据库,找出所有的 k 项集,即候选 1 项集的集合 C_1。

C_1={{牛奶}：6,{面包}：7,{可乐}：6,{鸡蛋}：2,{麦片}：4}。

② 对 C_1 进行剪枝,将支持度小于最小支持度 2 的项集全部剪掉,生成频繁 1 项集的集合 L_1。

L_1={{牛奶}:6,{面包}:7,{可乐}:6,{鸡蛋}:2,{麦片}:4},k 增加1。

③ 根据 L_1 生成候选2项集的集合 C_2。

C_2={{牛奶,面包},{牛奶,可乐},{牛奶,鸡蛋},{牛奶,麦片},{面包,可乐},{面包,鸡蛋},{面包,麦片},{可乐,鸡蛋},{可乐,麦片},{鸡蛋,麦片}}。

根据先验原理对 C_2 进行剪枝,此处没有其非空子集不在 L_1 中的2项集,没有项集被剪掉。

④ 扫描数据库,得到每个2项集的支持度计数,将支持度小于最小支持度2的项集全部剪除,生成频繁2项集的集合 L_2。

L_2={{牛奶,面包}:4,{牛奶,可乐}:4,{牛奶,麦片}:2,{面包,可乐}:4,{面包,鸡蛋}:2,{面包,麦片}:4,{鸡蛋,麦片}:2},k 增加1。

⑤ 根据 L_2 生成候选3项集的集合 C_3。

C_3={{牛奶,面包,可乐},{牛奶,面包,麦片},{牛奶,可乐,麦片},{面包,可乐,鸡蛋},{面包,可乐,麦片},{面包,鸡蛋,麦片}}。

根据先验原理对 C_3 进行剪枝,由于{可乐、鸡蛋}和{可乐,麦片}不在 L_2 中,因此将{牛奶,可乐,麦片}、{面包,可乐,鸡蛋}及{面包,可乐,麦片}剪掉,形成剪枝后的候选3项集的集合 C_3。

C_3={{牛奶,面包,可乐},{牛奶,面包,麦片},{面包,鸡蛋,麦片}}。

⑥ 扫描数据库,得到每个3项集的支持度计数,将支持度小于最小支持度2的项集全部剪除,生成频繁3项集的集合 L_3。

L_3={{牛奶,面包,可乐}:2,{牛奶,面包,麦片}:2,{面包,鸡蛋,麦片}:2},k 增加1。

⑦ 根据 L_3 生成候选4项集的集合 C_4。

C_4={牛奶,面包,可乐,麦片}。

根据先验原理对 C_4 进行剪枝,由于{面包,可乐,麦片}不在 L_3 中,因此将{牛奶,面包,可乐,麦片}剪掉,形成剪枝后的候选4项集的集合 C_4 为空集。

$$C_4=\varnothing$$

因为 C_4 为空集,所以算法终止,找到的所有频繁项集 L 为

L={{牛奶}:6,{面包}:7,{可乐}:6,{鸡蛋}:2,{麦片}:4,{牛奶,面包}:4,{牛奶,可乐}:4,{牛奶,麦片}:2,{面包,可乐}:4,{面包,鸡蛋}:2,{面包,麦片}:4,{鸡蛋,麦片}:2,{牛奶,面包,可乐}:2,{牛奶,面包,麦片}:2,{面包,鸡蛋,麦片}:2}。

在事务数据集中找出频繁项集后,就可以直接由它们产生关联规则,继而找出强关联规则。因关联规则是根据频繁项集生成的,因此关联规则满足最小支持度,只需要删除置信度小于最小置信度的关联规则,即可找到强关联规则。

关联规则的生成过程包括以下两个步骤。

① 对于 L 中的每一个频繁项集 X,生成 X 所有的非空真子集 Y。

② 对于 X 中的每一个非空真子集 Y,构造关联规则 $Y\Rightarrow(X-Y)$。

构造出关联规则后,计算每一个关联规则的置信度,如果大于或等于最小置信度阈值,则该规则为强关联规则。

例如,对于例6.7繁项集的集合 L 中的频繁3项集{牛奶,面包,麦片},可以推导出其非空子集:

{{牛奶},{面包},{麦片},{牛奶,面包},{牛奶,麦片},{面包,麦片}}。

可以构造的关联规则及置信度如下：

{牛奶}⇒{面包,麦片},置信度 =2/6 =33%

{面包}⇒{牛奶,麦片},置信度 =2/7 =29%

{麦片}⇒{牛奶,面包},置信度 =2/4 =50%

{牛奶,面包}⇒{麦片},置信度 =2/4 =50%

{牛奶,麦片}⇒{面包},置信度 =2/2 =100%

{面包,麦片}⇒{牛奶},置信度 =2/4 =50%

假设令最小置信度为 70%,则得到的强关联规则有

{牛奶,麦片}⇒{面包},置信度 =2/2 =100%

使用相同方法可根据其他频繁项集构造其他关联规则,得到更多的强关联规则。

穷举法可以通过枚举频繁项集生成所有的关联规则,并通过计算关联规则的置信度来判断该规则是否为强关联规则。但是,当一个频繁项集包含的项很多时,就会生成大量的候选关联规则,一个频繁项集 X 能够生成 $2^{|X|}-2$ 个(即除去空集及自身之外的子集)候选关联规则。

可以逐层生成关联规则,并利用如下关联规则的性质进行剪枝,以减少关联规则生成的计算工作量。

关联规则性质：设 X 为频繁项集,$\varnothing \neq Y \subset X$ 且 $\varnothing \neq Y' \subset Y$。若 $Y \Rightarrow (X-Y)$ 不是强关联规则,则 $Y' \Rightarrow (X-Y')$ 也不是强关联规则。

首先产生后件只包含一个项的关联规则,然后两两合并关联规则的后件,生成后件包含两个项的候选关联规则,从这些候选关联规则中再找出强关联规则,以此类推。

例如,对于例 6.7 频繁项集的集合 L 中的频繁 3 项集{牛奶,面包,麦片},可以推导出其非空子集：

{{牛奶},{面包},{麦片},{牛奶,面包},{牛奶,麦片},{面包,麦片}}。

可以构造的后件只包含一个项的关联规则及置信度如下：

{牛奶,面包}⇒{麦片},置信度 =2/4 =50%

{牛奶,麦片}⇒{面包},置信度 =2/2 =100%

{面包,麦片}⇒{牛奶},置信度 =2/4 =50%

假设令最小置信度为 70%,则得到的强关联规则有

{牛奶,麦片}⇒{面包},置信度 =2/2 =100%

生成后件包含两个项的关联规则及置信度如下：

{麦片}⇒{牛奶,面包},置信度 =2/4 =50%

因置信度小于最小置信度阈值,此关联规则不是强关联规则。使用该方法,可减少过程中产生的关联规则数目。

使用相同方法可根据其他频繁项集构造其他关联规则,得到更多的强关联规则。

6.2.2　案例分析：使用 Weka 实现 Apriori 算法

某销售人员想统计分析超市事务数据中所包含的关联规则,现有文件 Relation.csv,该文件包含 6 个属性,分别为 id(编号)、milk(牛奶)、bread(面包)、cereal(麦片)、egg(鸡蛋)、

coke(可乐)。

文件 Relation.csv 的内容如表 6-3 所示。

表 6-3 文件 Relation.csv 的内容

id	milk	bread	cereal	egg	coke
1	FALSE	TRUE	TRUE	FALSE	TRUE
2	TRUE	FALSE	FALSE	FALSE	TRUE
3	TRUE	TRUE	TRUE	FALSE	FALSE
4	TRUE	FALSE	FALSE	FALSE	TRUE
5	FALSE	TRUE	TRUE	TRUE	FALSE
6	TRUE	TRUE	FALSE	FALSE	TRUE
7	TRUE	TRUE	TRUE	TRUE	FALSE
8	TRUE	TRUE	FALSE	FALSE	TRUE
9	FALSE	TRUE	FALSE	FALSE	TRUE

通过 Weka 软件,使用 Apriori 算法进行关联规则分析,具体步骤如下。

① 打开 Weka 软件,进入 Weka 图形用户界面选择器主页面,如图 6-4 所示。

图 6-4 Weka 图形用户界面选择器主页面

② 单击 Explorer 按钮,在出现的 Weka Explorer 窗口中单击 Open file 按钮,选择 Relation.csv 文件,导入数据集,如图 6-5 所示。

③ 单击 Edit 按钮,弹出一个名称为 Viewer 的对话框,列出该数据集中的全部数据,如图 6-6 所示。该窗口以二维表的形式展现数据,用户可以在此窗口中查看和编辑数据集,然后单击 OK 按钮。

在图 6-6 中显示了每个属性的名称、类型及取值。其中,属性 id 的类型为数值型,属性 milk、bread、cereal、egg、coke 的类型为标称属性,取值为 TRUE 或 FALSE。以第 1 行为例,id 取值为 1.0,milk 为 TRUE,bread 为 TRUE,cereal 为 TRUE,egg 为 FALSE,coke 为 FALSE。

④ 数据集中的属性 id 对实验并无影响,因此可以删除。在图 6-5 中,在 Attributes 选项下选中 id 列,单击 Remove 按钮可以删除属性 id,删除后界面如图 6-7 所示。

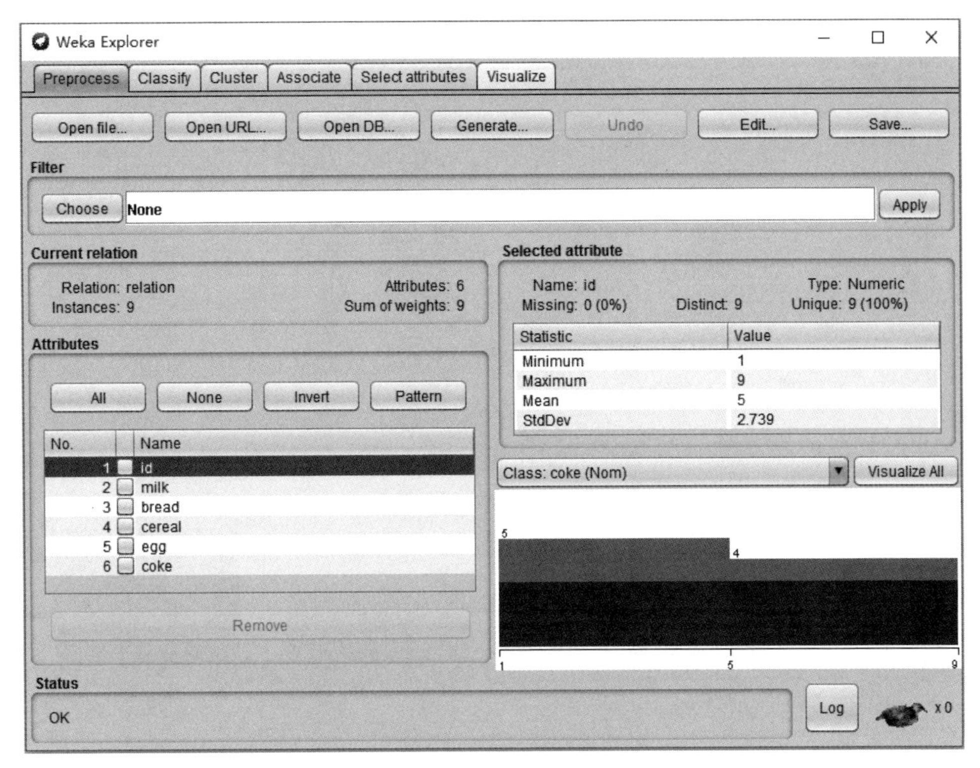

图 6-5　导入 Relation.csv 文件

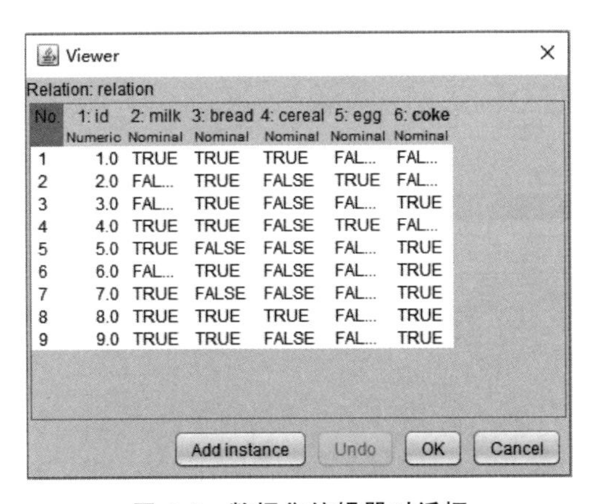
Viewer

Relation: relation

No.	1: id Numeric	2: milk Nominal	3: bread Nominal	4: cereal Nominal	5: egg Nominal	6: coke Nominal
1	1.0	TRUE	TRUE	TRUE	FAL...	FAL...
2	2.0	FAL...	TRUE	FALSE	TRUE	FAL...
3	3.0	FAL...	TRUE	FALSE	FAL...	TRUE
4	4.0	TRUE	TRUE	FALSE	TRUE	FAL...
5	5.0	TRUE	FALSE	FALSE	FAL...	TRUE
6	6.0	FAL...	TRUE	FALSE	FAL...	TRUE
7	7.0	TRUE	FALSE	FALSE	FAL...	TRUE
8	8.0	TRUE	TRUE	TRUE	FAL...	TRUE
9	9.0	TRUE	TRUE	FALSE	FAL...	TRUE

Add instance　Undo　OK　Cancel

图 6-6　数据集编辑器对话框

⑤ 选择 Associate 选项卡，然后单击 Choose 按钮，选择 Apriori 算法，如图 6-8 所示。

⑥ 选择算法后，双击 Choose 按钮右侧的文本框，出现如图 6-9 所示的 Apriori 算法的参数列表对话框，调整 Apriori 算法的参数，将最小支持度阈值设为 0.2222，置信度设为 0.7。

图 6-9 中 Apriori 算法的参数含义如下。

car 为关联规则类型，如果设置为真，则程序显示类关联规则，否则程序显示非全局关联规则。

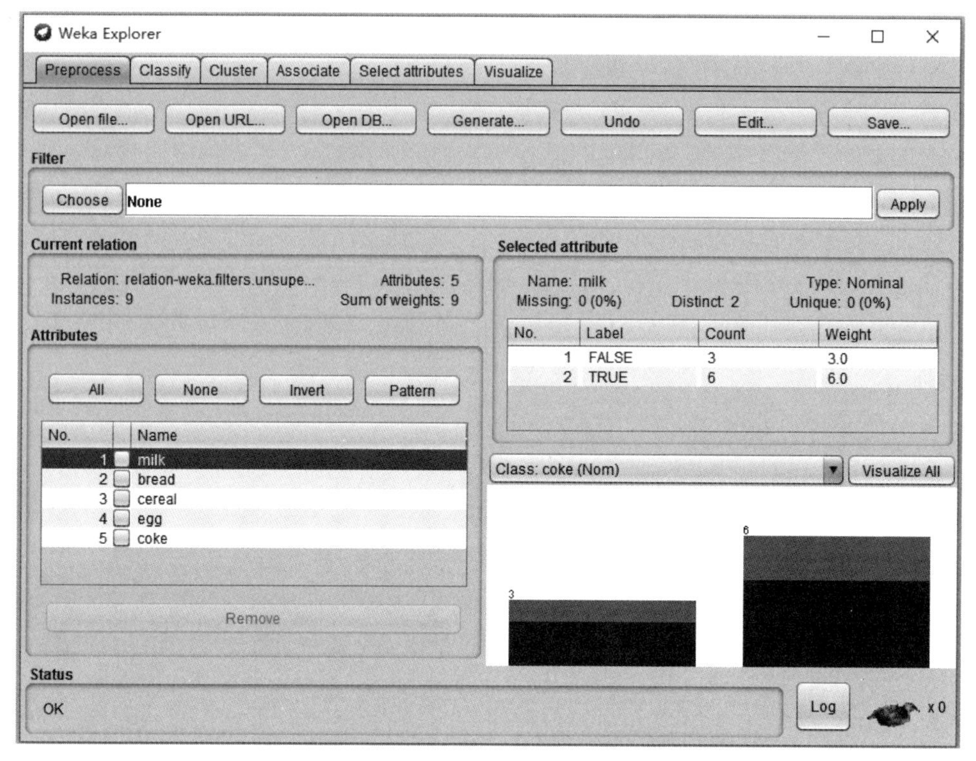

图 6-7　执行 Remove 操作后界面

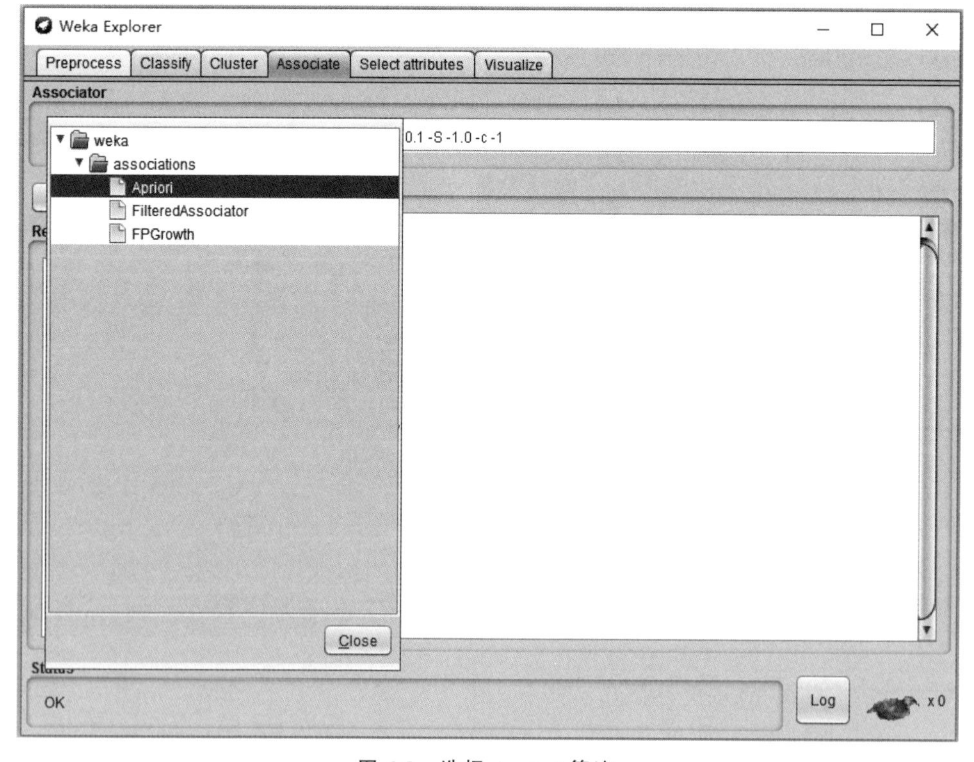

图 6-8　选择 Apriori 算法

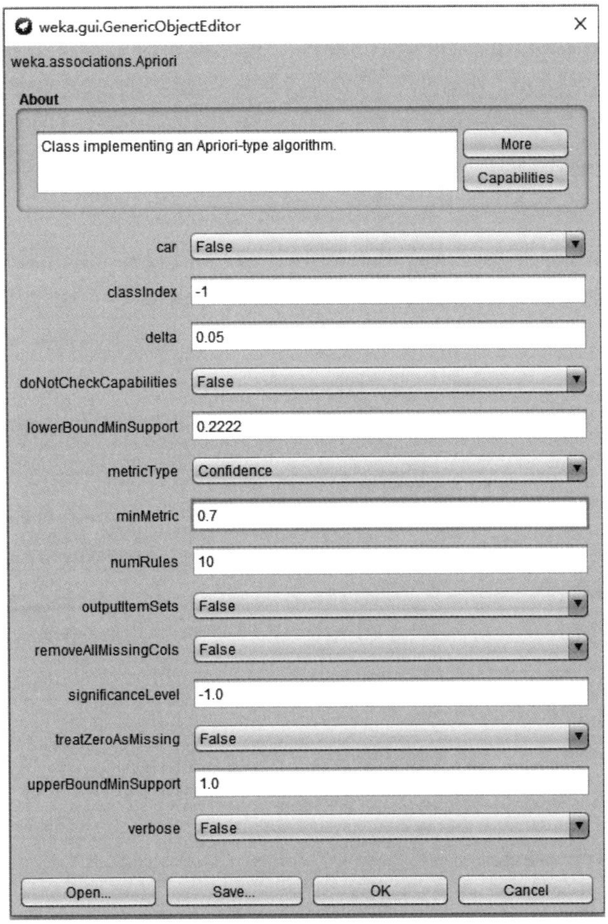

图 6-9　调整 Apriori 算法的参数

classIndex 为类属性索引，返回当前数据集的目标分类属性的索引号，如果设置为−1，则将最后的属性作为类属性，否则将第 classIndex 列的属性作为类属性。

delta 为迭代递减单位，程序不断按照 delta 减小支持度，直至达到最小支持度或者产生了满足数量要求的规则。

doNotCheckCapabilities 为不检查使用范围。

lowerBoundMinSupport 是最小支持度下界，程序显示支持度大于 lowerBoundMinSupport 的关联规则。

metricType 是度量类型，用来设置对规则进行排序的度量依据，可以是置信度、提升度、杠杆率、确信度。

minMetric 是 metricType 选择的度量的最小值。

numRules 为程序显示的规则数。

outputItemSets 为项集输出选项，如果 outputItemSets 设置为真，则在结果中输出项集，否则不输出项集。

removeAllMissingCols 为默认值移除选项，如果 removeAllMissingCols 设置为真，程序会移除全部为默认值的列。

significanceLevel 为参数重要程度,通常用于重要性测试。

treatZeroAsMissing 是按照缺失值的处理方式处理零。

upperBoundMinSupport 是最小支持度上界,程序运行时将从此值开始迭代减小最小支持度。

Verbose 为算法模式选项,如果设置为真,则算法以冗余模式运行,否则算法以精简模式运行。

⑦ 调整完参数后,单击 OK 按钮返回图 6-10 所示窗口后,单击其中的 Start 按钮即可运行 Apriori 算法,此时在右侧文本框中显示了关联规则以及关联规则的置信度、提升度、杠杆度等信息,如图 6-10 所示。

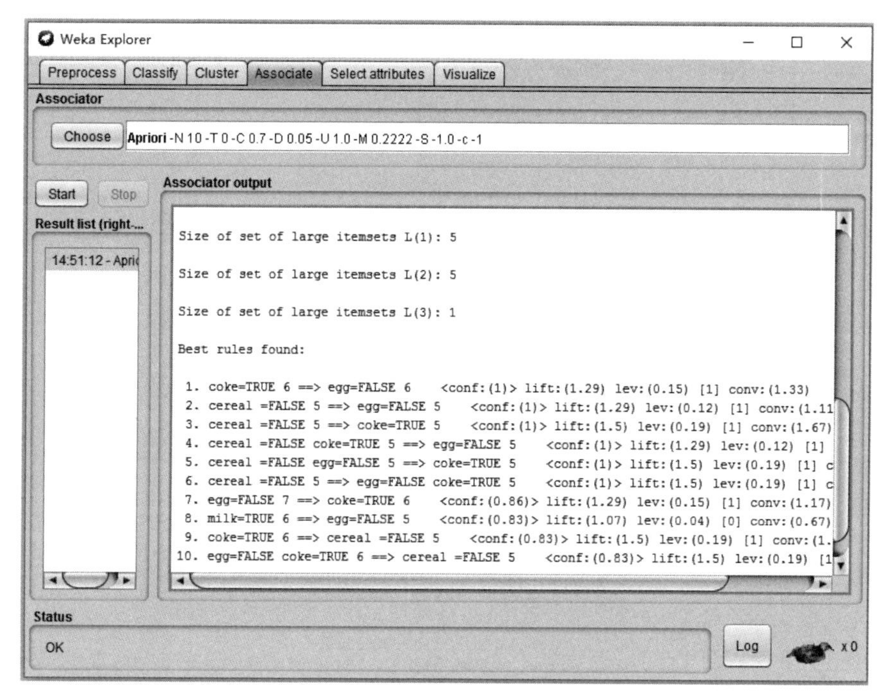

图 6-10 数据集分析结果

分析结果显示了以下最好的 10 条规则。

① 第一条规则是 coke=TRUE⇒egg=FALSE,表明:购买了可乐的顾客通常不会购买鸡蛋。这条规则的置信度为 1,提升度为 1.29,杠杆度为 0.15,有 1 个实例满足此杠杆度,确信度为 1.33。

② 第二条规则是 cereal=FALSE⇒egg=FALSE,表明:没有购买麦片的顾客不会购买鸡蛋。这条规则的置信度为 1,提升度为 1.29,杠杆度为 0.12,有 1 个实例满足此杠杆度,确信度为 1.11。

③ 第三条规则是 cereal=FALSE⇒coke=TRUE,表明:没有购买麦片的顾客会购买可乐,这条规则的置信度为 1,提升度为 1.5,杠杆度为 0.19,有 1 个实例满足此杠杆度,确信度为 1.67。

④ 第四条规则是{cereal=FALSE, coke=TRUE}⇒egg=FALSE,表明:没有购买麦片但购买了可乐的顾客往往不会购买鸡蛋。这条规则的置信度为 1,提升度为 1.29,杠杆度

为 0.12，有 1 个实例满足此杠杆度，确信度为 1.11。

⑤ 第五条规则是{cereal＝FALSE，egg＝FALSE}⇒coke＝TRUE，表明：未购买麦片和鸡蛋的顾客通常会购买可乐。这条规则的置信度为 1，提升度为 1.5，杠杆度为 0.19，有 1 个实例满足此杠杆度，确信度为 1.67。

⑥ 第六条规则是 cereal＝FALSE⇒{egg＝FALSE，coke＝TRUE}，未购买麦片的顾客通常不会购买鸡蛋，但会购买可乐。这条规则的置信度为 1，提升度为 1.5，杠杆度为 0.19，有 1 个实例满足此杠杆度，确信度为 1.67。

⑦ 第七条规则是 egg＝FALSE⇒coke＝TRUE，表明：未购买鸡蛋的顾客通常会购买可乐。这条规则的置信度为 0.86，提升度为 1.29，杠杆度为 0.15，有 1 个实例满足此杠杆度，确信度为 1.17。

⑧ 第八条规则是 milk＝TRUE⇒egg＝FALSE，表明：购买了牛奶的顾客通常不会购买鸡蛋。这条规则的置信度为 0.83，提升度为 1.07，杠杆度为 0.04，没有实例满足此杠杆度，确信度为 0.67。

⑨ 第九条规则是 coke＝TRUE⇒cereal＝FALSE，表明：购买了可乐的顾客不会购买麦片。这条规则的置信度为 0.83，提升度为 1.5，杠杆度为 0.19，有 1 个实例满足此杠杆度，确信度为 1.33。

⑩ 第十条规则是{egg＝FALSE，coke＝TRUE}⇒cereal＝FALSE，表明：购买了可乐但未购买鸡蛋的顾客往往不会购买麦片。这条规则的置信度为 0.83，提升度为 1.5，杠杆度为 0.19，有 1 个实例满足此杠杆度，确信度为 1.33。

通过以上规则可以得出，可乐、麦片和鸡蛋基本上是相互排斥的，牛奶和鸡蛋也是相互排斥的，而且顾客在购买鸡蛋和可乐时通常只会选择其中一种。

6.3 FP-growth 算法

Apriori 算法原理简单、易于理解，所以广为使用。但是，Apriori 算法在挖掘过程中会产生大量候选项集，另外 Apriori 算法需要多次扫描整个数据库，从而会产生较大的开销。而 FP-growth 算法能够避免 Apriori 算法候选过程的巨大开销，有效地提高了效率。本节首先介绍 FP-growth 算法的原理和应用，然后通过 Weka 软件，使用 FP-growth 算法进行关联分析。

6.3.1 FP-growth 算法分析

从 Apriori 算法的运行过程中可以看出，Apriori 算法在每一步产生候选项目集时循环产生的组合过多，产生大量候选项集，并且没有排除无用的候选项集，时间开销和空间开销都比较大；同时，每次计算项集支持度时，Apriori 算法都会对全部数据进行一次扫描比较，如果扫描一个大型数据库的话，会大大增加计算机系统的 I/O 开销，而这种代价是随着数据库的规模的增加呈现出几何级数的增加态势。

而 FP-growth 算法采用完全不同的方法来发现频繁项集，该算法不同于 Apriori 算法的“产生-测试”泛型。由于避免了不断生成候选项目队列和不断扫描整个数据库进行比对的操作，FP-growth 算法大大降低了 Apriori 挖掘算法的空间和时间的资源消耗。为了达到这样的效果,FP-growth 算法采用一种简洁的数据结构,这种数据结构称为频繁模式树(Frequent-Pattern tree,FP-tree)。

FP-growth 算法的原理是:首先,扫描整个事务数据库,生成频繁1项集,并把它们按降序排列,产生降序的频繁1项集 L;然后,将每个事务按照 L 中项的顺序重新排列,并去掉非频繁项,构造一棵 FP-tree,同时依然保留其中的关联信息;最后,再扫描一次事务数据库,由下向上进行循序挖掘,删除 FP-tree 中的子结点,即可产生所需要的频繁模式。

FP-growth 算法伪代码如下。

```
输入:
    D: 事务数据集
    min_sup: 最小支持度阈值
输出:
    D中的频繁项集
方法:
    扫描事务数据集 D一次,获得频繁 1项集的集合 F和其中每个频繁项的支持度。对 F中的所有
频繁项按其支持度进行降序排序,结果为频繁 1项集列表 L;
    创建 FP-Tree 的根结点 T,标记为 null;
    for 事务数据集 D中每个事务 Trans {
        对 Trans 中的所有频繁项按照 L 中的次序排序;
        对排序后的频繁项表以[p|P]格式表示,其中 p 是第一个元素,而 P 是频繁项表中除去 p 后
        剩余元素组成的项表;
        调用函数 insert_tree([p|P],T);
    }
    for 频繁项表 L 中按支持度降序的每个 1 项集{
        遍历 FP-tree,构建条件模式基;
        构建条件 FP-tree,找出该条件 FP-tree 上的所有项的组合 C;
        for C中的每个组合 c
            if c的支持度> =minsup
            then  c是频繁项集;
    }
    return 所有频繁项集;
procedure insert_tree([p|P],T)
    if T有孩子结点 N and N.item-name=p.item-name
    then
            N.count++;
    else {
            创建新结点 N;
            N.item-name=p.item-name;
            N.count++;
            p.parent=T;
            将 N.node-link 指向树中与它同项目名的结点;
        }
    if P非空
    then {
            把 P的第一项赋值给 p,并把它从 P中删除;
            递归调用 insert_tree([p|P],N);
    }
```

FP-growth 算法的实现步骤如下。

① 第一次扫描事务数据集 D，确定每个1项集的支持度计数，将频繁1项集按照支持度计数降序排序，得到排序后的频繁1项集的集合 L。

② 第二次扫描事务数据集 D，读出每个事务并构建根结点为 null 的 FP-tree。

i. 创建 FP-tree 的根结点，用 null 标记。

ii. 对于事务数据集 D 中的每个事务中的项，删除非频繁项，将频繁项按照 L 中的顺序重新排列事务中项的顺序，并对每个事务创建一个分支。

iii. 当为一个事务考虑增加分支时，沿共同前缀上的每个结点的计数加1，为跟随前缀后的项创建结点并连接。

iv. 创建一个项头表，以方便遍历，每个项通过一个结点链指向它在树中的位置。

③ 从1项集的频繁项集中支持度最低的项开始，自项头表的结点链头指针沿着每个频繁项的链接来遍历 FP-tree，找出该频繁项的所有前缀路径，构造该频繁项的条件模式基，并计算这些条件模式基中每一项的支持度。

④ 通过条件模式基构造条件 FP-tree，删除其中支持度低于最小支持度阈值的部分，满足最小支持度阈值的部分就是频繁项集。

⑤ 递归地挖掘每个条件 FP-tree，直到找到 FP-tree 为空或者 FP-tree 只有一条路径，该路径上的所有项的组合都是频繁项集。

例 6.8 使用 FP-growth 算法挖掘事务数据中的频繁项集。

此例使用表 6-2 的事务数据，挖掘事务数据中的频繁项集。该数据库具有9个事务，设最小支持度为2。试使用 FP-growth 算法挖掘表 6-2 的事务数据中的频繁项集。

解：(1) 构造 FP-tree。

① 首先找出所有1项集并计算其支持度计数，并按支持度计数逆序排列，去掉支持度计数小于最小支持度的1项集，得到频繁1项集 L。

L={{面包}：7，{牛奶}：6，{可乐}：6，{麦片}：4，{鸡蛋}：2}。

按照 L 中项的顺序更新表 6-2 中的每个事务数据，并去掉含有非频繁项的事务数据集，如表 6-4 所示。

表 6-4 更新后的某商店事务数据

TID	Items	Sorted Items
1	面包，可乐，麦片	面包，可乐，麦片
2	牛奶，可乐	牛奶，可乐
3	牛奶，面包，麦片	面包，牛奶，麦片
4	牛奶，可乐	牛奶，可乐
5	面包，鸡蛋，麦片	面包，麦片，鸡蛋
6	牛奶，面包，可乐	面包，牛奶，可乐
7	牛奶，面包，鸡蛋，麦片	面包，牛奶，麦片，鸡蛋
8	牛奶，面包，可乐	面包，牛奶，可乐
9	面包，可乐	面包，可乐

建立树的根结点,用 null 表示,然后依次处理每个事务的数据。

② 处理表 6-4 中 TID=1 的事务“面包,可乐,麦片”,按照 L 的支持度计数从大到小排序,此事务包括{面包: 1}、{可乐: 1}、{麦片: 1},在 FP-tree 的根结点 null 下产生一个分支,分支上依次产生新结点“面包”“可乐”“麦片”,将 FP-tree 的根结点 null 连接到“面包”结点,“面包”结点连接到“可乐”结点,“可乐”结点连接到“麦片”结点,更新所有结点的支持度加 1,如图 6-11 所示。

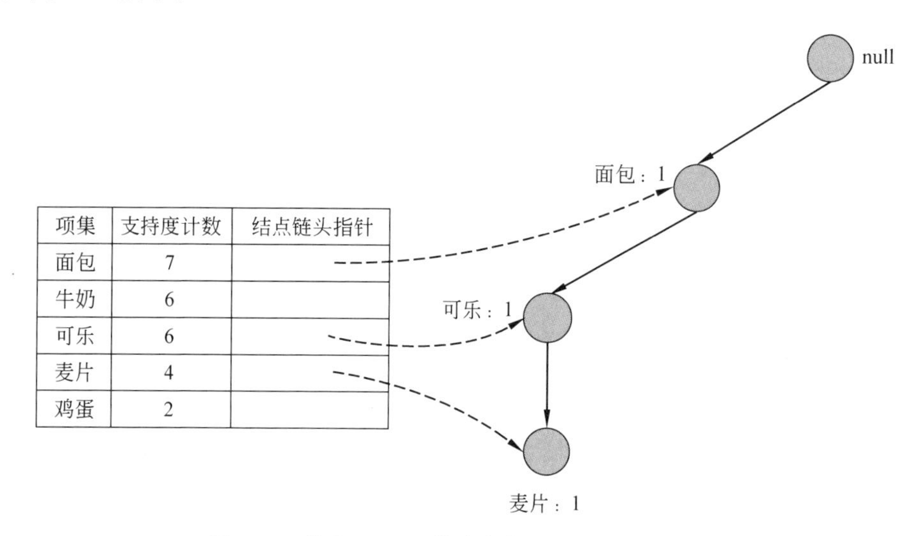

图 6-11 处理 TID=1 的事务数据后构建的 FP-tree

③ 处理 TID=2 的事务“牛奶,可乐”,按照 L 的支持度计数从大到小排序,此事务包括{牛奶: 1}、{可乐: 1},由于此时 FP-tree 并不包含该事务的共同前缀,因此 FP-tree 需要产生一个新分支,分支上依次产生新结点“牛奶”和“可乐”,根结点 null 与新产生的“牛奶”结点相连,“牛奶”结点连接到“可乐”结点,并更新相关结点的支持度加 1,如图 6-12 所示。

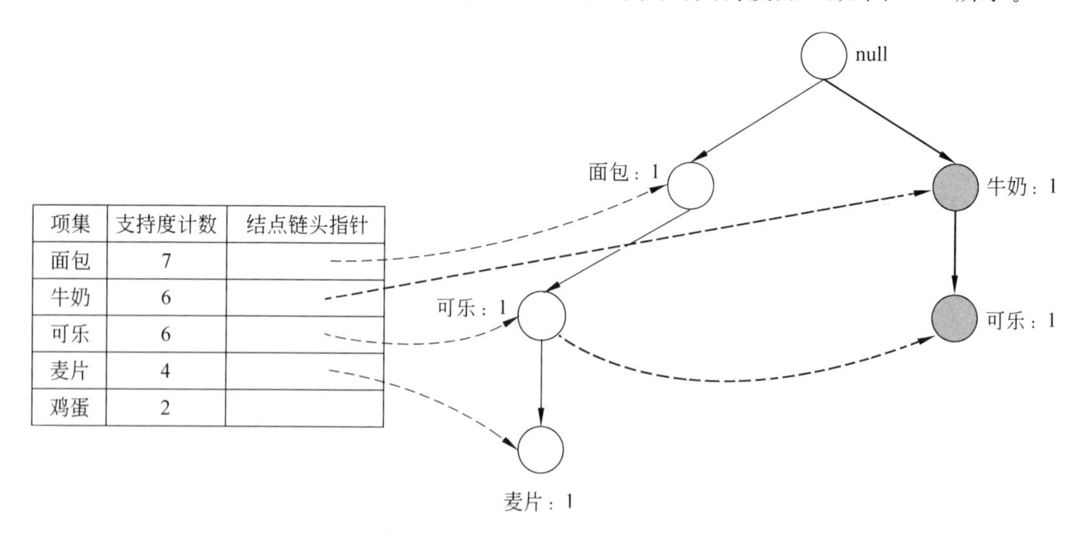

图 6-12 处理 TID=2 的事务数据后构建的 FP-tree

④ 对于 TID=3 的事务“牛奶，面包，麦片”，按照 L 的支持度计数从大到小排序，此事务包括{面包：1}、{牛奶：1}、{麦片：1}，此时 FP-tree 中包含前缀{面包}，在“面包”结点下新建分支，分支上依次产生新结点“牛奶”和“麦片”，将“面包”结点连接到“牛奶”结点，将“牛奶”结点连接到“麦片”结点，并更新相关结点的支持度加 1，如图 6-13 所示。

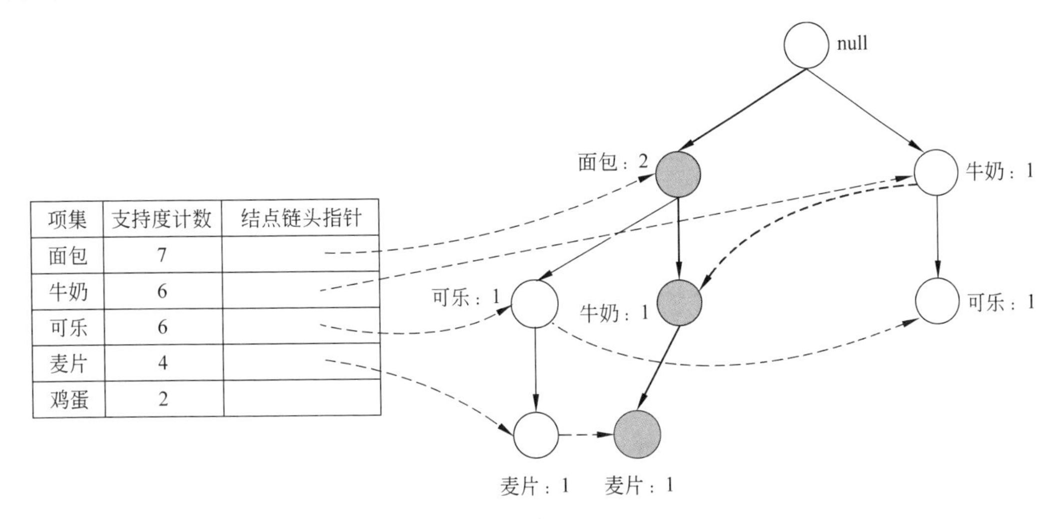

图 6-13　处理 TID=3 的事务数据后构建的 FP-tree

⑤ 对于 TID=4 的事务“牛奶，可乐”，按照 L 的支持度计数从大到小排序，此事务包括{牛奶：1}、{可乐：1}，此时 FP-tree 中已经包含前缀{牛奶，可乐}，因此仅更新相关结点的支持度加 1，如图 6-14 所示。

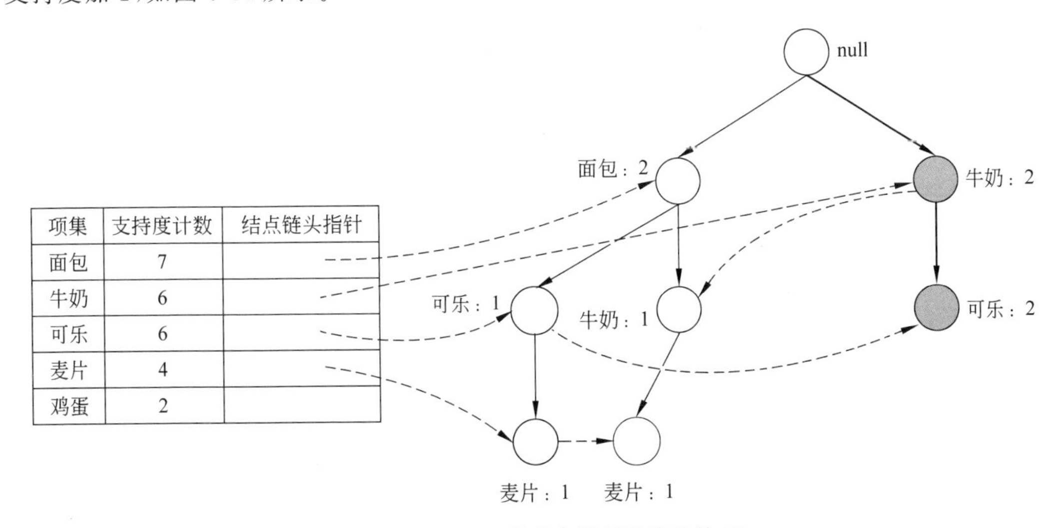

图 6-14　处理 TID=4 的事务数据后构建的 FP-tree

⑥ 对于 TID=5 的事务“面包，鸡蛋，麦片”，按照 L 的支持度计数从大到小排序，此事务包括{面包：1}、{麦片：1}、{鸡蛋：1}，此时 FP-tree 中已有前缀{面包}，在“面包”结点下新建分支，分支上依次产生新结点“麦片”和“鸡蛋”，将“面包”结点连接到“麦片”结点，将“麦片”结点连接到“鸡蛋”结点，并更新相关结点的支持度加 1，如图 6-15 所示。

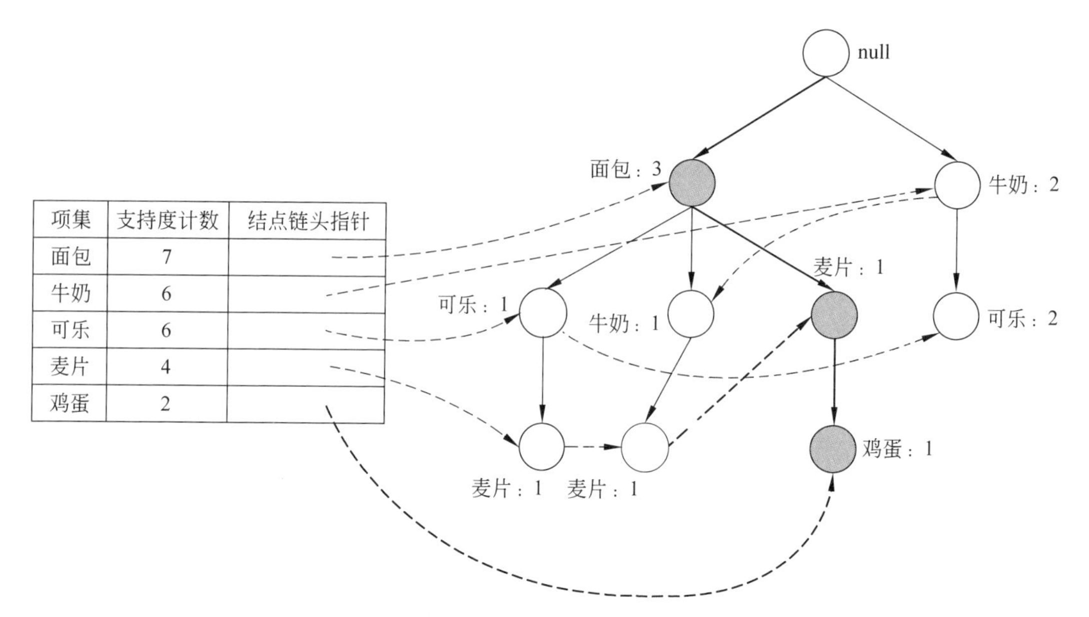

图 6-15　处理 TID=5 的事务数据后构建的 FP-tree

⑦ 对于 TID=6 的事务“牛奶,面包,可乐”,按照 L 的支持度计数从大到小排序,此事务包括{面包：1}、{牛奶：1}、{可乐：1},此时 FP-tree 中已经包含前缀{面包、牛奶},在此前缀路径中的“牛奶”结点下新建分支,分支上新建一个结点“可乐”,将“牛奶”结点连接到“可乐”结点,并更新相关结点的支持度加 1,如图 6-16 所示。

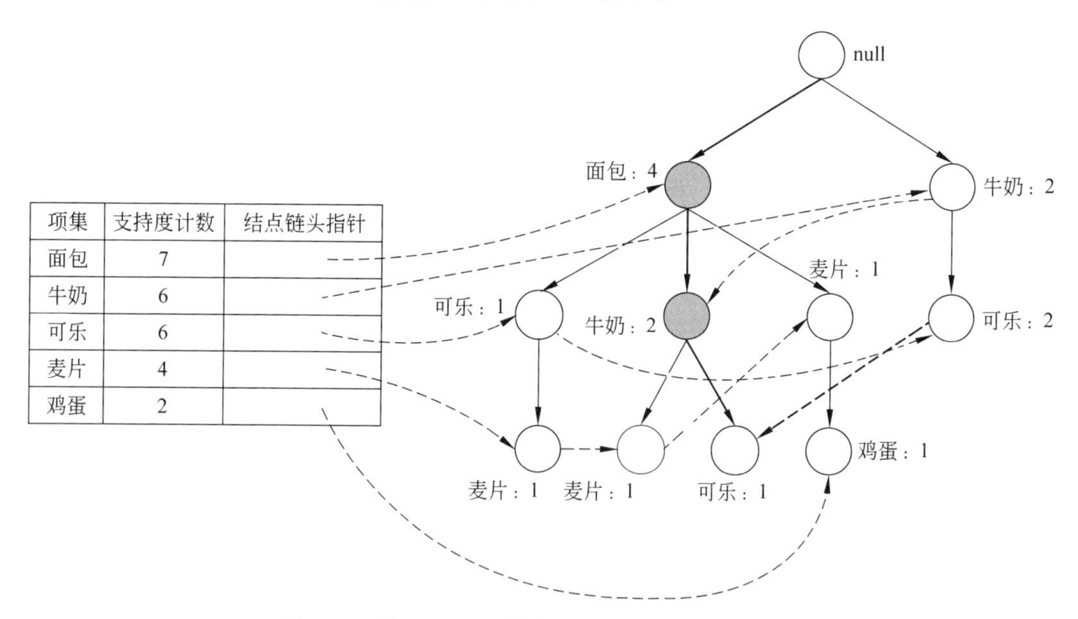

图 6-16　处理 TID=6 的事务数据后构建的 FP-tree

⑧ 对于 TID=7 的事务“牛奶,面包,鸡蛋,麦片”,按照 L 的支持度计数从大到小排序,此事务包括{面包：1}、{牛奶：1}、{麦片：1}、{鸡蛋：1},此时 FP-tree 中已经包含前缀{面

包、牛奶、麦片}，在此前缀路径中的"麦片"结点下新建分支，分支上新建一个结点"鸡蛋"，将"麦片"结点连接到"鸡蛋"结点，并更新相关结点的支持度加 1，如图 6-17 所示。

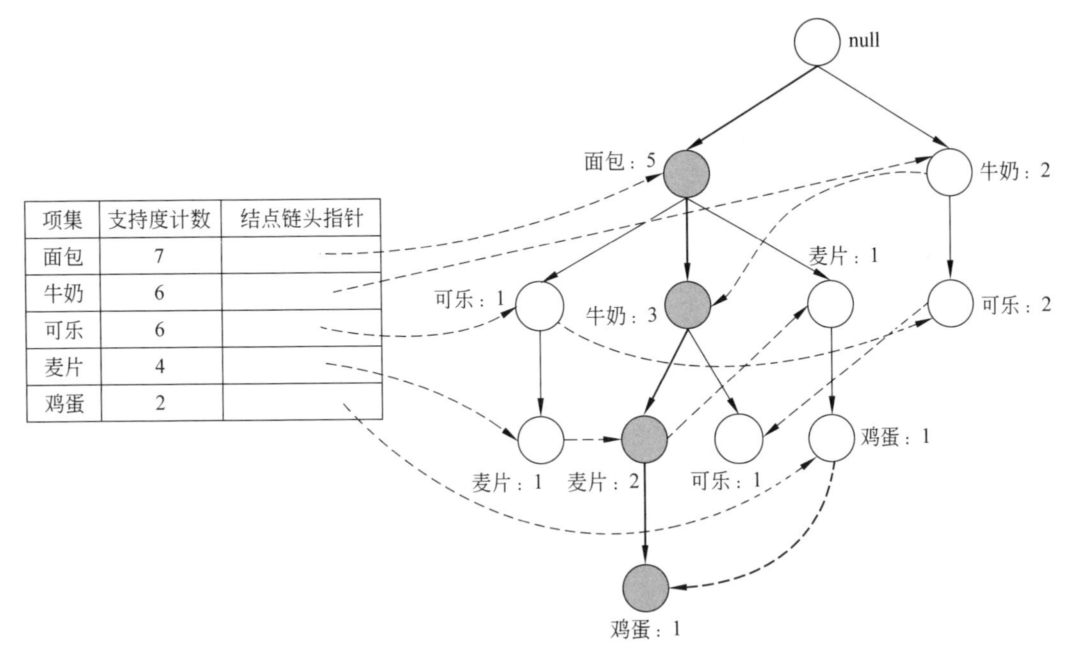

项集	支持度计数	结点链头指针
面包	7	
牛奶	6	
可乐	6	
麦片	4	
鸡蛋	2	

图 6-17　处理 TID=7 的事务数据后构建的 FP-tree

⑨ 对于 TID=8 的事务"牛奶，面包，可乐"，按照 L 的支持度计数从大到小排序，此事务包括{面包：1}、{牛奶：1}、{可乐：1}，此时 FP-tree 中已经包含前缀{面包、牛奶、可乐}，因此仅更新相关结点的支持度加 1，如图 6-18 所示。

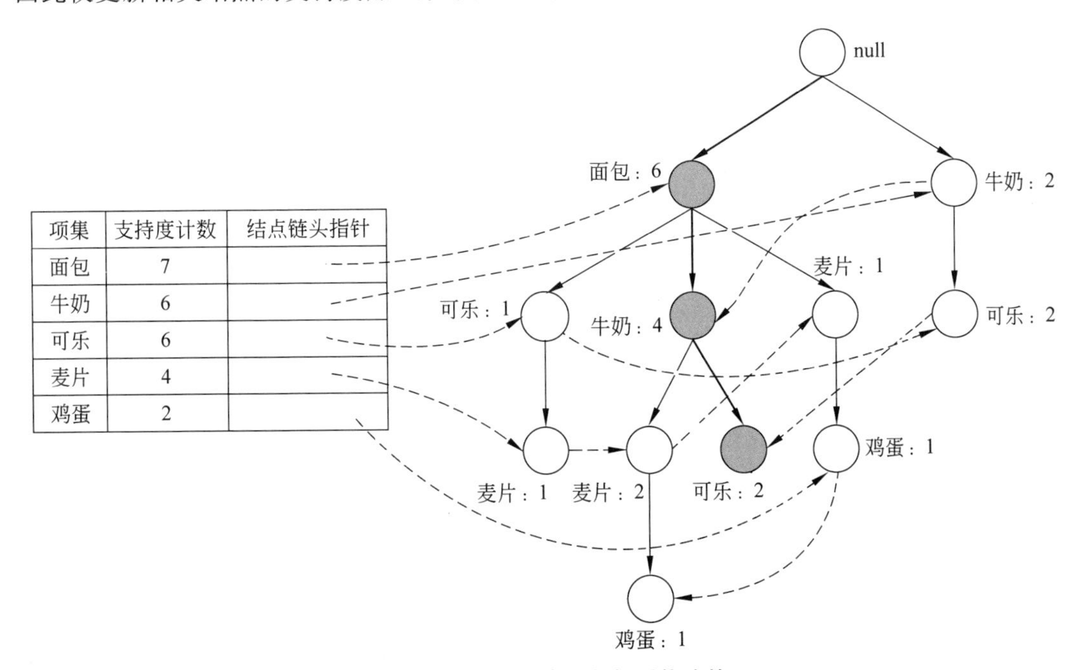

项集	支持度计数	结点链头指针
面包	7	
牛奶	6	
可乐	6	
麦片	4	
鸡蛋	2	

图 6-18　处理 TID=8 的事务数据后构建的 FP-tree

⑩ 对于 TID=9 的事务“面包，可乐”，按照 L 的支持度计数从大到小排序，此事务包括{面包：1}、{可乐：1}，此时 FP-tree 中已经包含前缀{面包、可乐}，因此仅更新相关结点的支持度加 1，如图 6-19 所示。至此 FP-tree 创建完成。

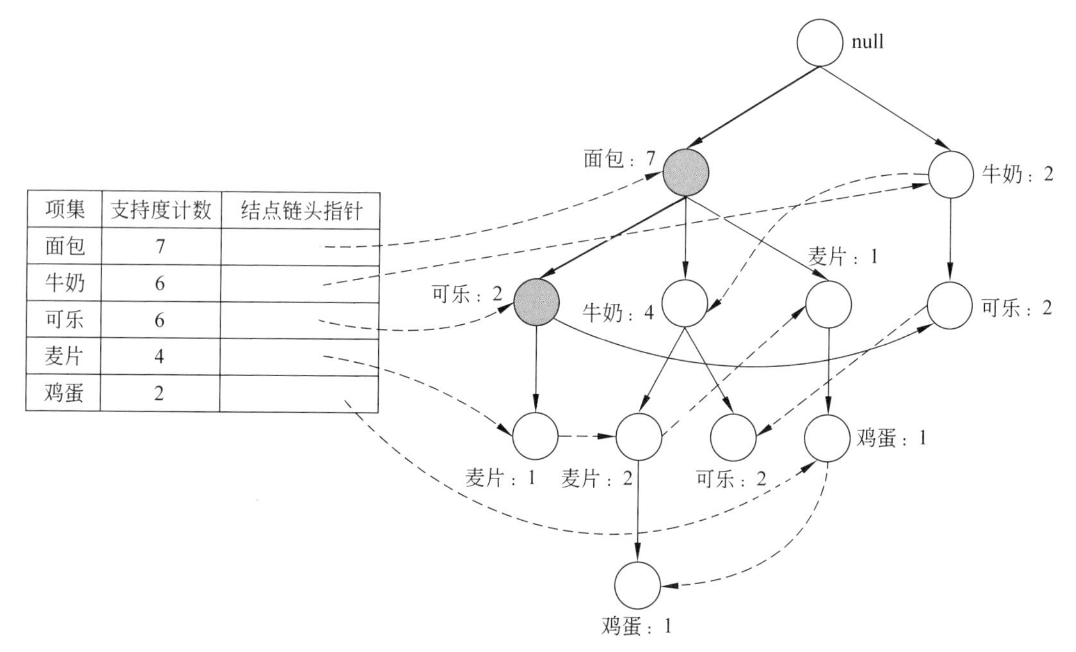

图 6-19　处理 TID=9 的事务数据后构建的 FP-tree

在图 6-19 左侧的项头表，包括项集、支持度计数及结点链头指针。图中项头表中的“结点链头指针”指向该项在 FP-tree 中的第一个位置，在树中所有该项结点都有指针链接。

(2) 构造条件模式基、条件 FP-tree，挖掘频繁模式。

构建 FP-tree 后，可以对 FP-tree 进行挖掘。首先在 FP-tree 中查找频繁 1 项集集合 L 中每一项的条件模式基，即每个项的前缀路径。按照 L 中支持度从小到大的顺序构造每一项的条件模式基。

条件模式基是以所查找元素项为结尾的路径集合。每一条路径其实都是一条前缀路径。前缀路径是介于所查找元素项与树的根结点之间的所有内容。

① 从频繁 1 项集的集合中支持度最低的项{鸡蛋}开始，向上找出所有前缀路径。从图 6-19 中可以看出，项{鸡蛋}的前缀路径有{面包，牛奶，麦片：1}和{面包，麦片：1}。而条件模式基由 FP-tree 中项的前缀路径集组成，因此项{鸡蛋}的条件模式基为

{{面包，牛奶，麦片：1}，{面包，麦片：1}}

此处{牛奶}的支持度计数对于项{鸡蛋}来说为 1，因为小于最小支持度阈值，因此项{鸡蛋}的条件 FP-tree 中包含路径{面包：2，麦片：2}，而不包含牛奶，得到项{鸡蛋}的条件 FP-tree 为＜面包：2，麦片：2＞，如图 6-20 所示。

根据项{鸡蛋}的条件 FP-tree 产生的频繁项集的所有组合为

{{面包，鸡蛋：2}，{麦片，鸡蛋：2}，{面包，麦片，鸡蛋：2}}

② 对于项{麦片}的前缀路径有{面包，可乐：1}、{面包，牛奶：2}和{面包：1}，条件模式基为

{{面包,可乐：1},{面包,牛奶：2},{面包：1}}

此处{可乐}的支持度计数对于项{麦片}来说为 1,小于最小支持度阈值,因此项{麦片}的条件 FP-tree 中包含路径{面包：4,牛奶：2},而不包含可乐,得到项{麦片}的条件 FP-tree 为＜面包：4,牛奶：2＞,如图 6-21 所示。

图 6-20　{鸡蛋}的条件 FP-tree　　**图 6-21　{麦片}的条件 FP-tree**

根据项{麦片}的条件 FP-tree 产生的频繁项集的所有组合为

{{面包,麦片：4},{牛奶,麦片：2},{面包,牛奶,麦片：2}}

③ 对于项{可乐}的前缀路径有{面包：2}、{面包,牛奶：2}和{牛奶：2},条件模式基为

{{面包：2},{面包,牛奶：2},{牛奶：2}}

此处每个项的支持度计数都大于最小支持度阈值,因此项{可乐}的条件 FP-tree 中包含路径{面包：4,牛奶：2}和{牛奶：2},得到项{可乐}的条件 FP-tree 为＜面包：4,牛奶：2＞和＜牛奶：2＞,如图 6-22 所示。

根据项{可乐}的条件 FP-tree 产生的频繁项集的所有组合为

{{面包,可乐：4},{牛奶,可乐：4},{面包,牛奶,可乐：2}}

④ 对于项{牛奶}的前缀路径有{面包：4},条件模式基为

{{面包：4}}

此处{面包}项的支持度计数大于最小支持度阈值,因此项{牛奶}的条件 FP-tree 中包含路径{面包：4},得到项{牛奶}的条件 FP-tree 为＜面包：4＞,如图 6-23 所示。

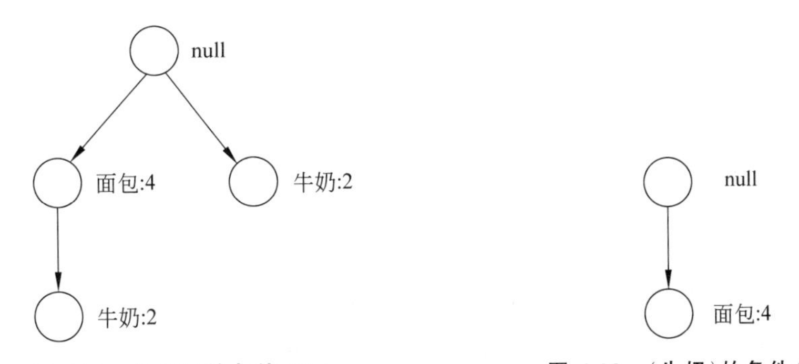

图 6-22　{可乐}的条件 FP-tree　　**图 6-23　{牛奶}的条件 FP-tree**

根据项{牛奶}的条件 FP-tree 产生的频繁项集的所有组合为

{{面包,牛奶：4}}

求得的项{鸡蛋}、{麦片}、{可乐}、{牛奶}的条件模式基、条件 FP-tree 以及可以挖掘的频繁模式,如表 6-5 所示。

表 6-5 FP-tree 挖掘过程

项集	条件模式基	条件 FP-tree	频繁模式
鸡蛋	{{面包,牛奶,麦片:1}, {面包,麦片:1}}	<面包:2,麦片:2>	{面包,鸡蛋:2}, {麦片,鸡蛋:2}, {面包,麦片,鸡蛋:2}
麦片	{{面包,可乐:1}, {面包,牛奶:2}, {面包:1} }	<面包:4,牛奶:2>	{面包,麦片:4}, {牛奶,麦片:2}, {面包,牛奶,麦片:2}
可乐	{{面包:2}, {面包,牛奶:2}, {牛奶:2}}	<面包:4,牛奶:2>, <牛奶:2>	{面包,可乐:4}, {牛奶,可乐:4}, {面包,牛奶,可乐:2}
牛奶	{{面包:4}}	<面包:4>	{面包,牛奶:4}

不论挖掘长的或短的频繁模式,FP-growth 算法都是有效且可伸缩的,与 Apriori 算法相比,运行速度要快一个数量级。FP-growth 算法的优点是无须多次扫描数据库,节省了运行时间;采用分治方法递归实现。但是,FP-growth 算法在建立 FP-tree 时会占用大量空间,并且处理产生的条件树时会占用很多资源。

6.3.2 案例分析:使用 Weka 实现 FP-growth 算法

某销售人员想统计分析超市事务数据中包含的关联规则,仍使用 Relation.csv 文件。

现通过 Weka 软件中的 FP-growth 算法来生成关联规则,具体步骤如下。

① 按照 6.2.2 节中的步骤①~④ 操作,打开 Weka 软件,导入数据集,删除 id 属性,如图 6-7 所示。

② 选择 Associate 选项卡,然后单击 Choose 按钮,选择 FP-growth 算法,如图 6-24 所示。

③ 回到图 6-7 界面后,双击 Choose 按钮右侧的文本框,进入如图 6-25 所示的调整 FP-growth 算法参数的对话框,设置参数。

FP-growth 算法的部分参数含义如下。

delta 为迭代递减单位,程序不断按照 delta 减小支持度,直至达到最小支持度或者产生了满足数量要求的规则。

doNotCheckCapabilities 为适用性检测选项,如果 doNotCheckCapabilities 设置为真,则在分类器构建之前检测该算法的适用性,否则不检测该算法的适用性。

findAllRulesForSupportLevel 为规则显示选项,如果 findAllRulesForSupportLevel 设置为真,则会输出所有满足支持度的规则,否则显示部分满足支持度的规则。

lowerBoundMinSupport 是最小支持度下界,程序显示支持度大于 lowerBoundMinSupport 的关联规则。

maxNumberOfItems 是事务的最大数量,默认为−1,表示不限制事务数量。

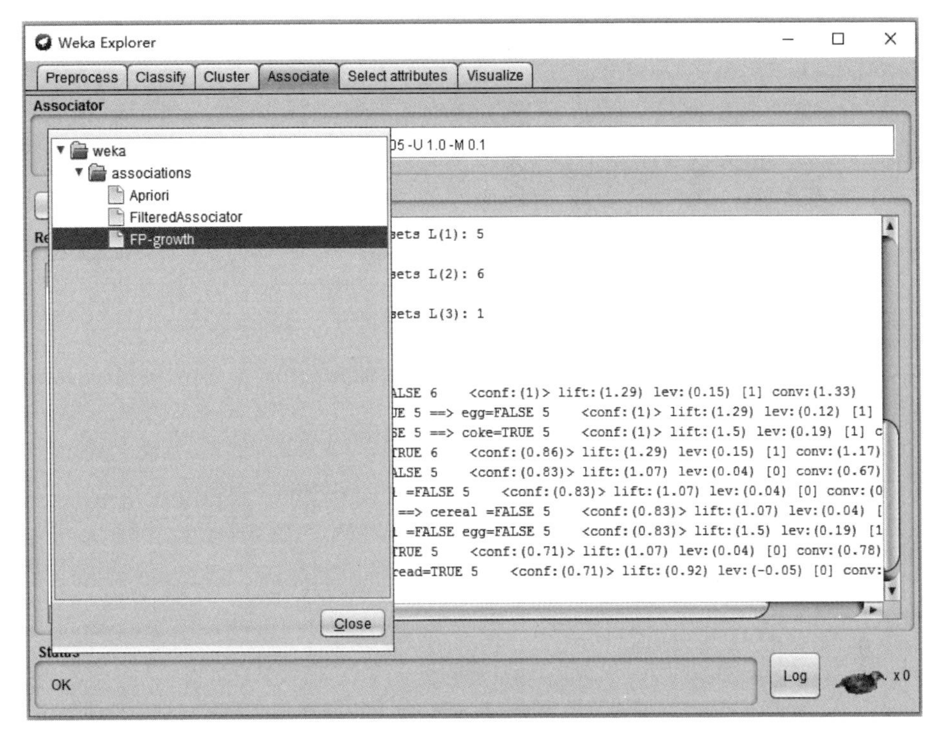

图 6-24　选择 FP-growth 算法

weka.gui.GenericObjectEditor

weka.associations.FPGrowth

About

Class implementing the FP-growth algorithm for finding large item sets without candidate generation.

More

Capabilities

delta	0.05
doNotCheckCapabilities	False
findAllRulesForSupportLevel	False
lowerBoundMinSupport	0.1
maxNumberOfItems	-1
metricType	Confidence
minMetric	0.9
numRulesToFind	10
positiveIndex	2
rulesMustContain	
transactionsMustContain	
upperBoundMinSupport	1.0
useORForMustContainList	False

Open...　Save...　OK　Cancel

图 6-25　调整部分 FP-growth 算法的参数

metricType 为度量类型,用来设置对规则进行排序的度量依据,可以是置信度、提升度、杠杆率、确信度。

minMetric 是 metricType 选择的度量的最小值。

numRulesToFind 是程序输出的规则数。

④ 调整完参数后,单击 OK 按钮,返回图 6-26 所示的窗口后,单击其中的 Start 按钮,即可运行 FP-growth 算法,此时在右侧文本框中显示了关联规则以及关联规则的置信度、提升度、杠杆度等信息,如图 6-26 所示。

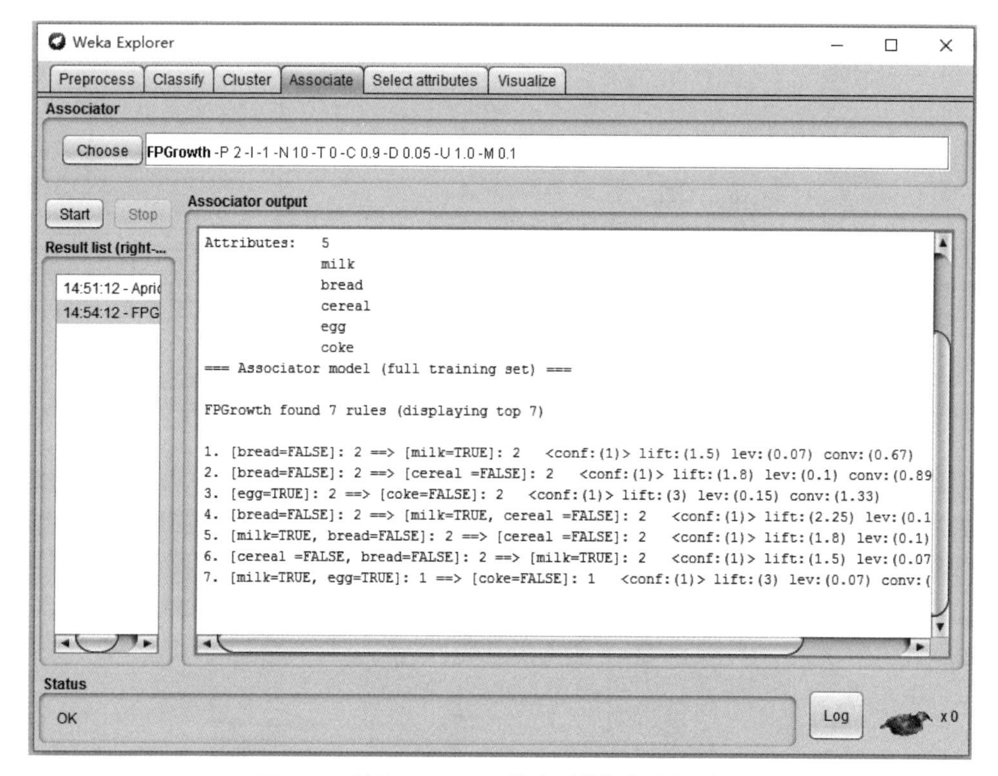

图 6-26 利用 FP-growth 算法对数据集分析结果

分析结果显示了以下最好的 7 条规则。

① 第一条规则是 bread=FALSE⇒milk=TURE,表明:未购买面包的顾客通常会购买牛奶。这条规则的置信度为 1,提升度为 1.5,杠杆度为 0.07,确信度为 0.67。

② 第二条规则是 bread=FALSE⇒cereal=FALSE,表明:未购买面包的顾客不会购买麦片。这条规则的置信度为 1,提升度为 1.8,杠杆度为 0.1,确信度为 0.89。

③ 第三条规则是 egg=TRUE⇒coke=FALSE,购买了鸡蛋的顾客不会购买可乐。这条规则的置信度为 1,提升度为 3,杠杆度为 0.15,确信度为 1.33。

④ 第四条规则是 bread=FALSE⇒{milk=TURE,cereal=FALSE},表明:未购买面包的顾客往往会购买牛奶,但不会购买麦片。这条规则的置信度为 1,提升度为 2.25,杠杆度为 0.12,确信度为 1.11。

⑤ 第五条规则是{milk=TURE,bread=FALSE}⇒cereal=FALSE,表明:购买了牛奶但不购买面包的顾客通常也不会购买麦片。这条规则的置信度为 1,提升度为 1.8,杠杆

度为 0.1,确信度为 0.89。

⑥ 第六条规则是{cereal=FALSE,bread=FALSE}⇒milk=TURE,表明:未购买麦片和面包的顾客通常会购买牛奶。这条规则的置信度为 1,提升度为 1.5,杠杆度为 0.07,确信度为 0.67。

⑦ 第七条规则是{milk=TURE,egg=TRUE}⇒coke=FALSE,表明:购买了牛奶和鸡蛋的顾客通常不会购买可乐。这条规则的置信度为 1,提升度为 3,杠杆度为 0.07,确信度为 0.67。

通过以上规则可以得出,未购买牛奶或者面包的顾客通常不会购买麦片,未购买面包的顾客往往会购买可乐,而且鸡蛋与麦片互斥。

6.4　压缩频繁项集

在实际应用中,当最小支持度阈值较低或者数据规模较大时,使用频繁模式挖掘事务数据可能会产生过多的频繁项集,而闭频繁模式、极大模式等可以显著减少频繁模式挖掘所产生的频繁项集的数量。

6.4.1　挖掘闭模式

如果 $X \in Y$,且 Y 中至少有一项不在 X 中,那么 Y 是 X 的**真超项集**。如果在数据集中不存在频繁项集 X 的真超项集 Y,使得 X、Y 的支持度相等,那么称项集 X 是这个数据集的**闭频繁项集**。

闭项集提供了频繁项集的一种最小表示,提供了完整的项集的压缩描述,通常比频繁模式要小几个数量级。如果首先得到所有的频繁项集,然后根据相应的规则删除部分频繁项集,那么用户会得到 2 的幂次方级别数量的频繁项集,这样会导致极大的开销。

在实际应用中,推荐的方法是直接搜索闭频繁项集,并对搜索结果进行剪枝。剪枝的策略如下。

① 项合并:如果包含频繁项集 X 的每个事务都包含项集 Y,但不包含 Y 的任何真超集,则 $X \cup Y$ 形成一个闭频繁项集,并且不必搜索包含 X 但不包含 Y 的任何项集。

② 子项集剪枝:如果频繁项集 X 是一个已经发现的闭频繁项集 Y 的真子集,并且两者的支持度计数相等,则 X 和 Y 的所有后代都不可能是闭频繁项集,因此可以剪枝。

例 6.9　闭模式。

表 6-6 给出了事务数据,假设最小支持度为 2,求出闭频繁项集。

表 6-6　项集事务

TID	Items	TID	Items
1	abc	4	acde
2	abcd	5	de
3	ace		

根据表 6-6,得到部分频繁项集为

$$\{\{d\}、\{e\}、\{ac\}、\{de\}、\{abc\}、\{acd\}、\{ace\}\}$$

而这些频繁项集的支持度都大于或等于2,并且不存在等于它们本身支持度的真超集,所以这些频繁项集是闭频繁项集,表6-6中所有的闭频繁项集如图6-27所示。而频繁项集{a}的真超集{ac}的支持度和频繁项集{a}的支持度都为4,所以频繁项集{a}不是闭频繁项集。

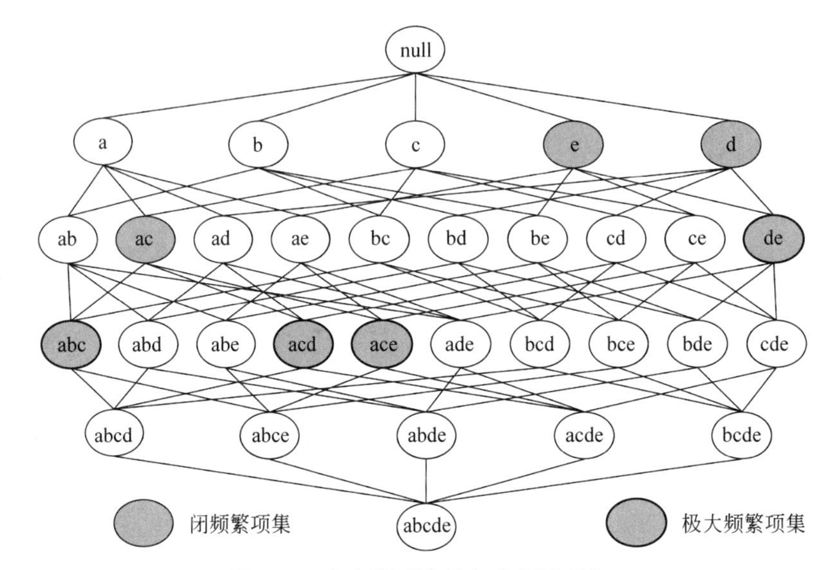

图6-27 闭频繁项集及极大频繁项集

6.4.2 挖掘极大模式

如果在数据集中不存在频繁项集X的真超项集Y,并且Y也是频繁项集,那么称项集X是这个数据集的**极大频繁项集**,而极大频繁项集中隐含着全部的频繁项集。因此,可以推导出极大频繁项集是闭频繁项集,而闭频繁项集不一定是极大频繁项集。

例6.10 极大频繁项集。

对于表6-6中的数据,依旧假设最小支持度为2,从例6-9中可知闭频繁项集为

{{d}、{e}、{ac}、{de}、{abc}、{acd}、{ace}}

由于频繁项集中不存在{{de}、{abc}、{acd}、{ace}}等项集的真超频繁项集,因此{{de}、{abc}、{acd}、{ace}}为极大频繁项集,如图6-27所示。

通常较大的数据集会产生许多的频繁项集,而过大的频繁项集个数会占用和消耗计算机的资源,使得计算机无法计算和存储,因此引入极大频繁项集的概念。极大频繁项集有效地提供了频繁项集的紧凑表示。换句话说,极大频繁项集形成了所有频繁项集的最小的项集的集合。对于可能产生频繁项集的数据集,因为这种数据集中的频繁项集可能有2的幂次方个,所以极大频繁项集提供了颇有价值的表示。

6.5 关联模式评估

在实际应用中,需要处理的数据集的数据量和数据维数往往大得超乎估计,而运用频繁模式挖掘所得到的规则通常包含了大量用户并不感兴趣的规则,当最小置信度阈值和支持

度阈值比较小的时候，这种情况尤其严重，因此需要一组广受认同的评价关联模式质量的标准。本节介绍支持度-置信度框架，然后引入相关性分析，最后讨论比较有效的模式评估度量。

6.5.1 支持度-置信度框架

频繁模式通常基于以下假设：涉及相互独立的项或覆盖少量事务的模式是用户不感兴趣的模式，而这些模式通常用客观兴趣度度量来进行评判。客观兴趣度度量不依赖领域，往往根据事务数据推导出来的统计量来进行评判，应用较为广泛的有支持度、置信度和相关性。而支持度-置信度框架认为，如果关联规则同时满足最小支持度和最小置信度，则此关联规则为强关联规则。

例如，分析喜好两款不同手机的用户之间的关系，使用表6-7的汇总数据，设最小支持度阈值为0.3，最小置信度阈值为0.6。

表6-7 手机偏好人数统计

手机偏好	买苹果手机	不买苹果手机	行和
买小米手机	400	350	750
不买小米手机	200	50	250
列和	600	400	1000

由于关联规则{苹果手机}⇒{小米手机}的支持度为400/1000=0.4>0.3，置信度为400/600=0.67>0.6，因此，可以认为{苹果手机}⇒{小米手机}是强关联规则。

但事实上，苹果手机和小米手机是相互排斥的，尽管该规则具有很高的置信度和支持度，实际上却是误导。因为在没有任何条件下，“买小米手机”的比例是0.75(750/1000)，而在“买苹果手机”的情况下，同时“购买小米手机”的比例是0.67。也就是说，设置了“买苹果手机”这个条件后，“买小米手机”的比例反而降低了。这说明两者是排斥的，即两者是负相关的，因为买一种手机，实际上降低了买另一种手机的可能性。支持度的计算会导致许多支持度较低但是潜在有意义的模式被删除，同时置信度则只考虑关联规则中部分项集的支持度，而忽略了其他项集的关联性，因此，需要使用有效的方法来代替支持度-置信度框架。

6.5.2 相关性分析

由于支持度-置信度框架的种种局限性，可以使用提升度等相关性度量来对支持度-置信度框架进行扩充。

令 A 和 B 表示不同的项集，$P(*)$表示项集 $*$ 在总体数据集中的出现概率。

1. 提升度

支持度-置信度框架中的置信度忽略了规则后件中项集的支持度，而提升度则有助于解决这个问题。

根据统计学定义，如果项集 A 和项集 B 的 $P(A \cup B)=P(A)P(B)$，那么项集 A 和项集 B 是相互独立的，否则两者是相互依赖的。项集 A 和项集 B 的**提升度**定义为

$$\mathrm{lift}(A,B)=\frac{P(A\cup B)}{P(A)P(B)} \tag{6-3}$$

如果 A 和 B 的提升度的值等于1,则说明 A 和 B 相互独立;如果 A 和 B 的提升度的值大于1,则说明 A 和 B 正相关;如果 A 和 B 的提升度的值小于1,则说明 A 和 B 负相关。

例 6.11 提升度。

使用表6-7的数据可以得出,{苹果手机}和{小米手机}的提升度为 $\frac{0.4}{0.6\times0.75}=0.89$,因此可以看出,苹果手机和小米手机是负相关的。

2. 杠杆度

杠杆度和提升度的含义相近,其定义为

$$\mathrm{leverage}(A,B)=P(A\cup B)-P(A)P(B) \tag{6-4}$$

如果 A 和 B 的杠杆度的值等于0,则说明 A 和 B 相互独立;如果 A 和 B 的杠杆度的值大于0,则说明 A 和 B 正相关,并且杠杆度越大表明 A 和 B 的关系越密切;如果 A 和 B 的杠杆度的值小于0,则说明 A 和 B 负相关。

例 6.12 杠杆度。

使用表6-7的数据可以得出,{苹果手机}和{小米手机}的杠杆度是 $0.4-0.6\times0.75=-0.05$,因此也可以看出,苹果手机和小米手机是负相关的。

3. 皮尔森相关系数

另一种相关性分析常用的度量是皮尔森相关系数。**皮尔森相关系数**能够反映两个变量的相似程度,皮尔森相关系数值越大,表明两个变量的相关性越强。对于二元变量,皮尔森相关系数定义为

$$\rho(A,B)=\frac{P(A\cup B)P(\bar{A}\cup\bar{B})-P(\bar{A}\cup B)P(A\cup\bar{B})}{\sqrt{P(A)P(\bar{A})P(B)P(\bar{B})}} \tag{6-5}$$

皮尔森相关系数的取值区间是[−1,1],−1说明两个变量完全负相关,而1则说明两个变量完全正相关。

例 6.13 皮尔森相关系数。

使用表6-7的数据可以得出,{苹果手机}和{小米手机}的皮尔森相关系数为 $\frac{(0.4\times0.05-0.35\times0.2)}{\sqrt{0.6\times0.4\times0.75\times0.25}}=-0.2357$,说明两者在一定程度上负相关。

皮尔森相关系数也有其局限性。当样本呈比例变化时,皮尔森相关系数不能保持不变。皮尔森相关系数不仅关注了项在事务中同时出现的情况,而且将项在事务中不出现的情况也考虑其中,视两者的权值相等。

4. IS 度量

当两种不同关联的置信度和提升度都相近时,可以使用IS度量进行分析。**IS 度量**通常用于处理非对称二元变量,IS度量定义为

$$\text{IS}(A,B)=\frac{P(A\cup B)}{\sqrt{P(A)P(B)}} \tag{6-6}$$

IS 度量的数值越大，说明 A 和 B 之间的关联越强。

例 6.14 IS 度量。

使用表 6-7 的数据可以得出，{苹果手机}和{小米手机}的 IS 度量为 $\frac{0.4}{\sqrt{0.6\times 0.75}}=0.5963$，说明苹果手机和小米手机是有关联的。

5. 确信度

确信度能够度量一个规则的强度，同时衡量 A 和 B 之间的独立性。确信度定义为

$$\text{Conviction}(A,B)=\frac{P(A)P(\bar{B})}{\sqrt{P(A\cup \bar{B})}} \tag{6-7}$$

确信度数值越大，说明 A 和 B 关系越紧密。

例 6.15 确信度。

使用表 6-7 的数据可以得出，{苹果手机}和{小米手机}的确信度为 $\frac{0.6\times 0.25}{0.2}=0.75$，说明苹果手机和小米手机是有关联的。

6.5.3 模式评估度量

不包含任何考查项集的事务被称为零事务。提升度、皮尔森相关系数等度量在很大程度上受零事务的影响，因此它们识别关联模式的关联关系的能力较差。因此，在此提出几种不受零事务影响的零不变的度量。

1. 全置信度

全置信度反映了规则 $A\Rightarrow B$ 和规则 $B\Rightarrow A$ 的最小置信度。全置信度定义为

$$\text{all\_conf}(A,B)=\frac{P(A\cup B)}{\max\{P(A),P(B)\}}=\min\{P(A\mid B),P(B\mid A)\} \tag{6-8}$$

对于项集 A 和 B，全置信度越大，说明规则 $A\Rightarrow B$ 和规则 $B\Rightarrow A$ 的最小置信度越大，那么 A 和 B 关系越紧密，反之 A 和 B 关系越疏远。

例 6.16 全置信度。

使用表 6-7 的数据可以得出，{苹果手机}和{小米手机}的全置信度为 $\frac{0.4}{\max\{0.6,0.75\}}=0.5333$，则{苹果手机}和{小米手机}之间关系的最小置信度为 0.5333，说明苹果手机和小米手机的关系一般。

2. 极大置信度

极大置信度则反映了规则 $A\Rightarrow B$ 和规则 $B\Rightarrow A$ 的最大置信度。极大置信度定义为

$$\text{max\_conf}(A,B)=\max\{P(A\mid B),P(B\mid A)\} \tag{6-9}$$

对于项集 A 和 B，极大置信度越大，说明 A 和 B 关系越紧密。

例 6.17 极大置信度。

使用表 6-7 的数据可以得出,{苹果手机}和{小米手机}的极大置信度为 $\max\left(\frac{0.4}{0.75},\frac{0.4}{0.6}\right)=0.667$,说明两者可能关系一般。

3. Kulczynski 度量

Kulczynski 度量表示在项集 A 存在的情况下项集 B 也存在的条件概率与在项集 B 存在的情况下项集 A 也存在的条件概率之和的平均值。Kulczynski 度量定义为

$$\mathrm{Kulc}(A,B)=\frac{1}{2}(P(A \mid B)+P(B \mid A)) \tag{6-10}$$

对于项集 A 和 B,Kulczynski 度量越大,说明平均可信程度越大,那么 A 和 B 关系越紧密。

例 6.18 Kulczynski 度量。

使用表 6-7 的数据可以得出,{苹果手机}和{小米手机}的 Kulczynski 度量为 $\frac{1}{2}\left(\frac{0.4}{0.75}+\frac{0.4}{0.6}\right)=0.6$,说明两者关系一般。

6.6 习题

1. 关联规则的应用领域有哪些?

2. 简述关联规则挖掘算法采用的策略。

3. 简述频繁项集、频繁闭项集、极大频繁项集的定义。

4. 简述 Apriori 算法的步骤及其优点和缺点。

5. 考虑如下的频繁 3 项集:{1, 2, 3},{2, 3, 4},{1, 2, 5},{3, 4, 5},{1, 4, 5},{2, 3, 5},{3, 4, 5}。

(1) 写出利用频繁 3 项集生成的所有候选频繁 2 项集。

(2) 写出经过剪枝后的频繁 3 项集。

6. 简述 FP-growth 算法的优点和缺点。

7. 某零售商统计学生打篮球和吃早餐之间的关系如表 6-8 所示。

表 6-8 学生打篮球与吃早餐人数统计

打篮球 / 吃早餐	打篮球/人	不打篮球/人	行和/人
吃早餐/人	2000	1750	3750
不吃早餐/人	1000	250	1250
列和/人	3000	2000	5000

假设最小支持度阈值为 0.3,最小置信度阈值为 0.6。请问:学生打篮球和吃早餐是否相关?试计算学生打篮球和吃早餐两者之间的全置信度、极大置信度和 Kulczynski 度量。

第7章 分 类

在进行数据分析和数据挖掘的过程中，有时候需要对数据的类别进行预测。预测类别的方法很多，本章重点介绍基于监督学习模型的分类预测方法，简称分类模型。使用分类模型可以实现很多数据预测的功能，其在现实生活中有着广泛的应用，例如可以进行银行信用卡诈骗的预测、天气预报的预测、医疗诊断的预测等。

本章从分类的基本概念开始，介绍基本的分类算法和模型，探讨算法的过程和流程，通过对决策树、朴素贝叶斯、神经网络等基础算法的介绍，描述各类分类算法的基本原理。

7.1 分类概述

7.1.1 分类的基本概念

在现实生活中，常常需要对数据的结果进行一定的预测以便进行更好的决策。例如，根据一个人的历史诊断报告可以分析此人患乳腺癌的概率是多大，以便进行相应的治疗和预防。通过上述例子可以知道，**分类**就是根据以往的数据和结果对另一部分数据进行结果的预测。

图 7-1 展示了分类分析预测的基本过程。分类分析主要有学习（训练）和分类（预测）两个阶段。

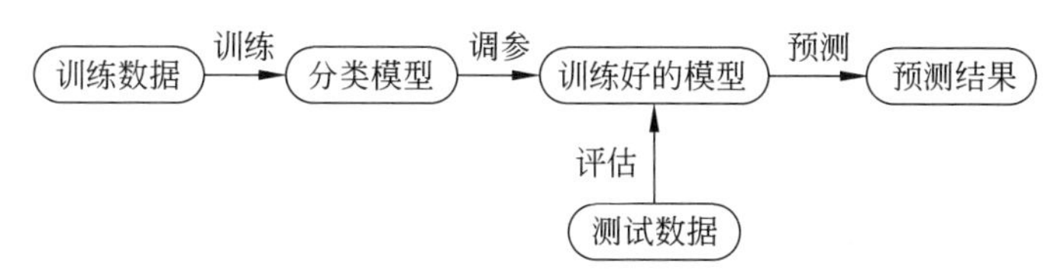

图 7-1 分类分析预测的基本过程

利用数据建立分类模型并进行模型参数的调节过程称为训练，也称为学习。训练的结果是产生一个分类器或者分类模型。学习阶段即建立一个分类模型，用以描述预定数据类或概念集。假定每个元组属于一个预定义的类，由一个类标号属性确定。训练数据集是由为建立模型而被分析的数据元组组成。学习模型可以由分类规则、判定树或数学公式的形式提供。

分类阶段使用分类模型对将来的或未知的对象进行分类。首先评估模型的预测准确率，对每个测试样本，将已知的类标号和该样本的学习模型类预测比较。模型在给定测试集上的准确率是被模型正确分类的测试样本的百分比。测试集要独立于训练样本集，避免“过分拟合”情况。如果准确率可以接受,那么就可以使用该模型来分类标签为未知的样本。

分类中涉及的数据集有训练数据集、测试数据集及需要预测的数据集。分类学习前,先将一个已知类别标签的数据样本集随机地划分为训练集(通常占2/3)和测试集两部分。**训练集**是用于模型构建的元组集,**测试集**是用来评估模型准确率的元组集,两个集合的样本都有类标号。**预测数据集**是没有类别标签的待预测的元组集。

分类是预测类对象的分类标号(或离散值),根据训练数据集和类标号属性,构建模型来分类现有数据,并用来分类新数据。预测是建立连续函数值模型评估无标号样本类,或者评估给定样本可能具有的属性值或值区间,即用来估计连续值或量化属性值,如预测空缺值。例如,银行业务中,根据贷款申请者信息判断贷款者是“安全”类还是“风险”类,就是分类任务;而分析给贷款申请者贷款量的多少对于银行是“安全”的,就是预测任务。分类和预测的共同点是两者都需要构建模型,都用模型来估计未知值。预测中主要的估计方法是回归分析。

7.1.2　分类的相关知识

分类算法大多是基于统计学、概率论以及信息论的,下面首先介绍分类算法中涉及的相关知识。

1. 信息熵

信息是很抽象的概念,信息可以用“很多”或者“较少”来表达,但却很难说清楚信息到底有多少。直到1948年,香农提出了“信息熵”的概念,才解决了对信息的量化度量问题。

信息熵用来衡量事件的不确定性的大小,其定义为

$$\mathrm{Infor}(x)=-p(x)\times\log_2 p(x) \tag{7-1}$$

其中,x 表示事件,$p(x)$是事件发生的概率。信息熵的计算公式表明,随机量的不确定性越大,熵也就越大。信息熵是随机变量不确定性的度量,常用信息熵的单位是比特。

信息熵具有可加性,即多个期望信息,即

$$\mathrm{Infor}(X)=-\sum_{i=1}^{m}p(x_i)\times\log_2 p(x_i) \tag{7-2}$$

其中,X 代表多个事件,x_i 表示第 i 个事件,m 是事件数。

2. 信息增益

信息增益表示某一特征的信息对类标签的不确定性减少的程度。集合 D 表示全体数据,**信息增益**定义为数据集合 D 的信息熵与在特征 A 给定条件下数据集合 D 的信息熵之差,即

$$g(D\mid A)=\mathrm{Infor}(D)-\mathrm{Infor}(D\mid A) \tag{7-3}$$

其中,$\mathrm{Infor}(D|A)$是在特征 A 给定条件下对数据集合 D 进行划分所需要的期望信息,它的值越小表示分区的纯度越高,其计算公式为

$$\mathrm{Infor}(D\mid A)=\sum_{j=1}^{n}\frac{|D_j|}{|D|}\times\mathrm{Infor}(D_j) \tag{7-4}$$

其中,n 是数据分区数,$|D_j|$表示第 j 个数据分区的长度,$\frac{|D_j|}{|D|}$表示第 j 个数据分区的

权重。

例 7.1 信息增益的计算。

表 7-1 是带有标记类的训练集 D,训练集的列是一些特征,如表中最后一列的类标号为是否提供贷款,有两个不同的取值。计算按照每个特征进行划分的信息增益。

表 7-1 贷款申请的训练集

ID	学历	婚否	是否有车	收入水平	是否提供贷款
1	专科	否	否	中	否
2	专科	否	否	高	否
3	专科	是	否	高	是
4	专科	是	是	中	是
5	专科	否	否	中	否
6	本科	否	否	中	否
7	本科	否	否	高	否
8	本科	是	是	高	是
9	本科	否	是	很高	是
10	本科	否	是	很高	是
11	研究生	否	是	很高	是
12	研究生	否	是	高	是
13	研究生	是	否	高	是
14	研究生	是	否	很高	是
15	研究生	否	否	中	否

解:

① 从表 7-1 中可知,有 9 人获得贷款,另外 6 人没有获得贷款,根据式(7-2)计算信息熵 $\mathrm{Infor}(D)$。

$$\mathrm{Infor}(D)=-\frac{9}{15}\times\log_2\frac{9}{15}-\frac{6}{15}\times\log_2\frac{6}{15}=0.971$$

② 计算按照每个特征进行划分的期望信息,A 代表特征“学历”,B 代表特征“婚否”,C 代表特征“是否有车”,E 代表特征“收入水平”。

$$\begin{aligned}\mathrm{Infor}(D\mid A)=&\frac{5}{15}\times\left(-\frac{2}{5}\log_2\frac{2}{5}-\frac{3}{5}\log_2\frac{3}{5}\right)+\frac{5}{15}\times\left(-\frac{3}{5}\log_2\frac{3}{5}-\frac{2}{5}\log_2\frac{2}{5}\right)\\&+\frac{5}{15}\times\left(-\frac{4}{5}\log_2\frac{4}{5}-\frac{1}{5}\log_2\frac{1}{5}\right)\\=&0.888\end{aligned}$$

$$\mathrm{Infor}(D\mid B)=\frac{10}{15}\times\left(-\frac{6}{10}\log_2\frac{6}{10}-\frac{4}{10}\log_2\frac{4}{10}\right)+\frac{5}{15}\times\left(-\frac{5}{5}\log_2\frac{5}{5}\right)=0.647$$

$$\mathrm{Infor}(D\mid C)=\frac{9}{15}\times\left(-\frac{6}{9}\log_2\frac{6}{9}-\frac{3}{9}\log_2\frac{3}{9}\right)+\frac{6}{15}\times\left(-\frac{6}{6}\log_2\frac{6}{6}\right)=0.951$$

$$\text{Infor}(D \mid E)=\frac{5}{15}\times\left(-\frac{4}{5}\log_2\frac{4}{5}-\frac{1}{5}\log_2\frac{1}{5}\right)+\frac{6}{15}\times\left(-\frac{2}{6}\log_2\frac{2}{6}-\frac{4}{6}\log_2\frac{4}{6}\right)$$
$$+\frac{4}{15}\times\left(-\frac{4}{4}\log_2\frac{4}{4}\right)=0.608$$

③ 计算信息增益。

$$g(D \mid A)=\text{Infor}(D)-\text{Infor}(D \mid A)=0.083$$
$$g(D \mid B)=\text{Infor}(D)-\text{Infor}(D \mid B)=0.324$$
$$g(D \mid C)=\text{Infor}(D)-\text{Infor}(D \mid C)=0.020$$
$$g(D \mid E)=\text{Infor}(D)-\text{Infor}(D \mid E)=0.363$$

通过计算可以得到不同特征的信息增益,其中 B 和 E 的信息增益较大,A 和 C 的信息增益较小。信息增益越大,表明该特征越重要。在一些分类算法中可以根据信息增益的大小选择最合适的特征。

3. 信息增益率

按特征选择的过程中,会涉及特征的划分,以信息增益作为指标会有一定的不足。最大信息增益会偏向特征值较多的特征,如果某一个特征的值和记录数量一样多,例如10个记录,身高特征的值都不相同,进行特征选择的时候这个特征就会被选到。这时,可以使用信息增益率进行特征的划分或纠正。

信息增益率是指按照某一特征 A 进行划分的信息增益与数据集合 D 关于这个特征的信息熵的比值,即

$$g_r(D,A)=\frac{g(D \mid A)}{\text{SplitInfor}_A(D)} \tag{7-5}$$

其中,

$$\text{SplitInfor}_A(D)=-\sum_{j=1}^{n}\frac{|D_j|}{|D|}\times\log_2\left(\frac{|D_j|}{|D|}\right) \tag{7-6}$$

分裂信息$\text{SplitInfor}_A(D)$用来衡量属性分裂数据的广度和均匀。

例 7.2 信息增益率的计算。

基于例7.1的数据,计算按照每个特征进行划分的信息增益率。

解:

① 根据例7.1计算出的按照每个特征划分的信息增益,其中 A 代表特征"学历",B 代表特征"婚否",C 代表特征"是否有车",E 代表特征"收入水平",计算$\text{SplitInfor}_A(D)$等。

$$\text{SplitInfor}_A(D)=-\frac{5}{15}\times\log_2\frac{5}{15}-\frac{5}{15}\times\log_2\frac{5}{15}-\frac{5}{15}\times\log_2\frac{5}{15}=1.585$$

$$\text{SplitInfor}_B(D)=-\frac{10}{15}\times\log_2\frac{10}{15}-\frac{5}{15}\times\log_2\frac{5}{15}=0.918$$

$$\text{SplitInfor}_C(D)=-\frac{9}{15}\times\log_2\frac{9}{15}-\frac{6}{15}\times\log_2\frac{6}{15}=0.971$$

$$\text{SplitInfor}_E(D)=-\frac{5}{15}\times\log_2\frac{5}{15}-\frac{6}{15}\times\log_2\frac{6}{15}-\frac{4}{15}\times\log_2\frac{4}{15}=1.566$$

② 按照式(7-5)计算信息增益率。

$$g_r(D,A)=\frac{0.083}{1.585}=0.052$$

$$g_r(D,B)=\frac{0.324}{0.918}=0.353$$

$$g_r(D,C)=\frac{0.020}{0.971}=0.021$$

$$g_r(D,E)=\frac{0.363}{1.566}=0.232$$

4. 基尼指数

基尼指数是用来度量数据分区或者训练数据不纯度的。数据分区是指为了将整体数据按照一定准则分别把数据分成不同的区间。基尼指数定义为

$$\mathrm{Gini}(D)=1-\sum_{i=1}^{m}p_i^2 \tag{7-7}$$

其中，p_i 是数据集合 D 中任何一个记录属于 C_i 类的概率，可通过 $\frac{|C_{i,D}|}{|D|}$ 进行计算，$|C_{i,D}|$ 是 D 中属于 C_i 类的集合的记录个数，$|D|$ 是所有记录的个数。如果所有的记录都属于同一个类，则 $p_i=1$，m 是分区数量。基尼指数考虑的是二元化，即将某一特征中的数值分为两个子集，然后进行划分。如果按照特征 A 作为数据的二元划分准则将 D 分成 D_1 和 D_2，则 D 的基尼指数是

$$\mathrm{Gini}_A(D)=\frac{|D_1|}{|D|}\mathrm{Gini}(D_1)+\frac{|D_2|}{|D|}\mathrm{Gini}(D_2) \tag{7-8}$$

对于属性 A 的二元划分导致的不纯度降低为

$$\Delta\,\mathrm{Gini}(A)=\mathrm{Gini}(D)-\mathrm{Gini}_A(D) \tag{7-9}$$

基尼指数偏向于产生具有较多值的属性，而且当类的数量很大的时候会有困难，且偏向于导致相等大小的分区和纯度。

例 7.3 计算属性的不纯度降低值。

根据表 7-1 中的数据计算“学历”属性的基尼指数。

解：

① 使用基尼指数计算式(7-7)计算 D 的基尼指数。

$$\mathrm{Gini}(D)=1-\left(\frac{9}{15}\right)^2-\left(\frac{6}{15}\right)^2=0.48$$

② 计算属性“学历”的基尼指数。此特征有 3 个取值：专科、本科、硕士。所以划分值有 3 个，即 3 种划分集合，分别为

- 以“专科”划分：{专科}、{本科、研究生}。
- 以“本科”划分：{本科}、{专科、研究生}。
- 以“研究生”划分：{研究生}、{本科、专科}。

考虑集合{研究生}、{本科，专科}，D 被划分成两个部分，基于这样的划分计算基尼指数为

$$\begin{aligned}\text{Gini}_{\{\text{本科,专科}\}、\{\text{研究生}\}}(D)&=\frac{10}{15}\text{Gini}(D_1)+\frac{5}{15}\text{Gini}(D_2)\\&=\frac{10}{15}\times\left[1-\left(\frac{1}{2}\right)^2-\left(\frac{1}{2}\right)^2\right]\\&\quad+\frac{5}{15}\times\left[1-\left(\frac{1}{5}\right)^2-\left(\frac{4}{5}\right)^2\right]\\&=0.44\end{aligned}$$

类似地,可以求出属性“学历”其余子集的基尼指数。

以“专科”划分的基尼指数为

$$\begin{aligned}\text{Gini}_{\{\text{本科,研究生}\}、\{\text{专科}\}}(D)&=\frac{10}{15}\text{Gini}(D_1)+\frac{5}{15}\text{Gini}(D_2)\\&=\frac{10}{15}\times\left[1-\left(\frac{3}{10}\right)^2-\left(\frac{7}{10}\right)^2\right]\\&\quad+\frac{5}{15}\times\left[1-\left(\frac{2}{5}\right)^2-\left(\frac{3}{5}\right)^2\right]\\&=0.44\end{aligned}$$

以“本科”划分的基尼指数为

$$\begin{aligned}\text{Gini}_{\{\text{专科,研究生}\}、\{\text{本科}\}}(D)&=\frac{10}{15}\text{Gini}(D_1)+\frac{5}{15}\text{Gini}(D_2)\\&=\frac{10}{15}\times\left[1-\left(\frac{2}{5}\right)^2-\left(\frac{3}{5}\right)^2\right]\\&\quad+\frac{5}{15}\times\left[1-\left(\frac{2}{5}\right)^2-\left(\frac{3}{5}\right)^2\right]\\&=0.48\end{aligned}$$

选择基尼指数最小值0.44作为属性“学历”的基尼指数,因此属性“学历”的不纯度降低值为

$$\Delta\,\text{Gini}(A)=\text{Gini}(D)-\text{Gini}_A(D)=0.48-0.44=0.04$$

类似地,可以求出每个属性的基尼指数及不纯度降低值。

5. 过拟合

通常,模型为了较好拟合训练数据会变得比较复杂,模型复杂的表现就是参数过多。虽然模型在训练数据上有较好的效果,但是对未知的测试数据结果可能会不好,这种现象称为**过拟合**。

通过加入正则化项来控制模型的复杂度,或者是进行交叉验证,可以有效地避免过拟合。

7.2 决策树

7.2.1 决策树的基本概念

决策树算法自20世纪60年代提出以来广泛地应用在规则提取、预测、分类等领域,自从Quinlan于1986年提出ID3算法以后,决策树算法也被广泛地应用到机器学习领域。例

如,可以根据历史数据使用决策树进行分类预测。决策树算法主要分为分类和预测两个方面,这里主要介绍决策树算法在分类方面的应用。

决策树算法的基础是二叉树,如图7-2所示,但不是所有的决策树都是二叉树,还有可能是多叉树。**决策树**是一个自上而下的由结点和有向边组成的树,其中圆形结点代表的是内部结点(根结点和父结点),每个内部结点表示在一个属性上的测试,每个分支代表一个测试输出,矩形代表叶结点,每个叶结点代表一种类别,也就是决策树的输出类别。

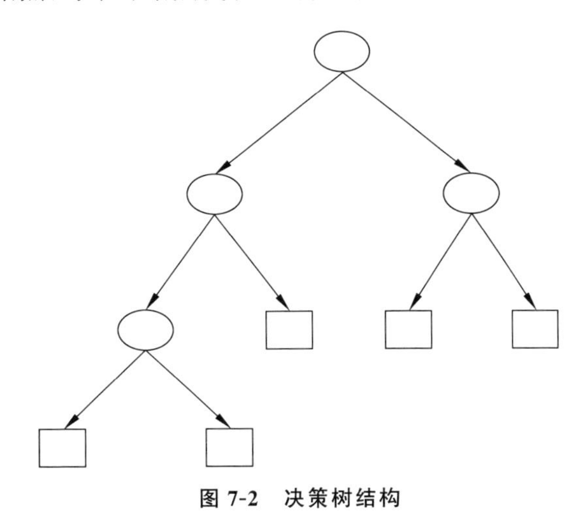

图7-2 决策树结构

决策树的向下分裂采用的是if-then规则,简单来说就是当条件满足分裂结点的某一种情况时就朝着满足条件的那个方向向下生长,直到到达叶子结点,也就是类别。

决策树学习算法的最大优点是它可以自学习,算法清晰简单且被广泛应用。

7.2.2 决策树分类器的算法过程

决策树分类器的本质是利用训练数据构造一棵决策树,然后用这棵决策树所提炼出来的规则进行预测。

决策树的算法过程大体分为两步:首先利用训练数据构造决策树,然后利用构造的决策树进行预测。

(1) 构造决策树

决策树的构造是采用自上而下递归方式贪心构造,也就是没有回溯。训练数据规模随着决策树的构造会变得越来越小。需要注意的是,通常在构造决策树的过程中,已经使用过的作为分裂属性的特征就不能再继续使用了。用自然语言描述决策树构造过程如下。

① 输入数据,主要包括训练集的特征和类标号。

② 选取一个属性作为根结点的分裂属性进行分裂。

③ 对于分裂的每个分支,如果已经属于同一类就不再分了,如果不属于同一类则依次选取不同的特征作为分裂属性进行分裂,同时删除已经选过的分裂属性。

④ 不断地重复步骤③,直到到达叶子结点,也就是决策树的最后一层,此时这个结点下的数据都属于一类了。

⑤ 最后得到每个叶子结点对应的类标签以及到达这个叶子结点的路径。

(2) 决策树的预测

得到由训练数据构造的决策树以后就可以进行预测,当待预测的数据输入决策树的时候,根据分裂属性以及分裂规则进行分裂,最后就可确定所属的类别。

决策树生成算法伪代码如下。

```
算法: Generate_decision_tree,由数据集合 D 中的训练元祖产生决策树
输入:
    数据集合 D 是训练元组和对应类标号的集合;
    attribute_list,候选属性的集合;
    Attribute_selection_method,一个确定“最好”地划分数据元组为个体类的分裂准则
    splitting_criterion 的过程,这个准则由分裂属性 splitting_attribute 和分裂点
    splitting_point 或分裂子集 Dj 组成
输出:
    一棵决策树
方法:
    创建一个新结点 N;
    if D 中的元组都是同一类 C
    then
        返回 N 作为叶结点,以类 C 标记;
    if attribute_list 为空
    then
        返回 N 作为叶结点,标记为 D 中的多数类;                    //多数表决
    使用特征选择方法 Attribute_selection_method,找出“最好”的分裂准则 splitting_
    criterion;
    用分裂准则 splitting_criterion 标记结点 N;
    if 分裂属性 splitting_attribute 是离散值,并且允许多路划分        //不限于二叉树
    then
        attribute_list= attribute_list - splitting_attribute;     //删除分裂属性
    for splitting_criterion 的每个输出 j {              //划分元组并对每个分区产生子树
    设 Dj 是 D 中满足输出 j 的数据元组的集合;                          //一个分裂子集
    if Dj 为空
    then
        加一个树叶到结点 N,标记为 D 中的多数类;
    else{
        递归生成 Dj 的决策树,返回结点 N1;
        将 N1 加到结点 N;
        }
}
return N;
```

设 A 是分裂属性,根据训练数据,A 具有 n 个不同值$\{a_1,a_2,\cdots,a_n\}$,选取 A 作为分裂属性进行分裂时有以下 3 种情况。

① A 是离散值:对 A 的每个值 a_j 创建一个分支,分区 D_j 是 D 中 A 上取值为 a_j 的类标号元组的子集,如图 7-3(a)所示。

② A 是连续的:产生两个分支,分别对应于 $A \leqslant$ split_point 和 $A >$ split_point,其中

split_point 是分裂点，数据集 D 被划分为两个分区，D_1 包含 D 中 $A \leqslant$ split_point 的类标号组成的子集，而 D_2 包括其他元组，如图 7-3(b)所示。

③ A 是离散值且必须产生二叉树(由属性选择度量或所使用的算法指出)：结点的判定条件为 $A \in S_A$?，其中 S_A 是 A 的分裂子集。根据 A 的值产生两个分支，左分支标记为 yes，使得 D_1 对应于 D 中满足判定条件的类标记元组的子集；右分支标记为 no，使得 D_2 对应于 D 中不满足判定条件的类标记元组的子集，如图 7-3(c)所示。

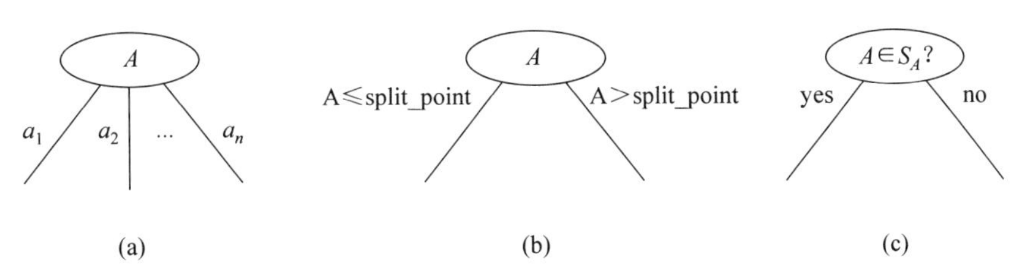

图 7-3　属性分裂的 3 种情况

构造出决策树后，可以由决策树提取分类规则，根据分类规则也可以预测新数据的类标号。决策树所表示的分类知识可用 IF-THEN 形式表示。对从根到树叶的每条路径创建一个规则。沿着给定路径上的每个属性-值对形成规则前件(即 IF 部分)的一个合取项。叶结点包含类预测，形成规则后件(即 THEN 部分)。IF-THEN 规则易于理解，特别是当给定的树很大时。

构造决策树过程中的关键问题是如何确定分裂结点的分裂属性。根据分裂属性的选取标准的不同，决策树算法可以分为 ID3、C4.5 等算法，下面将分别介绍这两种主要算法。

7.2.3　ID3 算法

ID3 算法是 J.Rose Quinlan 提出的一种决策树算法，属于传统概念学习算法。ID3 算法的构建方法和决策树的构建基本是一致的，不同的是分裂结点的特征选择的标准。该算法在分裂结点处将信息增益作为分裂准则进行特征选择，递归地构建决策树。

ID3 算法的步骤如下。

① 输入数据，主要包括训练集的特征和类标号。

② 如果所有实例都属于一个类别，则决策树是一个单结点树，否则执行步骤③。

③ 计算训练数据中每个特征的信息增益。

④ 从根结点开始选择最大信息增益的特征进行分裂。以此类推，从上向下构建决策树，每次选择具有最大信息增益的特征进行分裂，选过的特征后面就不能继续进行选择使用。

⑤ 重复步骤④，直到没有特征可以选择或者分裂后的所有元组属于同一类别时则停止构建。

⑥ 决策树构建完成，进行预测。

例 7.4　使用 ID3 算法进行分类预测。

表 7-2 和表 7-3 为某疾病患病情况的训练数据和测试数据，其中“患病与否”是类标记，使用 ID3 算法构建决策树，然后进行分类预测。

表 7-2　某疾病患病情况的训练数据

ID	年龄	吸烟史	有无家族病史	体重范围	患病与否
1	23	无	无	较低	否
2	25	无	无	中	否
3	27	0～5年	无	中	否
4	30	0～5年	有	低	是
5	39	无	无	较低	否
6	41	无	无	低	否
7	43	无	无	高	否
8	45	5年以上	有	高	是
9	46	无	有	高	是
10	47	无	有	高	是
11	62	无	有	较高	是
12	63	无	有	高	是
13	66	5年以上	无	高	是
14	66	5年以上	无	较高	是
15	68	0～5年	无	中	否

表 7-3　某疾病患病情况的测试数据

ID	年龄	吸烟史	有无家族病史	体重范围	患病与否
1	25	无	无	较低	否
2	42	无	无	高	否
3	67	5年以上	无	较高	是

解：

① 连续型数据的离散化。ID3算法不能直接处理连续型数据，只有通过数据的离散化将连续型数据转换成离散型数据才能进行处理。

此例采用等宽分箱法对连续型特征“年龄”离散化。

设定区域范围(设箱子数为3，箱子宽度为(68－23)/3=15)，分箱结果如下。

箱1：23　25　27　30

箱2：39　41　43　45　46　47

箱3：62　63　66　66　68

对特征“年龄”进行分箱，如图7-4所示。

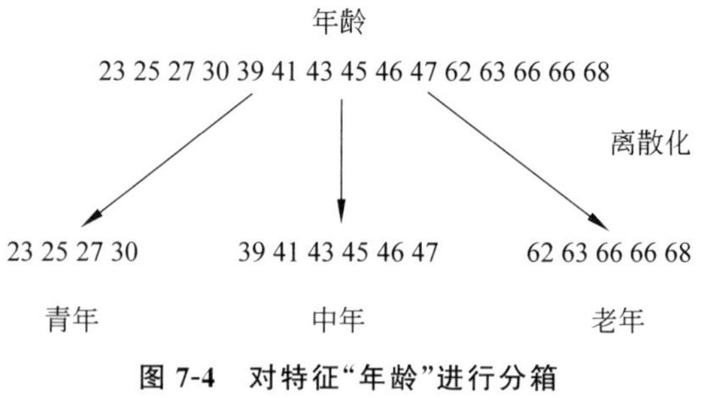

年龄
23 25 27 30 39 41 43 45 46 47 62 63 66 66 68
离散化
23 25 27 30　　39 41 43 45 46 47　　62 63 66 66 68
青年　　中年　　老年

图 7-4　对特征“年龄”进行分箱

分箱后，该训练数据(离散化后)如表7-4所示。

表 7-4 某疾病患病情况的训练数据(离散化后)

ID	年龄	吸烟史	有无家族病史	体重范围	患病与否
1	青年	无	无	较低	否
2	青年	无	无	中	否
3	青年	0～5年	无	中	否
4	青年	0～5年	有	低	是
5	中年	无	无	较低	否
6	中年	无	无	低	否
7	中年	无	无	高	否
8	中年	5年以上	有	高	是
9	中年	无	有	高	是
10	中年	无	有	高	是
11	老年	无	有	较高	是
12	老年	无	有	高	是
13	老年	5年以上	无	高	是
14	老年	5年以上	无	较高	是
15	老年	0～5年	无	中	否

② 根据训练数据构造ID3算法的决策树,其中 Z 代表训练集,A、B、C、D 分别代表特征"年龄""吸烟史""有无家族病史"和"体重范围",按照每个特征计算其分裂的信息增益。

$$\text{Infor}(Z)=-\frac{8}{15}\times\log_2\frac{8}{15}-\frac{7}{15}\times\log_2\frac{7}{15}=0.997$$

$$\begin{aligned}\text{Infor}(Z\mid A)=&\frac{4}{15}\times\left(-\frac{3}{4}\times\log_2\frac{3}{4}-\frac{1}{4}\times\log_2\frac{1}{4}\right)\\&+\frac{6}{15}\times\left(-\frac{3}{6}\times\log_2\frac{3}{6}-\frac{3}{6}\times\log_2\frac{3}{6}\right)\\&+\frac{5}{15}\times\left(-\frac{4}{5}\times\log_2\frac{4}{5}-\frac{1}{5}\times\log_2\frac{1}{5}\right)\\=&0.857\end{aligned}$$

$$\begin{aligned}\text{Infor}(Z\mid B)=&\frac{9}{15}\times\left(-\frac{5}{9}\times\log_2\frac{5}{9}-\frac{4}{9}\times\log_2\frac{4}{9}\right)\\&+\frac{3}{15}\times\left(-\frac{2}{3}\times\log_2\frac{2}{3}-\frac{1}{3}\times\log_2\frac{1}{3}\right)\\&+\frac{3}{15}\times\left(-\frac{3}{3}\times\log_2\frac{3}{3}\right)\\=&0.778\end{aligned}$$

$$\begin{aligned}\text{Infor}(Z\mid C)=&\frac{9}{15}\times\left(-\frac{7}{9}\times\log_2\frac{7}{9}-\frac{2}{9}\times\log_2\frac{2}{9}\right)\\&+\frac{6}{15}\times\left(-\frac{6}{6}\times\log_2\frac{6}{6}\right)=0.459\end{aligned}$$

$$\begin{aligned}\text{Infor}(Z \mid D) &= \frac{2}{15}\times\left(-\frac{2}{2}\times\log_2\frac{2}{2}\right)+\frac{2}{15}\times\left(-\frac{1}{2}\times\log_2\frac{1}{2}-\frac{1}{2}\times\log_2\frac{1}{2}\right)\\&\quad+\frac{3}{15}\times\left(-\frac{3}{3}\times\log_2\frac{3}{3}\right)+\frac{6}{15}\times\left(-\frac{5}{6}\times\log_2\frac{5}{6}-\frac{1}{6}\times\log_2\frac{1}{6}\right)\\&\quad+\frac{2}{15}\times\left(-\frac{2}{2}\times\log_2\frac{2}{2}\right)\\&=0.393\end{aligned}$$

$$g(Z \mid A)=\text{Infor}(Z)-\text{Infor}(Z \mid A)=0.997-0.857=0.140$$

$$g(Z \mid B)=\text{Infor}(Z)-\text{Infor}(Z \mid B)=0.997-0.778=0.219$$

$$g(Z \mid C)=\text{Infor}(Z)-\text{Infor}(Z \mid C)=0.997-0.459=0.538$$

$$g(Z \mid D)=\text{Infor}(Z)-\text{Infor}(Z \mid D)=0.997-0.393=0.604$$

选择信息增益最大特征“体重范围”作为根结点的分裂属性，将训练集 Z 划分为5个子集 Z_1、Z_2、Z_3、Z_4 和 Z_5，对应的“体重范围”取值分别为“低”“较低”“中”“较高”和“高”，如表7-5至表7-9所示。由于 Z_2、Z_3 和 Z_4 只有一类数据，所以它们各自成为一个叶结点，3个结点的类标签分别为“否”“否”“是”，如图7-5所示。

表7-5 训练集 Z_1 的训练数据

ID	年龄	吸烟史	有无家族病史	体重范围	患病与否
4	青年	0～5年	有	低	是
6	中年	无	无	低	否

表7-6 训练集 Z_2 的训练数据

ID	年龄	吸烟史	有无家族病史	体重范围	患病与否
1	青年	无	无	较低	否
5	中年	无	无	较低	否

表7-7 训练集 Z_3 的训练数据

ID	年龄	吸烟史	有无家族病史	体重范围	患病与否
2	青年	无	无	中	否
3	青年	0～5年	无	中	否
15	老年	0～5年	无	中	否

表7-8 训练集 Z_4 的训练数据

ID	年龄	吸烟史	有无家族病史	体重范围	患病与否
11	老年	无	有	较高	是
14	老年	5年以上	无	较高	是

表 7-9 训练集 Z_5 的训练数据

ID	年龄	吸烟史	有无家族病史	体重范围	患病与否
7	中年	无	无	高	否
8	中年	5年以上	有	高	是
9	中年	无	有	高	是
10	中年	无	有	高	是
12	老年	无	有	高	是
13	老年	5年以上	无	高	是

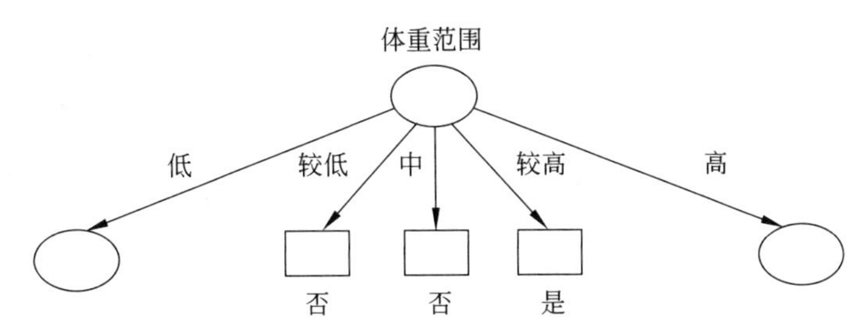

图 7-5 "体重范围"属性的分裂

③ 对于 Z_1 继续进行分裂，选择剩余特征中信息增益最大的作为分裂属性。

$$\text{Infor}(Z_1)=-\frac{1}{2}\times\log_2\frac{1}{2}-\frac{1}{2}\times\log_2\frac{1}{2}=1$$

$$\text{Infor}(Z_1\mid A)=\frac{1}{2}\times\left(-\frac{1}{1}\times\log_2\frac{1}{1}\right)+\frac{1}{2}\times\left(-\frac{1}{1}\times\log_2\frac{1}{1}\right)=0$$

$$\text{Infor}(Z_1\mid B)=\frac{1}{2}\times\left(-\frac{1}{1}\times\log_2\frac{1}{1}\right)+\frac{1}{2}\times\left(-\frac{1}{1}\times\log_2\frac{1}{1}\right)=0$$

$$\text{Infor}(Z_1\mid C)=\frac{1}{2}\times\left(-\frac{1}{1}\times\log_2\frac{1}{1}\right)+\frac{1}{2}\times\left(-\frac{1}{1}\times\log_2\frac{1}{1}\right)=0$$

$$g(Z_1\mid A)=\text{Infor}(Z_1)-\text{Infor}(Z_1\mid A)=1-0=1$$

$$g(Z_1\mid B)=\text{Infor}(Z_1)-\text{Infor}(Z_1\mid B)=1-0=1$$

$$g(Z_1\mid C)=\text{Infor}(Z_1)-\text{Infor}(Z_1\mid C)=1-0=1$$

选择信息增益最大特征作为 Z_1 结点的分裂属性，由于3个属性的信息增益相同，随机挑选一个作为分裂属性，此处选取"有无家族病史"作为分裂属性，它将数据集 Z_1 分成两个子集 Z_{11} 和 Z_{12}，对应的"有无家族病史"的取值分别为"有"和"无"，如表7-10和表7-11所示。在这两个子集中的数据都各自属于同一类，于是就不需要再继续分裂了，如图7-6所示。

表 7-10 训练集 Z_{11} 的训练数据

ID	年龄	吸烟史	有无家族病史	体重范围	患病与否
4	青年	0～5年	有	低	是

表 7-11　训练集 Z_{12} 的训练数据

ID	年龄	吸烟史	有无家族病史	体重范围	患病与否
6	中年	无	无	低	否

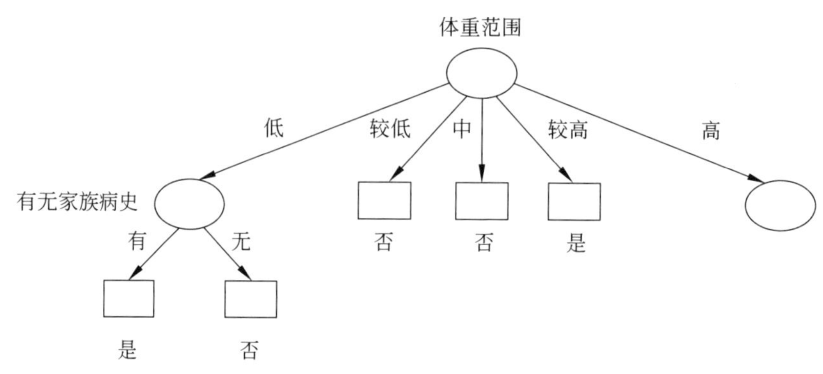

图 7-6　训练集 Z_1“有无家族病史”属性的分裂

④ 对于 Z_5 继续进行分裂，选择剩余特征中信息增益最大的作为分裂属性。

$$\text{Infor}(Z_5)=-\frac{1}{6}\times\log_2\frac{1}{6}-\frac{5}{6}\times\log_2\frac{5}{6}=0.650$$

$$\text{Infor}(Z_5\mid A)=\frac{4}{6}\times\left(-\frac{1}{4}\times\log_2\frac{1}{4}-\frac{3}{4}\times\log_2\frac{3}{4}\right)+\frac{2}{6}\times\left(-\frac{2}{2}\times\log_2\frac{2}{2}\right)=0.541$$

$$\text{Infor}(Z_5\mid B)=\frac{4}{6}\times\left(-\frac{3}{4}\times\log_2\frac{3}{4}-\frac{1}{4}\times\log_2\frac{1}{4}\right)+\frac{2}{6}\times\left(-\frac{2}{2}\times\log_2\frac{2}{2}\right)=0.541$$

$$\text{Infor}(Z_5\mid C)=\frac{4}{6}\times\left(-\frac{4}{4}\times\log_2\frac{4}{4}\right)+\frac{2}{6}\times\left(-\frac{1}{2}\times\log_2\frac{1}{2}-\frac{1}{2}\times\log_2\frac{1}{2}\right)=0.333$$

$$g(Z_5\mid A)=\text{Infor}(Z_5)-\text{Infor}(Z_5\mid A)=0.650-0.541=0.109$$

$$g(Z_5\mid B)=\text{Infor}(Z_5)-\text{Infor}(Z_5\mid B)=0.650-0.541=0.109$$

$$g(Z_5\mid C)=\text{Infor}(Z_5)-\text{Infor}(Z_5\mid C)=0.650-0.333=0.317$$

选择信息增益最大特征“有无家族病史”作为 Z_5 结点的分裂属性，将数据集 Z_5 分成两个子集 Z_{51} 和 Z_{52}，对应的“有无家族病史”的取值分别为“有”和“无”，如表 7-12 和表 7-13 所示。“有无家族病史”的取值为“有”对应的 Z_{51} 中的数据都属于同一类，不需要再继续分裂，而取值为“无”对应的 Z_{52} 中的数据属于不同类，需要对其进行分裂，如图 7-7 所示。

表 7-12　训练集 Z_{51} 的训练数据

ID	年龄	吸烟史	有无家族病史	体重范围	患病与否
8	中年	5 年以上	有	高	是
9	中年	无	有	高	是
10	中年	无	有	高	是
12	老年	无	有	高	是

表7-13 训练集 Z_{52} 的训练数据

ID	年龄	吸烟史	有无家族病史	体重范围	患病与否
7	中年	无	无	高	否
13	老年	5年以上	无	高	是

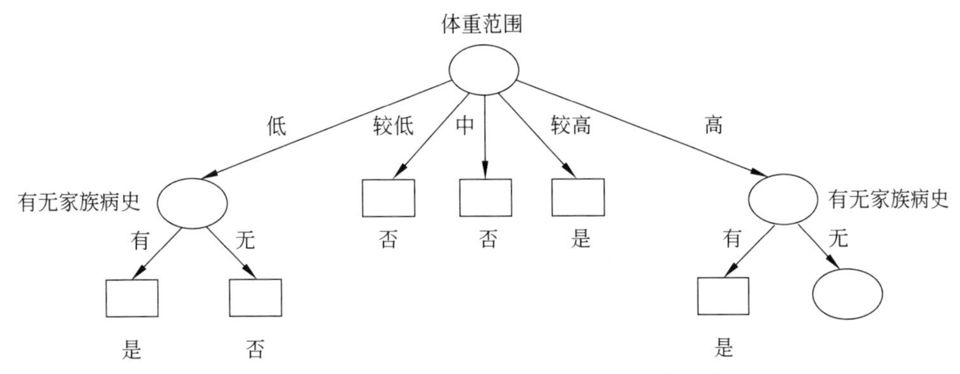

图7-7 训练集 Z_5“有无家族病史”属性的分裂

⑤ 对 Z_{52} 继续进行分裂，选择剩余特征中信息增益最大的作为分裂属性。

$$\mathrm{Infor}(Z_{52})=-\frac{1}{2}\times\log_2\frac{1}{2}-\frac{1}{2}\times\log_2\frac{1}{2}=1$$

$$\mathrm{Infor}(Z_{52}\mid A)=\frac{1}{2}\times\left(-\frac{1}{1}\times\log_2\frac{1}{1}\right)+\frac{1}{2}\times\left(-\frac{1}{1}\times\log_2\frac{1}{1}\right)=0$$

$$\mathrm{Infor}(Z_{52}\mid B)==\frac{1}{2}\times\left(-\frac{1}{1}\times\log_2\frac{1}{1}\right)+\frac{1}{2}\times\left(-\frac{1}{1}\times\log_2\frac{1}{1}\right)=0$$

$$g(Z_{52}\mid A)=\mathrm{Infor}(Z_{51})-\mathrm{Infor}(Z_{51}\mid A)=1-0=1$$

$$g(Z_{52}\mid B)=\mathrm{Infor}(Z_{51})-\mathrm{Infor}(Z_{51}\mid B)=1-0=1$$

由于两个属性的信息增益相同，随机挑选一个作为分裂属性，此处选取“吸烟史”作为 Z_{52} 结点的分裂属性，将数据集 Z_{52} 分成两个子集 Z_{521} 和 Z_{522}，对应的“吸烟史”的取值分别为“无”和“5年以上”，如表7-14和表7-15所示。在这两个子集中的数据都各自属于同一类，于是就不需要再继续分裂了，决策树构造完毕。利用ID3算法构建的决策树如图7-8所示。

表7-14 训练集 Z_{521} 的训练数据

ID	年龄	吸烟史	有无家族病史	体重范围	患病与否
7	中年	无	无	高	否

表7-15 训练集 Z_{522} 的训练数据

ID	年龄	吸烟史	有无家族病史	体重范围	患病与否
13	老年	5年以上	无	高	是

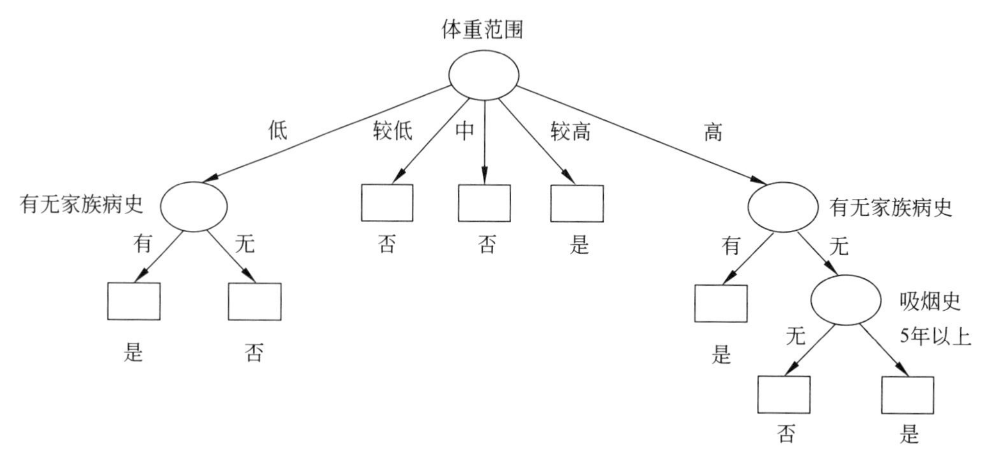

图 7-8 ID3 算法构造的决策树

当构建好决策树之后就可以对测试数据进行预测了。分别对编号 1、2、3 数据进行预测,得到它们的类别分别为“否”“否”“是”,正确率为 100%。

根据构建的决策树,可以提取分类规则如下。

① IF“体重范围”=“低”AND“有无家族病史”=“有”THEN 患病。

② IF“体重范围”=“低”AND“有无家族病史”=“无”THEN 没有患病。

③ IF“体重范围”=“较低”THEN 没有患病。

④ IF“体重范围”=“中”THEN 没有患病。

⑤ IF“体重范围”=“较高”THEN 患病。

⑥ IF“体重范围”=“高”AND“有无家族病史”=“有”THEN 患病。

⑦ IF“体重范围”=“高”AND“有无家族病史”=“无”AND“吸烟史”=“无”。THEN 没有患病。

⑧ IF“体重范围”=“高”AND“有无家族病史”=“无”AND“吸烟史”=“5 年以上”THEN 患病。

7.2.4 C4.5 算法

C4.5 算法也是决策树算法的一种,它是对 ID3 算法的改进,因为 ID3 算法在分裂属性的选择上使用的是最大信息增益,这会造成倾向于选择数值较多的特征在某些情况下这并不是一个好的策略,因为属性取值最多的属性并不一定是最优的,也不一定是决定性属性。例如,考虑唯一标识符的属性 product_ID,因其每个值只有一个元组,在 product_ID 的划分会产生元组总数个分区,且每个分区都是纯的,即该分区的元组属于同一个类,基于该划分对数据集 D 分类的 Infor(D|product_ID)=0,则 $g(D|\text{product_ID})$最大,选择 product_ID 作为分裂属性不是一个好的策略,属性取值最多的属性并不一定最优。再如,例 7.4 中使用 ID3 算法构造的决策树第一个分裂属性选择的是“体重范围”,很大程度是因为其数值较多,但在实际情况中,“体重范围”不一定是决定性属性。C4.5 算法在构建决策树的时候,分类属性选择的是具有最大信息增益率的特征,即对信息增益规范化,能够在一定程度上避免由于特征值太分散而造成的误差。另外,ID3 算法形成的决策树,对于每个属性均为离散值属

性，如果是连续值属性需先离散化；而C4.5算法能够处理连续属性。

C4.5算法过程如下。

① 如果所有实例都属于一个类别，则决策树是一个单结点树，否则执行步骤②。

② 从根结点开始选择最大信息增益率的特征进行分裂。

③ 以此类推，从上向下构建决策树，每次选择具有最大信息增益率的特征进行分裂，选过的特征后面就不能继续进行选择使用了。

④ 重复步骤③，直至没有特征可以选择或者分裂后的所有元组属于同一类别时停止构建。

⑤ 决策树构建完成，进行预测。

C4.5算法能够处理连续属性。该算法根据连续属性值进行排序，用不同的值对数据集进行动态划分，把数据集分为两部分：一部分大于某值，一部分小于某值。然后，根据划分进行信息增益计算，最大的那个值作为最后的划分。

假设属性 A 是连续值，必须确定 A 的“最佳”分裂点，其中分裂点是 A 上的阈值。

将 A 的值按递增序排序，每对相邻值的中点被看作可能的分裂点。当 A 具有 n 个值时，需要计算 $n-1$ 个可能的划分。对于 A 的每个可能分裂点，计算信息增益，具有信息增益最大的点选为 A 的分裂点 split_point，产生两个分支，分别对应于 $A \leqslant$ split_point 和 $A >$ split_point，数据集 D 被划分为两个分区，D_1 包含 D 中 $A \leqslant$ split_point 的类标号组成的子集，而 D_2 包括 $A >$ split_point 元组。

例 7.5 使用C4.5算法进行分类预测。

表7-2和表7-3为训练数据和测试数据，其中“患病与否”是类标记，使用C4.5算法构建决策树然后进行分类预测。

解：

(1) 首先计算按照每个特征进行分裂的信息增益率。

① 特征中“年龄”为连续型属性，C4.5算法可以解决ID3算法无法处理连续属性的缺点。将特征“年龄”的值进行升序排序，用每对相邻值的中值对数据集进行动态划分(一部分大于中值，另一部分小于或等于中值)，此例中“年龄”有15个值，有14个可能的分裂点，分别为24、26、28.5、34.5、40、42、44、45.5、46.5、54.5、62.5、64.5、66、67，其中中值为66的相邻值都是66，该中值划分无意义，可以忽略。根据不同的划分进行信息增益计算，能够使信息增益最大的划分即为最后的划分策略。下面给出其中一个可能的分裂点44的信息增益的计算式，其他可能分裂点的信息增益计算结果如表7-16所示。

$$
\begin{aligned}
g(Z \mid A)_{\{a \mid 0<a \leqslant 44\},\{a \mid a>44\}} &= \mathrm{Infor}(Z) - \mathrm{Infor}(Z \mid A) \\
&= 0.997 - \frac{7}{15} \times \left(-\frac{1}{7}\log_2\frac{1}{7} - \frac{6}{7}\log_2\frac{6}{7}\right) \\
&\quad - \frac{8}{15} \times \left(-\frac{1}{8}\log_2\frac{1}{8} - \frac{7}{8}\log_2\frac{7}{8}\right) \\
&= 0.431
\end{aligned}
$$

表 7-16 不同划分策略的信息增益值

划分策略	$g(Z\|A)$	划分策略	$g(Z\|A)$
$\{a\|0<a\leqslant 24\}$，$\{a\|a>24\}$	0.077	$\{a\|0<a\leqslant 45.5\}$，$\{a\|a>45.5\}$	0.288
$\{a\|0<a\leqslant 26\}$，$\{a\|a>26\}$	0.164	$\{a\|0<a\leqslant 46.5\}$，$\{a\|a>47.5\}$	0.186
$\{a\|0<a\leqslant 28.5\}$，$\{a\|a>28.5\}$	0.262	$\{a\|0<a\leqslant 54.5\}$，$\{a\|a>54.5\}$	0.109
$\{a\|0<a\leqslant 34.5\}$，$\{a\|a>34.5\}$	0.088	$\{a\|0<a\leqslant 62.5\}$，$\{a\|a>62.5\}$	0.052
$\{a\|0<a\leqslant 40\}$，$\{a\|a>40\}$	0.169	$\{a\|0<a\leqslant 64.5\}$，$\{a\|a>64.5\}$	0.013
$\{a\|0<a\leqslant 42\}$，$\{a\|a>42\}$	0.278	$\{a\|0<a\leqslant 67\}$，$\{a\|a>67\}$	0.077
$\{a\|0<a\leqslant 44\}$，$\{a\|a>44\}$	0.431		

从表 7-16 中可以看出，分裂点 44 的信息增益最大，即为最优划分点。选择此值作为分裂点，将“年龄”属性分为两组(小于或等于 44 岁组和大于 44 岁组)。

② 计算各特征的分裂信息。

$$\begin{aligned}\text{SplitInfor}_A(Z)&=-\sum_{j=1}^{2}\frac{|Z_j|}{|Z|}\times\log_2\left(\frac{|Z_j|}{|Z|}\right)\\&=-\frac{7}{15}\times\log_2\frac{7}{15}-\frac{8}{15}\times\log_2\frac{8}{15}=0.997\end{aligned}$$

$$\begin{aligned}\text{SplitInfor}_B(Z)&=-\sum_{j=1}^{3}\frac{|Z_j|}{|Z|}\times\log_2\left(\frac{|Z_j|}{|Z|}\right)\\&=-\frac{9}{15}\times\log_2\frac{9}{15}-\frac{3}{15}\times\log_2\frac{3}{15}-\frac{3}{15}\times\log_2\frac{3}{15}=1.371\end{aligned}$$

$$\begin{aligned}\text{SplitInfor}_C(Z)&=-\sum_{j=1}^{2}\frac{|Z_j|}{|Z|}\times\log_2\left(\frac{|Z_j|}{|Z|}\right)\\&=-\frac{6}{15}\times\log_2\frac{6}{15}-\frac{9}{15}\times\log_2\frac{9}{15}=0.971\end{aligned}$$

$$\begin{aligned}\text{SplitInfor}_D(Z)&=-\sum_{j=1}^{5}\frac{|Z_j|}{|Z|}\times\log_2\left(\frac{|Z_j|}{|Z|}\right)\\&=-\frac{2}{15}\times\log_2\frac{2}{15}-\frac{2}{15}\times\log_2\frac{2}{15}-\frac{3}{15}\times\log_2\frac{3}{15}-\frac{6}{15}\\&\quad\times\log_2\frac{6}{15}-\frac{2}{15}\times\log_2\frac{2}{15}=2.156\end{aligned}$$

③ 计算各特征的信息增益率。

$$\begin{aligned}g_r(Z,A)&=\frac{g(Z\mid A)}{\text{SplitInfor}_A(Z)}=\frac{\text{Infor}(Z)-\text{Infor}(Z\mid A)}{\text{SplitInfor}_A(Z)}\\&=\frac{0.997-0.566}{0.997}=0.432\end{aligned}$$

$$\begin{aligned}g_r(Z,B)&=\frac{g(Z\mid B)}{\text{SplitInfor}_B(Z)}=\frac{\text{Infor}(Z)-\text{Infor}(Z\mid B)}{\text{SplitInfor}_B(Z)}\\&=\frac{0.997-0.778}{1.371}=0.160\end{aligned}$$

$$g_r(Z,C)=\frac{g(Z\mid C)}{\text{SplitInfor}_C(Z)}=\frac{\text{Infor}(Z)-\text{Infor}(Z\mid C)}{\text{SplitInfor}_C(Z)}$$

$$=\frac{0.997-0.459}{0.971}=0.554$$

$$g_r(Z,D)=\frac{g(Z\mid D)}{\text{SplitInfor}_D(Z)}=\frac{\text{Infor}(Z)-\text{Infor}(Z\mid D)}{\text{SplitInfor}_D(Z)}$$

$$=\frac{0.997-0.393}{2.156}=0.280$$

选择信息增益率最大的特征“有无家族病史”作为根结点的分类属性，将训练集 Z 划分为两个子集 Z_1 和 Z_2，如表 7-17 和表 7-18 所示，对应的“有无家族病史”的取值分别为“有”和“无”，在 Z_1 子集中的数据都属于同一类，不需要再继续分裂，在 Z_2 子集中的数据属于不同类，需要再继续分裂，如图 7-9 所示。

表 7-17 训练数据集 Z_1 的训练数据

ID	年龄	吸烟史	有无家族病史	体重范围	患病与否
4	30	0～5 年	有	低	是
8	45	5 年以上	有	高	是
9	46	无	有	高	是
10	47	无	有	高	是
11	62	无	有	较高	是
12	63	无	有	高	是

表 7-18 训练数据集 Z_2 的训练数据

ID	年龄	吸烟史	有无家族病史	体重范围	患病与否
1	23	无	无	较低	否
2	25	无	无	中	否
3	27	0～5 年	无	中	否
4	39	无	无	较低	否
5	41	无	无	低	否
6	43	无	无	高	否
7	66	5 年以上	无	高	是
8	66	5 年以上	无	较高	是
9	68	0～5 年	无	中	否

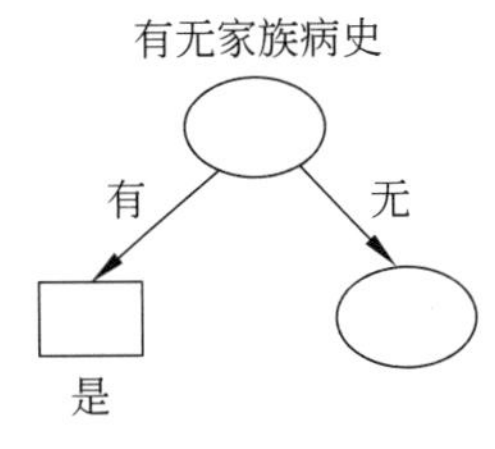

图 7-9 训练数据集 Z“有无家族病史”属性的分裂

(2) 对数据集 Z_2 进行分裂。

① 根据 Z_2 计算其他属性的分裂信息。

$$\text{SplitInfor}_A(Z_2) = -\sum_{j=1}^{2}\frac{|Z_{2j}|}{|Z_2|}\times\log_2\left(\frac{|Z_{2j}|}{|Z_2|}\right)$$

$$= -\frac{6}{9}\times\log_2\frac{6}{9}-\frac{3}{9}\times\log_2\frac{3}{9}=0.918$$

$$\text{SplitInfor}_B(Z_2) = -\sum_{j=1}^{3}\frac{|Z_{2j}|}{|Z_2|}\times\log_2\left(\frac{|Z_{2j}|}{|Z_2|}\right)$$

$$= -\frac{5}{9}\times\log_2\frac{5}{9}-\frac{2}{9}\times\log_2\frac{2}{9}-\frac{2}{9}\times\log_2\frac{2}{9}=1.436$$

$$\text{SplitInfor}_D(Z_2) = -\sum_{j=1}^{5}\frac{|Z_{2j}|}{|Z_2|}\times\log_2\left(\frac{|Z_{2j}|}{|Z_2|}\right)$$

$$= -\frac{2}{9}\times\log_2\frac{2}{9}-\frac{1}{9}\times\log_2\frac{1}{9}-\frac{3}{9}$$

$$\times\log_2\frac{3}{9}-\frac{2}{9}\times\log_2\frac{2}{9}-\frac{1}{9}\times\log_2\frac{1}{9}=2.197$$

② 计算各属性的信息增益率。

$$g_r(Z_2,A)=\frac{g(Z_2\mid A)}{\text{SplitInfor}_A(Z_2)}=\frac{\text{Infor}(Z_2)-\text{Infor}(Z_2\mid A)}{\text{SplitInfor}_A(Z_2)}$$

$$=\frac{0.764-0.306}{0.918}=0.499$$

$$g_r(Z_2,B)=\frac{g(Z_2\mid B)}{\text{SplitInfor}_B(Z_2)}=\frac{\text{Infor}(Z_2)-\text{Infor}(Z_2\mid B)}{\text{SplitInfor}_B(Z_2)}$$

$$=\frac{0.764-0}{1.436}=0.532$$

$$g_r(Z_2,D)=\frac{g(Z_2\mid D)}{\text{SplitInfor}_D(Z_2)}=\frac{\text{Infor}(Z_2)-\text{Infor}(Z_2\mid D)}{\text{SplitInfor}_D(Z_2)}$$

$$=\frac{0.764-0.222}{2.197}=0.247$$

通过计算可知,属性“吸烟史”的信息增益率最大,选择“吸烟史”属性继续进行分裂,将训练集 Z_2 划分为 3 个子集 Z_{21}、Z_{22} 和 Z_{23},如表 7-19 至表 7-21 所示,对应的“吸烟史”的取值分别为“无”“0~5 年”“5 年以上”,在这 3 个子集中的数据都各自属于同一类,所以不再分裂,决策树构建完毕。

表 7-19 训练数据集 Z_{21} 的训练数据

ID	年龄	吸烟史	有无家族病史	体重范围	患病与否
1	23	无	无	较低	否
2	25	无	无	中	否
4	39	无	无	较低	否
5	41	无	无	低	否
6	43	无	无	高	否

表 7-20 训练数据集 Z_{22} 的训练数据

ID	年龄	吸烟史	有无家族病史	体重范围	患病与否
3	27	0～5年	无	中	否
9	68	0～5年	无	中	否

表 7-21 某疾病患病情况的训练数据集 Z_{23}

ID	年龄	吸烟史	有无家族病史	体重范围	患病与否
7	66	5年以上	无	高	是
8	66	5年以上	无	较高	是

通过 C4.5 算法所构建的决策树如图 7-10 所示，C4.5 算法构建的决策树高度为 3 层，而 ID3 算法构建的决策树高度为 4 层，可见 C4.5 算法构建的决策树比 ID3 算法构建的决策树在结构上更为高效；另外，C4.5 算法并没有像 ID3 算法那样选择多值属性“体重范围”作为根结点的分类属性，在 ID3 算法构建的决策树中根结点“体重范围”为“高”的分支的子树与 C4.5 算法构建的决策树相同，因此 ID3 算法将“体重范围”作为根结点的分裂属性是多余的。

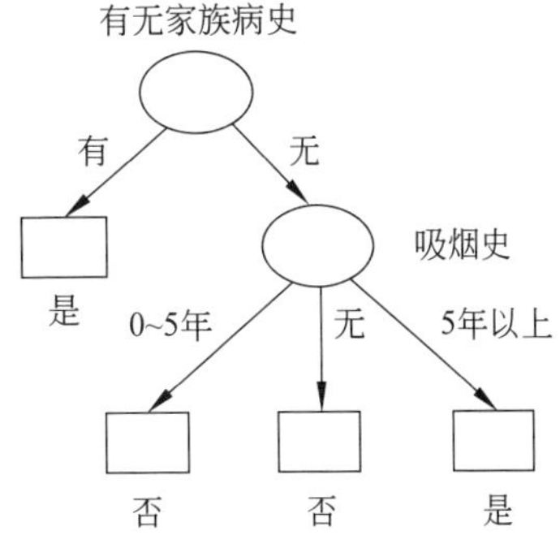

图 7-10 C4.5 算法构建的决策树

当构建好决策树之后就对测试数据进行预测，分别对编号 1、2、3 测试数据进行预测，可得到它们的类别分别为“否”“否”“是”，正确率为 100%。

根据构建的决策树，可以提取分类规则如下。

① IF “有无家族病史”=“有” THEN 患病。

② IF “有无家族病史”=“无” AND “吸烟史”=“无” THEN 没有患病。

③ IF “有无家族病史”=“无” AND “吸烟史”=“0～5年” THEN 没有患病。

④ IF “有无家族病史”=“无” AND “吸烟史”=“5年以上” THEN 患病。

7.2.5 Weka 中使用 C4.5 算法进行分类预测实例

Weka 中没有对 ID3 算法进行部署，但却部署了 C4.5 分类算法，并封装成 J48 分类器，可以方便地进行调用。本节将讲解如何使用 J48 分类器进行分类预测。数据集采用的是 Weka 安装后自带的数据集样例文件 breast-cancer.arff，目标是通过一些特征来预测是否患有肺癌。具体步骤如下。

① 打开 Weka 软件，进入 Weka 软件首页即 Weka 图形用户界面选择器，如图 7-11 所示。

② 单击 Explorer 按钮，进入 Weka Explorer 主窗口，如图 7-12 所示。

③ 单击 Open file 按钮，在弹出的“打开”对话框中选择 breast-cancer.arff 文件，导入数据集，如图 7-13 所示。可以看到数据的一些统计特性，如分布、均值、最大值等。

④ 单击 Edit 按钮，弹出 Viewer(数据集编辑器)窗口，列出了数据集中的全部数据。该

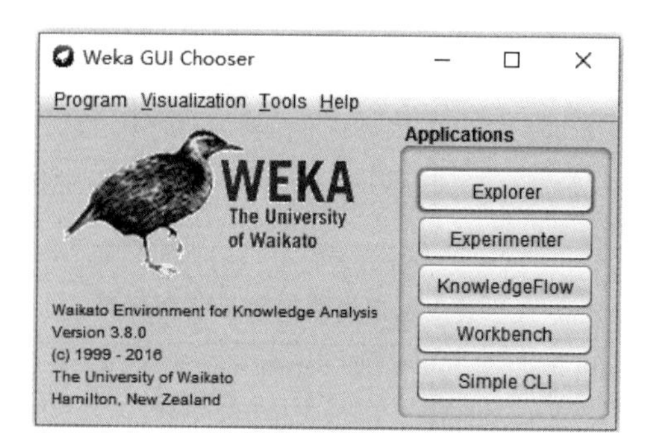

图 7-11 Weka 图形用户界面选择器

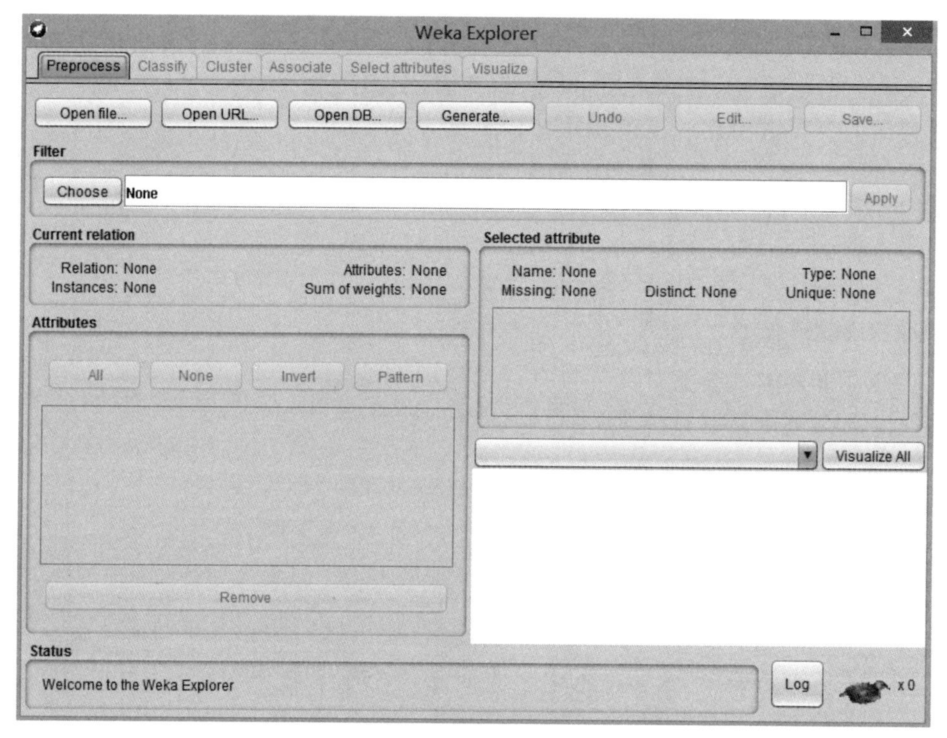

图 7-12 Weka Explorer 主窗口

窗口以二维表的形式显示数据,用户可以查看和编辑整个数据集,如图 7-14 所示。

breast-cancer.arff 文件中每条信息有 10 个属性,分别为:age(病人年龄)、menopause(更年期)、tumor-size(肿瘤大小)、inv-nodes(受侵淋巴结数)、node-caps(有无结点帽)、deg-malig(恶性肿瘤程度)、breast(肿块位置)、breast-quad(肿块所在象限)、irradiat(是否放疗)、class(是否复发)。其中:

age(病人年龄)取值为{'10~19','20~29','30~39','40~49','50~59','60~69','70~79','80~89','90~99'},每 10 岁为一个区间。

menopause(更年期)取值为 lt40、ge40 或 premono。

tumor-size(肿瘤大小)取值为{'0~4','5~9','10~14','15~19','20~24','25~29','30~34','35~39','40~44','45~49','50~54','55~59'},每 5 个大小为一个阶段。

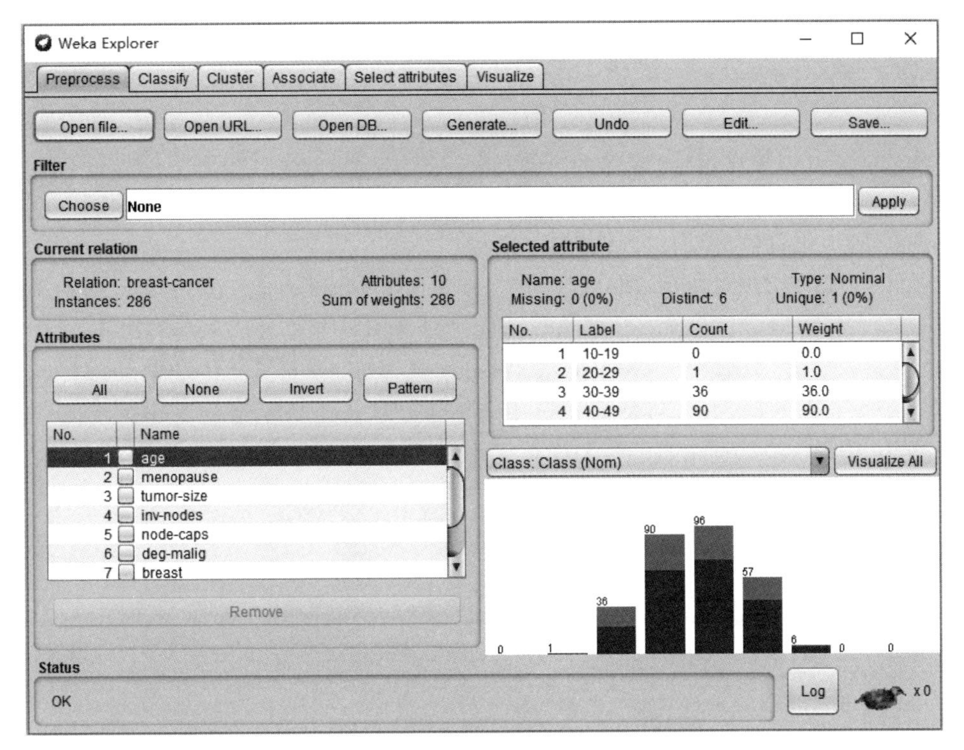

图 7-13　导入 breast-cancer.arff 数据集

Viewer

Relation: breast-cancer

No.	1: age Nominal	2: menopause Nominal	3: tumor-size Nominal	4: inv-nodes Nominal	5: node-caps Nominal	6: deg-malig Nominal	7: breast Nominal	8: breast-quad Nominal	9: irradiat Nominal	10: Class Nominal
1	40-49	premeno	15-19	0-2	yes	3	right	left_up	no	recurr...
2	50-59	ge40	15-19	0-2	no	1	right	central	no	no-rec...
3	50-59	ge40	35-39	0-2	no	2	left	left_low	no	recurr...
4	40-49	premeno	35-39	0-2	yes	3	right	left_low	yes	no-rec...
5	40-49	premeno	30-34	3-5	yes	2	left	right_up	no	recurr...
6	50-59	premeno	25-29	3-5	no	2	right	left_up	yes	no-rec...
7	50-59	ge40	40-44	0-2	no	3	left	left_up	no	no-rec...
8	40-49	premeno	10-14	0-2	no	2	left	left_up	no	no-rec...
9	40-49	premeno	0-4	0-2	no	2	right	right_low	no	no-rec...
10	40-49	ge40	40-44	15-17	yes	2	right	left_up	yes	no-rec...
11	50-59	premeno	25-29	0-2	no	2	left	left_low	no	no-rec...
12	60-69	ge40	15-19	0-2	no	2	right	left_up	no	no-rec...
13	50-59	ge40	30-34	0-2	no	1	right	central	no	no-rec...
14	50-59	ge40	25-29	0-2	no	2	right	left_up	no	no-rec...
15	40-49	premeno	25-29	0-2	no	2	left	left_low	yes	recurr...
16	30-39	premeno	20-24	0-2	no	3	left	central	no	no-rec...
17	50-59	premeno	10-14	3-5	no	1	right	left_up	no	no-rec...
18	60-69	ge40	15-19	0-2	no	2	right	left_up	no	no-rec...
19	50-59	premeno	40-44	0-2	no	2	left	left_up	no	no-rec...
20	50-59	ge40	20-24	0-2	no	3	left	left_up	no	no-rec...
21	50-59	lt40	20-24	0-2		1	left	left_low	no	recurr...
22	60-69	ge40	40-44	3-5	no	2	right	left_up	yes	no-rec...
23	50-59	ge40	15-19	0-2	no	2	right	left_low	no	no-rec...
24	40-49	premeno	10-14	0-2	no	1	right	left_up	no	no-rec...
25	30-39	premeno	15-19	6-8	yes	3	left	left_low	yes	recurr...
26	50-59	ge40	20-24	3-5	yes	2	right	left_up	no	no-rec...
27	50-59	ge40	10-14	0-2	no	2	right	left_low	no	no-rec...
28	40-49	premeno	10-14	0-2	no	1	right	left_up	no	no-rec...
29	60-69	ge40	30-34	3-5	yes	3	left	left_low	no	no-rec...
30	40-49	premeno	15-19	15-17	yes	3	left	left_low	no	recurr...
31	60-69	ge40	30-34	0-2	no	3	right	central	no	recurr...
32	60-69	ge40	25-29	3-5		1	right	left_low	yes	no-rec...
33	50-59	ge40	25-29	0-2	no	3	left	right_up	no	no-rec...

Add instance　Undo　OK　Cancel

图 7-14　数据集编辑器窗口

inv-nodes(受侵淋巴结数)取值为{'0～2','3～5','6～8','9～11','12～14','15～17','18～20','21～23','24～26','27～29','30～32','33～35','36～39'},每3个受侵淋巴结数为一个阶段。

node-caps(有无结点帽)取值为yes或no。

deg-malig(恶性肿瘤程度)取值为1、2、3。

breast(肿块位置)取值为left或right。

breast-quad(肿块所在象限)取值为left_up、left_low、right_up、right_low、central。

irradiat(是否放疗)取值为yes或no。

class(是否复发)取值为no-recurrence-events或recurrence-events。

以第1行数据为例,病人年龄为40～49,更年期为premeno,肿瘤大小为15～19,受侵淋巴结数为0～2,有"结点帽",恶性肿瘤程度为3,肿块位置为right,肿块所在象限为left_up,是否放疗为no,是否复发为recurrence-events。

在图7-14中查看并编辑数据后,单击OK按钮,返回图7-13。

⑤ 选择Classify选项卡,如图7-15所示。

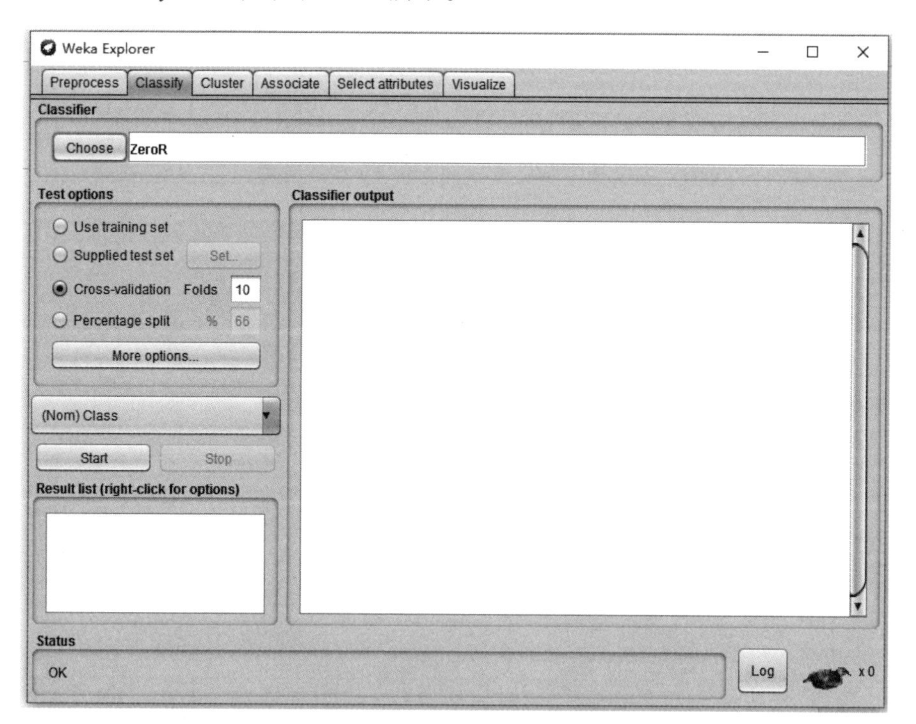

图7-15 Weka分类器选择页面

⑥ 单击Choose按钮,出现如图7-16所示的分类器类型的树形结构。

⑦ 在左侧窗口中,选择trees文件夹下的J48,即C4.5分类器,如图7-17所示。在Choose按钮后面的文本框中可以看到J48分类器的一些基本的信息。

⑧ 单击J48分类器的"基本信息框",会出现参数窗口,如图7-18所示,其中的参数含义如下。

batchSize(批大小):即每个batch中训练样本的数量。

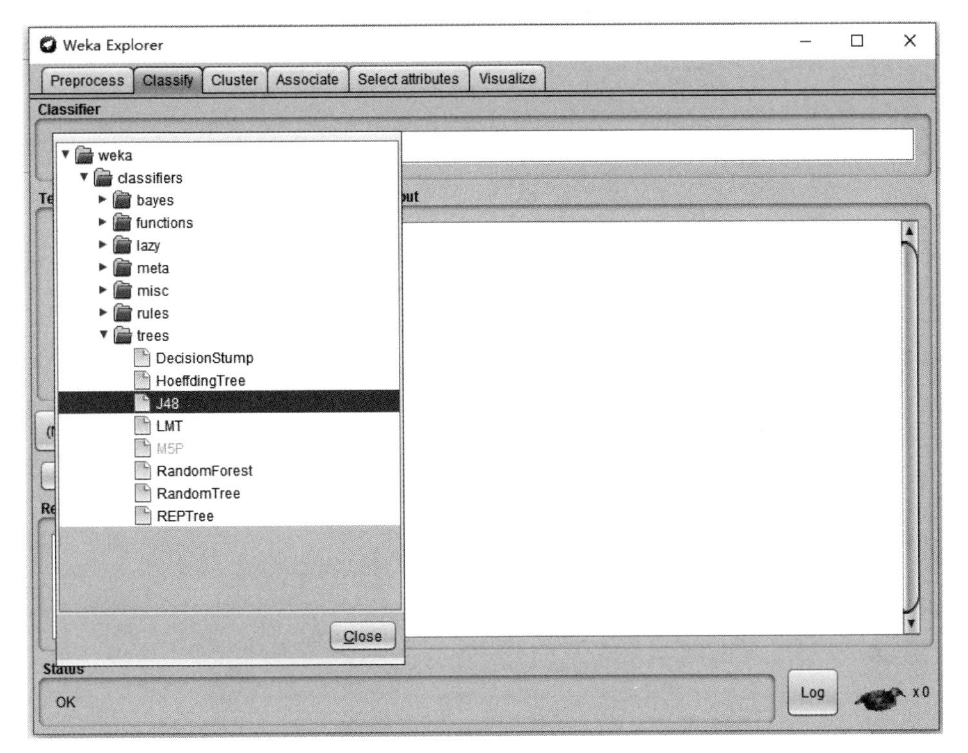

图 7-16　选择分类器类型

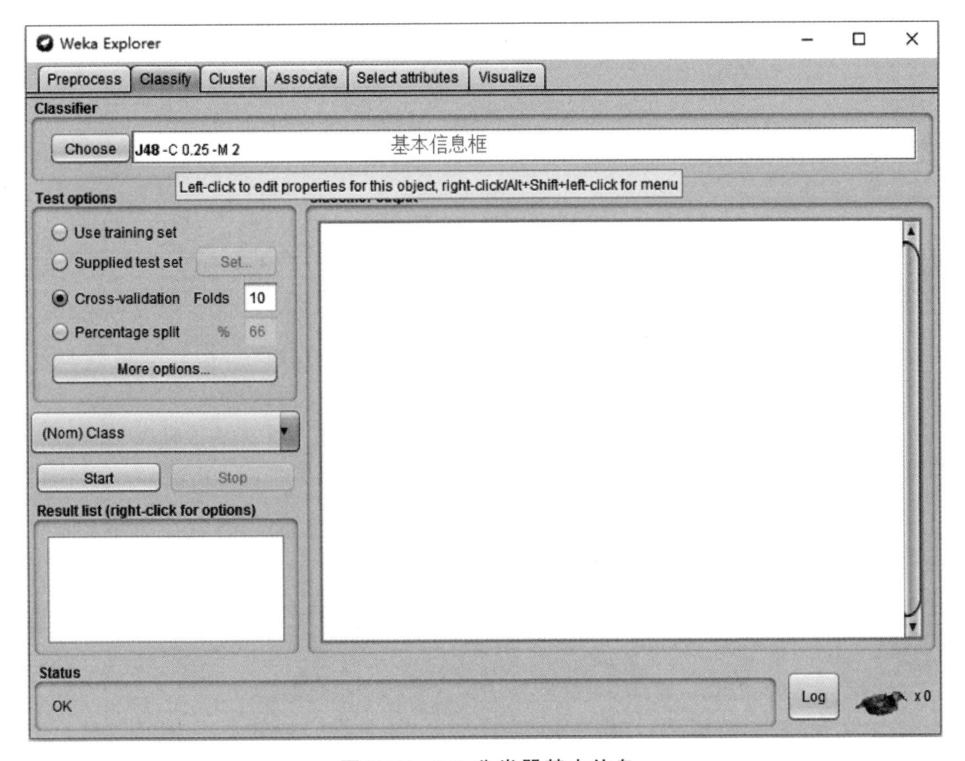

图 7-17　J48 分类器基本信息

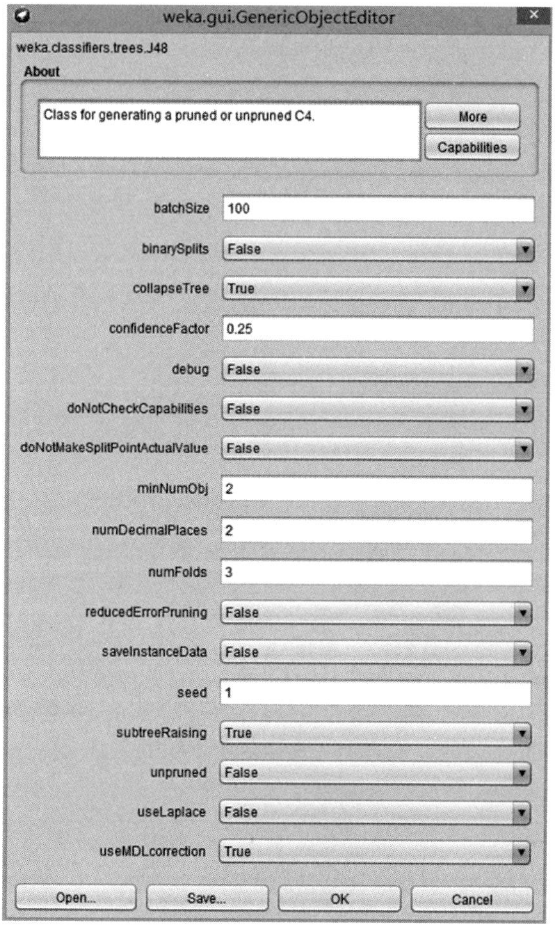

图 7-18 J48 分类器的参数

binarySplits(二元分类):构建局部树时是否使用二元分裂特征,即每个结点是否可以有多个叶子结点。

collapseTree(折叠树):其值默认为 True,无论剪掉哪些分枝,都不降低训练误差。

ConfidenceFactor(置信系数):用于修剪的置信系数,数值越小,则导致修剪的更好。

debug(调试):如果设置为 True,将输出额外信息到控制台。

doNotCheckCapabilities(不检测适用性):在分类器构建之前是否检测分类器的适用范围。

doNotMakeSplitPointActualValue(不生成分裂点的实际值):在分类器构建时是否生成分裂点的实际值。

minNumObj(最少对象数目):每条规则实例的最小数目,即每个叶子结点中最小的实例数目。

numDecimalPlaces(小数位数):计算结果保留的小数位数。

numFolds(折数):确定用于减少错误修剪的数据量。一折用于修剪,其余用于生成树。

reducedErrorPruning(减少误差修剪)：给出是否使用减少误差修剪代替C4.5修剪。

saveInstanceData(保存实例数据)：是否要为可视化保存训练数据。

seed(种子)：使用减少错误修剪时，该参数用作随机化数据的种子。

subtreeRaising(子树提升)：是否在修剪时考虑子树提升操作。

unpruned(不剪枝)：对生成的决策树是否进行剪枝。

useLaplace(使用Laplace)：是否基于Laplace对平滑的叶子进行计数。

useMDLcorrection(使用MDL矫正)：是否在查找数值属性分类时使用MDL矫正。

⑨ 设置好参数之后，单击OK按钮返回图7-17，选择Test options选项。其中4个选项的含义如下。

Use training set：使用训练集，即训练集和测试集使用同一份数据，一般不使用这种方法。

Supplied test set：设置测试集，可以使用本地文件或者url，测试文件的格式需要跟训练文件的格式一致。

Cross-validation：交叉验证，是很常见的验证方法。N-folds cross-validation是指将训练集分为N份，使用$N-1$份进行训练，使用1份进行测试，如此循环N次，最后整体计算结果。

Percentage split：按照一定比例，将训练集分为两份，一份进行训练，一份进行测试。

在这些验证方法的下面，有一个More options按钮，可以设置一些模型输出和模型验证的参数。

此例中选择Percentage split选项，并将数据集中80%的数据作为训练集，20%的数据作为测试集，单击Start按钮，将会出现J48分类器结果的详细信息，如图7-19所示。

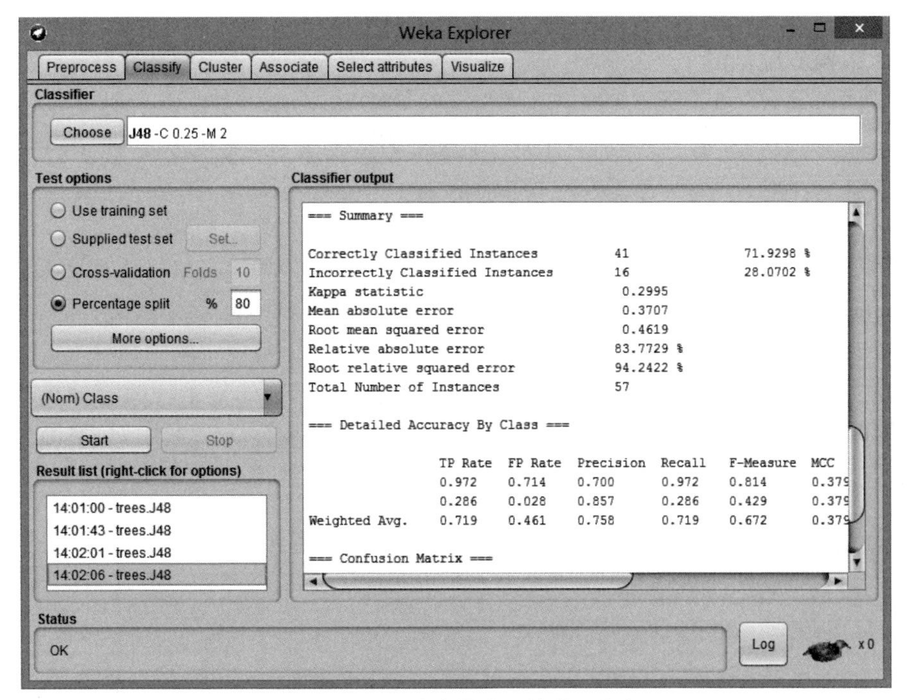

图7-19 J48分类器结果的详细信息

在图7-19右侧Classifier output子窗口中显示了分类输出,默认的输出选项有Run information,该项给出了特征、样本及模型验证的一些概要信息;Classifier model,给出的是模型的一些参数,不同的分类器给出的信息不同。再下面是模型验证的结果,给出了一些常用的验证标准的结果,例如准确率(Precision)、召回率(Recall)、真阳性率(True Positive Rate)、假阳性率(False Positive Rate)、F值(F-Measure)、Roc面积(Roc Area)等。Confusion Matrix(混淆矩阵)给出了测试样本的分类情况,通过它可以方便地看出正确分类或错误分类的某一类样本的数量。

从图7-19可以看出,此例分类的正确分类的实例数为41,准确率达到71.9298%,平均绝对误差为0.3707,平均根方差为0.4619。

右击图7-19中的Result list下面的分类实验历史记录,可以选择有关保存或加载模型以及可视化的一些选项,如Visualize tree可以显示出构造的决策树。

7.2.6 决策树的剪枝

决策树使用递归的方法从上向下构建,产生的决策树可以最大限度地拟合训练数据,但是对测试数据进行预测的时候可能不是很准确,即常说的过拟合。解决的方法就是降低模型的复杂度,也就是进行决策树的剪枝操作。常见的决策树剪枝操作分为先剪枝和后剪枝。

(1) 先剪枝

先剪枝就是在构建决策树的过程中进行剪枝。以ID3算法构建决策树为例,就是当信息增益达到预先设定的阈值时就不再进行分裂,直接将这个结点作为叶子结点,取叶子结点中出现频率最多的类别作为此叶子结点的类标签。

先剪枝可以在满足如下条件时进行。

① 作为叶结点或作为根结点需要含的样本个数最少时。

② 决策树的层数达到预定层时。

③ 结点的经验熵小于某个阈值时。

阈值的选取是困难的,高阈值可能会使决策树过分简化,低阈值可能会使决策树的简化过少。

(2) 后剪枝

后剪枝就是决策树建好之后,再对整个树进行剪枝操作,具体方法就是计算每个内部的结点剪枝前和剪枝后的损失函数,按照最小化损失函数的原则进行剪枝或者保留此结点。被删除的结点及其分枝,用叶结点替换它,该叶子结点的类标号用子树中最频繁的类标记。

① 决策树的损失函数。损失函数由模型的错误率和模型的复杂度两部分组成。假设决策树共有T个结点,t是一个叶子结点,该叶结点有N_t个样本点,其中K类的样本点有N_{tk}个,$k=1,2,\cdots,K$,则损失函数定义为

$$L_\alpha=\sum_{t=1}^{T}N_tH_t+\alpha T \tag{7-10}$$

其中,H_t是叶结点的经验熵,即

$$H_t=-\sum_{k}\frac{N_{tk}}{N_t}\log\frac{N_{tk}}{N_t} \tag{7-11}$$

$\alpha(\alpha \geqslant 0)$是平衡决策树的复杂度和误差率的系数，当$\alpha$较大时，能够促使模型在训练集有较好的准确率，但是模型的复杂度会很大；相反，当α较小时，模型在训练集的准确率不太好，但是模型的复杂度就会降低。

② 决策树的后剪枝。当构建好决策树后，从下往上计算每个结点的经验熵，递归地从决策树的叶子结点进行回缩，通过计算回缩前后的损失函数并进行比较，可以判断是否需要进行剪枝。要注意的是，剪枝可以只在某一部分进行，即局部剪枝，这大大提高了剪枝的效率。一棵决策树从根结点处出发，如果去除左子树后使得损失函数变小，那么剪去左侧；如果去除右子树后使得损失函数变小，则剪去右子树，从上到下，依次进行。

7.3 朴素贝叶斯分类

朴素贝叶斯(naive Bayes)分类，是一种统计学分类方法。朴素贝叶斯分类以贝叶斯定理为基础，从统计的角度解决归纳－推理分类问题：首先给定一个未考虑任何数据的分布，此分布称为先验分布，之后在新的数据集上利用贝叶斯定理修正先验分布得到后验分布。通过对条件概率分布做出条件独立性假设，该方法大大简化了分类器的计算过程，即使针对大量数据集，朴素贝叶斯也是一个相对简单的计算过程，并且保持了高效率的学习与预测性能。

7.3.1 朴素贝叶斯学习基本原理

朴素贝叶斯分类思想建立在贝叶斯定理的基础上。下面首先简单解释贝叶斯定理的基本概念。考虑一个为给定数据集分类的情境，设X是一个类标号未知的数据样本，H表示一个假设：数据样本X属于某个特定的类C。要求确定$P(H|X)$，即给定观测数据样本X的情况下假设H成立的概率。$P(H|X)$是后验概率，是在给定数据集X后假设H成立的概率；而$P(H)$是数据样本的先验概率。后验概率$P(H|X)$比先验概率$P(H)$基于更多的信息。贝叶斯定理提供了一种由概率$P(H)$、$P(X)$和$P(X|H)$计算后验概率$P(H|X)$的方法，基本关系如下。

$$P(H \mid X) = [P(X \mid H) \cdot P(H)] / P(X) \tag{7-12}$$

基于贝叶斯定理，朴素贝叶斯分类思想如下。

设输入空间是n维向量的集合，取其中m个样本作为训练数据集，表示为$D=\{\boldsymbol{D}_1, \boldsymbol{D}_2, \cdots, \boldsymbol{D}_m\}$，其中每个样本$\boldsymbol{D}_i$都是一个$n$维向量$\{\boldsymbol{x}_1, \boldsymbol{x}_2, \cdots, \boldsymbol{x}_n\}$；输出空间是类标记的集合，表示为$Y=\{C_1, C_2, \cdots, C_k\}$，取自输入空间的每个样本$D_i$都与输出空间中的一个类$C_i$相对应。当给定另外一个类别未知的数据样本$X$时，可以把$X$分到后验概率最大的类中，也就是用最高的条件概率$P(C_i|X)$来预测$X$的类别，这是朴素贝叶斯分类的基本思想。根据贝叶斯定理，后验概率的计算过程为

$$P(C_i \mid X) = [P(X \mid C_i) \cdot P(C_i)] / P(X) \tag{7-13}$$

在式(7-13)中，对所有的类标记，分母$P(X)$均为常量，因此仅需计算分子最大值。其中，先验概率$P(C_i)$容易计算：$P(C_i)=$类C_i的训练样本数量/训练样本总数m；而条件概率分布$P(X|C_i)$有指数量级的参数，尤其对于大量数据集来说计算更为复杂，实际是不可行的。事实上，如果X每个维度的特征可能有T_j个取值，$j=1,2,\cdots,n$，C_i的可能取值有k

个,那么参数的个数为 $k=\prod_{j=1}^{n}\boldsymbol{D}_j$ 。因此,朴素贝叶斯法给出了如下一个较强的条件独立性假设。

$$P(X\mid C_i)=P(X^1=x^1,\cdots,X^n=x_n\mid C_i)=\prod_{j=1}^{n}P(x_j\mid C_i) \tag{7-14}$$

其中,x_j 是样本 X 第 j 维度的特征值,$P(x_j|C_i)$能够通过训练数据集估算出。

该条件独立性的假设表示用于分类的特征在类确定的条件下都是独立的,这一思想使朴素贝叶斯法变得简单高效且易于实现,即使有时会牺牲一定的分类准确率。因此,在朴素贝叶斯法中,学习过程意味着先验概率 $P(C_i)$和条件概率 $P(X|C_i)$的估计过程,概率估计方法可以选择极大似然估计法或贝叶斯估计法。

7.3.2 朴素贝叶斯分类过程

利用朴素贝叶斯法进行分类时,假设输入变量都是条件独立的,通过在训练数据上学习得到的模型计算出每个类别的先验概率和条件概率,依照模型计算后验概率 $P(C_i|X)$,将后验概率最大的类作为输入变量所属的类输出。经过上述分析,朴素贝叶斯分类器可表示为

$$y=\arg\max_{C_i}P(C_i)\prod_{j}P(x_j\mid C_i) \tag{7-15}$$

朴素贝叶斯算法伪代码如下。

```
输入:
    D: 数据集,是训练元组和对应类标号的集合;
    X: 待分类数据
输出: 数据 X 所属的类别
方法:
    根据数据集 D 计算每个类别 Ci 的先验概率 P(Ci);
    根据数据集 D 计算各个独立特征 xj 在分类中的条件概率 P(xj|Ci);
    对于特定的输入数据 X,计算其相应属于特定分类的条件概率 P(Ci|X);
    选择条件概率最大的类别作为该输入数据 X 的类别返回
```

例 7.6 朴素贝叶斯分类算法实例。

训练数据如表 7-22 所示,其中 $X^{(1)}$ 和 $X^{(2)}$ 为特征,取值分别来自特征集合 $A_1=\{1,2,3\}$, $A_2=\{S,P,Q\}$,C 为类标记,$C=\{1,-1\}$,即有 1 和 −1 两类。根据训练数据学习一个朴素贝叶斯分类器,并确定 $X=(2,S)^{\mathrm{T}}$ 的类标记。

表 7-22 训练数据

id	1	2	3	4	5	6	7	8	9	10	11	12	13	14	15
$X^{(1)}$	1	1	1	1	1	2	2	2	2	2	3	3	3	3	3
$X^{(2)}$	S	P	P	S	S	S	P	P	Q	Q	Q	P	P	Q	Q
C	−1	−1	1	1	−1	−1	−1	1	1	1	1	1	1	1	−1

解:

① 计算先验概率:

$$P(C=1)=\frac{9}{15},\quad P(C=-1)=\frac{6}{15}$$

② 计算条件概率：

$$P(X^{(1)}=1 \mid C=1)=\frac{2}{9},\quad P(X^{(1)}=2 \mid C=1)=\frac{3}{9},$$

$$P(X^{(1)}=3 \mid C=1)=\frac{4}{9}$$

$$P(X^{(2)}=S \mid C=1)=\frac{1}{9},\quad P(X^{(2)}=P \mid C=1)=\frac{4}{9},$$

$$P(X^{(2)}=Q \mid C=1)=\frac{4}{9}$$

$$P(X^{(1)}=1 \mid C=-1)=\frac{3}{6},\quad P(X^{(1)}=2 \mid C=-1)=\frac{2}{6},$$

$$P(X^{(1)}=3 \mid C=-1)=\frac{1}{6}$$

$$P(X^{(2)}=S \mid C=-1)=\frac{3}{6},\quad P(X^{(2)}=P \mid C=-1)=\frac{2}{6},$$

$$P(X^{(2)}=Q \mid C=-1)=\frac{1}{6}$$

③ 对于给定的 $X=(2,S)^{\mathrm{T}}$，依照分类器模型计算：

$$\begin{aligned}P(C=1 \mid X)&=P(C=1)\cdot P(X^{(1)}=2 \mid C=1)\cdot P(X^{(2)}=S \mid C=1)\\&=\frac{9}{15}\cdot\frac{3}{9}\cdot\frac{1}{9}=\frac{1}{45}\end{aligned}$$

$$\begin{aligned}P(C=-1 \mid X)&=P(C=-1)\cdot P(X^{(1)}=2 \mid C=-1)\cdot P(X^{(2)}=S \mid C=-1)\\&=\frac{6}{15}\cdot\frac{2}{6}\cdot\frac{3}{6}=\frac{1}{15}\end{aligned}$$

因此，$X=(2,S)^{\mathrm{T}}$ 属于-1类别的概率最大，依照朴素贝叶斯中概率最大化准则，该分类器输出的类标记为-1。

7.3.3 使用 Weka 的朴素贝叶斯分类器进行分类实例

Weka 系统上提供了一个名为 NaiveBayes 的函数，实现了朴素贝叶斯算法。下面介绍在 Weka 中使用朴素贝叶斯算法对 Weka 自带的 Iris.arff 数据集进行分类的操作步骤与分类结果。具体步骤如下。

① 打开 Weka 软件，进入 Weka 软件首页，即 Weka 图形用户界面选择器页面，如图 7-20 所示。

② 单击 Explorer 按钮，进入 Weka Explorer 窗口，如图 7-21 所示。

③ 单击 Open file 按钮，在弹出的“打开”窗口中找到 Iris.arff 数据集的文件并打开，就可以在可视化区域中看到特征值在各个区间的分布情况，不同的类别标签以不同的颜色显示，如图 7-22 所示。

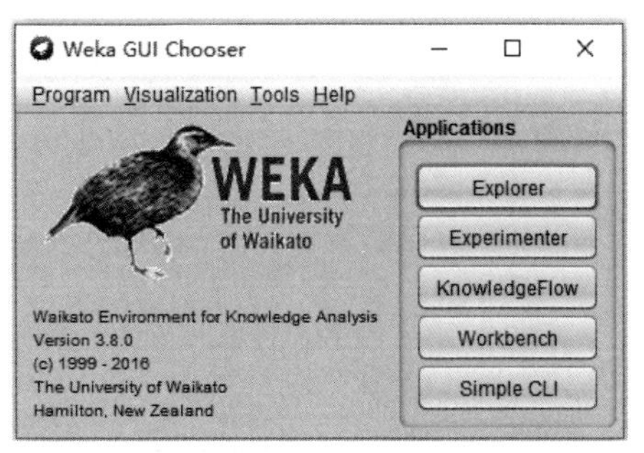

图 7-20 Weka 图形用户界面选择器

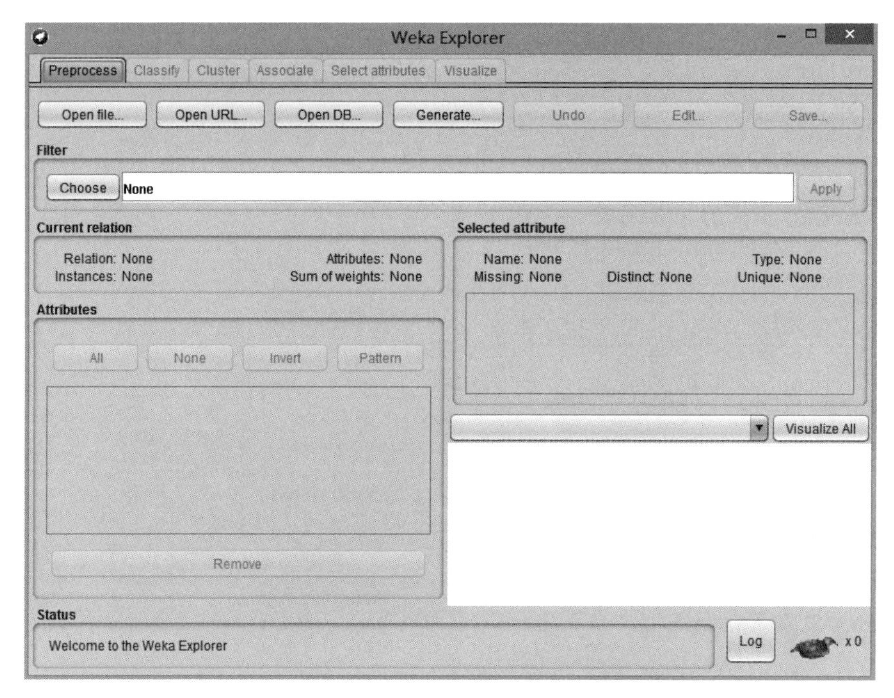

图 7-21　Weka Explorer 窗口

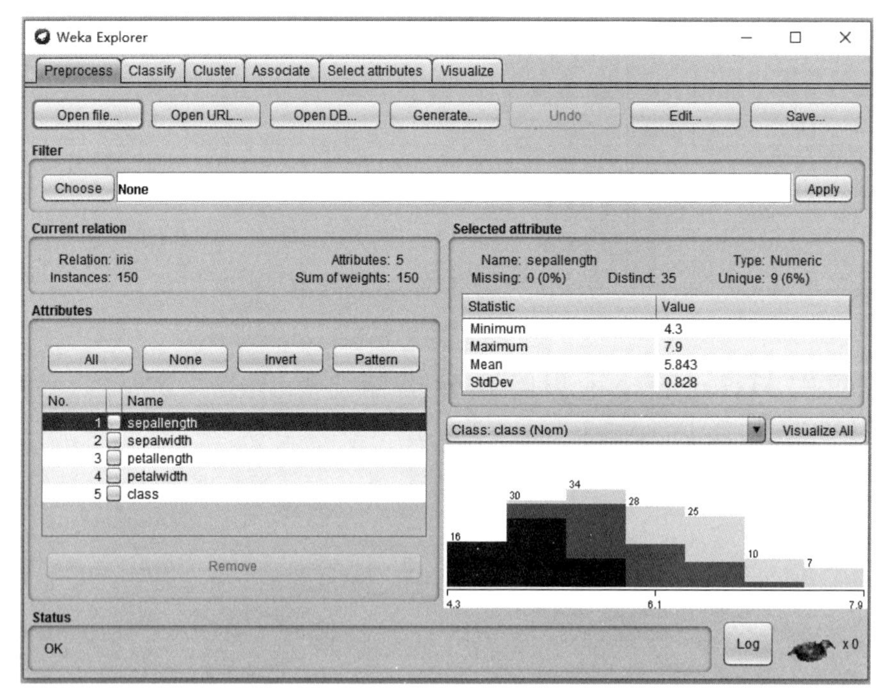

图 7-22　打开 Iris.arff 数据文件

④ 在图 7-22 中单击 Edit 按钮，出现 Viewer 即数据集编辑器对话框，其中列出了该数据集中的全部数据。该窗口以二维表的形式显示数据，用户可以查看和编辑整个数据集，如图 7-23 所示。该数据集列出了鸢尾花的 5 种属性：sepallength(花萼长度)、sepalwidth(花

萼宽度)、petallength(花瓣长度)、petalwidth(花瓣宽度)、class(类别)。以第一行为例,该鸢尾花花萼长为 5.1cm,花萼宽为 3.5cm,花瓣长为 1.4cm,花瓣宽为 0.2cm,类别为 Iris-setosa。

Viewer

Relation: iris

No.	1: sepallength Numeric	2: sepalwidth Numeric	3: petallength Numeric	4: petalwidth Numeric	5: class Nominal
1	5.1	3.5	1.4	0.2	Iris-s...
2	4.9	3.0	1.4	0.2	Iris-s...
3	4.7	3.2	1.3	0.2	Iris-s...
4	4.6	3.1	1.5	0.2	Iris-s...
5	5.0	3.6	1.4	0.2	Iris-s...
6	5.4	3.9	1.7	0.4	Iris-s...
7	4.6	3.4	1.4	0.3	Iris-s...
8	5.0	3.4	1.5	0.2	Iris-s...
9	4.4	2.9	1.4	0.2	Iris-s...
10	4.9	3.1	1.5	0.1	Iris-s...
11	5.4	3.7	1.5	0.2	Iris-s...
12	4.8	3.4	1.6	0.2	Iris-s...
13	4.8	3.0	1.4	0.1	Iris-s...
14	4.3	3.0	1.1	0.1	Iris-s...
15	5.8	4.0	1.2	0.2	Iris-s...
16	5.7	4.4	1.5	0.4	Iris-s...
17	5.4	3.9	1.3	0.4	Iris-s...
18	5.1	3.5	1.4	0.3	Iris-s...
19	5.7	3.8	1.7	0.3	Iris-s...
20	5.1	3.8	1.5	0.3	Iris-s...
21	5.4	3.4	1.7	0.2	Iris-s...
22	5.1	3.7	1.5	0.4	Iris-s...
23	4.6	3.6	1.0	0.2	Iris-s...
24	5.1	3.3	1.7	0.5	Iris-s...

Add instance　Undo　OK　Cancel

图 7-23　数据集编辑器对话框

⑤ 单击 OK 按钮,返回图 7-22,选择顶部的 Classify 选项卡,单击其中的 Choose 按钮,在算法树形结构中选择 NaiveBayes 算法,如图 7-24 所示。

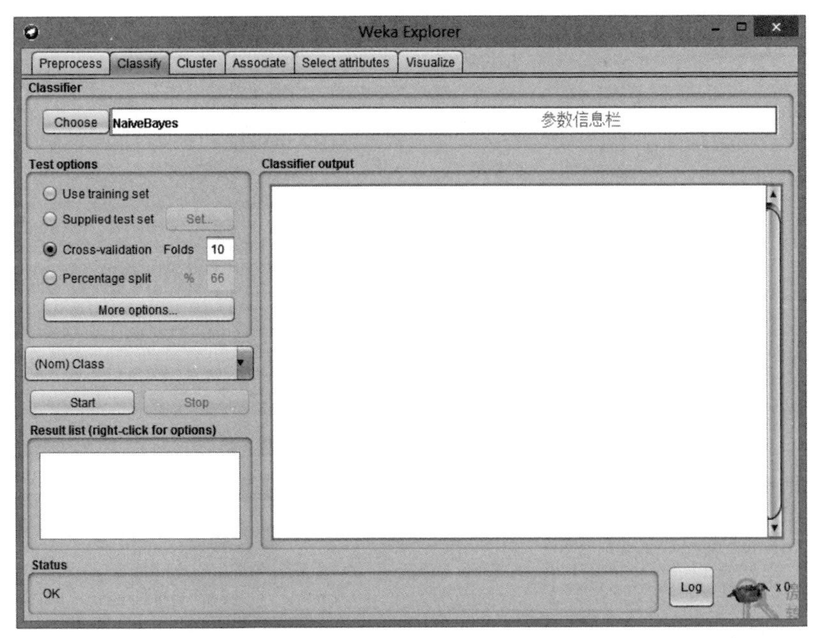

图 7-24　选择 NaiveBayes 算法后界面

⑥ 双击参数信息栏可以进行参数的设置,如图 7-25 所示。其中的主要参数解释如下。

debug(调试):是否将额外的信息输出到控制台。

displayModelInOldFormat(旧格式显示模式):是否使用旧格式的模型输出,当分类值较多时,使用旧格式好;当分类值较少时,使用新格式好。

numDecimalPlaces(小数位数):设置输出的小数位数。

useKernelEstimator(使用核估算器):对数值特征是否使用核估算器。

useSupervisedDiscretization(使用监督离散化):对数值特征是否使用离散化。

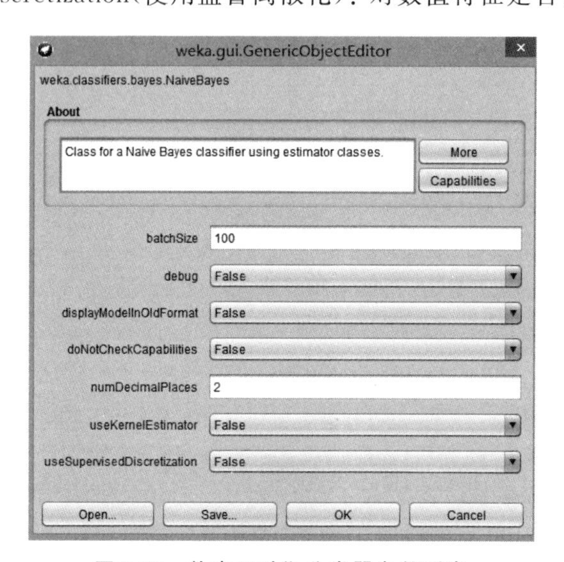

图 7-25 朴素贝叶斯分类器参数列表

⑦ 设置好参数后,单击 OK 按钮返回图 7-24。单击 Start 按钮启动算法,在 Classifier output 子窗口中可以查看算法的运行结果,如图 7-26 所示。

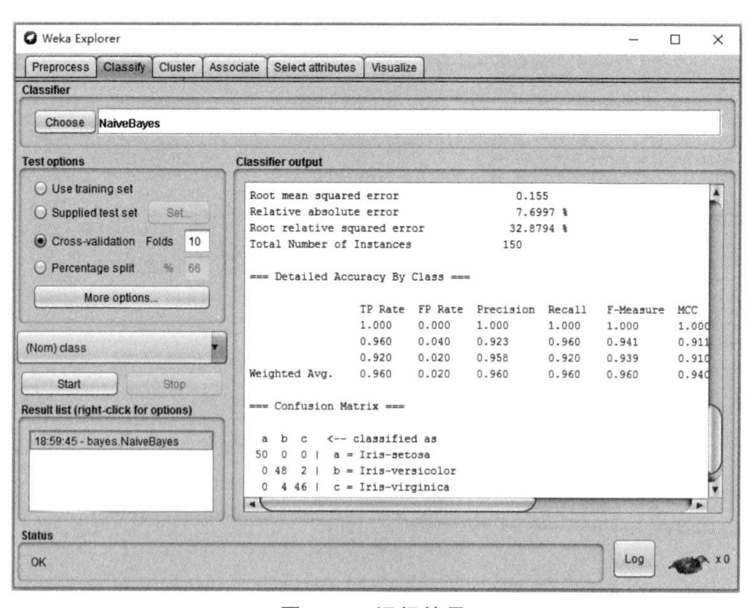

图 7-26 运行结果

分析结果显示了分类结果的正确情况、错误情况、各种误差值、分类的各种评价指标的值以及混淆矩阵等数据。可以看到，在本实例中被分类的实例总数为150，分类准确率为96%，召回率为96%，F值为96%。

7.4 惰性学习法

惰性学习法和其他学习算法有一些不同之处，该算法并不急于在收到测试对象之前构造分类模型。当接收一个训练集时，惰性学习法只是简单地存储或稍微处理每个训练对象，直到测试对象出现才构造分类模型。这种延迟的学习方法有一个重要的优点，即它们不在整个对象空间上一次性地估计目标函数，而是针对每个待分类对象做出不同的估计。显然，惰性学习法的大部分工作存在于分类阶段而非接收训练集的阶段，因此分类时其计算开销比较大。惰性学习方法主要包括 k 近邻分类法、局部加权回归法和基于案例的推理。其中，前两者均假定对象可以被表示为欧几里得空间中的点，后者则采用更复杂的符号表示对象。本节主要介绍 k 近邻分类法。

7.4.1 k 近邻算法描述

k 近邻算法的思想是：从训练集中找出 k 个最接近测试对象的训练对象，再从这 k 个对象中确定主导类别，将此类别值赋给测试对象。假设训练对象有 n 个属性，每个对象由 n 维空间的一个点表示，则整个训练集处于 n 维模式空间中。每当给定一个测试对象 c，k 近邻算法将计算 c 到每个训练对象的距离，并找到最接近 c 的 k 个训练对象，这 k 个训练对象就是 c 的 k 个“最近邻”。然后，将测试对象 c 指派到“最近邻”中对象数量最多的类，当然不限于这一种策略，例如可以从“最近邻”中随机选择一个类或选择最大类。当 $k=1$ 时，测试对象被指派到与它最近的训练对象所属的类。值得注意的是，该算法不需要花费任何时间进行模型构造，因此与决策树等分类法相比，其后期分类时消耗的时间会稍长。

k 近邻算法进行分类时需要考虑以下4个关键要素。

① 被标记的训练对象的集合，即训练集。用来决定一个测试对象的类别。

② 距离(或相似度)指标，用来计算对象间的邻近程度。计算距离的方式有多种，一般情况下，采用欧几里得距离或曼哈顿距离。对于给定的具有 n 个属性的对象 x 和 y，欧几里得距离与曼哈顿距离分别由式(7-16)和式(7-17)计算，其中 x_k-y_k 是两个对象属性 k 对应值的差。

$$d(x,y)=\sqrt{\sum_{k=1}^{n}(x_k-y_k)^2} \tag{7-16}$$

$$d(x,y)=\sum_{k=1}^{n}|x_k-y_k| \tag{7-17}$$

③ 最近邻的个数 k。k 的值可以通过实验来确定。对于小数据集，取 $k=1$ 常常会得到比其他值更好的效果；而在样本充足的情况下，往往选择较大的 k 值。

④ 从 k 个“最近邻”中选择目标类别的方法。

除了上述提到的选择多数类或最近对象类之外，还有多种不同的改进方法，将在下面讨论。

下面通过分解 k 近邻算法对 iris.arff 数据集的分类过程,进一步理解 k 近邻算法。

例 7.7 k 近邻算法实例。

iris.arff 数据集包含了 150 条关于花的数据,这些数据被等分为 3 类 Iris 物种:Setosa、Versicolor 和 Virginica,每朵花的数据描述 4 项特征:花萼长度、花萼宽度、花瓣长度和花瓣宽度。表 7-23 和表 7-24 分别是 iris.arff 中 Iris 物种的训练数据与测试数据。

表 7-23 Iris 物种的训练数据

ID	花萼长度	花萼宽度	花瓣长度	花瓣宽度	物种
1	5.1	3.5	1.4	0.2	Setosa
2	4.9	3.0	1.4	0.2	Setosa
3	5.0	3.4	1.5	0.2	Setosa
4	7.0	3.2	4.7	1.4	Versicolor
5	6.9	3.1	4.9	1.5	Versicolor
6	6.7	3.1	4.4	1.4	Versicolor
7	6.3	2.8	5.1	1.5	Virginica
8	6.9	3.1	5.4	2.1	Virginica
9	7.2	3.0	5.8	1.6	Virginica

表 7-24 Iris 物种的测试数据

ID	花萼长度	花萼宽度	花瓣长度	花瓣宽度	物种
*	6.4	3.1	5.5	1.8	?

解:目标是确定表 7-9 中测试数据的物种。选取欧几里得距离来计算该测试对象与每个训练对象之间的距离(保留两位小数)。

$$d(*,1)=\sqrt{(6.4-5.1)^2+(3.1-3.5)^2+(5.5-1.4)^2+(1.8-0.2)^2}=4.61$$

$$d(*,2)=\sqrt{(6.4-4.9)^2+(3.1-3.0)^2+(5.5-1.4)^2+(1.8-0.2)^2}=4.65$$

$$d(*,3)=\sqrt{(6.4-5.0)^2+(3.1-3.4)^2+(5.5-1.5)^2+(1.8-0.2)^2}=4.54$$

$$d(*,4)=\sqrt{(6.4-7.0)^2+(3.1-3.2)^2+(5.5-4.7)^2+(1.8-1.4)^2}=1.08$$

$$d(*,5)=\sqrt{(6.4-6.9)^2+(3.1-3.1)^2+(5.5-4.9)^2+(1.8-1.5)^2}=0.84$$

$$d(*,6)=\sqrt{(6.4-6.7)^2+(3.1-3.1)^2+(5.5-4.4)^2+(1.8-1.4)^2}=1.21$$

$$d(*,7)=\sqrt{(6.4-6.3)^2+(3.1-2.8)^2+(5.5-5.1)^2+(1.8-1.5)^2}=0.59$$

$$d(*,8)=\sqrt{(6.4-6.9)^2+(3.1-3.1)^2+(5.5-5.4)^2+(1.8-2.1)^2}=0.59$$

$$d(*,9)=\sqrt{(6.4-7.2)^2+(3.1-3.0)^2+(5.5-5.8)^2+(1.8-1.6)^2}=0.88$$

由于数据量很小,所以取 $k=1$,可以看到该测试对象与第 7 或第 8 个已标记对象最接近,因此属于 Virginica 物种。事实上,即便把 k 取值扩大到 5,根据选择对象占多数的类别,分类结果依然正确;而取 $k=6$ 时,"最近邻"中 Versicolor 和 Virginica 的个数相等,现有的目标类判定方法失效,所以 k 值的选取非常重要。

由于 k 近邻算法的思想简单,所以很容易对其进行改进以处理较复杂的分类问题,例如多模分类问题和多标签分类问题。事实上,在一个多标签分类任务中,研究人员发现在基于微阵列表达的基因功能分配研究中,k 近邻算法优于比它复杂得多的分类算法。

k 近邻算法伪代码如下。

```
输入:
    D: 数据集,即具有 n 个训练元组和对应类标号的集合;
    k: 近邻数目;
    X: 待分类数据
输出: 数据 X 所属的类别
方法:
    从数据集 D 中取 A[1]～A[k]作为 X 的初始近邻,计算与待分类数据 X 间的距离 d(X,A[i]),i=
    1,2,…,k;
    按 d(X,A[i])升序排序,得到最远样本与 X 间的距离 Dist←max{d(X,A[j])|j=1,2,…,k};
    for(i=k+1; i<=n; i++){
        计算 a[i]与 X 间的距离 d(X,A[i]);
        if (d(X,A[i])<Dist)
        then  用 A[i]代替最远样本;
        按照 d(X,A[i])升序排序,得到最远样本与 X 间的距离 Dist←max{d(X,A[j])|j=1,
        2,…,k};
    }
    计算前 k 个样本 A[i](i=1,2,…,k)所属类别的概率,具有最大概率的类别即为数据 X 的类
```

7.4.2 k 近邻算法性能

k 近邻算法的性能会受到一些关键因素的影响。首先是 k 值的选择。如果 k 值选取过小,则结果会对噪声点的影响特别敏感;反之,k 值选取过大,则近邻中就可能包含太多种类别的点。可以通过实验确定最佳 k 值。从 $k=1$ 开始,利用测试集估计分类器的错误率,k 值每增加 1,允许增加一个近邻并重复估计错误率,由此可以选取产生最小错误率的 k 值。一般情况下,样本数越充足,即训练对象越多,则 k 值越大。随着训练对象数量趋向无穷并且 $k=1$,k 近邻分类器的错误率最多不会超过贝叶斯错误率的 2 倍(后者是理论最小错误率);如果 k 同时也趋向无穷,那么 k 近邻分类器的错误率会渐近收敛到贝叶斯错误率。因此,在样本非常充足的情况下,选择较大的 k 值能提高 k 近邻分类器的抗噪能力。

其次,目标类别的选择也非常重要。最简单的做法是采用前面所述的投票方式。但是,如果不同的近邻对象与测试对象之间的距离差异很大,那么实际上距离更近的对象的类别在目标类别选择上的作用更大。所以,一个稍复杂的方法是对每个投票依据距离进行加权,加权的方法种类很多,如经常用距离平方的倒数作为权重因子。实际上,投票加权法使得 k 值的选择敏感度相对下降,这是个附加的好处。

最后,距离指标的选择也是影响 k 近邻算法性能的一个重要因素。原则上,各种测量方法都可以计算两点之间的距离,但从最近邻算法的目的出发,最佳测距方法应该满足如下性质:对象之间的距离越小,则它们同属于一个类别的可能性越大。例如,在文本分类的应用环境下,余弦距离就比欧几里得距离更适合作为 k 近邻算法的测距方法。另外,一些距离测量方法会受到数据维数的影响,例如欧几里得距离在属性数量增加时判别能力会减弱,

因此在测距之前,有时需要对属性的值进行规范化处理,以防止距离测量结果被单个有较大初始值域的属性所主导。例如,在一个数据集中,人的身高数据区间是1.5~1.8m,体重数据区间是45~90kg,收入数据区间是1~100万元。如果没有规范属性值,那么收入会主导距离计算并影响最终的分类结果。规范方法是把数值属性A的值v变换到[0,1]中的v',计算方法如式(7-18)所示,其中,$\min_A$ 和$\max_A$ 分别是属性A的最小值和最大值。

$$v' = \frac{v - \min_A}{\max_A - \min_A} \tag{7-18}$$

以上讨论均假定对象的属性都是数值型的。对于非数值型如标称属性,一种简单的方法是比较两个对象对应属性的值:如果相同,则二者之差取0;如果不同,则二者之差取1。更复杂一些的方法是把属性值不同时的差值精细化,例如对黑色和白色赋予比蓝色和白色更大的差值。如果属性A在某个对象上有缺失值,那么通常取最大的可能差。假设每个属性值都已经映射到[0,1],如果两个对象的属性A的值都缺失,则差值取1;如果只有一个缺失值,而另一个属性值存在并且已经规范化(记为v'),则差值取$|1-v'|$和$|0-v'|$中的最大者。对于标称属性,不管属性A的值缺失一个还是两个,对应差值均取1。

7.4.3 使用Weka进行k近邻分类实例

Weka系统上提供了一个名为IBk的函数,实现了k近邻算法,它允许用户选择多种加权距离方法,并且提供了一个选项以便借助交叉验证来自动确定k值。下面介绍在Weka中k近邻算法对iris.arff数据集进行分类的操作步骤与分类结果。具体步骤如下。

① 按照7.3.3节中步骤①~④打开、查看并编辑ris.arff文件。

② 在图7-23中单击OK按钮,返回图7-22,选择顶部的Classify选项卡,单击Choose按钮,在算法树形结构中选择IBk算法,如图7-27所示。

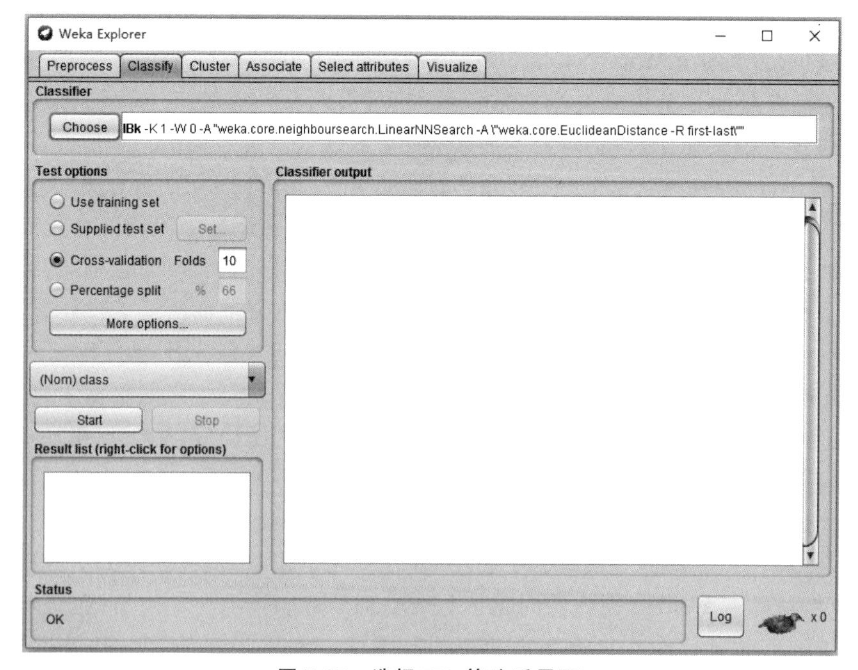

图7-27 选择IBk算法后界面

③ 单击 Choose 按钮右侧的参数信息框，出现如图 7-28 所示的参数设置对话框，其中的主要参数解释如下。

KNN：使用的近邻数量。

distanceWeighting(距离加权)：使用的距离加权方法。

meanSquared(均方误差)：是否使用均方误差作为平均绝对误差。

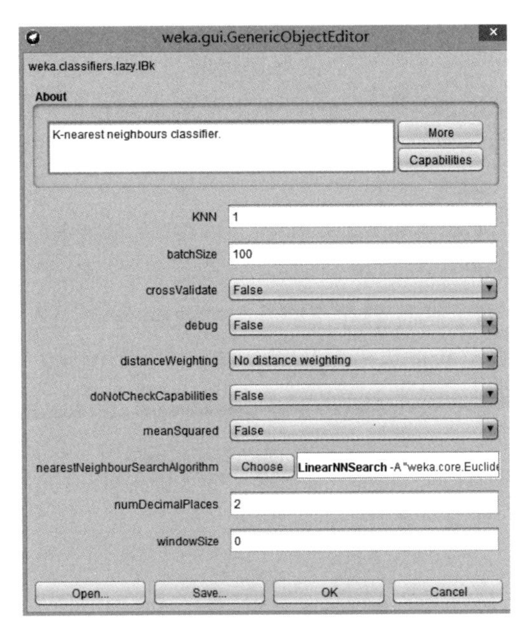

图 7-28　IBk 算法参数列表

④ 单击 OK 按钮返回图 7-27，选择 Cross-validation 选项且 Folds 为 10，单击 Start 按钮启动算法，在 Classifier output 窗口中可以查看算法的运行结果(即分类结果)，如图 7-29 所示。

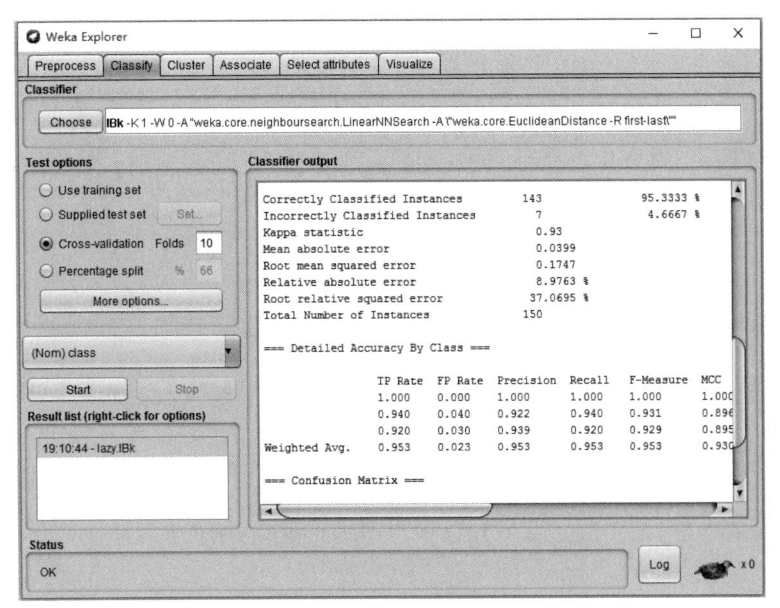

图 7-29　分类结果

分析结果显示了分类结果的正确情况、错误情况、各种误差值、分类的各种评价指标的值以及模糊矩阵等数据。可以看到,在本实例中,被分类的实例总数为150,分类准确率为95.3%,召回率为95.3%,F值为95.3%。

7.5 逻辑回归

逻辑回归(Logistic Regression,LR)又称逻辑回归分析,是一种广义的线性回归分析模型,常用于数据挖掘、疾病自动诊断和经济领域。线性回归模型通常用来处理因变量是连续变量的问题,如果因变量是定性变量,那么线性回归模型就不再适用了,需要采用逻辑回归模型解决。

逻辑回归用于处理因变量是分类变量的回归问题,常见的有二分类或二项分布问题,也可以处理多分类问题,它实际上是属于一种分类方法。

逻辑回归和线性回归最大的区别在于因变量的数据类型不同。线性回归分析的因变量属于定量数据,而逻辑回归分析的因变量属于分类数据。

本节主要介绍逻辑回归的基本概念以及算法过程,并通过实例对逻辑回归的二分类过程进行介绍。

7.5.1 逻辑回归的基本概念

逻辑回归的决策公式为

$$Y(x)=\frac{1}{1+\mathrm{e}^{-(w\cdot x+b)}} \tag{7-19}$$

其中,Y为决策值,x为特征值,e为自然对数,w为特征值的权重,b为偏置。$w\cdot x$为w和x两者的内积,$Y(x)$的图形如图7-30所示。

逻辑回归决策函数是一条S形曲线,并且曲线在中心点附近增长速度较快,在两端增长速度较慢。w值越大,曲线中心附近增长速度越快。

从图7-30可知,Y的值域为(0,1),那么就可以将决策函数值大于或等于0.5的具有对应x属性的对象归为正样本,决策函数小于0.5的具有对应x属性的对象归为负样本。这样,就可以对样本数据进行二分类。

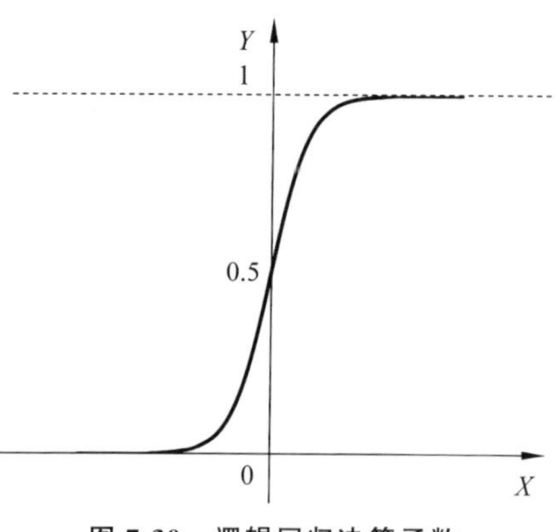

图7-30 逻辑回归决策函数

逻辑回归最终的分类是通过属于某个类别的概率值来判断是否属于某个类别,并且这个类别默认标记为1(正类),另一个类别标记为0(负类)。该函数将输入范围(∞,−∞)映射到输出的(0,1)且具有概率意义,即具有输出值概率为正样本,具有1-输出值概率为负样本。输出概率默认阈值为0.5,即当样本输入逻辑回归决策函数,其输出概率大于或等于0.5时,则该样本即为正类,否则为负类。

7.5.2 二项逻辑回归过程

二项逻辑回归模型是一种简单常见的二分类模型，通过输入未知类别对象的属性特征序列，得到对象所处的类别。由于 $Y(x)$ 是一个概率分布函数，因此对于二分类而言，离中心点的距离越远，其属于某一类的可能性就越大。

对于常见的二分类问题，例如投硬币问题就是典型的二分类问题，逻辑回归是通过一个区间分布来进行类别划分，即如果 Y 值大于或等于 0.5 则属于正样本，如果 Y 值小于 0.5 则属于负样本，这样就可以得到逻辑回归模型，模型的函数为式(7-19)所示，判别函数为

$$F(x)=\begin{cases}1, & Y(x)\geqslant 0.5\\0, & Y(x)<0.5\end{cases} \tag{7-20}$$

在模型参数 w 与 b 没有确定的情况下，模型是无法工作的，因此接下来就是实际应用中最重要的模型参数 w 和 b 的估计。有时为了方便，对权值向量 $\boldsymbol{w}$ 与特征向量 $\boldsymbol{x}$ 加以扩充，令 $\theta=(\boldsymbol{w}^{(0)},\boldsymbol{w}^{(1)},\boldsymbol{w}^{(2)},\cdots,\boldsymbol{w}^{(n)})$，$x=(1,\boldsymbol{x}^{(1)},\boldsymbol{x}^{(2)},\cdots,\boldsymbol{x}^{(n)})^T$，这样就可以将模型简化为

$$Y_\theta(x)=\frac{1}{1+\mathrm{e}^{-\theta\cdot x}} \tag{7-21}$$

然后，根据训练数据用梯度下降法估计参数 θ，定义代价函数为

$$\operatorname{cost}(Y_\theta(x),y)=\begin{cases}-\log Y_\theta(x), & y=1\\-\log(1-Y_\theta(x)), & y=0\end{cases} \tag{7-22}$$

给定 y 值为 1 时，代价函数曲线的横坐标为决策函数 $Y_\theta(x)$的值，纵坐标为代价。可以看出，决策函数 $Y_\theta(x)$的值越接近 1，则代价越小，反之越大。当决策函数 $Y_\theta(x)$的值为 1 时，代价为 0。类似的，当给定 y 值为 0 时有同样的性质。

如果将所有 m 个样本的代价累加并平均，就可以得到最终的代价函数，即

$$J(\theta)=\frac{1}{m}\sum_{i=1}^{m}\operatorname{cost}(Y_\theta(x^i),y^i) \tag{7-23}$$

由于 y 的取值为 0 或 1，结合式(7-22) 及式(7-23) 得到

$$J(\theta)=-\frac{1}{m}\sum_{i=1}^{m}y^i\log(Y_\theta(x^i))+(1-y^i)\log(1-Y_\theta(x^i))) \tag{7-24}$$

这样就得到了样本总的代价函数，代价越小则表明所得到的模型更符合真实模型，当 $J(\theta)$最小时就得到了所求参数 θ。

采用常用的梯度下降法来确定 θ，即设置一个学习率 α，j 从 1 到 n，更新 θ_j，即

$$\theta_j=\theta_j-\alpha\frac{\partial}{\partial\theta_j}J(\theta) \tag{7-25}$$

其中，$\frac{\partial}{\partial\theta_j}J(\theta)$是 $J(\theta)$关于 θ 的导数，即

$$\frac{\partial}{\partial\theta_j}J(\theta)=\frac{1}{m}\sum_{i=1}^{m}(Y_\theta(x^i)-y^i)x_j^i \tag{7-26}$$

那么就可以得到 θ 最终的迭代公式为

$$\theta_j=\theta_j-\frac{\alpha}{m}\sum_{i=1}^{m}(Y_\theta(x^i)-y^i)x_j^i \tag{7-27}$$

重复更新步骤，直到代价函数的值收敛为止。对于学习率 α 的设定，如果过小，则可能

会迭代过多的次数而导致整个过程变得很慢;如果过大,则可能导致错过最佳收敛点。所以,在计算过程中要选择合适的学习率。

二分类的逻辑回归算法,输入输出参数如下。

输入:训练数据集 $T=\{(x_1,y_1),(x_2,y_2),\cdots,(x_n,y_n)\}$,其中,$x_i\in X=\mathbf{R}^n$,$y_i\in Y=\{-1,+1\}$,$i=1,2,\cdots,n$;学习率 α。

输出:θ,逻辑回归模型 $Y_\theta(x)=\dfrac{1}{1+\mathrm{e}^{-\theta\cdot x}}$。

算法步骤如下。

① 选取初值 θ。

② 选择训练集 T。

③ 若 $J(\theta)$不收敛,则遍历 $j=1$ to n:计算 $\theta_j=\theta_j-\alpha\dfrac{\partial}{\partial\theta_j}J(\theta)$。

④ 转至步骤③,直至 $J(\theta)$收敛。

需要注意的是,在步骤③ 中使用的梯度下降法虽然可行有效,但是这种方法的收敛速度比较慢,因此现在也提出了不少高阶梯度下降算法,包括BFGS、L-BFGS等算法。这些算法的优点是不需要挑选学习率,缺点是比较复杂,难以实现。另外,也可以使用极大似然估计法来估计模型参数,从而得到逻辑回归模型。

逻辑回归分类算法伪代码如下。

```
输入:
    D: 数据集,即训练元组和对应类标号的集合
输出:具有分类能力的逻辑回归模型
方法:
    初始化拟合的参数;
    根据训练数据求出似然函数;
    使用梯度下降算法求解最小化目标函数;
    求解出最优的参数;
    输出模型
```

例 7.8 逻辑回归分类实例。

已知学生学习情况的基本信息的训练数据如表7-25所示。试分析表7-26所示的学生学习情况是否符合要求。

表 7-25 学生学习情况的基本信息的训练数据

学生	平均每天学习时长	平均每天问问题数	平均考试分数	是否符合要求
学生 a	10	20	90	符合
学生 b	9	18	70	符合
学生 c	4	12	55	不符合
学生 d	3	10	50	不符合

需分类的学生数据如表7-26所示。

表 7-26 需分类的学生数据

学生	平均每天学习时长	平均每天问问题数	平均考试分数	是否符合要求
学生 e	8	18	85	?
学生 f	4	14	65	?

解：

① 整理已知数据，转化成数学模型。

$$x_1^1=10,\quad x_2^1=20,\quad x_3^1=90,\quad y^1=1$$
$$x_1^2=9,\quad x_2^2=18,\quad x_3^2=70,\quad y^2=1$$
$$x_1^3=4,\quad x_2^3=12,\quad x_3^3=55,\quad y^3=0$$
$$x_1^4=3,\quad x_2^4=10,\quad x_3^4=50,\quad y^4=0$$

② 将数据进行归一化处理。

$$x_1^1=1,\quad x_2^1=1,\quad x_3^1=0.9,\quad y_4^1=1$$
$$x_1^2=0.9,\quad x_2^2=0.9,\quad x_3^2=0.7,\quad y_4^2=1$$
$$x_1^3=0.4,\quad x_2^3=0.6,\quad x_3^3=0.55,\quad y_4^3=1$$
$$x_1^4=0.3,\quad x_2^4=0.5,\quad x_3^4=0.5,\quad y_4^4=1$$

③ 选取初始 θ 值为(0,0,0,0)，取值 $\alpha=0.3$，并且设 $J(\theta)$ 的收敛条件为 $|J(\theta)^n-J(\theta)^{n-1}|<0.001$，其中$J(\theta)^n$ 是 $J(\theta)$在第 n 次迭代的值。

④ 计算迭代后的 $J(\theta)$ 的值，检查 $J(\theta)$ 是否收敛，若未收敛则继续进行迭代。

⑤ 经过多次迭代后，可以得到代价函数变化值控制在 0.001 以内的逻辑函数模型，最终 θ 值为(5.241，1.877，0.451，−4.896)。

⑥ 将需分类的学生数据代入逻辑函数模型 $Y_\theta(x)$中，得到学生 e 的函数值为 0.797，学生 f 的函数值为 0.233。将得到的函数值代入判别函数 $F(x)$中，因为 0.797>0.5、0.233<0.5 那么就可得到需分类的学生的结果，如表 7-27 所示。

表 7-27 需分类的学生数据分类结果

学生	平均每天学习时长	平均每天问问题数	平均考试分数	是否符合要求
学生 e	8	18	85	1
学生 f	4	14	65	0

7.5.3 用 Weka 进行逻辑回归分类实例

本实例对 Weka 自带数据文件 weather.numeric.arff，利用逻辑回归进行分类。

① 按照 7.3.3 节中步骤①～③ 启动 Weka 软件，进入如图 7-22 所示的 Weka Explorer 主窗口。

② 单击 Open file 按钮，选择需要进行逻辑回归的数据文件，这里选择 weather.numeric.arff 文件并打开，出现图 7-31。

在图 7-31 中，Current relation 栏描述了当前数据文件的基本信息。其中，“Relation：weather”文件是有关天气的描述，“Instances：14”文件中有 14 个实例，“Attributes：5”文件有 5 个属性，“Sum of weights：14”表示权重和为 14。

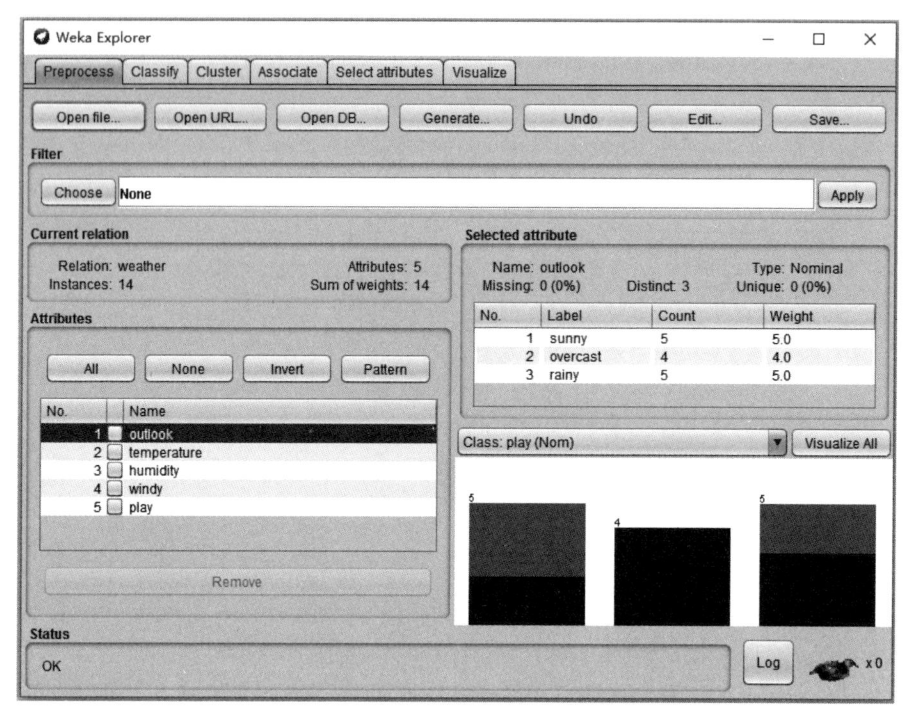

图 7-31　打开 weather.numeric.arff 数据文件后界面

Attributes 栏显示了文件中的各个属性：outlook 为天气，temperature 为温度，humidity 为湿度，windy 为是否有风，play 为是否适合旅游。其中，outlook 取值为 sunny、rainy 或 overcast，windy 取值为 FALSE 或 TRUE，play 取值为 no 或 yes。

③ 单击 Edit 按钮，弹出名为 Viewer(数据集编辑器)的对话框，列出了该数据集中的全部数据。该窗口以二维表的形式显示数据，用户可以查看和编辑整个数据集，如图 7-32 所示。以数据集第一行为例，编号为 1 的天气数据，其 outlook 取值为 sunny，temperature 取值为 85.0，humidity 取值为 85.0，windy 取值为 FALSE，play 取值为 no。

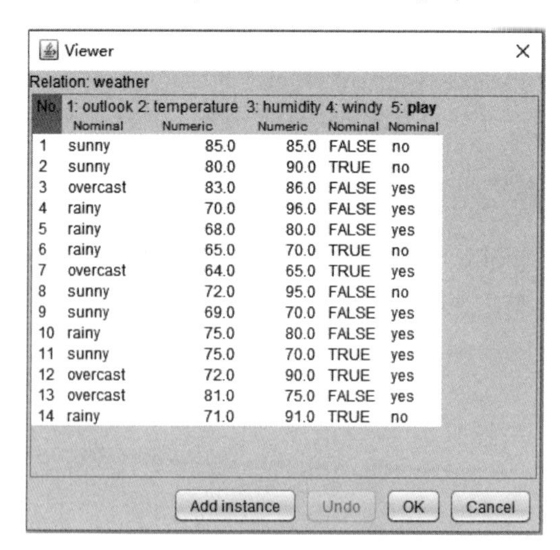
Viewer

Relation: weather

No.	1: outlook Nominal	2: temperature Numeric	3: humidity Numeric	4: windy Nominal	5: play Nominal
1	sunny	85.0	85.0	FALSE	no
2	sunny	80.0	90.0	TRUE	no
3	overcast	83.0	86.0	FALSE	yes
4	rainy	70.0	96.0	FALSE	yes
5	rainy	68.0	80.0	FALSE	yes
6	rainy	65.0	70.0	TRUE	no
7	overcast	64.0	65.0	TRUE	yes
8	sunny	72.0	95.0	FALSE	no
9	sunny	69.0	70.0	FALSE	yes
10	rainy	75.0	80.0	FALSE	yes
11	sunny	75.0	70.0	TRUE	yes
12	overcast	72.0	90.0	TRUE	yes
13	overcast	81.0	75.0	FALSE	yes
14	rainy	71.0	91.0	TRUE	no

Add instance　Undo　OK　Cancel

图 7-32　数据集编辑器对话框

在图7-32中，单击Add instance按钮可以添加实例，单击Undo按钮可以撤销操作，保存可单击OK按钮，取消可单击Cancel按钮。

④ 单击OK按钮，返回图7-31所示的窗口，选择Classify选项卡，在Classifier栏中单击Choose按钮，选择functions下的Logistic，即可使用逻辑回归函数对文件进行处理，如图7-33所示。

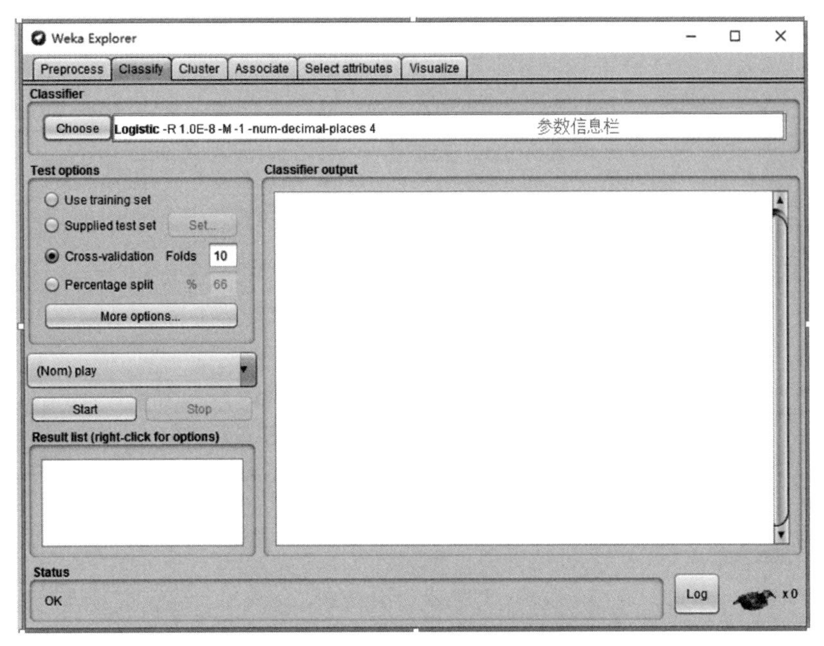

图7-33 选择逻辑函数后的窗口

⑤ 单击Choose按钮右侧的参数框弹出参数列表，如图7-34所示，其中的主要参数解释如下。

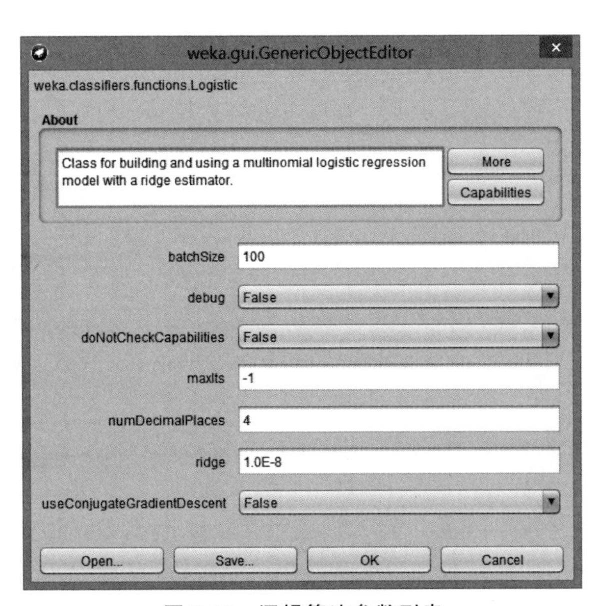

图7-34 逻辑算法参数列表

maxIts(最大迭代次数):要执行的最大迭代次数。

ridge(岭):设置对数似然的岭值。

useConjugateGradientDescent(共轭梯度下降):使用共轭梯度下降进行更新。

⑥ 设置好参数后,单击OK按钮返回图7-33。单击Start按钮,即可进行逻辑回归,其分类结果如图7-35所示。

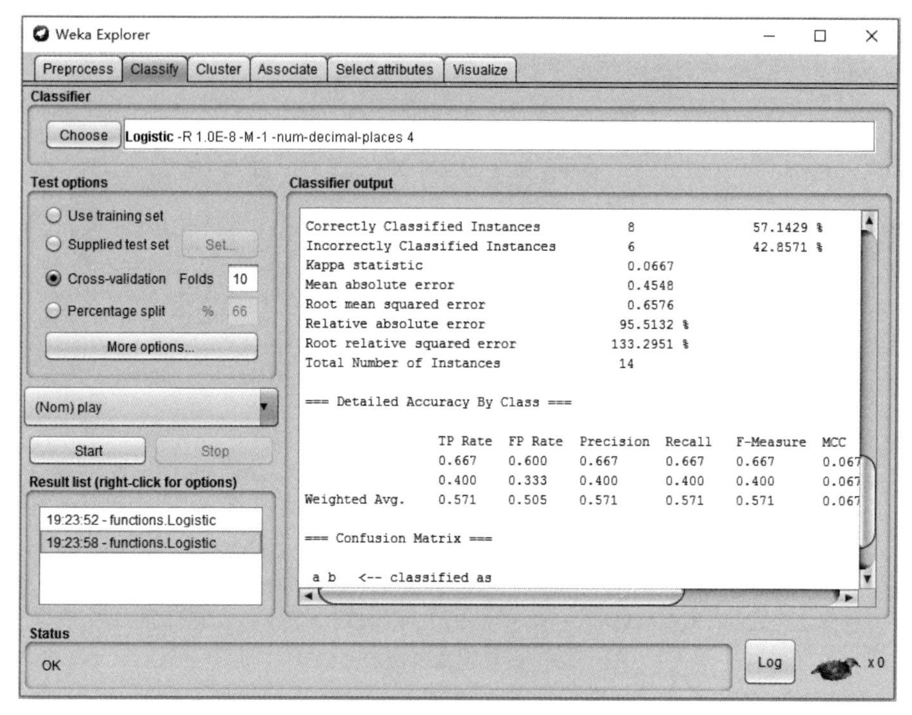

图7-35 逻辑回归分类结果

图7-35描述了逻辑回归的分类结果。其中,正确分类实例是8个,不正确分类实例是6个。正确率为7.1429%。平均绝对误差为0.4548。图中也给出了分类的详细准确率。

7.6 支持向量机

分类作为数据挖掘领域中一项非常重要的任务,它的最终目的是通过训练学习得到一个分类模型,这个分类模型又称为分类器。而支持向量机本身便是一种广泛应用于统计分类以及回归分析的一种监督式学习方法。支持向量机(Support Vector Machine,SVM)是一种在20世纪90年代中期发展起来的基于统计学习理论的一种机器学习方法,它是一种二分类模型。

支持向量机可分为3种模型:线性可分支持向量机、线性支持向量机和非线性支持向量机。如果训练数据是线性可分的,通过硬间隔最大化,学习得到一个线性分类器即线性可分支持向量机,也可称之为硬间隔支持向量机;如果训练数据是近似线性可分的,通过软间隔最大化,学习得到一个线性分类器即线性支持向量机,也可称之为软间隔支持向量机;如果训练数据是不可分的,那么可以通过使用核技巧及软间隔最大化,学习得到一个非线性支持向量机。

7.6.1 线性可分支持向量机算法

假设给定线性可分训练数据集

$$T=\{(\boldsymbol{x}_1,\boldsymbol{y}_1),(\boldsymbol{x}_2,\boldsymbol{y}_2),\cdots,(\boldsymbol{x}_N,\boldsymbol{y}_N)\}$$

其中，$\boldsymbol{x}_i\in\mathbf{R}^n$，$\boldsymbol{y}_i\in\{+1,-1\}$，$i=1,2,\cdots,N$，$\boldsymbol{x}_i$ 为第 i 个特征向量，$\boldsymbol{y}_i$ 为第 i 个特征向量 $\boldsymbol{x}_i$ 的类标记，+1 表示为正类，−1 表示为负类。

学习的目标是找到一个超平面，能正确地将实例分到不同的类。假设超平面对应于方程 $\boldsymbol{w}\cdot x+b=0$，它由法向量 $\boldsymbol{w}$ 以及截距 b 确定。超平面将特征空间分为正类和负类两个部分，法向量指向的一边是正类，另一边是负类。

如果训练数据集是线性可分的，一般能够找到无穷多个超平面可以正确地区分两类数据，如图 7-36 所示。

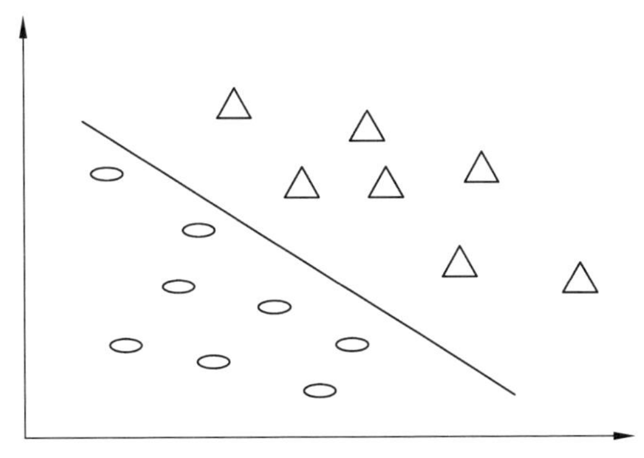

图 7-36 二分类问题

图 7-36 中的分离超平面是有无穷多个的，可以在图中直线的上方或者下方画无数条直线，用来区分正类和负类。线性可分支持向量机利用**间隔最大化**求分离超平面，这时的解是唯一的。

1. 线性可分支持向量机

给定线性可分数据集，通过间隔最大化或等价的方法求解相应的凸二次规划问题，从而得到分离超平面，如图 7-37 所示。图中的实线即为分离超平面，虚线为边缘。线性可分支持向量机就是找出间隔最大的分离超平面——最佳超平面，即具有最小分类误差的超平面。

超平面公式为

$$\boldsymbol{w}\cdot x+b=0 \tag{7-28}$$

相应的分类决策函数为

$$f(x)=\mathrm{sign}(\boldsymbol{w}\cdot x+b) \tag{7-29}$$

一般来说，点距离超平面的远近可以表示分类预测的确信程度，如图 7-37 中超平面的右上侧，距离超平面远的点是正类的确信度要比距离超平面近的点是正类的确信度高。在确定超平面 $\boldsymbol{w}\cdot x+b=0$ 的情况下，$|\boldsymbol{w}\cdot x+b|$ 能够在一定程度上表示点到超平面的距离。并且如果分类正确则 $y(\boldsymbol{w}\cdot x+b)$ 的符号为正，如果分类错误则 $y(\boldsymbol{w}\cdot x+b)$ 的符号为负。

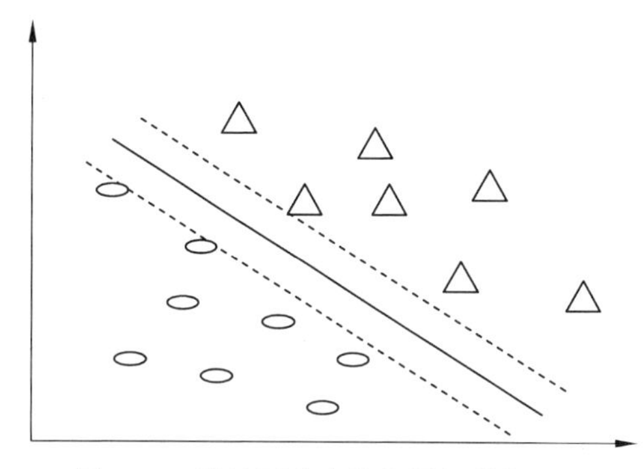

图 7-37 线性可分支持向量机的超平面

所以,可以用 $y(\boldsymbol{w}\cdot x+b)$来表示分类的正确性以及确信度。

2. 函数间隔

对于给定的训练数据集 T 以及超平面$(\boldsymbol{w},b)$,定义超平面$(\boldsymbol{w},b)$关于样本点$(\boldsymbol{x}_i,\boldsymbol{y}_i)$的**函数间隔**(Functional Margin)为

$$\hat{\gamma}_i=y_i(\boldsymbol{w}\cdot\boldsymbol{x}_i+b) \tag{7-30}$$

定义超平面$(\boldsymbol{w},b)$关于 T 中所有样本点$(\boldsymbol{x}_i,\boldsymbol{y}_i)$的**最小函数间隔**为

$$\hat{\gamma}=\min_{i=1,2,\cdots,N}\hat{\gamma}_i \tag{7-31}$$

3. 几何间隔

在选择超平面时,只有函数间隔是不够的。因为如果等比例地改变 $\boldsymbol{w}$ 与 b,如改为 $2\boldsymbol{w}$ 与 $2b$,那么在超平面 $\boldsymbol{w}\cdot x+b=0$ 并没有改变的情况下,函数间隔却变为原来的 2 倍。为了解决这个问题,可以对法向量 $\boldsymbol{w}$ 加些约束条件,使其规范化,这样就引出真正定义点到超平面的距离——几何间隔(Geometric Margin),如图 7-38 所示。

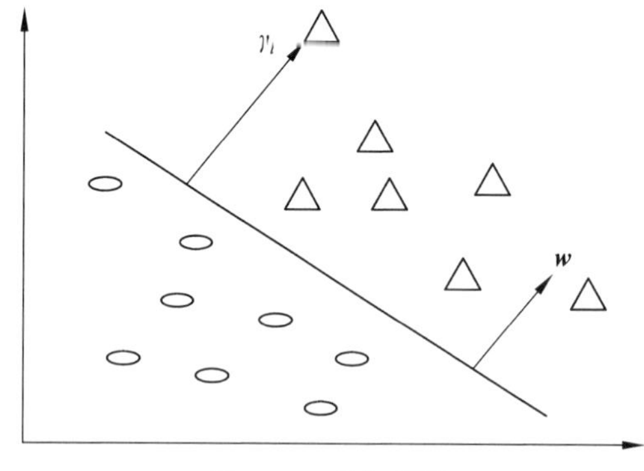

图 7-38 几何间隔

图 7-38 给出了超平面$(\boldsymbol{w},b)$的法向量 $\boldsymbol{w}$,以及某实例点 $\boldsymbol{x}_i$ 到超平面的距离 γ_i,γ_i 的计算公式为

$$\gamma_i=\frac{\boldsymbol{w}}{\|\boldsymbol{w}\|}\cdot\boldsymbol{x}_i+\frac{b}{\|\boldsymbol{w}\|} \tag{7-32}$$

其中，$\|w\|$是 w 的范数。

这里的 γ 是带有符号的，当实例点在超平面正的一侧时则其符号为正，当实例点在超平面负的一侧时则其符号为负。

对于给定的训练数据集 T 和超平面(w,b)，定义超平面关于样本点(x_i,y_i)的**几何间隔**为

$$\gamma_i = y_i\left(\frac{w}{\|w\|}\cdot x_i + \frac{b}{\|w\|}\right) \tag{7-33}$$

定义超平面(w,b)关于 T 中所有样本点(x_i,y_i)的**最小几何间隔**为

$$\gamma = \min_{i=1,2,\cdots,N} \gamma_i \tag{7-34}$$

函数间隔 $y\times(w\cdot x+b)=y\times f(x)$实际上就是$|f(x)|$，只是人为定义的一个量，而几何间隔$\frac{|f(x)|}{\|w\|}$才是直观上点到超平面的距离。

按照前面的分析，对一个数据点进行分类，当它与超平面的距离越大时，分类的确信度越大。对于一个包含 n 个点的数据集 T，为了使分类的确信度高，就需要所选择的超平面(w,b)能够使关于 T 的几何间隔最大化。支持向量机学习的基本思想就是求能够正确划分训练数据集并且使几何间隔最大化的超平面。

支持向量机学习的目标函数为

$$\begin{aligned}&\max \gamma\\ &\text{s.t.}\quad y_i\left(\frac{w}{\|w\|}\cdot x_i+\frac{b}{\|w\|}\right)\geqslant \gamma,\quad i=1,2,\cdots,N\end{aligned} \tag{7-35}$$

其中，γ 是超平面(w,b)关于训练数据集 T 的几何间隔，即为超平面(w,b)关于 T 中所有样本点(x_i,y_i)的最小几何间隔，约束条件表示最大化这个几何间隔。

注意到 $\gamma=\frac{\hat{\gamma}}{\|w\|}$，那么式(7-35)所示的目标函数就可以转换为

$$\begin{aligned}&\max \frac{\hat{\gamma}}{\|w\|}\\ &\text{s.t.}\quad y_i(w\cdot x_i+b)\geqslant \hat{\gamma},\quad i=1,2,\cdots,N\end{aligned} \tag{7-36}$$

因为等比例地改变 w 与 b 的值，函数间隔也会随之改变，所以这里设 $\hat{\gamma}=1$，不影响最优化问题的求解，问题也随之变为求解最大化$\frac{1}{\|w\|}$。由于求$\frac{1}{\|w\|}$的最大值相当于求$\frac{1}{2}\|w\|^2$ 的最小值，于是就得到线性可分支持向量机的最优化问题，即

$$\begin{aligned}&\min \frac{1}{2}\|w\|^2\\ &\text{s.t.}\quad y_i(w\cdot x_i+b)\geqslant 1,\quad i=1,2,\cdots,N\end{aligned} \tag{7-37}$$

这是一个凸二次规划问题。对于一个凸二次规划问题，可以用很多现成的二次规划算法的优化包进行求解。总体来说，就是在一定的约束条件下，目标最优，损失最小。把式(7-37)视为原问题，除了常规方法外，还可以通过求解原问题的对偶问题得到最优解，这就是线性可分支持向量机的对偶算法。这样做的优点，一是对偶问题往往更容易求解；二是可以自然地引入核函数，进而推广到非线性分类问题。通常，可以通过应用拉格朗日对偶性将

原始问题转换为对偶问题。

通过给每一个约束条件加上一个拉格朗日乘值,并将约束条件融合到目标函数中构建拉格朗日函数为

$$L(\boldsymbol{w},b,\alpha)=\frac{1}{2}\|\boldsymbol{w}\|^2-\sum_{i=1}^{N}\alpha_i(\boldsymbol{y}_i(\boldsymbol{w}\cdot\boldsymbol{x}_i+b)-1) \tag{7-38}$$

其中,$\alpha=(\alpha_1,\alpha_2,\cdots,\alpha_N)^T$ 是拉格朗日乘子。

对于广义的拉格朗日函数的极小极大问题$\min\limits_{w,b}\max\limits_{\alpha}L(\boldsymbol{w},b,\alpha)$,它与原问题是等价的,即有相同的解。其对偶极大极小问题为$\max\limits_{\alpha}\min\limits_{w,b}L(\boldsymbol{w},b,\alpha)$,对该对偶问题的求解,需要先求$L(\boldsymbol{w},b,\alpha)$对 $\boldsymbol{w}$,b 的极小,再求对 α 的极大。具体步骤如下。

① 固定 α 使 $L(\boldsymbol{w},b,\alpha)$关于 $\boldsymbol{w}$,b 最小化,分别对 $\boldsymbol{w}$,b 求偏导,并令导数为零,如式(7-39)所示。

$$\begin{cases}\dfrac{\partial L}{\partial w}=\boldsymbol{w}-\sum\limits_{i=1}^{N}a_i\boldsymbol{y}_i\boldsymbol{x}_i=0\\[2ex]\dfrac{\partial L}{\partial b}=\sum\limits_{i=1}^{N}a_i\boldsymbol{y}_i=0\end{cases} \tag{7-39}$$

式(7-39)转换为式(7-40)。

$$\begin{cases}\boldsymbol{w}=\sum\limits_{i=1}^{N}a_i\boldsymbol{y}_i\boldsymbol{x}_i\\[2ex]\sum\limits_{i=1}^{N}a_i\boldsymbol{y}_i=0\end{cases} \tag{7-40}$$

② 将式(7-40)代入 $L(\boldsymbol{w},b,\alpha)$,可以得到式(7-41)。

$$L(\boldsymbol{w},b,\alpha)=-\frac{1}{2}\sum_{i=1}^{N}\sum_{j=1}^{N}\alpha_i\alpha_j\boldsymbol{y}_i\boldsymbol{y}_j\boldsymbol{x}_i^T\boldsymbol{x}_j+\sum_{i=1}^{N}\alpha_i \tag{7-41}$$

③ 对 α 求极大,即是关于对偶问题的最优化问题为

$$\begin{aligned}&\max_{\alpha}-\frac{1}{2}\sum_{i=1}^{N}\sum_{j=1}^{N}\alpha_i\alpha_j\boldsymbol{y}_i\boldsymbol{y}_j\boldsymbol{x}_i^T\boldsymbol{x}_j+\sum_{i=1}^{N}\alpha_i\\&\text{s.t.}\quad\sum_{i=1}^{n}\alpha_i\boldsymbol{y}_i=0,\quad\alpha\geqslant0,\quad i=1,2,\cdots,N\end{aligned} \tag{7-42}$$

④ 对于原始问题,存在 $\boldsymbol{w}^*$、b^* 和 α^* 分别是原始问题和对偶问题的最优解。这样就可以得到原始问题的解为

$$\begin{cases}\boldsymbol{w}^*=\sum\limits_{i=1}^{N}\alpha_i^*\boldsymbol{y}_i\boldsymbol{x}_i\\[2ex]b^*=\boldsymbol{y}_i-\sum\limits_{i=1}^{N}\alpha_i^*\boldsymbol{y}_i(\boldsymbol{x}_i\cdot\boldsymbol{x}_j)\end{cases} \tag{7-43}$$

⑤ $\boldsymbol{w}^*$ 与 b^* 只依赖于对应 $\alpha^*>0$ 的样本点$(\boldsymbol{x}_i,\boldsymbol{y}_i)$,而其他样本点则对两者没有影响。将对应于 $\alpha^*>0$ 的样本点 $\boldsymbol{x}_i$ 称为**支持向量**,支持向量一定在间隔边界上,如图 7-39 中的实心样本点。

支持向量机的重要特征:当训练完成后,大部分样本都不需要保留,最终模型只与支持

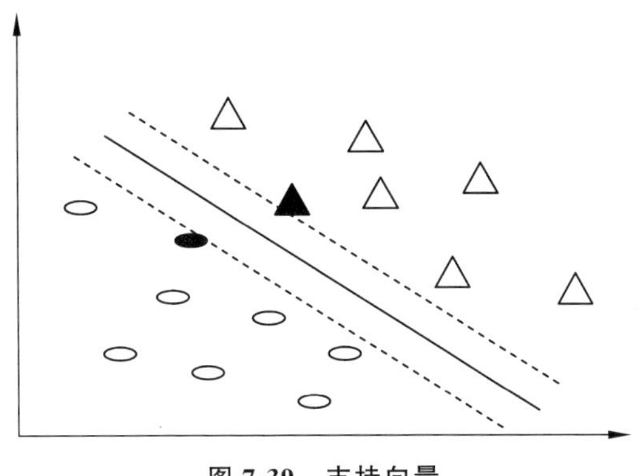

图 7-39　支持向量

向量有关。

7.6.2　线性可分支持向量机学习算法——最大间隔法

最大间隔法伪代码如下。

输入：

T：线性可分训练数据集，$T=\{(x_1,y_1),(x_2,y_2),\cdots,(x_N,y_N)\}$，其中，$x_i\in\mathbf{R}^n$，$y_i\in\{+1,-1\}$，$i=1,2,\cdots,N$

输出：最大间隔分离超平面和分类决策函数

方法：

① 构造约束最优化问题：

$$\max_{\alpha} -\frac{1}{2}\sum_{i=1}^{N}\sum_{j=1}^{N}\alpha_i\alpha_j y_i y_j x_i^T x_j+\sum_{i=1}^{N}\alpha_i$$

$$\text{s.t.}\sum_{i=1}^{N}\alpha_i y_i=0,\quad \alpha_i\geqslant 0,\quad i=1,2,\cdots,N$$

其中，$\alpha=(\alpha_1,\alpha_2,\cdots,\alpha_N)^T$。

② 求解最优化问题：

$$w^*=\sum_{i=1}^{N}\alpha_i^* y_i x_i$$

选择一个$\alpha_j^*>0$，求解

$$b^*=y_j-\sum_{i=1}^{N}\alpha_i^* y_i(x_i\cdot x_j)$$

得到最大间隔分离超平面：

$$w^*\cdot x+b^*=0$$

得到分类决策函数：

$$f(x)=\text{sign}\left(\sum_{i=1}^{N}\alpha_i^* y_i(x_i\cdot x)+b^*\right)$$

例 7.9　使用线性可分支持向量机进行分类。

假设训练数据集 T，其正例点有 $\boldsymbol{x}_1=(3,3)^T$，$\boldsymbol{x}_2=(4,3)^T$，负样本有 $\boldsymbol{x}_3=(1,1)^T$，求线性可分支持向量机。

解：根据训练数据集，可以得到其对偶问题为

$$\max_{\alpha} -\frac{1}{2}\sum_{i=1}^{N}\sum_{j=1}^{N}\alpha_i\alpha_j\boldsymbol{y}_i\boldsymbol{y}_j\boldsymbol{x}_i^T\boldsymbol{x}_j+\sum_{i=1}^{N}\alpha_i$$

$$=-\frac{1}{2}(18\alpha_1^2+25\alpha_2^2+2\alpha_3^2+42\alpha_1\alpha_2-12\alpha_1\alpha_3-14\alpha_2\alpha_3)+(\alpha_1+\alpha_2+\alpha_3)$$

$$\text{s.t.}\quad \alpha_1+\alpha_2-\alpha_3=0,\quad \alpha_i\geqslant 0,\quad i=1,2,3$$

将约束条件 $\alpha_3=\alpha_1+\alpha_2$ 代入上式，可得

$$\theta(\alpha_1,\alpha_2)=-\left(4\alpha_1^2+\frac{1}{2}\alpha_2^2+10\alpha_1\alpha_2\right)+2\alpha_1-2\alpha_2$$

求$\frac{\partial\theta}{\partial\alpha_1}=0$与$\frac{\partial\theta}{\partial\alpha_2}=0$，可以求得 θ 在点$\left(\frac{3}{2},-1\right)^T$处取得极大值。但是，$\alpha_2=-1$ 不满足 $\alpha_i\geqslant 0$，所以极值应该在边界上。

当 $\alpha_1=0$ 时，最大值 $\theta\left(0,\frac{2}{13}\right)=\frac{2}{13}$；当 $\alpha_2=0$ 时，最大值$\theta\left(\frac{1}{4},0\right)=\frac{1}{4}$。所以，$\theta$ 会在$\left(\frac{1}{4},0\right)$取得最大值，此时 $\alpha_3=\alpha_1+\alpha_2=\frac{1}{4}$。

这样，支持向量为 $\boldsymbol{x}_1,\boldsymbol{x}_3$。根据式(7-49)与式(7-50)可得 $\boldsymbol{w}^*=\left(\frac{1}{2},\frac{1}{2}\right)$，$b^*=-2$，可以得到如下超平面。

$$\frac{1}{2}x^{(1)}+\frac{1}{2}x^{(2)}-2=0$$

得到超平面之后，就可以求出分类决策函数：

$$f(x)=\text{sign}\left(\frac{1}{2}x^{(1)}+\frac{1}{2}x^{(2)}-b^*\right)$$

7.6.3 使用 Weka 进行支持向量机分类实例

Weka 中提供了 SMO 函数实现 SVM 算法，本实例对 Weka 自带数据文件 breast-cancer.arff，利用 SMO 算法实现支持向量机分类。

① 按照 7.2.5 节中步骤①～④ 启动 Weka 软件，并导入需要进行 SMO(SMO 是 Weka 中对支持向量机算法的实现)分类的文件 breast-cancer.arff，如图 7-40 所示。

② 选择 Classify 选项卡，在 Classifier 栏中单击 Choose 按钮，在树形层次结构中选择 functions 文件夹下的 SMO，即 SMO 分类器，如图 7-41 所示。

③ 再次选择 Classify 选项卡，在 Test options 选项下选择默认的 Cross-validation 选项，将 Folds 值设置为 10，单击 Start 按钮，在 Classifier output 子窗口中出现 SMO 的分类结果，如图 7-42 所示。

图 7-42 中显示了分类的输出结果。本例使用指数为 1 的 PolyKernel(多项式核)，使得模型成为线性支持向量机。由于 breast-cancer.arff 数据包含两个类别值，因此输出两个对应的二元 SMO 模型。此外，由于支持向量机是线性的，超平面表示为在原来空间中的属性值的函数。也可以在图 7-42 中左下方右击 Result list 下面的记录，看到可视化分类结果。

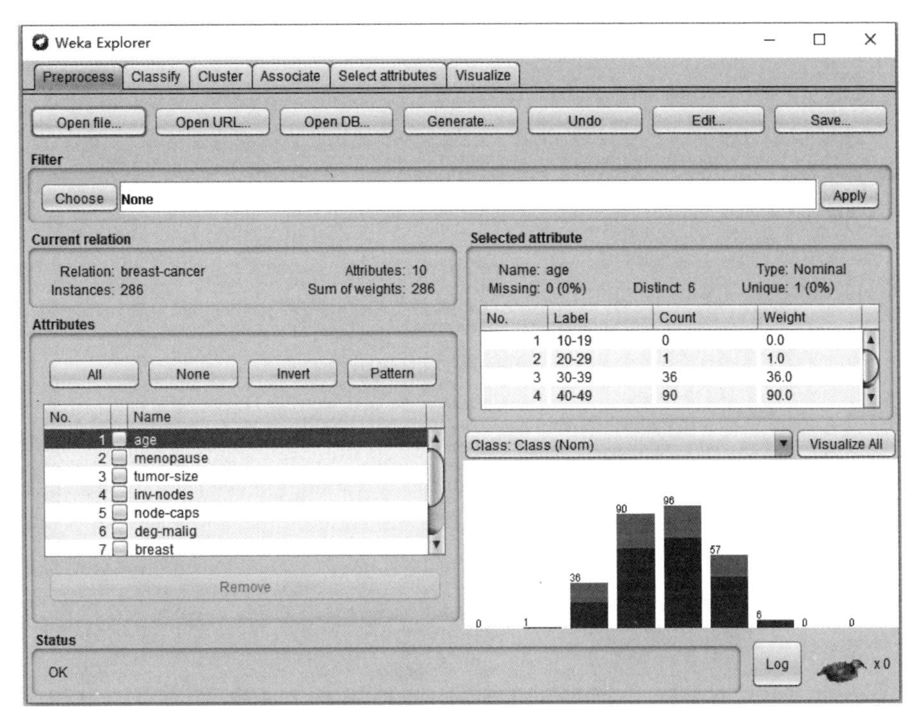

图 7-40 导入 breast-cancer.arff 文件后 Weka 主窗口

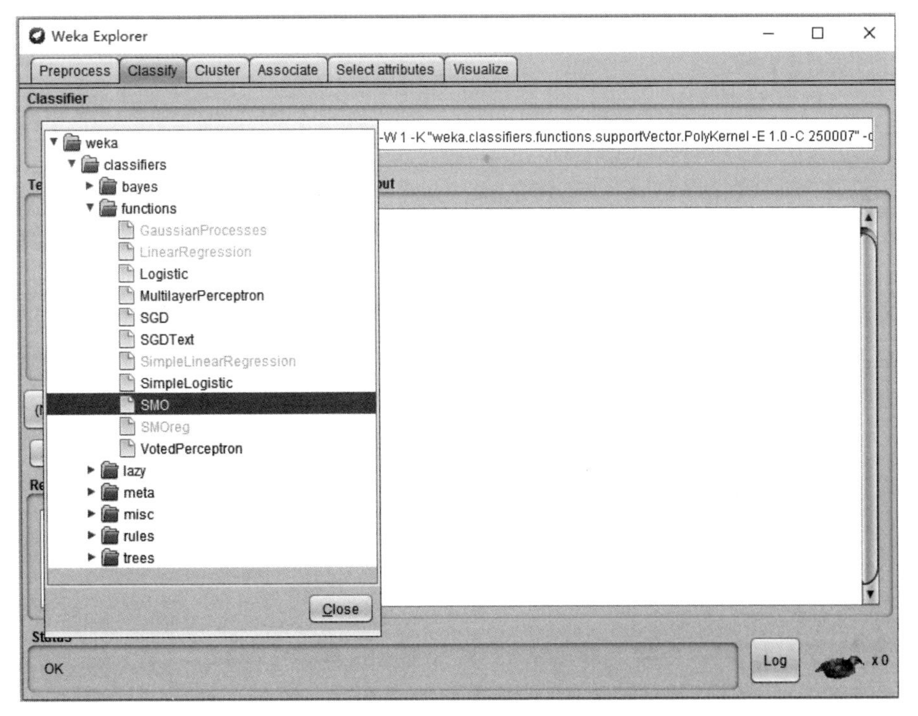

图 7-41 选择 SMO 分类器

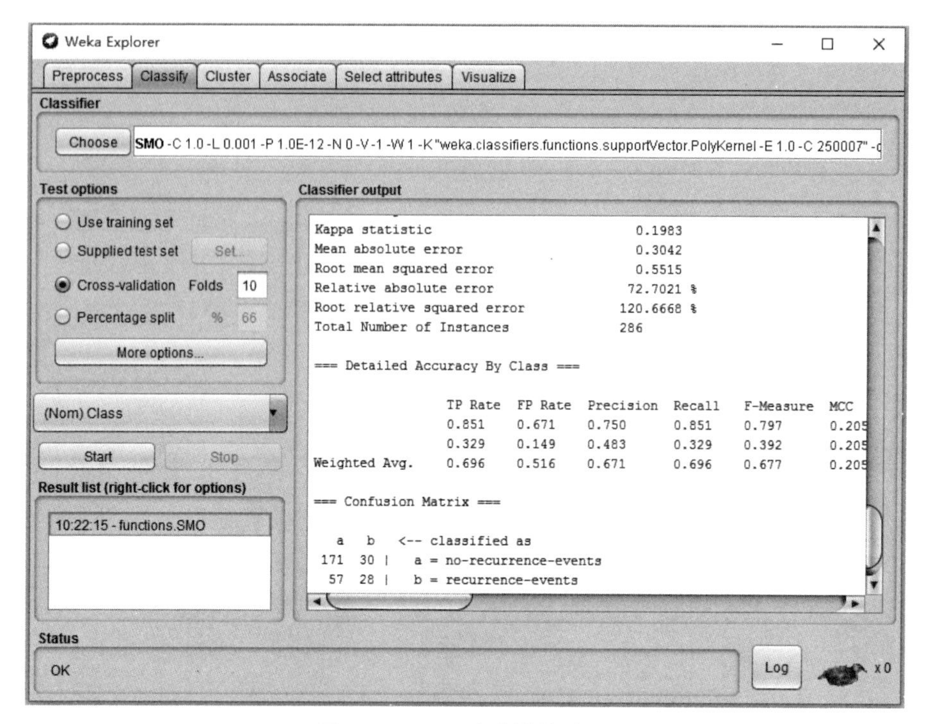

图 7-42 SMO 分类器的结果

7.7 神经网络

7.7.1 神经网络的基本概念

人工神经网络(Artificial Neural Network,ANN)是以模拟人脑神经元为基础而创建的,是对人类大脑系统特性的一种描述。神经元可以看作一个多输入、单输出的信息处理单元,其数学模型一般如图 7-43 所示。

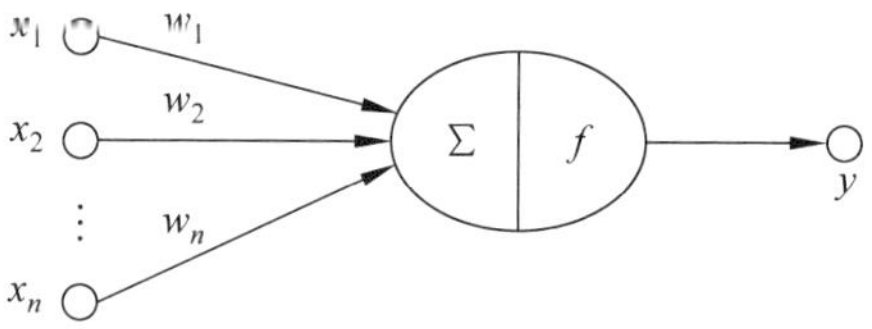

图中,n 个输入 x_i 表示当前神经元的输入值,n 个权值 w_i 表示连接强度;f 是一个线性输出函数,又称激活函数或激励函数;y 表示当前神经元的输出值。

图 7-43 神经元数学模型

神经元的工作过程如下。

① 输入端接受输入信号 x_i。

② 求所有输入的加权和,即 $\text{net}=\sum_{i=1}^{n} w_i x_i$。

③ 对 net 进行非线性变换后输出结果,即 $y=f(\text{net})$。

神经网络由 3 个要素组成:拓扑结构、连接方式和学习规则。

(1) 拓扑结构

拓扑结构是一个神经网络的基础,其设计是一个试验过程,可能影响网络训练结果的准确性。如果网络经过训练之后其准确性仍无法接受,则通常需要采用不同的网络拓扑结构或者使用不同的初始值,重新对其进行训练。

拓扑结构可以分为单层、两层和三层,如图7-44所示。其中单层神经网络如图7-44(a)所示,只有一组输入单元和一个输出单元。两层神经网络如图7-44(b)所示,由输入单元层和输出单元层组成。三层神经网络如图7-44(c)所示,用于处理更复杂的非线性问题。在这种模型中,除了输入层和输出层外,还引入了中间层,也称为隐藏层,隐藏层可以有一层或多层。每层单元的输出作为下一层单元的输入。

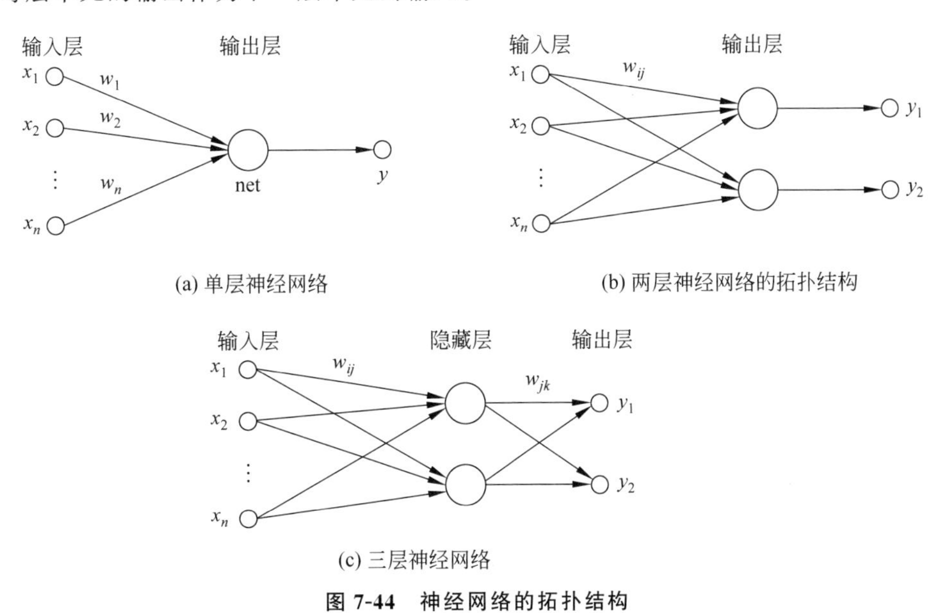

图7-44 神经网络的拓扑结构

(2) 连接方式

神经网络的连接包括层之间的连接和每一层内部的连接,连接的强度用权表示。根据连接方式的不同,神经网络可以分为前馈神经网络、反馈神经网络和层内有互连的神经网络。

① 前馈神经网络又称前向神经网络,其中单元分层排列,每一层只接受来自前一层单元的输入,无反馈,如图7-45(a)所示。

② 反馈神经网络是指除了单向连接外,最后一层的单元的输出返回作为第一层单元的输入,如图7-45(b)所示。

③ 层内有互联的神经网络是指在一个层内的神经元之间有互连,如图7-45(c)所示。

(3) 学习规则

神经网络的学习分为离线学习和在线学习两类,离线学习是指神经网络的学习过程和应用过程是独立的,而在线学习是指学习过程和应用过程是同时进行的。

根据拓扑结构和连接方式的不同,人工神经网络有多种网络模型,包括前馈神经网络、反馈神经网络、竞争神经网络和自映射神经网络等。下面将重点介绍前馈神经网络。在前馈神经网络中,被广泛使用的算法是误差后向传播(Back Propagation,BP)算法,此算法是由Rumelhart等人提出的。

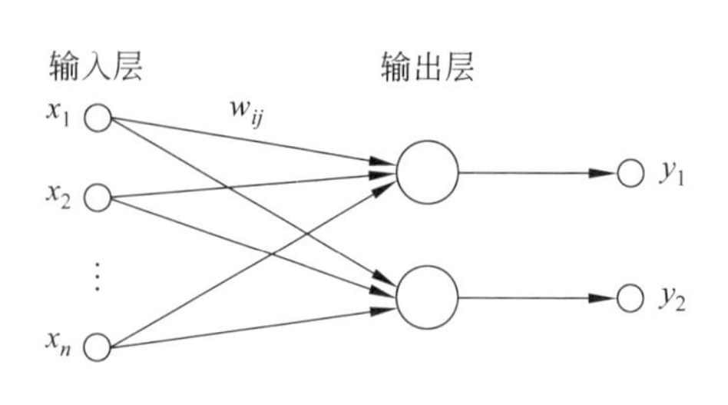

(a) 前馈神经网络的连接方式

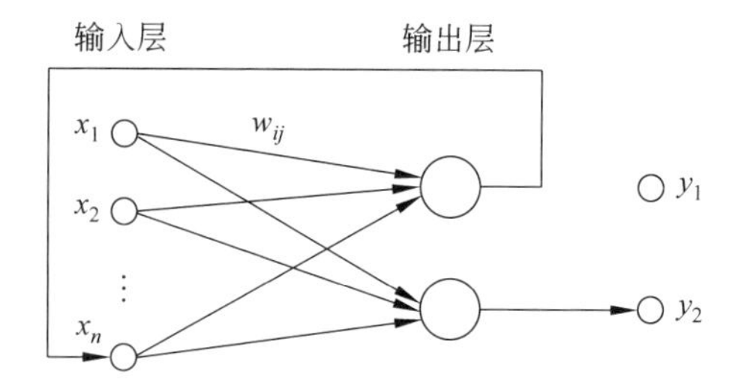

(b) 反馈神经网络的连接方式

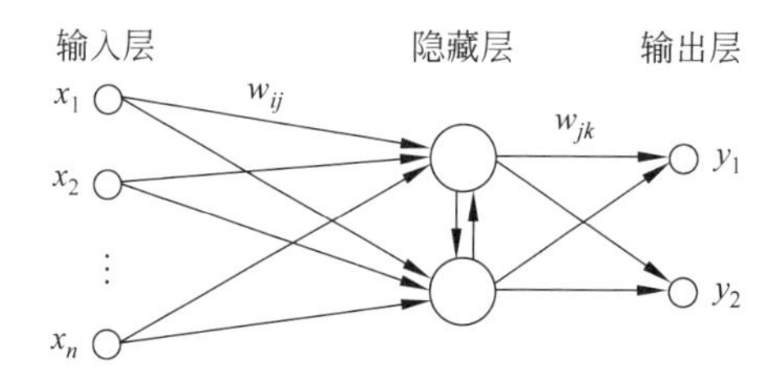

(c) 层内有互联的神经网络的连接方式

图 7-45 神经网络的连接方式

7.7.2 BP 神经网络算法过程

BP 算法的学习过程分为两个基本子过程，即工作信号正向传递子过程和误差信号反向传递子过程。完整的学习过程如下。对于一个训练样本，其迭代过程如下：调用工作信号正向传递子过程，从输入层到输出层产生输出信号，这可能会产生误差，然后调用误差信号反向传递子过程从输出层到输入层传递误差信号，利用该误差信号求出权修改量，以便更新权值，这是一次迭代过程。当误差或权修改量仍不满足要求时，用更新后的权重复上述过程。BP 神经网络如图 7-46 所示。

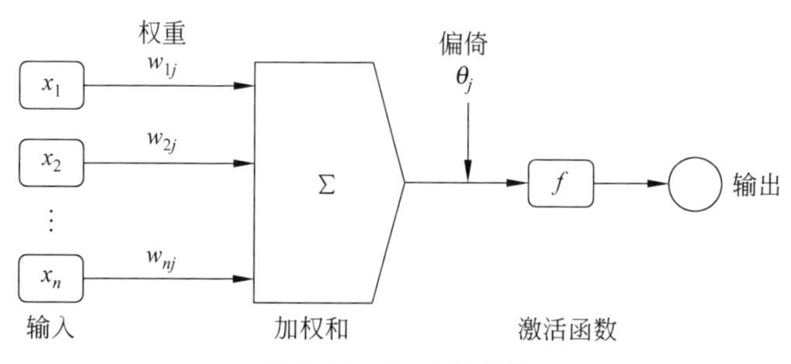

图 7-46 BP 神经网络

初始化权重：网络的权重被初始化为小随机数(如由 −1.0 到 1.0)。每个单元都有一个相关联的偏移，类似地，偏移也初始化为小随机数。

每个训练元组 X 按以下步骤处理。

① 向前传播输入。首先，训练元组提供给网络的输入层。输入通过输入单元后不发生变化。也就是说，对于输入单元 j，它的输出 O_j 等于它的输入值 I_j。

② 计算隐藏层和输出层的每个单元的净输入。隐藏层和输出层单元的净输入用其输入的线性组合计算。每个连接都有一个权重。为计算该单元的净输入,连接该单元的每个输入都乘以其对应的权重,然后求和。给定层或输出层的单元 j,到单元 j 的净输入 I_j 为

$$I_j = \sum_i w_{ij} O_i + \theta_j \tag{7-44}$$

其中,w_{ij} 是由上一层的单元 i 到单元 j 的连接的权重;O_i 是上一层的单元 i 的输出;而 θ_j 是单元 j 的偏移,偏移充当阈值,用来改变单元的活性。

③ 计算隐藏层和输出层的每个单元的净输出。取其净输入,然后将激活(activation)函数作用于它。激活函数象征被该单元代表的神经元的活性,可以使用 logistic 或 sigmoid 函数。给定单元 j 的净输入 I_j,则单元 j 的净输出 O_j 为

$$O_j = \frac{1}{1 + \mathrm{e}^{-I_j}} \tag{7-45}$$

该函数又称挤压函数,因为它将一个较大的输入值映射到一个较小的区间[0,1]中。对于每个隐藏层,直到输出层,计算输出值 O_j。

④ 向后传播误差。通过更新权重和反映网络预测误差的偏移,向后传播误差。对于输出层单元 j,误差 Err_j 计算公式如下。

$$\mathrm{Err}_j = O_j(1 - O_j)(T_j - O_j) \tag{7-46}$$

其中,O_j 是单元 j 的实际输出,而 T_j 是 j 给定训练元组的已知目标值。

为计算隐藏层单元 j 的误差,考虑下一层中连接 j 的单元的误差加权和。隐藏层单元 j 的误差为

$$\mathrm{Err}_j = O_j(1 - O_j)\sum_k \mathrm{Err}_k w_{jk} \tag{7-47}$$

其中,w_{jk} 是由下一较高层中单元 k 到单元 j 的连接权重,而 Err_k 是单元 k 的误差。

⑤ 更新权重和偏倚,以反映误差的传播。权重用式(7-48)和式(7-49)更新,其中 Δw_{ij} 是权 w_{ij} 的改变量。

$$\Delta w_{ij} = l \times \mathrm{Err}_j O_i \tag{7-48}$$

$$w_{ij} = w_{ij} + \Delta w_{ij} \tag{7-49}$$

其中,l 是学习率,通常取 0.0～1.0 中的常数值。后向传播使用梯度下降法搜索权重的集合,这些权重拟合训练数据,使得样本的网络类预测与元组的已知目标值之间的均方距离最小。学习率帮助避免陷入决策空间的局部极小,并有助于找到全局最小。如果学习率太低,则学习将进行得很慢;如果学习率太高,则可能出现在不适当的解之间摆动。一种调整规则是将学习率设置为 $1/t$,其中 t 是已对训练样本集迭代的次数。

偏倚由式(7-50)和式(7-51)更新,其中 $\Delta\theta_j$ 是偏倚 θ_j 的改变量。

$$\Delta\theta_j = l \times \mathrm{Err}_j \tag{7-50}$$

$$\theta_j = \theta_j + \Delta\theta_j \tag{7-51}$$

注意: 每处理一个样本就要更新一次权重和偏倚,称为实例更新。权重和偏倚的增量也可以累积到变量中,使得在处理完训练集中的所有元组之后可以再更新权重和偏倚。后一种策略称为周期更新,其中扫描训练集的一次迭代是一个周期。理论上,后向传播的数学推导使用周期更新,而在实践中,实例更新更常见,因为它通常产生更准确的结果。

⑥ 终止条件：如果前一周期所有的 Δw_{ij} 都小于某个指定的阈值，或者前一周期误分类的元组百分比小于某个阈值，或者超过预先指定的周期数，则训练停止。

神经网络分类算法伪代码如下。

```
输入:
    D: 数据集,即训练元组和对应类标号的集合;
    l: 学习率;
    network: 多层前馈网络
输出:
    训练后的神经网络
方法:
    初始化 network 的所有权重和偏倚
    while 终止条件不满足{
        for D 中每个训练元组 X{
            //向前传播输入:
            for 每个输入层单元 j
                O_j = I_j;                        //输入单元的输出是它的实际输入值
            for 隐藏或输出层每个单元 j{
                I_j = Σ_i w_ij O_i + θ_j;          //关于前一层 i,计算单元 j 的净输入
                O_j = 1/(1+e^(-I_j));             //计算单元 j 的净输出
            }
            //后向传播误差
            for 输出层每个单元 j
            Err_j = O_j(1-O_j)(T_j-O_j);          //计算误差
        for 由最后一个到第一个隐藏层,对于隐藏层每个单元 j
            Err_j = O_j(1-O_j) Σ Err_k w_jk;
        for network 中每个权 w_ij{
            Δw_ij = (l) Err_j O_i;                //权重增量
            w_ij = w_ij + Δw_ij;                  //权重更新
        }
        for network 中每个偏倚 θ_j{
            Δθ_j = (l) Err_j;                     //偏倚增量
            θ_j = θ_j + Δθ_j;                     //偏倚更新
        }
    }
}
```

7.7.3　BP 神经网络分类算法实例

例 7.10　利用 BP 神经网络分类。

图 7-47 给出了一个多层前馈神经网络。令学习率为 0.9，第一个训练元组 $X=\{0,1,1\}$，其类标号为 1。初始输入、权值和偏倚值如表 7-28 所示。

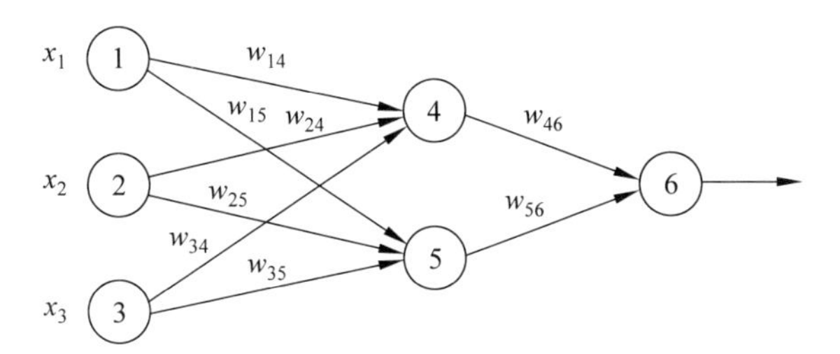

图 7-47 多层前馈神经网络

表 7-28 初始输入、权值和偏倚值

x_1	x_2	x_3	w_{14}	w_{15}	w_{24}	w_{25}	w_{34}	w_{35}	w_{46}	w_{56}	θ_4	θ_5	θ_6
0	1	1	0.2	−0.5	0.3	−0.1	−0.5	0.2	−0.3	0.2	−0.4	0.2	0.1

解：给定第一个训练元组 X，下面给出 BP 神经网络分类模型的训练过程。

后向传播计算过程：把该元组提供给网络，计算每个单元的净输入和净输出，以及每个单元的误差，并后向传播。

① 计算输入层每个单元的净输入和净输出。

$$I_1=0;\quad I_2=1;\quad I_3=1$$

$$O_1=I_1=0;\quad O_2=I_2=1;\quad O_3=I_3=1$$

② 计算隐藏层及输出层每个单元的净输入及净输出。

$$I_4=w_{14}\times O_1+w_{24}\times O_2+w_{34}\times O_3+\theta_4$$
$$=0.2\times 0+0.3\times 1+(-0.5)\times 1+(-0.4)=-0.6$$

$$I_5=w_{15}\times O_1+w_{25}\times O_2+w_{35}\times O_3+\theta_5$$
$$=(-0.5)\times 0+(-0.1)\times 1+0.2\times 1+0.2=0.3$$

$$O_4=1/(1+\mathrm{e}^{-I_4})=1/(1+\mathrm{e}^{0.6})=0.354$$

$$O_5=1/(1+\mathrm{e}^{-I_5})=1/(1+\mathrm{e}^{-0.3})=0.574$$

$$I_6=w_{46}\times O_4+w_{56}\times O_6+\theta_6=(-0.3)\times 0.354+0.2\times 0.574+0.1$$
$$=0.109$$

$$O_6=1/(1+\mathrm{e}^{-I_6})=1/(1+\mathrm{e}^{-0.109})=0.527$$

③ 计算输出层及隐藏层的误差。

$$\mathrm{Err}_6=O_6(1-O_6)(T_6-O_6)=0.527\times(1-0.527)\times(1-0.527)=0.1179$$

$$\mathrm{Err}_4=O_4(1-O_4)\mathrm{Err}_6 w_{46}=0.354\times(1-0.354)\times 0.1179\times(-0.3)=-0.0081$$

$$\mathrm{Err}_5=O_5(1-O_5)\mathrm{Err}_6 w_{56}=0.574\times(1-0.574)\times 0.1179\times 0.2=0.0058$$

④ 更新权重。

$$\Delta w_{46}=(l)\mathrm{Err}_6 O_4=0.9\times 0.1179\times 0.354=0.0376$$

$$w_{46}=w_{46}+\Delta w_{46}=(-0.3)+0.0376=-0.262$$

$$\Delta w_{56}=(l)\mathrm{Err}_6 O_5=0.9\times 0.1179\times 0.574=0.0609$$

$$w_{56}=w_{56}+\Delta w_{56}=0.2+0.0609=0.261$$

$$\Delta w_{14}=(l)\mathrm{Err}_4 O_1=0.9\times(-0.0081)\times(0)=0$$

$$w_{14}=w_{14}+\Delta w_{14}=0.2+0=0.2$$

$$\Delta w_{15}=(l)\mathrm{Err}_5 O_1=0.9\times 0.0058\times 0=0$$
$$w_{15}=w_{15}+\Delta w_{15}=-0.5+0=-0.5$$
$$\Delta w_{24}=(l)\mathrm{Err}_4 O_2=0.9\times(-0.0081)\times 1=-0.0073$$
$$w_{24}=w_{24}+\Delta w_{24}=0.3+(-0.0073)=0.293$$
$$\Delta w_{25}=(l)\mathrm{Err}_5 O_2=0.9\times 0.0058\times 1=0.0052$$
$$w_{25}=w_{25}+\Delta w_{25}=(-0.1)+0.0052=0.095$$
$$\Delta w_{34}=(l)\mathrm{Err}_4 O_3=0.9\times(-0.0081)\times 1=-0.0073$$
$$w_{34}=w_{34}+\Delta w_{34}=(-0.5)+(-0.0073)=-0.507$$
$$\Delta w_{35}=(l)\mathrm{Err}_5 O_3=0.9\times 0.0058\times 1=0.0052$$
$$w_{35}=w_{35}+\Delta w_{35}=0.2+0.0052=0.205$$

⑤ 更新偏移。

$$\Delta\theta_6=(l)\mathrm{Err}_6=0.9\times 0.1179=0.1061$$
$$\theta_6=\theta_6+\Delta\theta_6=0.1+0.1061=0.206$$
$$\Delta\theta_5=(l)\mathrm{Err}_5=0.9\times 0.0058=0.0052$$
$$\theta_5=\theta_5+\Delta\theta_5=0.2+0.0052=0.205$$
$$\Delta\theta_4=(l)\mathrm{Err}_4=0.9\times(-0.0081)=-0.0073$$
$$\theta_4=\theta_4+\Delta\theta_4=(-0.4)+(-0.0073)=-0.407$$

以上为一个训练元组的训练过程,可以根据预先设置的终止条件,判断该元组的训练是否终止。构建模型时需要将所有元组均输入网络中训练,以构建模型并评估,正确率能够接受后,可以用此模型对未知元组进行预测。

为了对未知元组 X 分类,把该元组输入到训练过的网络,计算每个单元的净输入和净输出。如果每个类有一个输出结点,则具有最高输出值的结点决定 X 的预测类标号,如果只有一个输出结点,则输出值大于或等于 0.5 可以视为正类,而值小于 0.5 则视为负类。

7.7.4 使用 Weka 进行神经网络分类实例

Weka 中的 MultilayerPerceptron 可以实现神经网络的分类。假设用温度、湿度、天气情况和有无风来预测是否可以旅游。下面以 Weka 中自带的文件 weather.nominal.arff 为例,说明神经网络分类器的操作步骤。

① 按照 7.3.3 节中步骤①~② 启动 Weka 软件,进入 Weka Explorer 窗口,如图 7-22 所示。

② 单击 Open file 按钮,选择需要进行分析的文件 weather.nominal.arff 数据集,如图 7-48 所示。

③ 导入 weather.nominal.arff 数据后可以得到数据的基本信息,如图 7-49 所示。

在 Current relation 栏中描述了目前导入的数据集的相关信息。其中,Relation:weather.symbolic 是文件 weather.nominal.arff 的说明;Instances:14 说明文件中有 14 个实例;Attributes:5 说明文件中有 5 个属性;Sum of weights 说明权重和为 14。

Attributes 栏显示了文件中的各个属性:outlook 为天气,temperature 为温度,humidity 为湿度,wimdy 为有风,play 为是否适合旅游。其中,outlook 取值为 sunny、rainy

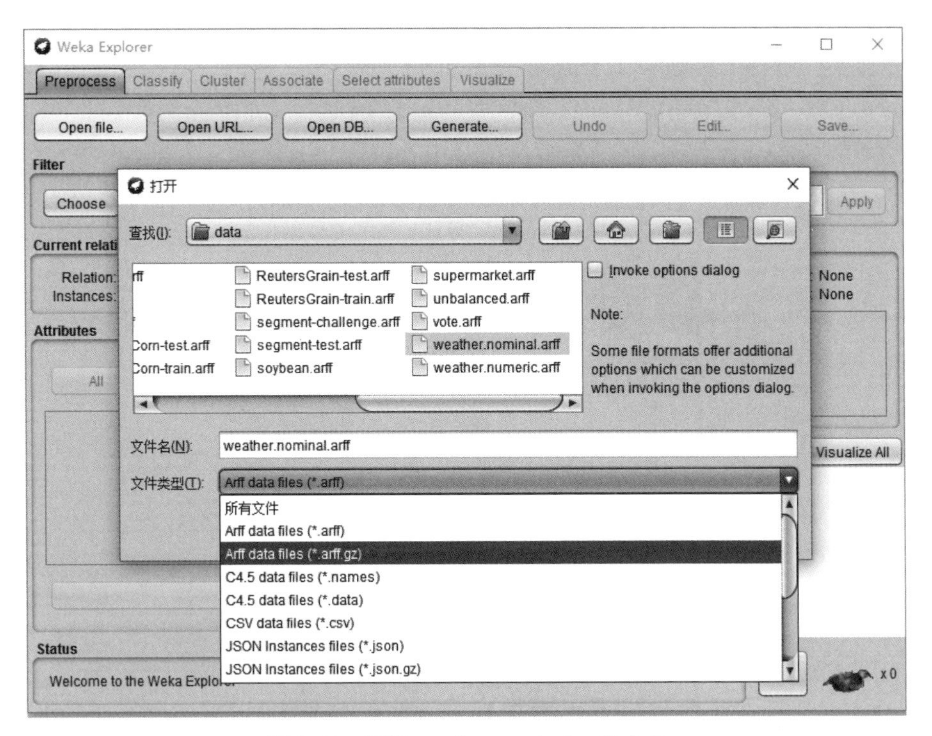

图 7-48 打开 weather.nominal.arff 文件

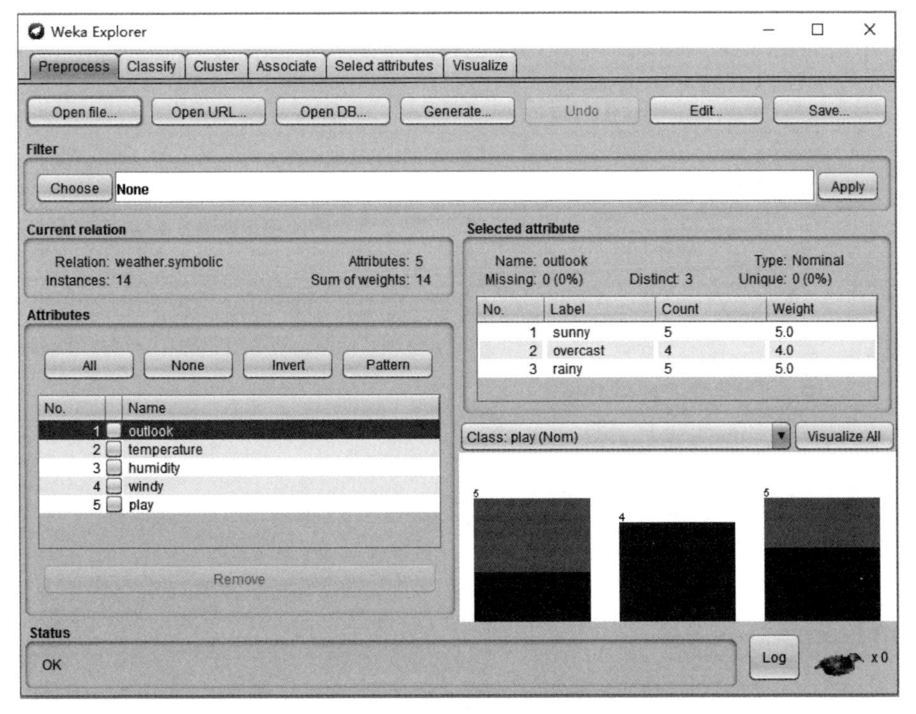

图 7-49 weather.nominal.arff 数据基本信息

或 overcast，temperature 取值为 hot、mild 或 cool，humidity 取值为 high 或 normal，windy 取值为 FALSE 或 TRUE，play 取值为 no 或 yes。

④ 单击 Edit 按钮，弹出 Viewer 即数据集编辑器对话框，即可对数据进行编辑，如图 7-50 所示。以第一行为例，编号为 1 的记录中，outlook 取值为 sunny，temperature 取值为 hot，humidity 取值为 high，windy 取值为 FALSE，play 取值为 no。

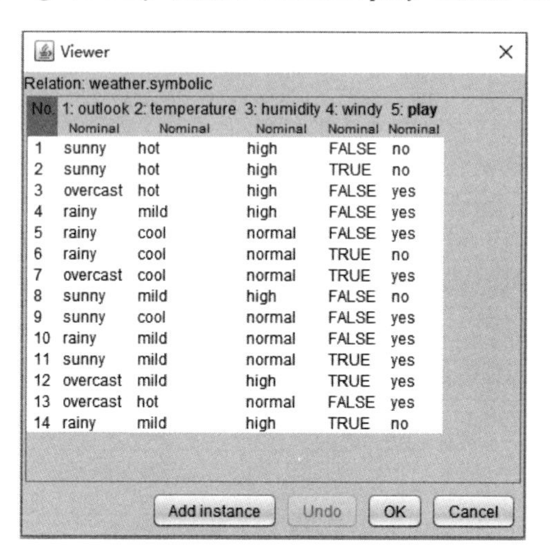

No.	1: outlook Nominal	2: temperature Nominal	3: humidity Nominal	4: windy Nominal	5: play Nominal
1	sunny	hot	high	FALSE	no
2	sunny	hot	high	TRUE	no
3	overcast	hot	high	FALSE	yes
4	rainy	mild	high	FALSE	yes
5	rainy	cool	normal	FALSE	yes
6	rainy	cool	normal	TRUE	no
7	overcast	cool	normal	TRUE	yes
8	sunny	mild	high	FALSE	no
9	sunny	cool	normal	FALSE	yes
10	rainy	mild	normal	FALSE	yes
11	sunny	mild	normal	TRUE	yes
12	overcast	mild	high	TRUE	yes
13	overcast	hot	normal	FALSE	yes
14	rainy	mild	high	TRUE	no

图 7-50 数据集编辑器对话框

⑤ 查看、编辑数据后，单击 OK 按钮后返回图 7-49。选择 Classify 选项卡，然后在 Classifier 栏中单击 Choose 按钮，在弹出的选择分类算法列表中选择 functions 文件夹下的 MultilayerPerceptron，即人工神经网络分类器，如图 7-51 所示。

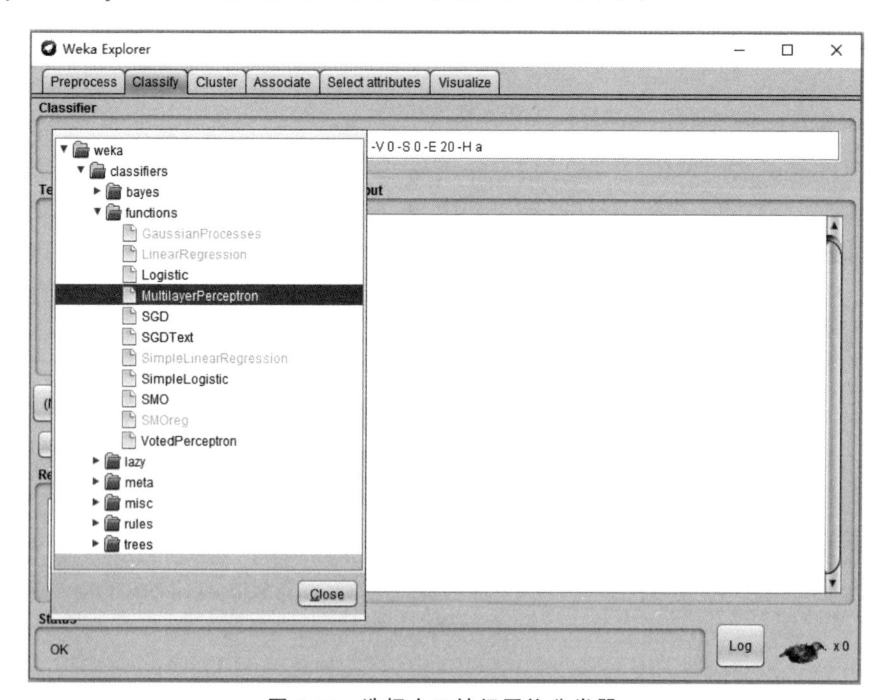

图 7-51 选择人工神经网络分类器

⑥ 选择分类算法后返回图7-52，在choose按钮后面的参数信息框显示了神经网络分类器的测数。

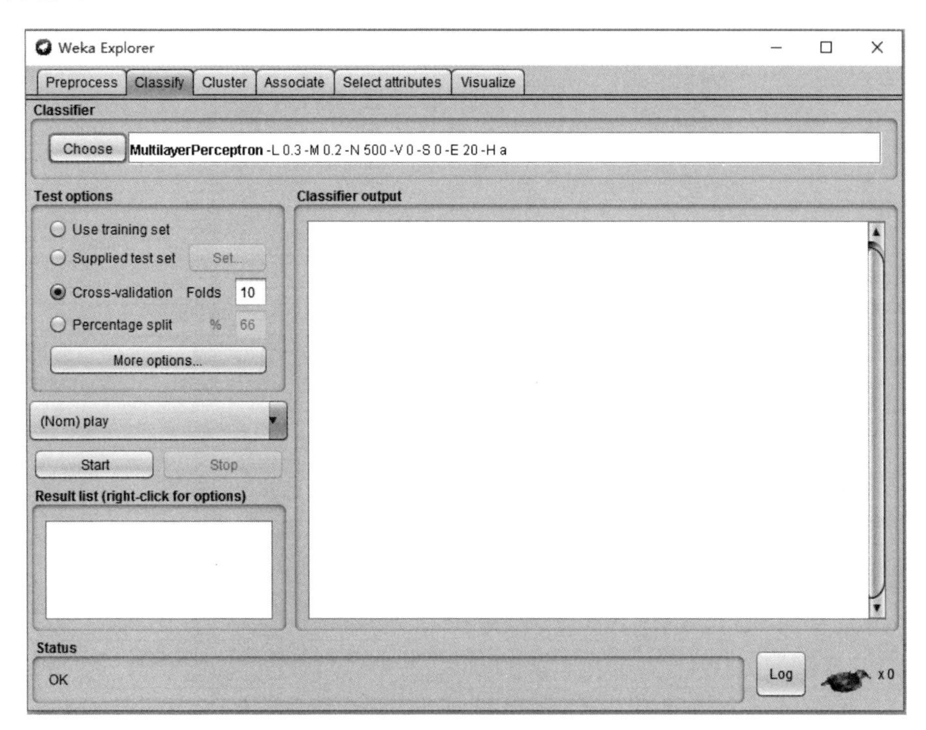

图 7-52 已选定的分类器

⑦ 单击Choose按钮后的MultilayerPerceptron参数信息框，会出现人工神经网络参数修改的对话框，可以设置参数，如图7-53所示。其中主要参数的含义如下。

GUI：弹出一个GUI界面，可以在神经网络训练的过程中暂停和做一些修改。

autoBuild：添加网络中的连接和隐藏层。

debug：设置为True时分类器将输出额外的信息到控制台。

decay：设置为True时将导致学习的速率降低。

hiddenLayers：定义神经网络的隐藏层。可以是正整数，如果没有隐藏层则设置为0，也可以使用通用符，例如：

```
'a'=(attribs+classes)/2, 'i'=attribs, 'o'=classes, 't'=attribs+classes
```

learningRate：weights被更新的数量。

momentum：当更新weights时设置的动量。

normalizeAttributes：正则化属性以提高网络的性能。

normalizeNumericClass：类是实数值属性时将会正则化，这也可以提高网络的性能，其将类正则化到−1～1。但这仅仅是内部的，输出会被转换回原始的范围。

reset：设置为True时将允许网络用一个更低的学习速率复位。如果网络偏离了答案其将自动地用更低的学习速率复位并且重新训练。只有当GUI没有被设置为True时这个选项才是可用的。需要注意的是，如果这个网络偏离了并且没有被允许复位reset，其训练

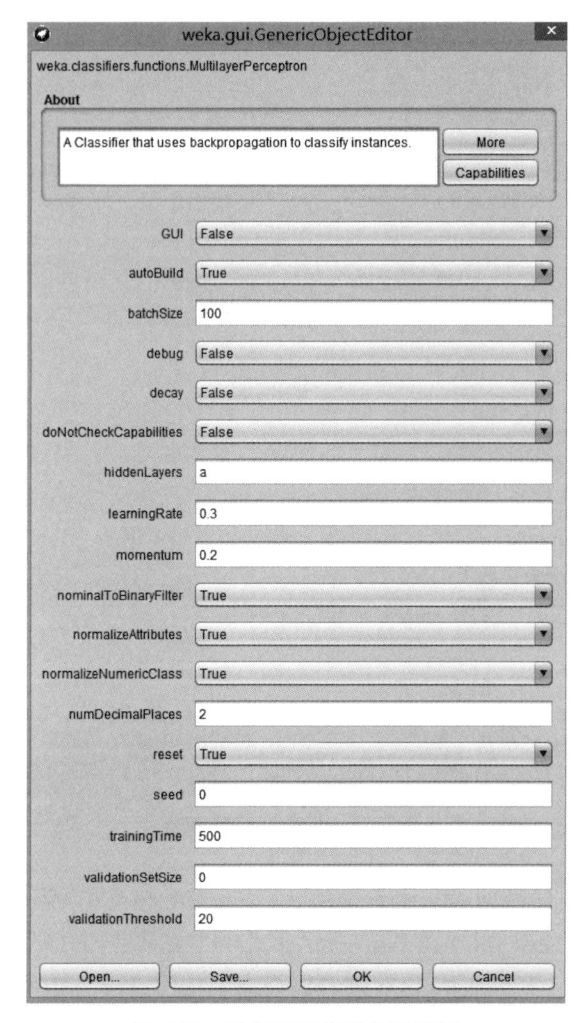

图 7-53 神经网络模型参数设置

的步骤失败并且返回一个错误信息。

seed：用于初始化随机数的生成。随机数被用于设定结点之间连接的初始权重，并且用于 shuffling 训练集。

trainingTime：训练的迭代次数。如果设置的是非 0，那么这个网络能够比较早地终止。

validationSetSize：验证集的百分比，训练将持续，直到其观测到在验证集上的误差已经一直在变差，或者训练的时间已经到了。如果验证集设置的是 0，那么网络将一直训练，直到达到迭代的次数。

validationThreshold：用于终止验证测试。

⑧ 这里将 GUI 设置为 True，以便显示神经网络图形，设置好参数后，单击 OK 按钮，出现图 7-54。

⑨ 选择 Test options 栏中的 Use training set，然后单击 Start 按钮，出现一个新的窗口，描述的是人工神经网络的分类图形，如图 7-55 所示。

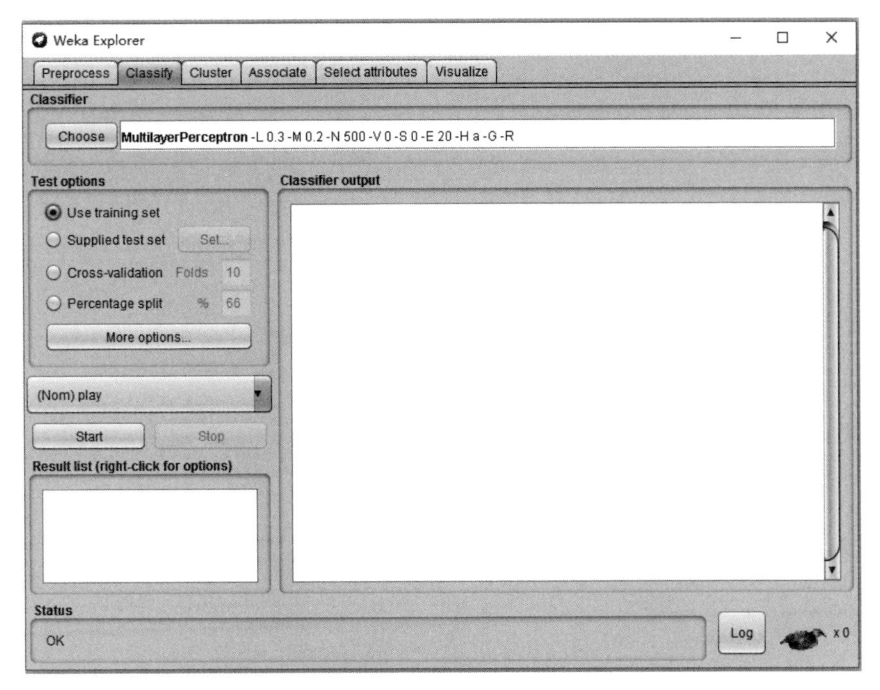

图 7-54 参数设置完成

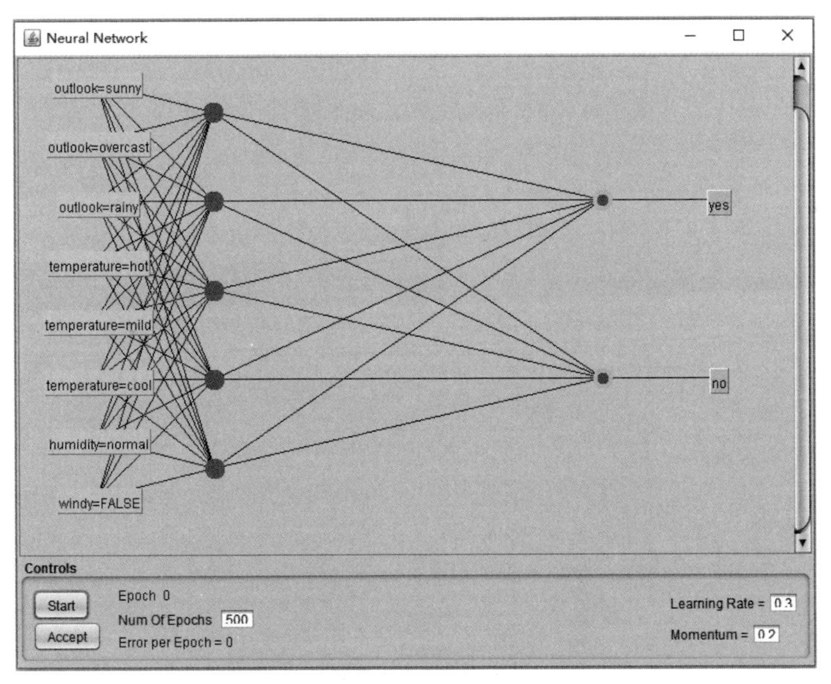

图 7-55 人工神经网络的分类图形

⑩ 在图形的实际电脑屏幕界面中，绿色一栏表示输入层，红色一栏表示隐藏层，黄色一栏表示输出层，最后一栏表示输出结果。在 Controls 栏中，单击 Start 按钮，可以重新运行分类器。单击 Accept 按钮，表示对分类结果表示满意。Epoch 表示初始迭代次数；Num Of

Epochs 表示迭代次数,此处为 500,可以修改;Error per Epoch 表示每次迭代的误差,初始为 0;Learning Rate 为学习速率,此处为 0.3,可以修改;Momentum 表示动量,此处为 0.2,可以修改。单击 Start 按钮后,运行结果即为修改参数后的人工神经网络的分类图形,如图 7-56 所示。

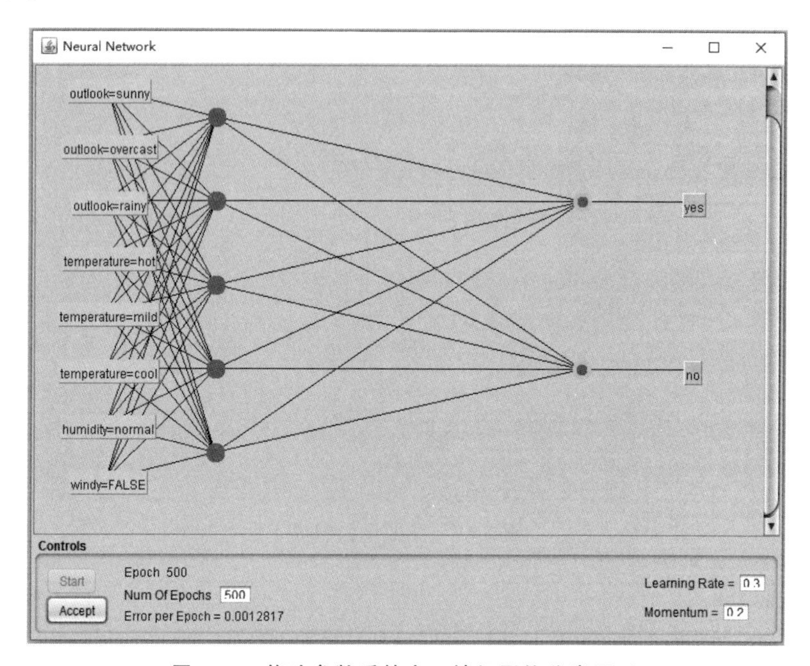

图 7-56 修改参数后的人工神经网络分类图形

单击 Accept 按钮,图 7-56 所示窗口将会关闭,出现图 7-57 所示的窗口,在 Classifier output 子窗口中会显示神经网络对数据集训练、预测完成的信息。

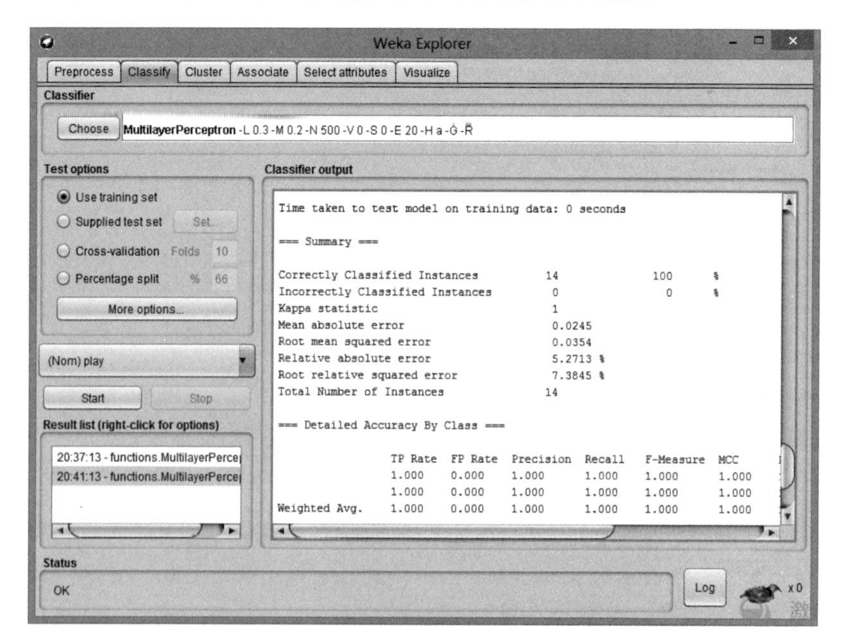

图 7-57 神经网络模型分类输出结果

在分类输出结果图中，包括对训练集的评估、总结、分类的详细准确度和混淆矩阵。在评估训练集处，测试训练数据集的模型接近0秒，正确分类的实例数为14，错误分类的实例数为0，由此可以得出准确率达到100%，平均绝对误差为0.0245，平均根方差为0.0354。

7.8 组合方法

7.8.1 组合方法概述

组合方法的基本思想是，使用训练集训练若干分类器，通过聚集这些分类器的预测结果进行最终类的预测。保证这些分类器在相互独立的情况下，组合方法可以得到更好的效果。组合后的多个分类器的预测准确率比单个分类器的准确率要高。因此，将多个分类器结果组合起来进行投票来决定最终预测结果，会对结果进行提升。常见的组合方法有装袋、提升和随机森林等。

组合分类把 k 个学习得到的模型——基分类器 $M_1, M_2, \cdots, M_k$ 组合在一起，创建一个改进的复合分类模型 M^*。使用给定的数据集 D 创建 k 个训练集 $D_1, D_2, \cdots, D_k$，其中 D_i 用于创建分类器 M_i。给定一个待分类的新数据元祖，每个基分类器通过返回类预测投票，如图7-58所示，组合分类器基于基分类器的投票返回类预测。

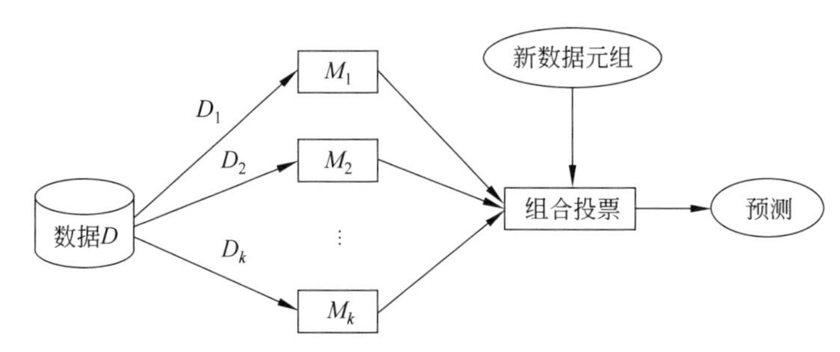

图7-58　组合分类器基于基分类器的投票返回类预测

组合方法总体上可以分为两种。

(1) 通过处理训练数据集

这种方法根据某种抽样分布，通过对原始数据集进行再抽样来得到多个数据集。抽样分布决定了一个样本被选作训练的可能性大小，然后使用特定的学习算法为每个训练集建立一个分类器。装袋和提升就是基于这种思想。Adaboost是提升中的一个算法。

(2) 通过处理输入特征

在这种方法中，通过选择输入特征的子集来形成每个训练集。随机森林就是通过处理输入特征的组合方法，并且它的基分类器为决策树。

7.8.2 装袋

1. 装袋算法

装袋(bagging)算法可以解决回归问题和分类问题。装袋的每个基分类器的训练集是通过随机采样得到的。通过 k 次的随机采样，就可以得到 k 个采样集，对于这 k 个采样集，可以分别独立地训练出 k 个基分类器,再对这 k 个基分类器通过集合策略来得到最终的复合分类器(选择分类器投票结果中最多的类别作为最后预测结果)。装袋算法的原理如图7-59所示。

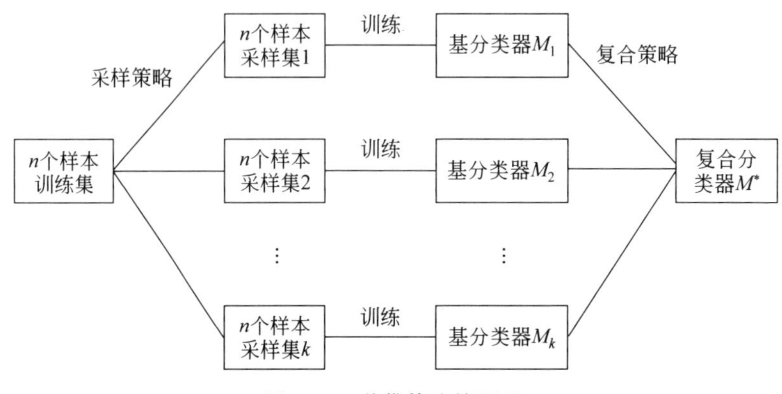

图7-59 装袋算法的原理

随机采样(bootsrap)是从训练集里面采集固定个数的样本,但是每采集一个样本后,都将样本放回。也就是说,之前采集到的样本在放回后有可能继续被采集到。对于装袋算法,一般会随机采集和训练集样本数 n 一样个数的样本,这样得到的采样集和训练集样本的个数相同,但是样本内容不同。如果对有 n 个样本训练集进行 k 次的随机采样,则由于随机性,k 个采样集各不相同。

袋装方法是在每个自助样本上进行分类。训练集是对于原数据集的有放回抽样,设有原始数据集 D,可以证明:大小为 N 的自助样本大约包含原数据63.2%的记录,每一个样本被选择的概率是 $\left(1-\frac{1}{N}\right)^N$,如果 N 足够大,那么其值会趋近于 $1-\frac{1}{\mathrm{e}}\approx 0.623$。

装袋算法伪代码如下。

```
输入:
    D. 具有 n 个样本的训练集, D={(X1,y1),(X2,y2),…,(Xn,yn)},yi 为样本 Xi 的类标号;
    ℒ: 基分类器算法(如决策树算法、向后传播等);
    k: 基分类器个数;
    X: 待分类元组
输出:
    组合分类器——复合模型 M*
方法:
    for i=1 to k do{                                  //创建 k 个基分类器模型
        通过对 D 有放回抽样,创建自助样本 Di;
        在自助样本集 Di 上训练一个基分类器 Mi=ℒ(Di);
    }
    //使用组合分类器对元组分类: k 个基分类器投出最多票数的类别或者类别之一为最终类别;
```

$$M^*(X)=\underset{l\in y}{\operatorname{argmax}}\sum_{i=1}^{k}\delta(M_i(X)=y)$$

上述装袋算法中,设每个基分类器的重要性相同。对于分类问题:将得到的 k 个模型采用投票的方式得到分类结果;对于回归问题,计算上述模型的均值作为最后的结果。也就是说，装袋算法采用相同的基分类器，各个分类器是独立的；使用同一个算法对样本多次训练，建立多个独立的基分类器；最终的输出为各个基分类器的投票(用于分类)或平均值(用于数值预测)。

由于装袋算法每次都进行采样来训练模型，因此泛化能力很强，对于降低模型的方差很有作用。当然对于训练集的拟合程度会差一些，也就是模型的偏倚会大一些。

例 7.11　装袋分类算法示例。

训练数据如表 7-29 所示，设 X 表示一维属性，Y 表示对应的实际类别，共有 10 个实例。假设使用一个仅包含两层的二叉决策树，测试条件为 $x \leqslant t$。若 $x_i \leqslant t$，则 $y_i = -1$；若 $x_i > t$，则 $y_i = 1$。其中，t 为使叶结点熵最小的分裂点。在该数据集上应用 5 个自助样本集的装袋过程，表 7-30 至表 7-34 给出了每个基分类器选择的训练样本。

表 7-29　训练数据

X	1	2	3	4	5	6	7	8	9	10
Y	−1	−1	1	−1	−1	1	−1	−1	1	1

表 7-30　基分类器 M_1 的样本集 D_1

X	1	3	5	5	6	7	8	8	9	9
Y	−1	1	−1	−1	1	−1	−1	−1	1	1

在 D_1 中，$t=8.5$ 时，叶结点熵最小。即若 $x_i \leqslant 8.5$，则 $y_i=-1$；若 $x_i>8.5$，则 $y_i=1$。

表 7-31　基分类器 M_2 的样本集 D_2

X	1	1	2	2	4	5	6	8	9	10
Y	−1	−1	−1	−1	−1	−1	1	−1	1	1

在 D_2 中，$t=5.5$ 时，叶结点熵最小。即若 $x_i \leqslant 5.5$，则 $y_i=-1$；若 $x_i>5.5$，则 $y_i=1$。

表 7-32　基分类器 M_3 的样本集 D_3

X	1	2	4	4	5	6	8	9	10	10
Y	−1	−1	−1	−1	−1	1	−1	1	1	1

在 D_3 中，$t=5.5$ 时，叶结点熵最小。即若 $x_i \leqslant 5.5$，则 $y_i=-1$；若 $x_i>5.5$，则 $y_i=1$。

表 7-33　基分类器 M_4 的样本集 D_4

X	1	3	3	4	5	6	7	8	9	10
Y	−1	1	1	−1	−1	1	−1	−1	1	1

在 D_4 中，$t=8.5$ 时，叶结点熵最小。即若 $x_i \leqslant 8.5$，则 $y_i=-1$；若 $x_i>8.5$，则 $y_i=1$。

表 7-34　基分类器 M_5 的样本集 D_5

X	2	2	3	4	6	6	7	8	9	9
Y	−1	−1	1	−1	1	1	−1	−1	1	1

在 D_5 中,$t=8.5$ 时,叶结点熵最小。即若 $x_i \leqslant 8.5$,则 $y_i=-1$;若 $x_i>8.5$,则 $y_i=1$。样本集的分裂点的计算如下。

对样本集 D_1:

$$\text{Infor}(D_1)=-\sum_{i=1}^{2}p_i\log_2 p_i=-\left(\frac{4}{10}\log_2\frac{4}{10}+\frac{6}{10}\log_2\frac{6}{10}\right)=0.970951$$

依次计算 t 为 2、4、5、5.5、6.5、7.5、8、8.5、9 的信息增益。

当 $t=2$ 时,将样本集 D_1 划分为两个子集 $D_{11}=\{1\}$ 和 $D_{12}=\{3,5,5,6,7,8,8,9,9\}$。

$$\begin{aligned}\text{Infor}(D_1\mid t=2)=&\frac{1}{10}\times\left(-\frac{0}{1}\times\log_2\frac{0}{1}-\frac{1}{1}\times\log_2\frac{1}{1}\right)\\&+\frac{9}{10}\times\left(-\frac{5}{9}\times\log_2\frac{5}{9}-\frac{4}{9}\log_2\frac{4}{9}\right)\\=&0.891968\end{aligned}$$

$$\begin{aligned}g(D_1\mid t=2)&=\text{Infor}(D_1)-\text{Infor}(D_1\mid t=2)\\&=0.970951-0.891968=0.078982\end{aligned}$$

当 $t=4$ 时,将样本集 D_1 划分为两个子集 $D_{11}=\{1,3\}$ 和 $D_{12}=\{5,5,6,7,8,8,9,9\}$。

$$\begin{aligned}\text{Infor}(D_1\mid t=4)=&\frac{8}{10}\times\left(-\frac{5}{8}\times\log_2\frac{5}{8}-\frac{3}{8}\times\log_2\frac{3}{8}\right)\\&+\frac{2}{10}\times\left(-\frac{1}{2}\log_2\frac{1}{2}-\frac{1}{2}\log_2\frac{1}{2}\right)\\=&0.963547\end{aligned}$$

$$\begin{aligned}g(D_1\mid t=4)&=\text{Infor}(D_1)-\text{Infor}(D_1\mid t=4)\\&=0.970951-0.963547=0.007403\end{aligned}$$

当 $t=5$ 时,将样本集 D_1 划分为两个子集 $D_{11}=\{1,3,5\}$ 和 $D_{12}=\{5,6,7,8,8,9,9\}$。

$$\begin{aligned}\text{Infor}(D_1\mid t=5)=&\frac{3}{10}\times\left(-\frac{2}{3}\times\log_2\frac{2}{3}-\frac{1}{3}\times\log_2\frac{1}{3}\right)\\&+\frac{7}{10}\times\left(-\frac{4}{7}\times\log_2\frac{4}{7}-\frac{3}{7}\log_2\frac{3}{7}\right)\\=&0.965148\end{aligned}$$

$$\begin{aligned}g(D_1\mid t=5)&=\text{Infor}(D_1)-\text{Infor}(D_1\mid t=5)\\&=0.970951-0.965148=0.005802\end{aligned}$$

当 $t=5.5$ 时,将样本集 D_1 划分为两个子集 $D_{11}=\{1,3,5,5\}$ 和 $D_{12}=\{6,7,8,8,9,9\}$。

$$\begin{aligned}\text{Infor}(D_1\mid t=5.5)=&\frac{4}{10}\times\left(-\frac{3}{4}\times\log_2\frac{3}{4}-\frac{1}{4}\times\log_2\frac{1}{4}\right)\\&+\frac{6}{10}\times\left(-\frac{3}{6}\times\log_2\frac{3}{6}-\frac{3}{6}\log_2\frac{3}{6}\right)\\=&0.924511\end{aligned}$$

$$\begin{aligned}g(D_1\mid t=5.5)&=\text{Infor}(D_1)-\text{Infor}(D_1\mid t=5.5)\\&=0.970951-0.924511=0.046439\end{aligned}$$

当 $t=6.5$ 时,将样本集 D_1 划分为两个子集 $D_{11}=\{1,3,5,5,6\}$ 和 $D_{12}=\{7,8,8,9,9\}$。

$$\text{Infor}(D_1 \mid t=6.5)=\frac{5}{10}\times\left(-\frac{3}{5}\times\log_2\frac{3}{5}-\frac{2}{5}\times\log_2\frac{2}{5}\right)+\frac{5}{10}\times\left(-\frac{3}{5}\times\log_2\frac{3}{5}-\frac{2}{5}\log_2\frac{2}{5}\right)=0.970951$$

$$g(D_1 \mid t=6.5)=\text{Infor}(D_1)-\text{Infor}(D_1 \mid t=6.5)=0.970951-0.970951=0$$

当 $t=7.5$ 时，将样本集 D_1 划分为两个子集 $D_{11}=\{1,3,5,5,6,7\}$ 和 $D_{12}=\{8,8,9,9\}$。

$$\text{Infor}(D_1 \mid t=7.5)=\frac{6}{10}\times\left(-\frac{4}{6}\times\log_2\frac{4}{6}-\frac{2}{6}\times\log_2\frac{2}{6}\right)+\frac{4}{10}\times\left(-\frac{2}{4}\times\log_2\frac{2}{4}-\frac{2}{4}\log_2\frac{2}{4}\right)=0.950978$$

$$g(D_1 \mid t=7.5)=\text{Infor}(D_1)-\text{Infor}(D_1 \mid t=7.5)=0.970951-0.950978=0.019973$$

当 $t=8$ 时，将样本集 D_1 划分为两个子集 $D_{11}=\{1,3,5,5,6,7,8\}$ 和 $D_{12}=\{8,9,9\}$。

$$\text{Infor}(D_1 \mid t=8)=\frac{7}{10}\times\left(-\frac{5}{7}\times\log_2\frac{5}{7}-\frac{2}{7}\times\log_2\frac{2}{7}\right)+\frac{3}{10}\times\left(-\frac{2}{3}\times\log_2\frac{2}{3}-\frac{1}{3}\log_2\frac{1}{3}\right)=0.879673$$

$$g(D_1 \mid t=8)=\text{Infor}(D_1)-\text{Infor}(D_1 \mid t=8)=0.970951-0.879673=0.091277$$

当 $t=8.5$ 时，将样本集 D_1 划分为两个子集 $D_{11}=\{1,3,5,5,6,7,8,8\}$ 和 $D_{12}=\{9,9\}$。

$$\text{Infor}(D_1 \mid t=8.5)=\frac{8}{10}\times\left(-\frac{6}{8}\times\log_2\frac{6}{8}-\frac{2}{8}\times\log_2\frac{2}{8}\right)+\frac{2}{10}\times\left(-\frac{0}{2}\times\log_2\frac{0}{2}-\frac{2}{2}\log_2\frac{2}{2}\right)=0.649022$$

$$g(D_1 \mid t=8.5)=\text{Infor}(D_1)-\text{Infor}(D_1 \mid t=8.5)=0.970951-0.649022=0.321928$$

当 $t=9$ 时，将样本集 D_1 划分为两个子集 $D_{11}=\{1,3,5,5,6,7,8,8,9\}$ 和 $D_{12}=\{9\}$。

$$\text{Infor}(D_1 \mid t=9)=\frac{9}{10}\times\left(-\frac{6}{9}\times\log_2\frac{6}{9}-\frac{3}{9}\times\log_2\frac{3}{9}\right)+\frac{1}{10}\times\left(-\frac{0}{1}\times\log_2\frac{0}{1}-\frac{1}{1}\log_2\frac{1}{1}\right)=0.826466$$

$$g(D_1 \mid t=9)=\text{Infor}(D_1)-\text{Infor}(D_1 \mid t=9)=0.970951-0.826466=0.144484$$

比较发现，当 $t=8.5$ 时，信息增益最大。

因此,在 D_1 中,$t=8.5$ 时,叶结点的熵最小。即若 $x_i \leqslant 8.5$,则 $y_i=-1$;若 $x_i>8.5$,则 $y_i=1$。

同理,可以计算出其他数据集的分裂点。

通过对每个基分类器所进行的预测,使用多数投票表决来分类表 7-29 的数据集,表 7-35 给出了预测结果。由表可知准确率为 0.8。

表 7-35 使用装袋分类算法构建组合分类器预测结果

轮数	准确率	t	x									
			1	2	3	4	5	6	7	8	9	10
1	80%	8.5	−1	−1	−1	−1	−1	−1	−1	−1	1	1
2	70%	5.5	−1	−1	−1	−1	−1	1	1	1	1	1
3	70%	5.5	−1	−1	−1	−1	−1	1	1	1	1	1
4	80%	8.5	−1	−1	−1	−1	−1	−1	−1	−1	1	1
5	80%	8.5	−1	−1	−1	−1	−1	−1	−1	−1	1	1
类别求和		—	−5	−5	−5	−5	−5	−1	−1	−1	5	5
预测类别	80%	—	−1	−1	−1	−1	−1	−1	−1	−1	1	1
实际类别		—	−1	−1	1	−1	−1	1	−1	−1	1	1

2. 使用 Weka 进行装袋的分类实例

Weka 系统上提供了一个名为 Bagging 的函数,实现了装袋算法。下面介绍在 Weka 中使用装袋算法对 Weka 自带 iris.arff 数据集进行分类的操作步骤与分类结果。具体步骤如下。

① 按照 7.3.3 节步骤①~④启动 Weka 软件,并导入 iris.arff 文件,如图 7-22 所示。

② 选择 Classify 选项卡,单击其中的 Choose 按钮,在算法树形结构中选择 Bagging 算法,出现图 7-60。

③ 在图中的 Choose 按钮右侧,双击参数栏可以进行参数的设置,如图 7-61 所示。其中的几个主要参数解释如下。

bagSizePercent(包尺寸):每个包的大小,占训练集大小的百分比。

calcOutOfBag(计算 OutOfBag):是否计算 OutOfBag 的错误比例。

classifier(分类器):使用的分类器。

numExecutionSlots(执行线程数):并行训练基分类器的线程数。

④ 设置好参数后,单击 OK 按钮返回图 7-60,单击 Start 按钮启动算法,在 Classifier output 子窗口中可以查看算法的运行结果,如图 7-62 所示。

运行结果显示了分类结果的正确情况、错误情况、各种误差值、分类的各种评价指标的值以及混淆矩阵等数据。可以看到,在本实例中,被分类的实例总数为 150,分类准确率为 0.940,召回率为 0.940,F 值为 0.940。

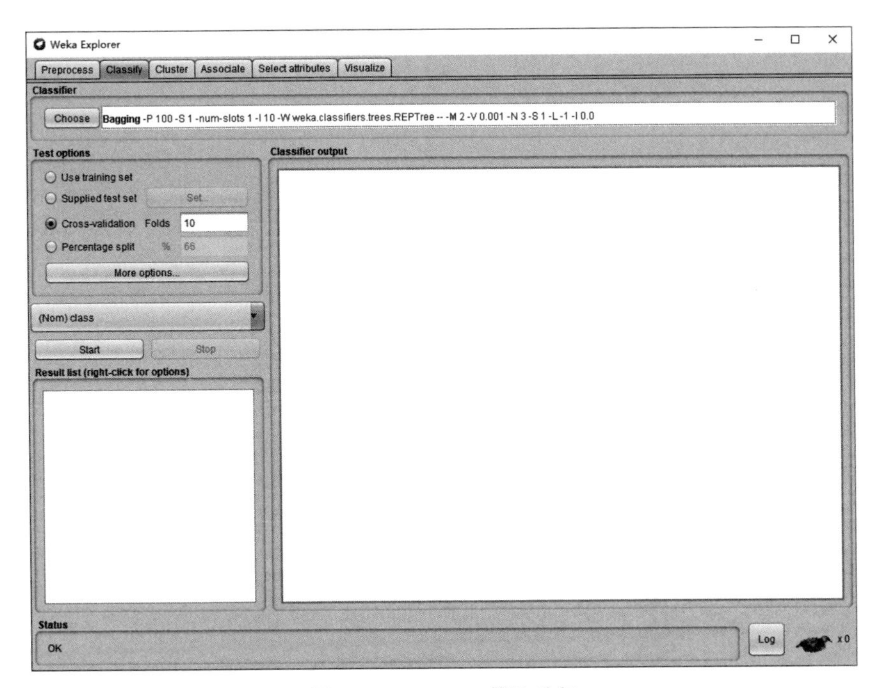

图 7-60 Bagging 算法选择

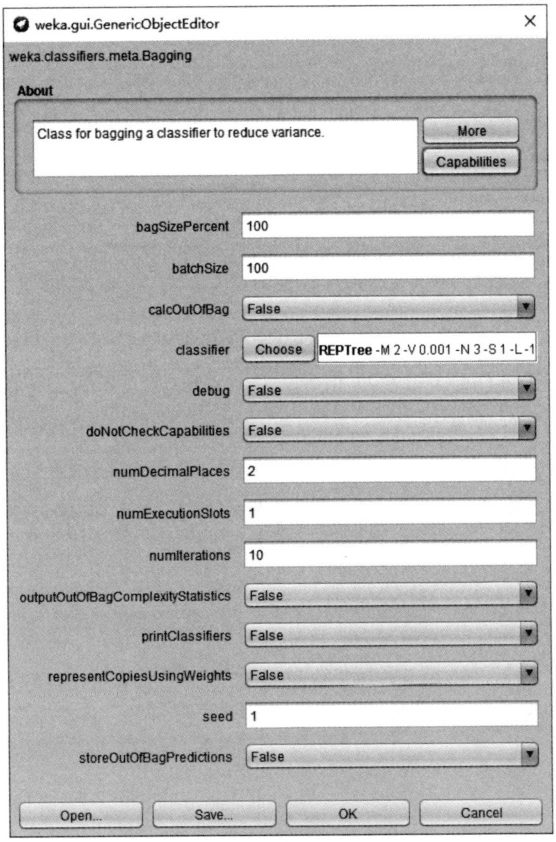

weka.gui.GenericObjectEditor

weka.classifiers.meta.Bagging

About

Class for bagging a classifier to reduce variance.

More

Capabilities

bagSizePercent 100

batchSize 100

calcOutOfBag False

classifier Choose REPTree -M 2 -V 0.001 -N 3 -S 1 -L -1

debug False

doNotCheckCapabilities False

numDecimalPlaces 2

numExecutionSlots 1

numIterations 10

outputOutOfBagComplexityStatistics False

printClassifiers False

representCopiesUsingWeights False

seed 1

storeOutOfBagPredictions False

Open... Save... OK Cancel

图 7-61 装袋分类器参数设置

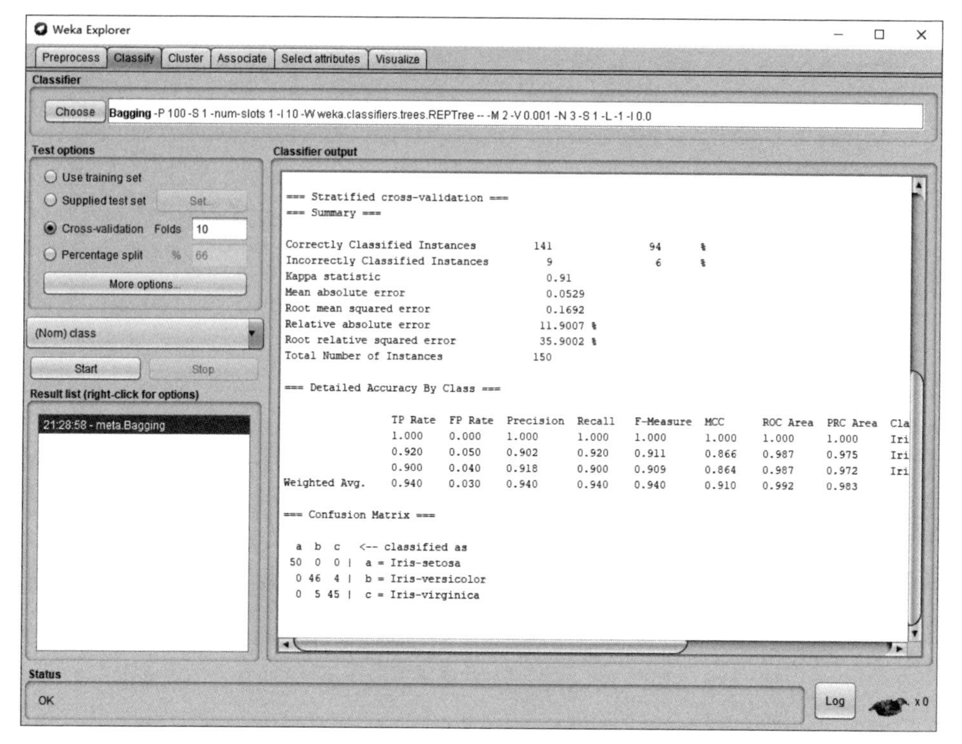

图 7-62 运行结果

7.8.3 提升

与装袋方法相同,提升(boosting)方法也是处理训练数据集的组合方法。不同之处在于,提升方法会为每一个训练样本赋予一个权值,用以重点学习那些被分类器错误分类的数据。

训练数据集的抽样分布由样本的权值确定,初始时所有样本的权值相同,即等概率地抽取每个样本,并且是有放回地抽取,从而得到新的样本集。然后,由该样本集训练一个分类器,用得到的分类器对所有数据进行测试,根据结果改变样本的权值,如此往复多轮得到最终的分类器。对于样本权值的调整,是增大分类错误的样本的权值,减小分类正确的样本的权值,从而增大分类器不好判别的样本的被选概率,使得分类器对于较难分类的样本多训练,提高分类器的性能。

提升方法是根据此前的错误分类的数据,在整个迭代过程中不断地对训练样本的分布进行修改。在开始阶段,所有的数据都被分配相同的权值,然后在每轮迭代中,对自适应的权值进行调整,所有错误分类的数据对应的权值都会增加,正确分类的数据对应的权值则会降低。

1. AdaBoost 算法

在提升方法中,具有代表性且使用广泛的方法是 AdaBoost 算法,下面介绍 AdaBoost 算法的基本流程。

设包含 n 个样本数据的集合为 $D=((X_1,y_1),(X_2,y_2),\cdots,(X_n,y_n))$，$y_i$ 为样本 X_i 的类标号，分类器 M_i 的错误率定义为

$$E_i=\frac{1}{n}\left[\sum_{j=1}^{n}w_jI(M_i(X_j)\neq y_j)\right] \tag{7-52}$$

其中，$I(M_i(X_i)\neq y_i)$表示，若分类器判别正确，则值为1，否则值为0。

定义分类器 M_i 的重要性如下。

$$\alpha_i=\frac{1}{2}\ln\left(\frac{1-E_i}{E_i}\right) \tag{7-53}$$

分类器的重要性用以更新训练样本的权值。权值更新分为以下两种情况。

① 当 $I(M_i(x_j)\neq y_j)=1$ 时，权值更新如下。

$$w_i^{j+1}=\frac{w_i^j}{Z_j}\times \mathrm{e}^{-\alpha_j} \tag{7-54}$$

② 当 $I(M_i(x_j)\neq y_j)\neq 1$ 时，权值更新如下。

$$w_i^{j+1}=\frac{w_i^j}{Z_j}\times \mathrm{e}^{\alpha_j} \tag{7-55}$$

其中，Z_j 是正规因子，用以保持每一训练轮次的样本权值之和为1。

AdaBoost 算法伪代码如下。

```
算法：AdaBoost 算法
输入：
    D：具有 n 个样本的训练集，D=((X1,y1),(X2,y2),…,(Xn,yn))，yi 为 xi 的类标号；
    ℒ：基分类器算法(如决策树算法、向后传播等)；
    k：轮数，即基分类器个数；
    X：待分类元组
输出：
    组合分类器——复合模型 M*
方法：
① 初始化 n 个样本的权值；
② for i=1 to k do
③     对原始数据集进行抽样得到训练数据集 Di；
④     用 Di 训练分类器 Mi 并对所有样本进行测试；
⑤     计算加权误差 Ei；
⑥     if Ei>0.5
⑦     then {
⑧         重新设置 n 个样本的权值；
⑨         返回步骤④；
⑩         }
⑪     计算分类器的重要性；
⑫     根据重要性更新样本权值；
⑬   }
```

AdaBoost 算法通过对样本进行加权，使得分类器更加注重那些较难分类的样本，并针对性地进行学习，这样可以更好地提升分类的准确率。但由此也产生了一个问题，即分类器

更适合那些不好分类的样本,容易导致过拟合现象。

例 7.12 使用 AdaBoost 算法进行分类。

对于表 7-36 中的训练数据,x 为一维属性,y 为类标号。应用 AdaBoost 算法给出第一轮的计算过程,已知 $Z_1=0.92$。

表 7-36 训练数据

序号	i	1	2	3	4	5	6	7	8	9	10
属性	x	0	1	2	3	4	5	6	7	8	9
类标号	y	1	1	1	−1	−1	−1	1	1	1	−1

解:观察数据,可以发现数据分为两类:−1 和 1,其中属性"0,1,2"对应"1"类,属性"3,4,5"对应"−1"类,属性"6,7,8"对应"1"类,属性"9"对应"−1"类。可以找到对应的数据分界点(即可能的阈值),如:2.5、5.5、8.5。然后计算每个点的误差率,选最小的那个作为阈值。

为所有初始样本赋权值 0.1,赋予权值的训练数据如表 7-37 所示。

表 7-37 赋予权值的训练数据

序号	i	1	2	3	4	5	6	7	8	9	10
属性	x	0	1	2	3	4	5	6	7	8	9
标签	y	1	1	1	−1	−1	−1	1	1	1	−1
权值	w_i^1	0.1	0.1	0.1	0.1	0.1	0.1	0.1	0.1	0.1	0.1

当阈值取 2.5 时,计算误差率,训练结果如表 7-38 所示。

表 7-38 训练结果

序号	i	1	2	3	4	5	6	7	8	9	10
属性	x	0	1	2	3	4	5	6	7	8	9
标签	y	1	1	1	−1	−1	−1	1	1	1	−1
输出		1	1	1	−1	−1	−1	−1	−1	−1	−1
结果		对	对	对	对	对	对	错	错	错	对

即当阈值取 2.5 时,误差率为 0.3。同理可计算出,当阈值取 5.5 时,误差率为 0.4;当阈值取 8.5 时,误差率为 0.3。这里选阈值为 2.5 作为基本分类器 $M_1(X)$。

计算 $M_1(X)$的系数,即分类器 $M_1(X)$的重要性。

$$\alpha_1=\frac{1}{2}\ln\left(\frac{1-0.3}{0.3}\right)\approx 0.42$$

所以,此时分类函数为

$$f(x)=\alpha_1 M_1(x)$$

根据式(7-54)和式(7-55),更新权值,如表 7-39 所示。

表 7-39　更新权值的训练数据

序号	i	1	2	3	4	5	6	7	8	9	10
属性	x	0	1	2	3	4	5	6	7	8	9
标签	y	1	1	1	−1	−1	−1	1	1	1	−1
权值 1	w_i^1	0.1	0.1	0.1	0.1	0.1	0.1	0.1	0.1	0.1	0.1
权值 2	w_i^2	0.072	0.072	0.072	0.072	0.072	0.072	0.167	0.167	0.167	0.072

至此第一轮次训练完成，后续轮次同理。

2. 使用 Weka 进行提升方法分类实例

Weka 系统上提供了一个名为 AdaBoostM1 的 AdaBoost 分类器，实现了提升算法。下面介绍在 Weka 中使用 AdaBoost 算法对 Weka 自带 breast-cancer.arff 数据集进行分类的操作步骤与分类结果。具体步骤如下。

① 按照 7.2.5 节中步骤①～④ 启动 Weka 软件，并导入 breast-cancer.arff 文件数据，如图 7-13 所示。

② 选择 Classify 选项卡，在 Classifier 栏中，单击 Choose 按钮，在 meta 文件夹下选择 AdaBoostM1，即 AdaBoost 分类器。如图 7-63 所示。

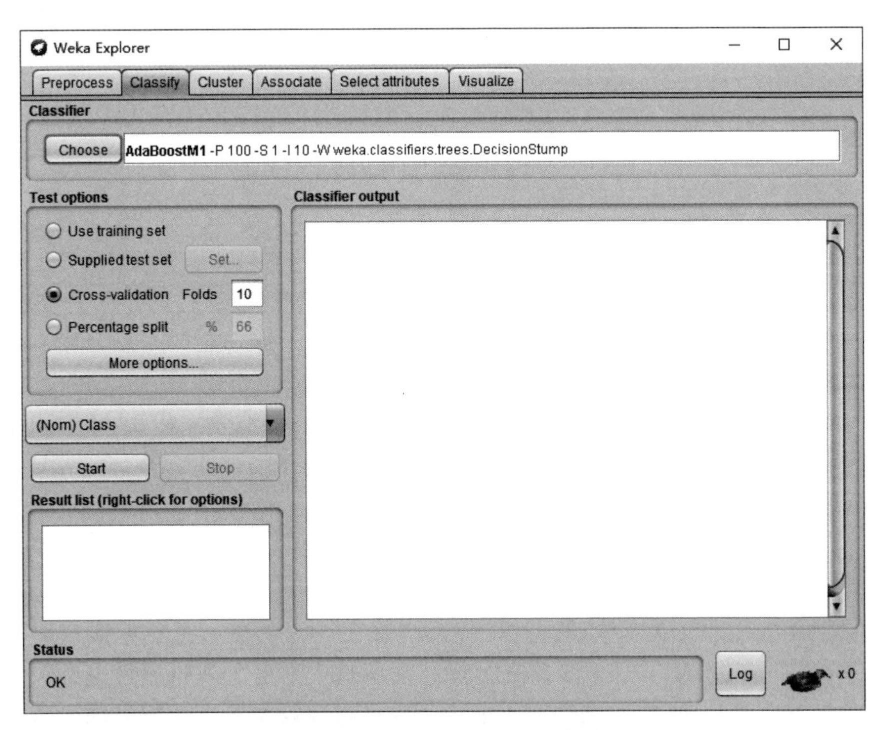

图 7-63　选择 AdaBoost 分类器

③ 使用默认设置值，单击 Start 按钮，出现 AdaBoost 的分类结果，如图 7-64 所示。Classifier Output 中显示了分类的输出结果。由于 breast-cancer.arff 数据包含两个类

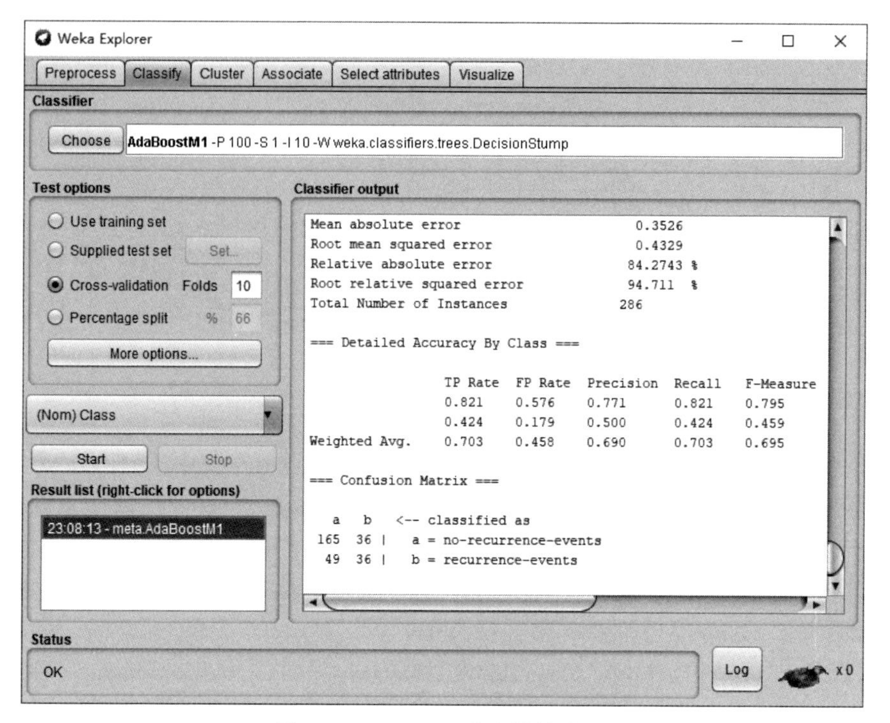

图 7-64 AdaBoost 分类器的结果

别值,因此输出两个对应的二元模型。可以看到,在本实例中,被分类的实例总数为 286,TP Rate 为 70.3%;FP Rate 为 45.8%;Precision 为 69.0%;Recall 为 70.3%;F-Measure 为 69.5%。

7.8.4 随机森林算法

对于 ID3 和 C4.5 决策树算法,它们的基本思想都是生成一棵决策树,即所有的特征共同构造成一棵决策树,然后用这棵决策树去实现分类预测功能。虽然可以对决策树进行一定程度的剪枝,但是仍然无法避免过拟合现象的发生。随机森林算法是 20 世纪 80 年代由 Breiman 等人提出来的,其基本思想就是构造多棵决策树,形成一个森林,然后用这些决策树共同决策输出类别是什么。随机森林算法是构建在单一决策树的基础上的,是单一决策树算法的延伸和改进。

1. 随机森林算法过程

随机森林算法属于集成方法的一种。随机森林在以决策树为基学习器构建装袋集成(样本的随机选取)的基础上,进一步在决策树的训练过程中引入随机属性选择。在整个随机森林算法的过程中,有两个随机过程:第一个随机过程就是输入数据是随机地从整体的训练数据中选取一部分作为一棵决策树的构建,而且是有放回的选取;第二个随机过程就是每棵决策树的构建所需的特征是从整体的特征集随机选取的,这两个随机过程使得随机森林在很大程度上避免了过拟合现象的出现。其具体的过程如下。

① 从训练数据中选取 n 个数据作为训练数据输入,一般情况下 n 是远小于整体的训练

数据个数 N 的，这样就会造成有一部分数据无法被取到，这部分数据称为袋外数据，可以使用袋外数据进行误差估计。

② 选取了输入的训练数据之后，就需要构建决策树，具体方法是每一个分裂结点从整体的特征集 M 中选取 m 个特征构建，一般情况下 $m<<M$。

③ 在构造每棵决策树的过程中，按照某种选取分裂结点的规则进行决策树的构建。决策树的其他结点都采取相同的分裂规则进行构建，直到该结点的所有训练样例都属于同一类或者达到树的最大深度。

④ 重复②和③多次，每一次输入数据对应一颗决策树，这样就得到了随机森林，可以用来对预测数据进行决策。

⑤ 多棵决策树构建结束以后，就可以对待预测数据进行预测。例如，输入一个待预测数据，然后多棵决策树同时进行决策，最后采用多数投票(票数相等则随机取值)的方式进行类别的决策。

随机森林的建立和预测过程如图 7-65 所示。

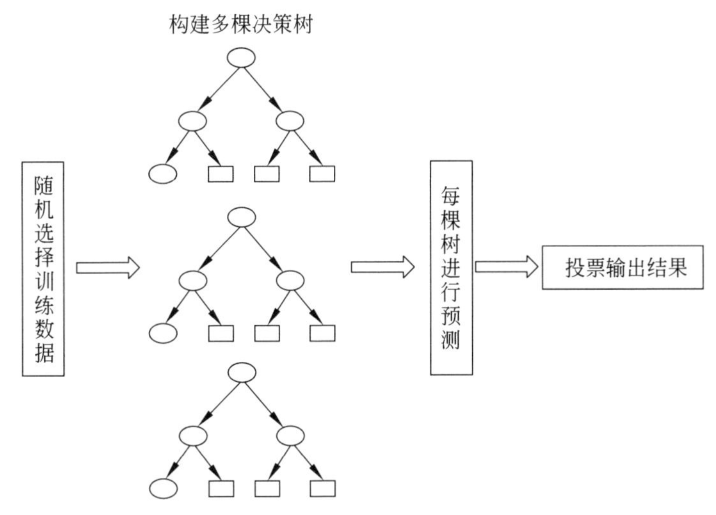

图 7-65 随机森林的建立和预测过程

在使用随机森林算法时，需要注意以下几点。

① 在构建决策树的过程中是不需要剪枝的。

② 整个森林中树的数量和每棵树的特征需要人为设定。

③ 构建决策树时，分裂结点的选择规则可以是最大信息增益(ID3)、最大信息增益率(C4.5)、最小基尼指数(CART)等。

随机森林算法有如下优点。

① 在数据集上表现良好，两个随机性的引入，使得随机森林算法不容易陷入过拟合。

② 两个随机性的引入，使得随机森林算法具有很好的抗噪声能力。

③ 能够处理很高维度(很多特征)的数据，并且不用进行特征选择，对数据集的适应能力强：既能处理离散型数据，也能处理连续型数据，数据集无须规范化。

④ 在创建随机森林的时候，对泛化误差(Generlization Error)使用的是无偏估计。

⑤ 训练速度快,可以得到变量重要性排序。

⑥ 在训练过程中,能够检测到特征间的相互影响。

⑦ 容易实现并行化处理。

⑧ 实现比较简单。

例 7.13 使用随机森林分类算法进行分类预测。

训练数据是表 7-2 所示的数据,使用随机森林分类算法对表 7-3 中的数据分类。为了更方便地说明算法的使用,设定随机森林树的数目为 3,构建每棵树的时候随机选择的特征数为 2,树的深度为 3。

解:本例采用 CART 算法构造决策树,CART 算法生成的决策树是结构简洁的二叉树。

(1) 构造第一棵决策树。

表 7-2 的训练集中有 15 个样本 4 个特征,对表 7-2 进行有放回地抽取 15 个样本,进行结点分裂时随机选择 2 个属性构建决策树。假设随机抽取如表 7-40 所示的训练样本集 X,第一个结点在分裂时选择了"年龄"和"有无家族病史"两个特征,如表 7-40 所示。

表 7-40 随机选取的训练数据 X

ID	年龄	有无家族病史	患病与否
12	63	有	是
13	66	无	是
6	41	无	否
3	27	无	否
6	41	无	否
4	30	有	是
11	62	有	是
9	46	有	是
14	66	无	是
13	66	无	是
10	47	有	是
8	45	有	是
4	30	有	是
9	46	有	是
5	39	无	否

① 对于连续型数据,CART 算法无法处理,只有通过离散化将连续型数据转换成离散型数据后,再进行处理。

下面采用等宽分箱法对连续型数据离散化。

设定区域范围(箱子宽度为(66−27)/3=13),分箱后有

箱 1:27 30 30 39

箱 2:41 41 45 46 46 47

箱 3:62 63 66 66 66

以“年龄”为例对数据进行分箱，如图7-66所示。

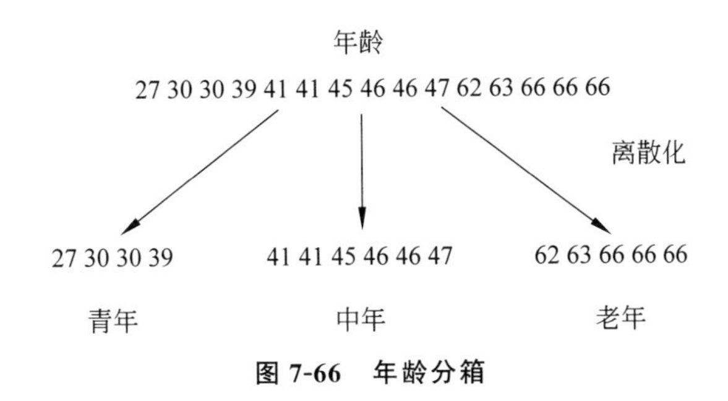

图7-66 年龄分箱

对原连续型数据离散化后的数据如表7-41所示。

表7-41 数据离散化后的训练集 *X*

ID	年龄	有无家族病史	患病与否
12	老年	有	是
13	老年	无	是
6	中年	无	否
3	青年	无	否
6	中年	无	否
4	青年	有	是
11	老年	有	是
9	中年	有	是
14	老年	无	是
13	老年	无	是
10	中年	有	是
8	中年	有	是
4	青年	有	是
9	中年	有	是
5	青年	无	否

② 分别以A、C表示“年龄”和“有无家族病史”两个特征。在“年龄”中以1、2、3表示“青年”“中年”和“老年”，在“有无家族病史”中以1、2表示“有无家族病史”中的“有”和“无”。

求特征A的基尼指数，得到

$$\mathrm{Gini}(Z,A=1)=\frac{4}{15}\left[1-\left(\frac{2}{4}\right)^2-\left(\frac{2}{4}\right)^2\right]+\frac{11}{15}\left[1-\left(\frac{2}{11}\right)^2-\left(\frac{9}{11}\right)^2\right]=0.352$$

$$\mathrm{Gini}(Z,A=2)=\frac{6}{15}\left[1-\left(\frac{2}{6}\right)^2-\left(\frac{4}{6}\right)^2\right]+\frac{9}{15}\left[1-\left(\frac{2}{9}\right)^2-\left(\frac{7}{9}\right)^2\right]=0.385$$

$$\mathrm{Gini}(Z,A=3)=\frac{5}{15}\left[1-\left(\frac{0}{5}\right)^2-\left(\frac{5}{5}\right)^2\right]+\frac{10}{15}\left[1-\left(\frac{4}{10}\right)^2-\left(\frac{6}{10}\right)^2\right]=0.32$$

故特征 A 的基尼指数为

$$\frac{4}{15}\times 0.352+\frac{6}{15}\times 0.385+\frac{5}{15}\times 0.32=0.355$$

同理,求特征 C 的基尼指数,得到

$$\mathrm{Gini}(Z,C=1)=\frac{8}{15}\left[1-\left(\frac{0}{8}\right)^2-\left(\frac{8}{8}\right)^2\right]+\frac{7}{15}\left[1-\left(\frac{4}{7}\right)^2-\left(\frac{3}{7}\right)^2\right]=0.229$$

$$\mathrm{Gini}(Z,C=2)=\frac{7}{15}\left[1-\left(\frac{4}{7}\right)^2-\left(\frac{3}{7}\right)^2\right]+\frac{8}{15}\left[1-\left(\frac{0}{8}\right)^2-\left(\frac{8}{8}\right)^2\right]=0.229$$

故特征 C 的基尼指数为

$$\frac{8}{15}\times 0.229+\frac{7}{15}\times 0.229=0.229$$

由此可见,特征 C 的 Gini 值最小,故选择"有无家族病史"特征来作为分裂属性,剩下的"年龄"特征作为下一个分裂属性。

由于特征 C 只有两个值,故只有一种划分方法,所以得到的两个基尼指数相等。C 取值为"有"和"无"时,划分为两个数据集 X_1(取值"有")和 X_2(取值"无"),如表7-42和表7-43所示。其中,X_1 分裂后都是单一类别,所以不再分裂,分裂结束,故 X_1 成为一个叶结点,属性值为"是",继续对 X_2 分裂。图7-67表示按照"有无家族病史"属性分裂结点的情况。

表 7-42 分裂后的数据集 X_1

ID	年龄	有无家族病史	患病与否
12	老年	有	是
4	青年	有	是
11	老年	有	是
9	中年	有	是
10	中年	有	是
8	中年	有	是
4	青年	有	是
9	中年	有	是

表 7-43 分裂后的数据集 X_2

ID	年龄	有无家族病史	患病与否
13	老年	无	是
6	中年	无	否
3	青年	无	否
6	中年	无	否
14	老年	无	是
13	老年	无	是
5	青年	无	否

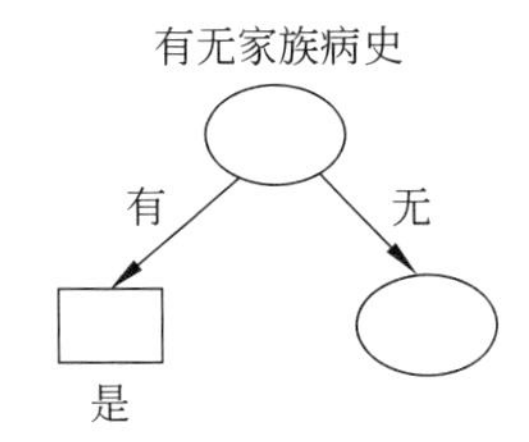

图 7-67 按照“有无家族病史”属性分裂结点的情况

③ 对 X_2 重新计算基尼指数，得到

$$\text{Gini}(Z,A=1)=\frac{2}{7}\left[1-\left(\frac{2}{2}\right)^2-\left(\frac{0}{2}\right)^2\right]+\frac{5}{7}\left[1-\left(\frac{2}{5}\right)^2-\left(\frac{3}{5}\right)^2\right]=0.343$$

$$\text{Gini}(Z,A=2)=\frac{2}{7}\left[1-\left(\frac{2}{2}\right)^2-\left(\frac{0}{2}\right)^2\right]+\frac{5}{7}\left[1-\left(\frac{2}{5}\right)^2-\left(\frac{3}{5}\right)^2\right]=0.343$$

$$\text{Gini}(Z,A=3)=\frac{3}{7}\left[1-\left(\frac{0}{3}\right)^2-\left(\frac{3}{3}\right)^2\right]+\frac{4}{7}\left[1-\left(\frac{0}{4}\right)^2-\left(\frac{4}{4}\right)^2\right]=0$$

特征 A 有 3 个值，特征 A 的基尼指数中 $\text{Gini}(Z,A=3)=0$ 最小，故选择“年龄”特征为分裂属性时，根据是否为“老年”进行划分。A 取值为“老年”和“非老年”时，划分为两个数据集 X_{21}(取值“老年”)和 X_{22}(取值“非老年”)，如表 7-44 和表 7-45 所示。其中，X_{21} 和 X_{22} 都是单一类别，所以不再分裂，分裂结束，故 X_{21} 和 X_{22} 成为两个叶结点。图 7-68 给出了构造的第一棵决策树。

表 7-44 分裂后的数据集 X_{21}

ID	年龄	有无家族病史	患病与否
13	老年	无	是
14	老年	无	是
13	老年	无	是

表 7-45 分裂后的数据集 X_{22}

ID	年龄	有无家族病史	患病与否
6	中年	无	否
3	青年	无	否
6	中年	无	否
5	青年	无	否

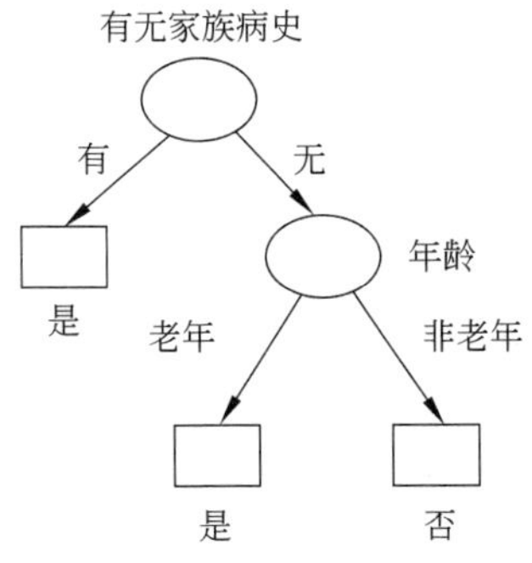

图 7-68 第一棵决策树

(2) 构造第二棵决策树。

假设随机抽取如表7-46所示的训练样本数据集Y,第一个结点在分裂时选择了"吸烟史"和"有无家族病史"两个特征,如表7-46所示。

表7-46 随机选取的训练样本数据集Y

ID	吸烟史	有无家族病史	患病与否
7	无	无	否
14	5年以上	无	是
10	无	有	是
6	无	无	否
7	无	无	否
14	5年以上	无	是
6	无	无	否
3	0～5年	无	否
8	5年以上	有	是
12	无	有	是
7	无	无	否
2	无	无	否
9	无	有	是
2	无	无	否
2	无	无	否

① 分别以B、C表示"吸烟史"和"有无家族病史"两个特征。在"吸烟史"中用1、2、3表示"无""0～5年""5年以上",在"有无家族病史"中用1和2表示"无"和"有"。

求特征B的基尼指数,得到

$$\text{Gini}(Y,B=1)=\frac{11}{15}\left[1-\left(\frac{3}{11}\right)^2-\left(\frac{8}{11}\right)^2\right]+\frac{4}{15}\left[1-\left(\frac{1}{4}\right)^2-\left(\frac{3}{4}\right)^2\right]=0.391$$

$$\text{Gini}(Y,B=2)=\frac{1}{15}\left[1-\left(\frac{1}{1}\right)^2-\left(\frac{0}{1}\right)^2\right]+\frac{14}{15}\left[1-\left(\frac{8}{14}\right)^2-\left(\frac{6}{14}\right)^2\right]=0.457$$

$$\text{Gini}(Y,B=3)=\frac{3}{15}\left[1-\left(\frac{3}{3}\right)^2-\left(\frac{0}{3}\right)^2\right]+\frac{12}{15}\left[1-\left(\frac{3}{12}\right)^2-\left(\frac{9}{12}\right)^2\right]=0.3$$

故B的基尼指数为

$$\frac{11}{15}\times 0.391+\frac{1}{15}\times 0.457+\frac{3}{15}\times 0.3=0.377$$

同理,求特征C的基尼指数,得到

$$\text{Gini}(Y,C=1)=\frac{11}{15}\left[1-\left(\frac{2}{11}\right)^2-\left(\frac{9}{11}\right)^2\right]+\frac{4}{15}\left[1-\left(\frac{4}{4}\right)^2\right]=0.218$$

$$\text{Gini}(Y,C=2)=\frac{4}{15}\left[1-\left(\frac{4}{4}\right)^2\right]+\frac{11}{15}\left[1-\left(\frac{2}{11}\right)^2-\left(\frac{9}{11}\right)^2\right]=0.218$$

故 C 的基尼指数为

$$\frac{11}{15}\times 0.218+\frac{4}{15}\times 0.218=0.218$$

由此可见，特征 C 的基尼值最小，故选择“有无家族病史”特征来作为分裂属性，剩下的“吸烟史”特征作为下一个分裂属性。

由于特征 C 只有两个值，故只有一种划分方法，所以得到的两个基尼指数相等。C 取值为“无”和“有”时，划分为两个数据集 Y_1（取值“无”）和 Y_2（取值“有”），如表7-47和表7-48所示。其中，Y_2 分裂后都是单一类别，所以不再分裂，分裂结束，故 Y_2 成为一个叶结点，属性值为“是”，继续对 Y_1 分裂。按照“有无家族病史”属性进行分裂结点的情况同图7-67。

表7-47 随机选取的训练数据集 Y_1

ID	吸烟史	有无家族病史	患病与否
7	无	无	否
14	5年以上	无	是
6	无	无	否
7	无	无	否
14	5年以上	无	是
6	无	无	否
3	0～5年	无	否
7	无	无	否
2	无	无	否
2	无	无	否
2	无	无	否

表7-48 随机选取的训练数据集 Y_2

ID	吸烟史	有无家族病史	患病与否
10	无	有	是
8	5年以上	有	是
12	无	有	是
9	无	有	是

② 根据数据集 Y_1 重新计算基尼指数，得到

$$\text{Gini}(Y,B=1)=\frac{8}{11}\left[1-\left(\frac{0}{8}\right)^2-\left(\frac{8}{8}\right)^2\right]+\frac{3}{11}\left[1-\left(\frac{1}{3}\right)^2-\left(\frac{2}{3}\right)^2\right]=0.121$$

$$\text{Gini}(Y,B=2)=\frac{1}{11}\left[1-\left(\frac{1}{1}\right)^2-\left(\frac{0}{1}\right)^2\right]+\frac{10}{11}\left[1-\left(\frac{2}{10}\right)^2-\left(\frac{8}{10}\right)^2\right]=0.291$$

$$\text{Gini}(Y,B=3)=\frac{2}{11}\left[1-\left(\frac{2}{2}\right)^2-\left(\frac{0}{2}\right)^2\right]+\frac{9}{11}\left[1-\left(\frac{0}{9}\right)^2-\left(\frac{9}{9}\right)^2\right]=0$$

特征 B 有3个值,特征 B 的基尼指数中 $\mathrm{Gini}(Y,B=3)=0$ 最小,故选择"吸烟史"特征作为分裂属性时,根据吸烟史是否是"5年以上"进行划分。B 取值为"5年以上"和"非5年以上"时,划分为两个数据集 Y_{11}(取值"5年以上")和 Y_{12}(取值"非5年以上"),如表7-49和表7-50所示。其中,Y_{11} 和 Y_{12} 都是单一类别,所以不再分裂,分裂结束,故 Y_{11} 和 Y_{12} 成为两个叶结点。图7-69给出了构造的第二棵决策树。

表7-49 随机选取的训练数据集 Y_{11}

ID	吸烟史	有无家族病史	患病与否
14	5年以上	无	是
14	5年以上	无	是

表7-50 随机选取的训练数据集 Y_{12}

ID	吸烟史	有无家族病史	患病与否
7	无	无	否
6	无	无	否
7	无	无	否
6	无	无	否
3	0～5年	无	否
7	无	无	否
2	无	无	否
2	无	无	否
2	无	无	否

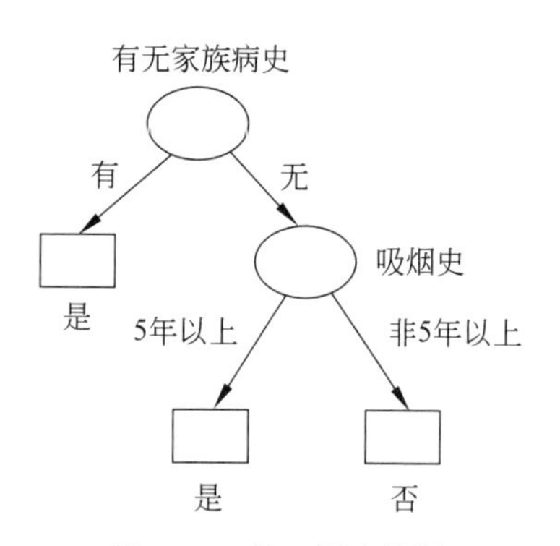

图7-69 第二棵决策树

(3)构造第三棵决策树。

假设随机抽取如表7-51所示的训练样本集 Z,第一个结点在分裂时选择了"吸烟史"和"体重范围"两个特征,如表7-51所示。

表 7-51 随机选取的训练数据集 Z

ID	吸烟史	体重范围	患病与否
9	无	高	是
7	无	高	否
6	无	低	否
7	无	高	否
2	无	中	否
4	0～5 年	低	是
11	无	较高	是
1	无	较低	否
1	无	较低	否
7	无	高	否
6	无	低	否
4	0～5 年	低	是
8	5 年以上	高	是
7	无	高	否
11	无	较高	是

① 分别以 B、D 表示“吸烟史”和“体重范围”两个特征。在“吸烟史”中以 1、2、3 表示“吸烟史”中的“无”“0～5 年”和“5 年以上”，在“体重范围”中以 1、2、3、4 和 5 表示体重范围的“低”“较低”“中”“较高”和“高”。

求特征 B 的基尼指数，得到

$$\text{Gini}(Z,B=1)=\frac{12}{15}\left[1-\left(\frac{3}{12}\right)^2-\left(\frac{9}{12}\right)^2\right]+\frac{3}{15}\left[1-\left(\frac{3}{3}\right)^2\right]=0.3$$

$$\text{Gini}(Z,B=2)=\frac{2}{15}\left[1-\left(\frac{2}{2}\right)^2\right]+\frac{13}{15}\left[1-\left(\frac{4}{13}\right)^2-\left(\frac{9}{13}\right)^2\right]=0.369$$

$$\text{Gini}(Z,B=3)=\frac{1}{15}\left[1-\left(\frac{1}{1}\right)^2\right]+\frac{14}{15}\left[1-\left(\frac{5}{14}\right)^2-\left(\frac{9}{14}\right)^2\right]=0.429$$

故 B 的基尼指数为

$$\frac{12}{15}\times 0.3+\frac{2}{15}\times 0.369+\frac{1}{15}\times 0.429=0.318$$

同理，求特征 D 的基尼指数，得到

$$\text{Gini}(Z,D=1)=\frac{4}{15}\left[1-\left(\frac{2}{4}\right)^2-\left(\frac{2}{4}\right)^2\right]+\frac{11}{15}\left[1-\left(\frac{4}{11}\right)^2-\left(\frac{7}{11}\right)^2\right]=0.473$$

$$\text{Gini}(Z,D=2)=\frac{2}{15}\left[1-\left(\frac{0}{2}\right)^2-\left(\frac{2}{2}\right)^2\right]+\frac{13}{15}\left[1-\left(\frac{6}{13}\right)^2-\left(\frac{7}{13}\right)^2\right]=0.431$$

$$\text{Gini}(Z,D=3)=\frac{1}{15}\left[1-\left(\frac{0}{1}\right)^2-\left(\frac{1}{1}\right)^2\right]+\frac{14}{15}\left[1-\left(\frac{6}{14}\right)^2-\left(\frac{8}{14}\right)^2\right]=0.457$$

$$\text{Gini}(Z,D=4)=\frac{2}{15}\left[1-\left(\frac{2}{2}\right)^2-\left(\frac{0}{2}\right)^2\right]+\frac{13}{15}\left[1-\left(\frac{4}{13}\right)^2-\left(\frac{9}{13}\right)^2\right]=0.369$$

$$\text{Gini}(Z,D=5)=\frac{6}{15}\left[1-\left(\frac{2}{6}\right)^2-\left(\frac{4}{6}\right)^2\right]+\frac{9}{15}\left[1-\left(\frac{4}{9}\right)^2-\left(\frac{5}{9}\right)^2\right]=0.474$$

故 D 的基尼指数为

$$\frac{4}{15}\times 0.473+\frac{2}{15}\times 0.431+\frac{1}{15}\times 0.457+\frac{2}{15}\times 0.369+\frac{6}{15}\times 0.474=0.453$$

由此可见,特征 B 的基尼值最小,故选择“吸烟史”特征来作为分裂属性,剩下的“体重范围”特征作为下一个分裂属性。

特征 B 有3个值,特征 B 的基尼指数中 $\text{Gini}(Z,B=1)=0.3$ 最小,故选择“吸烟史”特征作为分裂属性时,根据有无吸烟史进行划分。B 取值为“无”和“有”时,数据集划分成两个 Z_1(取值“无”)和 Z_2(取值“有”),如表7-52和表7-53所示。其中,Z_2 分裂后都是单一类别,所以不再分裂,分裂结束,故 Z_2 成为一个叶结点,属性值为“是”,继续对 Z_1 分裂。图7-70给出了按照“吸烟史”属性分裂结点的情况。

表7-52 随机选取的训练数据集 Z_1

ID	吸烟史	体重范围	患病与否
9	无	高	是
7	无	高	否
6	无	低	否
7	无	高	否
2	无	中	否
11	无	较高	是
1	无	较低	否
1	无	较低	否
7	无	高	否
6	无	低	否
7	无	高	否
11	无	较高	是

表7-53 随机选取的训练数据集 Z_2

ID	吸烟史	体重范围	患病与否
4	0~5年	低	是
4	0~5年	低	是
8	5年以上	高	是

② 对数据集 Z_1 重新计算基尼指数,得到

$$\text{Gini}(Z,D=1)=\frac{2}{12}\left[1-\left(\frac{0}{2}\right)^2-\left(\frac{2}{2}\right)^2\right]+\frac{10}{12}\left[1-\left(\frac{3}{10}\right)^2-\left(\frac{7}{10}\right)^2\right]=0.35$$

$$\text{Gini}(Z,D=2)=\frac{2}{12}\left[1-\left(\frac{0}{2}\right)^2-\left(\frac{2}{2}\right)^2\right]+\frac{10}{12}\left[1-\left(\frac{3}{10}\right)^2-\left(\frac{7}{10}\right)^2\right]=0.35$$

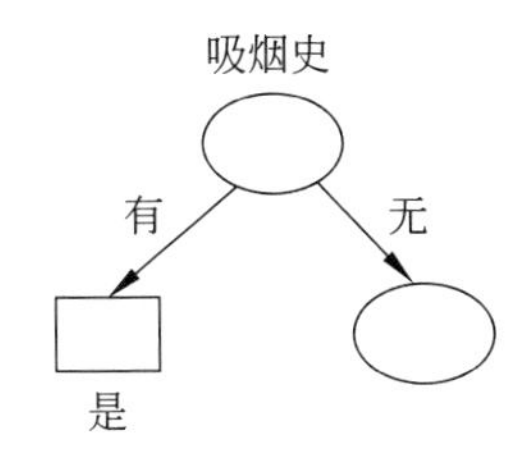

图 7-70 按照“吸烟史”分裂结点的情况

$$\text{Gini}(Z,D=3)=\frac{1}{12}\left[1-\left(\frac{0}{1}\right)^2-\left(\frac{1}{1}\right)^2\right]+\frac{11}{12}\left[1-\left(\frac{3}{11}\right)^2-\left(\frac{8}{11}\right)^2\right]=0.364$$

$$\text{Gini}(Z,D=4)=\frac{2}{12}\left[1-\left(\frac{0}{2}\right)^2-\left(\frac{2}{2}\right)^2\right]+\frac{10}{12}\left[1-\left(\frac{1}{10}\right)^2-\left(\frac{9}{10}\right)^2\right]=0.15$$

$$\text{Gini}(Z,D=5)=\frac{5}{12}\left[1-\left(\frac{1}{5}\right)^2-\left(\frac{4}{5}\right)^2\right]+\frac{7}{12}\left[1-\left(\frac{2}{7}\right)^2-\left(\frac{5}{7}\right)^2\right]=0.371$$

特征 D 有 5 个值，特征 D 的基尼指数中 $\text{Gini}(Z,D=4)=0.15$ 最小，故选择体重范围作为分裂属性时，根据“体重范围”是否是“较高”进行划分。D 取值为“较高”和“非较高”时，数据集划分成两个 Z_{11}（取值“较高”）和 Z_{12}（取值“非较高”），如表 7-54 和表 7-55 所示。其中，Z_{11} 是单一类别，所以不再分裂，分裂结束，故 Z_{11} 成为一个叶结点。对于 Z_{12} 虽然不是单一类别，但目前已达到树的深度阈值 3，停止分裂，也成为一个叶结点，使用此数据集中多数类别“否”表示该结点的类别。图 7-71 给出了构造的第三棵决策树。

表 7-54 随机选取的训练数据集 Z_{11}

ID	吸烟史	体重范围	患病与否
11	无	较高	是
11	无	较高	是

表 7-55 随机选取的训练数据集 Z_{12}

ID	吸烟史	体重范围	患病与否
9	无	高	是
7	无	高	否
6	无	低	否
7	无	高	否
2	无	中	否
1	无	较低	否
1	无	较低	否
7	无	高	否
6	无	低	否
7	无	高	否

(4) 随机森林分类。

当构建好随机森林之后对表 7-3 中的测试数据进行预测,分别对编号 1、2、3 测试数据进行预测,可以得到第一棵树预测它们的类别分别“否”“否”“是”,第二棵树预测它们的类别分别“否”“否”“是”,第三棵树预测它们的类别分别“否”“否”“是”,综合 3 棵树的结果可以得到最终的预测结果为“否”“否”“是”,正确率为 100%。

吸烟史
有
无
是
体重范围
较高
非较高
是
否

图 7-71 第三棵决策树

2. 使用 Weka 的随机森林进行分类预测

Weka 内部的 tree 函数中集成了随机森林分类器,可以进行分类运算。本例利用 Weka 自带的 iris.arff 数据集进行随机森林分类,具体步骤如下。

① 按照 7.3.3 节步骤①~④启动 Weka 软件,并导入 iris.arff 文件,如图 7-22 所示。

② 选择 Classif 选项卡,在 Classifier 下单击 Choose 按钮,在 tree 下面选择随机森林分类器 RandomForest,如图 7-72 所示。

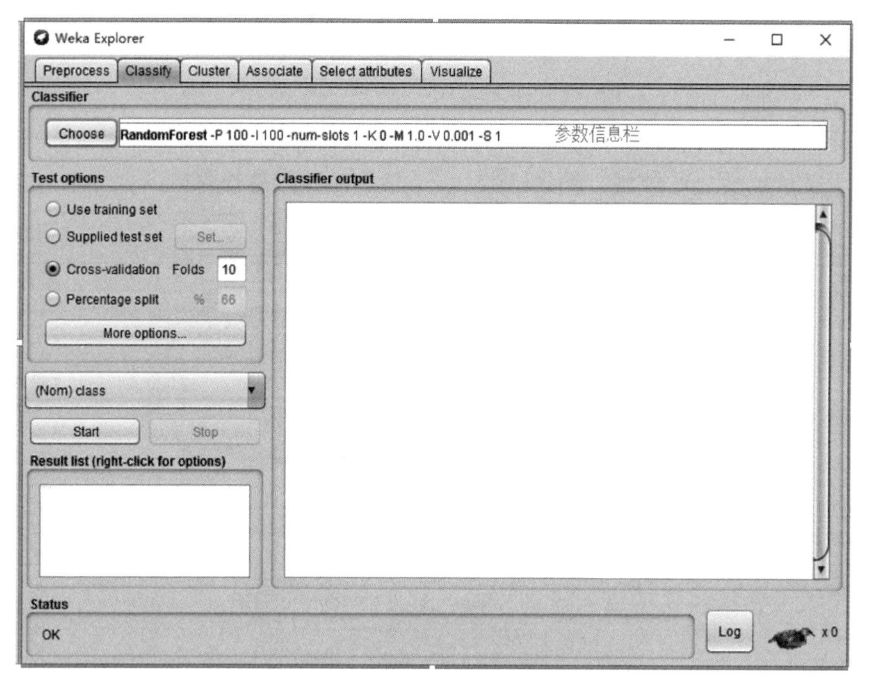

图 7-72 选择随机森林分类器

③ 双击参数信息栏可以进行参数的设置,如图 7-73 所示。其中的两个主要参数解释如下。maxDepth(最大深度):树的最大深度,0 代表无限制。numFeatures(特征数量):用于随机选择的特征数量。

④ 设置好参数后,单击 OK 按钮返回图 7-72,单击 Start 按钮即开始运行,随机森林分类结果如图 7-74 所示。

从图中的 Classifier output 子窗口中可以看到,均方根误差为 0.1621,相对误差为 0.0919,总用例数为 150,还可以看到分类的详细准确率等信息。

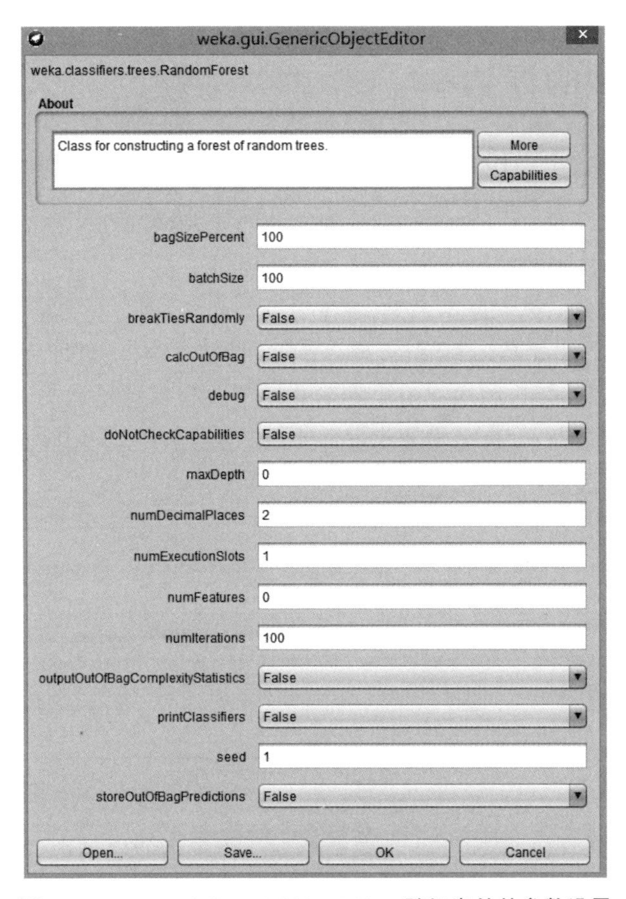

图 7-73　weka.gui.GenericObjectEditor 随机森林的参数设置

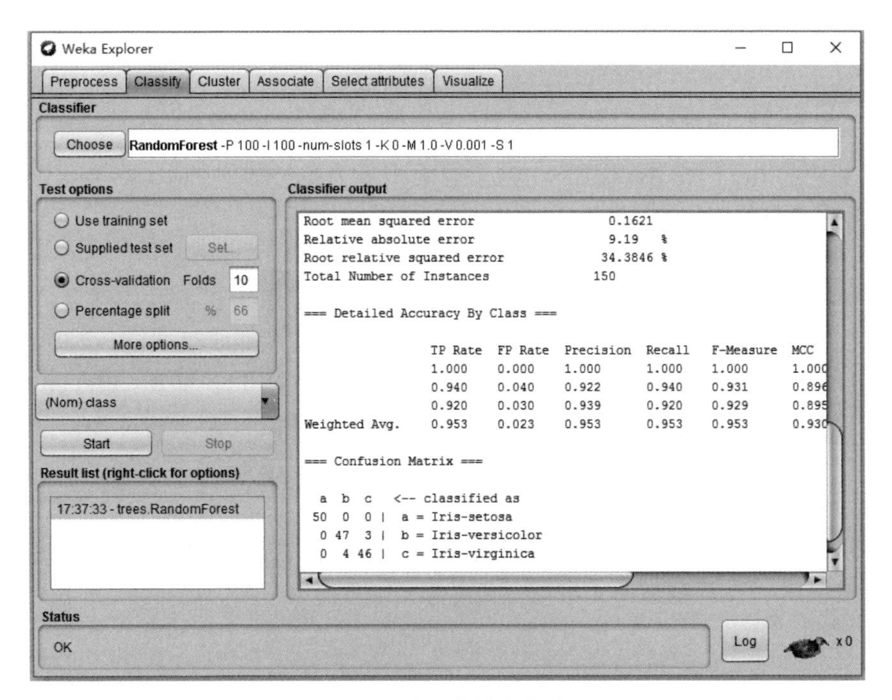

图 7-74　随机森林分类结果

7.9 分类模型的评估

7.9.1 分类模型的评价指标

训练分类模型后,如何评价模型的好坏是一个很关键的问题。目前,评价分类模型好坏常用的指标有准确率、召回率、灵敏度、特效性和F值等。

首先介绍几个常见的模型评价术语,考虑二分类问题,即分类目标只有两类:一是正类(positive),即感兴趣的主要类;二是负类(negtive),即其他类,正例即为正类的实例或元组,负例即为负类的实例或元组,利用混淆矩阵来介绍相关模型评价数据。假设在有类标号的测试数据集上使用分类器,分类结果通过混淆矩阵表示,如表7-56所示。

表7-56 二分类的混淆矩阵

实例分类	预测分类		
	正类	负类	合计
正类	TP	FN	P
负类	FP	TN	N
合计	P'	N'	$P+N$

表中信息含义如下。

① 真正例(True Positives,TP):被正确地划分为正类的实例数,即实际为正例且被分类器划分为正例的实例数。

② 假正例(False Positives,FP):被错误地划分为正类的实例数,即实际为负例但被分类器划分为正例的实例数。

③ 假负例(False Negatives,FN):被错误地划分为负类的实例数,即实际为正例但被分类器划分为负例的实例数。

④ 真负例(True Negatives,TN):被正确地划分为负类的实例数,即实际为负例且被分类器划分为负例的实例数。

混淆矩阵是分析分类器识别不同类元组的一种有用工具。混淆矩阵的行代表测试样本的真实类别,而列代表分类器所预测出的类别。P 为测试数据中正类的实例数(TP+FN),N 为测试数据中负类的实例数(FP+TN),P'为分类器标记为正类的实例数(TP+FP),N'为分类器标记为负类的实例数(FN+TN),实例总数为TP+TN+FP+PN,或 $P+N$,或 $P'+N'$。TP和TN表明分类器分类正确的情况,而FP和FN则表明分类器分类错误的情况。

(1) 准确率

准确率(accuracy)又称分类器的总体识别率。准确率表示分类器对各类元组的正确识别情况,它定义为被正确分类的元组数占预测总元组数的百分比,计算公式如下。

$$\text{accuracy}=\frac{\text{TP}+\text{TN}}{P+N} \tag{7-56}$$

(2) 错误率

错误率(error rate)又称误分辨率。错误率表示分类器对各类元组的错误识别情况，是1-accuracy，具体计算公式如下。

$$\text{error rate}=\frac{\mathrm{FP}+\mathrm{FN}}{P+N} \tag{7-57}$$

(3) 特效性

特效性(specificity)又称真负例识别率(True Negative Rate，TNR)。特效性表示分类器对负元组的正确识别情况，它定义为正确识别的负元组数量占实际为负元组总数的百分比，计算公式如下。

$$\text{specificity}=\frac{\mathrm{TN}}{N} \tag{7-58}$$

(4) 灵敏度

灵敏度(sensitivity)也被称为真正例识别率(True Positive Rate，TPR)，即正确识别的正元组的百分比。灵敏度可以衡量分类器对正类的识别能力，具体计算公式如下。

$$\text{sensitivity}=\frac{\mathrm{TP}}{P} \tag{7-59}$$

(5) 精度

精度(precision)可以视为精确性的度量，即正确识别的正元组数量占预测为正元组总数的百分比。精度具体计算公式如下。

$$\text{precision}=\frac{\mathrm{TP}}{\mathrm{TP}+\mathrm{FP}}=\frac{\mathrm{TP}}{P'} \tag{7-60}$$

(6)召回率

召回率(recall)用来评价模型的灵敏度和识别率，是完全性的度量，即正元组被标记为正类的百分比。召回率具体计算公式如下。

$$\text{recall}=\frac{\mathrm{TP}}{\mathrm{TP}+\mathrm{FN}}=\frac{\mathrm{TP}}{P} \tag{7-61}$$

(7) 综合评价指标(F 度量)

将精度和召回率组合到一个度量中，即为 F 度量(又称 F_1 分数或 F 分数)和 F_β 度量的方法，其中 F 度量和 F_β 度量的计算公式如式分别为

$$F=\frac{2\times \text{precision}\times \text{recall}}{\text{precision}+\text{recall}} \tag{7-62}$$

$$F_\beta=\frac{(1+\beta^2)\times \text{precision}\times \text{recall}}{\beta^2\times \text{precision}+\text{recall}} \tag{7-63}$$

其中，β 是非负实数。F 度量是精度和召回率的均值，它赋予精度和召回率相等的权重。F_β 度量是精度和召回率加权度量，它赋予召回率权重是赋予精度的 β 倍。通常使用的 F_β 是 F_2(它赋予召回率权重是精度的 2 倍)和 $F_{0.5}$(它赋予精度的权重是召回率的 2 倍)。

(8) 假负例识别率

假负例识别率(False Negative Rate，FNR)，它定义为错误识别为负类的正元组数量占实际为正元组总数的百分比，具体计算公式如下。

$$\mathrm{FNR}=\frac{\mathrm{FN}}{\mathrm{TP}+\mathrm{FN}}=\frac{\mathrm{FN}}{P} \tag{7-64}$$

(9) 假正例识别率

假正例识别率(False Positive Rate,FPR),它定义为错误识别为正类的负元组数量占实际为负元组总数的百分比,具体计算公式如下。

$$\mathrm{FPR}=\frac{\mathrm{FP}}{\mathrm{FP}+\mathrm{TN}}=\frac{\mathrm{FP}}{N} \tag{7-65}$$

例 7.14 分类模型评价指标的计算。

某混淆矩阵如表 7-57 所示,计算准确率、错误率、特效性等评价指标。

表 7-57 混淆矩阵实例

实例分类	预测分类		
	正类	负类	合计
正类	150	40	190
负类	60	250	310
合计	210	290	500

解:① 计算准确率。

$$\mathrm{accuracy}=\frac{150+250}{500}\times 100\%=80\%$$

② 计算错误率。

$$\mathrm{errorrate}=1-\mathrm{accuracy}=20\%$$

③ 计算特效性。

$$\mathrm{specificity}=\frac{250}{310}\times 100\%\approx 80.65\%$$

④ 计算灵敏度。

$$\mathrm{sensitivity}=\frac{150}{190}\times 100\%=78.95\%$$

⑤ 计算精度。

$$\mathrm{precision}=\frac{150}{150+60}=\frac{150}{210}\times 100\%=71.43\%$$

⑥ 计算召回率。

$$\mathrm{recall}=\frac{150}{150+40}=\frac{150}{190}\times 100\%=78.95\%$$

⑦ 计算 F 度量。

$$F=\frac{2\times 71.43\%\times 78.95\%}{71.43\%+78.95\%}=0.75002$$

⑧ 计算假负例识别率。

$$\mathrm{FNR}=\frac{40}{150+40}=\frac{40}{190}\times 100\%=21.05\%$$

⑨ 计算假正例识别率。

$$\mathrm{FPR}=\frac{60}{250+60}=\frac{60}{310}\times 100\%=19.35\%$$

(10) ROC 曲线

① ROC 曲线相关概念。

ROC 曲线(Receiver Operating Characteristic Curve)是指接收者操作特征曲线,是反映灵敏度和特效性连续变量的综合指标,是用构图法揭示灵敏度和特效性的相互关系,它通过将连续变量设定出多个不同的临界值,从而计算出一系列灵敏度和特效性,再以灵敏度即真正例识别率 TPR 为纵坐标,以假正例识别率 FPR 即(1-特效性)为横坐标绘制成曲线,曲线下面积(Area Under Curve,AUC)越大,诊断准确性越高。在 ROC 曲线上,最靠近坐标图左上方的点为灵敏度和特效性均较高的临界值。ROC 曲线和 AUC 常被用来评价一个二值分类器(binary classifier)的优劣。

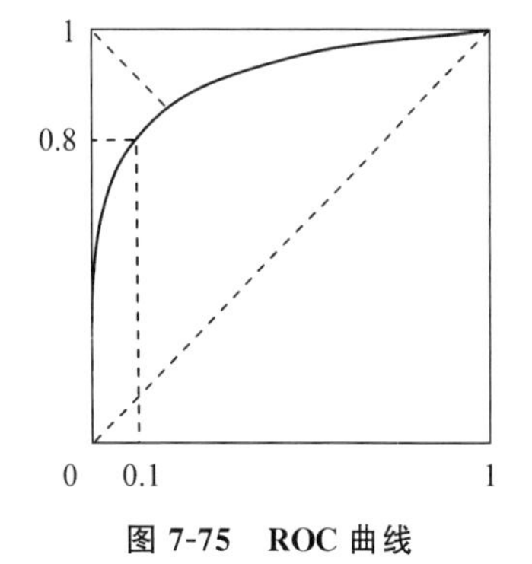

图 7-75 ROC 曲线

在图 7-75 所示的 ROC 曲线图中,实线为 ROC 曲线,线上每个点对应一个阈值。

横轴为假正例识别率 FPR:即 1-TNR(真负例识别率),或 1-Specificity,FPR 越大,则预测为正类的元组中实际为负类元组越多。

纵轴为真正例识别率 TPR:即 Sensitivity(正类覆盖率),TPR 越大,则预测正类的元组中实际为正类元组越多。

图中点(0,1),即 FPR=0,TPR=1,意味着 FN=0,且 FP=0,这是一个完美的分类器,它将所有的样本都正确分类。

图中点(1,0),即 FPR=1,TPR=0,这是一个最糟糕的分类器,它避开了所有的正确答案。

图中点(0,0),即 FPR=TPR=0,即 FP=TP=0,该分类器预测所有的样本都为负例。

图中点(1,1),预测所有的样本都为正例。

ROC 曲线图中的虚线 $y=x$ 上的点,这条对角线上的点表示的是一个采用随机猜测策略的分类器的结果。例如,(0.5,0.5)表示该分类器随机对于一半的样本猜测其为正例,另一半的样本为负例。

理想情况是 TPR=1,FPR=0,即图中(0,1)点,因此 ROC 曲线越靠近(0,1)点,越偏离 45 度对角线越好,Sensitivity、Specificity 越大效果越好,它们越大也表明该分类器的性能越好。

对于二分类器,给出针对每个实例为正类的概率,设定一个阈值,概率大于或等于这个阈值的为正类,小于阈值的为负类。对应的就可以算出一组(FPR,TPR),在平面中得到对应坐标点。随着阈值的逐渐减小,越来越多的实例被划分为正类,但是这些正类中同样也掺杂着真正的负实例,即 TPR 和 FPR 会同时增大。阈值最大时,对应坐标点(0,0);阈值最小时,对应坐标点(1,1)。

② ROC 曲线的绘制。

对于一个特定的分类器和测试数据集,只能得到一个分类结果,即一组 FPR 和 TPR 结果。而要得到一条曲线,就需要一系列 FPR 和 TPR 的值。假设已经得到所有样本的概率输出即属于正类的概率,根据每个测试样本属于正类的概率值从大到小排序。表 7-58 中有 10 个测试样本,“实际分类”一列表示每个测试样本真正的类标签,有 10 个正例,10 个负例,

即 $P=10,N=10$;“概率”一列表示每个测试样本属于正例的概率,样本已按“概率”降序排序。

表 7-58 测试样本数据集

样本编号	实际分类	概率	TP	FP	TN	FN	TPR	FPR
1	正类	0.9	1	0	10	9	0.1	0
2	正类	0.8	2	0	10	8	0.2	0
3	负类	0.6	2	1	9	8	0.2	0.1
4	正类	0.55	3	1	9	7	0.3	0.1
5	正类	0.54	4	1	9	6	0.4	0.1
6	负类	0.53	4	2	8	6	0.4	0.2
7	正类	0.525	5	2	8	5	0.5	0.2
8	正类	0.52	6	2	8	4	0.6	0.2
9	负类	0.505	6	3	7	4	0.6	0.3
10	正类	0.5	7	3	7	3	0.7	0.3
11	正类	0.38	8	3	7	2	0.8	0.3
12	负类	0.37	8	4	6	2	0.8	0.4
13	正类	0.365	9	4	6	1	0.9	0.4
14	负类	0.36	9	5	5	1	0.9	0.5
15	负类	0.357	9	6	4	1	0.9	0.6
16	负类	0.355	10	7	3	0	1	0.7
17	正类	0.355	10	7	3	0	1	0.7
18	负类	0.35	10	8	2	0	1	0.8
19	负类	0.3	10	9	1	0	1	0.9
20	负类	0.1	10	10	0	0	1	1

从高到低,依次将“概率”值作为阈值。当测试样本属于正例的概率大于或等于这个阈值时,认为它为正例,否则为负例。从样本1开始,其为正例的概率为0.9,即阈值为0.9,则分类器将样本1分类为正例,其他19个样本分类为负例,样本1实际分类为正类,则 TP=1,FP=0;其余19个被分类器分类为负例的样本中,实际为正类的有9个,实际为负类的有10个,则 TN=10,FN=9,因此 TPR=0.1,FPR=0。对于样本2,其为正例的概率为0.8,即阈值为0.8,则分类器将样本1和样本2分类为正例,其他18个样本分类为负例,样本1和样本2实际分类为正类,则 TP=2,FP=0;其余18个被分类器分类为负例的样本中,实际为正类的有8个,实际为负类的有10个,则 TN=10,FN=8,因此 TPR=0.2,FPR=0。对于样本3,其为正例的概率为0.6,即阈值为0.6,则分类器将样本1、样本2和样本3分类为正例,其他17个样本分类为负例,样本1和样本2实际分类为正类,样本3实际分类为负类,则 TP=2,FP=1;其余17个被分类器分类为负例的样本中,实际为正类的有8个,实际

为负类的有9个,则 TN=9,FN=8,因此 TPR=0.2,FPR=0.1。依次处理所有样本,得到一组 FPR 和 TPR,即 ROC 曲线上的一点。根据 FPR 和 TPR 绘制的 ROC 曲线如图 7-76 所示。

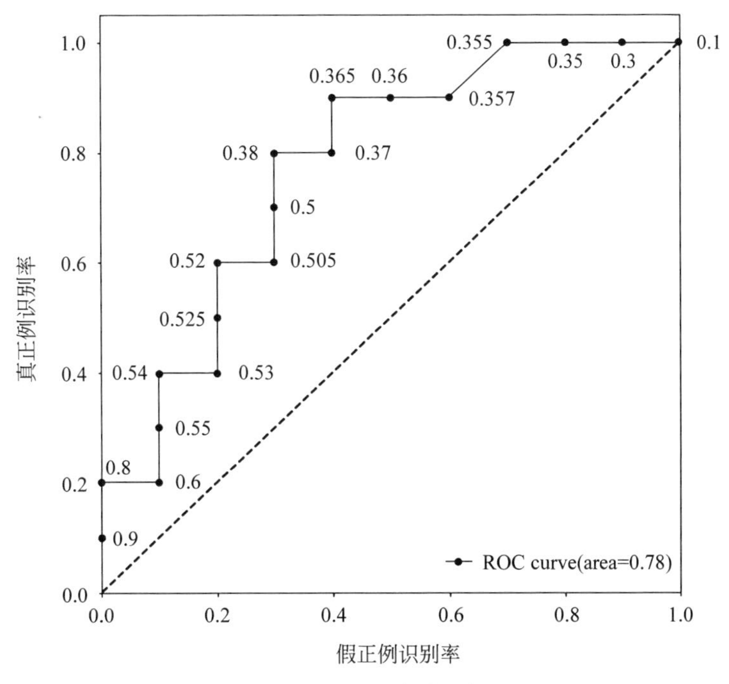

图 7-76 ROC 曲线实例

当阈值取值越多,ROC 曲线越平滑。阈值设置为1和0时,分别得到 ROC 曲线上的(0,0)和(1,1)两个点。

(11) AUC

AUC 被定义为 ROC 曲线下的面积,这个面积的数值不会大于1。又由于 ROC 曲线一般都处于 $y=x$ 这条直线的上方,所以 AUC 的取值范围是 0.5~1。AUC 的值是一个概率值,当随机挑选一个正样本以及一个负样本,当前的分类算法根据计算得到的值将这个正样本排在负样本前面的概率就是 AUC 值。当然,AUC 值越大,当前的分类算法越有可能将正样本排在负样本的前面,即能够更好的分类。

AUC=1,是完美分类器,采用这个预测模型时,不管设定什么阈值都能得出完美预测。绝大多数预测的场合,都不存在完美分类器。

0.5<AUC<1,优于随机猜测。这个分类器(模型)妥善设定阈值的话,能有预测价值。

AUC=0.5,跟随机猜测一样(如丢硬币),模型没有预测价值。

AUC<0.5,比随机猜测还差,但只要总是反预测而行就优于随机猜测。

7.9.2 交叉验证

交叉验证(Cross Validation,CV)是用来验证分类器性能的一种统计分析方法,基本思想是:在某种意义下将原始数据进行分组,一部分作为训练集,另一部分作为验证集。首先用训练集对分类器进行训练,再利用验证集来测试训练得到的模型,以此来作为评价分类器的性能指标。

交叉验证用于评估模型的预测性能,尤其是训练好的模型在新数据上的表现,可以在一定程度上减小过拟合。交叉验证还可以从有限的数据中获取尽可能多的有效信息。常见的交叉验证方法有以下3种。

1. 留出法

留出法(Holdout cross Validation)是将原始数据随机分为两组独立的数据集,一组作为训练集,一组作为验证集,通常2/3的数据分配到训练集,1/3的数据分配到验证集。利用训练集训练分类器,利用验证集验证模型,分类模型的准确率使用验证集估计。

留出法处理简单,只需随机地把原始数据分为两组即可。严格意义上讲,此方法不是交叉验证方法,因为这种方法没有达到交叉的思想。由于是随机地将原始数据分组,所以最后验证集分类准确率的高低与原始数据的分组有很大的关系。

2. k 折交叉验证

k 折交叉验证(k-fold Cross Validation)是将初始数据随机地划分成 k 个互不相交的子集或"折"$D_1,D_2,\cdots,D_k$,每个折的大小大致相等。训练和验证进行 k 次。第 i 次迭代,分组 D_i 用作验证集,其余的分组一起用作训练模型。也就是说,在第一次迭代,子集 D_2,$D_3,\cdots,D_k$ 一起作为训练集,得到第一个模型,并在 D_1 上验证;第二次迭代在子集 D_1,D_3,$D_4,\cdots,D_k$ 上训练,并在 D_2 上验证;以此类推,迭代 k 次,得到 k 个模型。此方法中每个样本用于训练的次数相同,并且用于验证一次。对于分类,准确率估计是 k 次迭代正确分类的元组总数除以初始数据中的元组总数,即 k 个分类模型验证集分类准确率的平均值。

k 一般大于或等于2,实际操作时一般从3开始取,**10折交叉验证最常用**。当数据量小的时候,k 可以设大一些,这样训练集占整体比例就比较大,同时训练的模型个数也增多;数据量大的时候,k 可以设小一些。

3. 留一法

留一法(Leave-One-Out Cross Validation)是 $k=N$(N 为样本总数)时的 **k 折交叉验证**,即每个样本单独作为验证集,其余的 $N-1$ 个样本作为训练集。留一法得到 N 个模型,用这 N 个模型最终的验证集的分类准确率的平均数作为分类器的性能指标。

此方法每次训练迭代时几乎所有的样本都用于训练模型,因此最接近原始样本的分布,这样评估所得的结果比较可靠。但这种验证方法计算成本高,需要建立的模型数量与原始数据样本数量相同,当原始数据样本数量大时,计算比较困难。

7.9.3 自助法

在统计学中,**自助法**(Bootstrap Method,Bootstrapping,BMB。又称自助抽样法)是一种从给定训练集中有放回的均匀抽样。也就是说,每当选中一个样本,它等概率地被再次选中并被再次添加到训练集中。

有多种自助方法,最常用的是0.632自助法。假设给定的数据集包含 d 个样本。该数据集有放回的抽样 d 次,产生 d 个样本的训练集。这样原数据样本中的某些样本很可能在该样本集中出现多次。没有进入该训练集的样本最终形成验证集。显然每个样本被选中的概率是 $1/d$，因此未被选中的概率就是 $(1-1/d)$，这样一个样本在训练集中没出现的概率就是 d 次都未被选中的概率，即 $\left(1-\frac{1}{d}\right)^d$。当 d 趋于无穷大时，这一概率趋近于 $e^{-1}=0.368$，所以留在训练集中的样本大概就占原来数据集的 63.2%。

可以重复抽样过程 k 次，其中在每次迭代中，使用当前的验证集得到从当前自助样本得到的模型的准确率估计。模型的总体准确率估计如下。

$$\text{accuracy}(M)=\sum_{i=1}^{k}(0.632\times\text{accuracy}(M_i)_{\text{validation\_set}}+0.368\times\text{accuracy}(M_i)_{\text{train\_set}})\tag{7-66}$$

其中，$\text{accuracy}(M_i)_{\text{validation\_set}}$ 是自助样本 i 得到的模型用于验证集 i 的准确率。$\text{accuracy}(M_i)_{\text{train\_set}}$ 是自助样本 i 得到的模型用于原数据元组集的准确率。

对于小数据集，使用自助法效果很好。

7.10　习题

1. ID3 算法和 C4.5 算法的区别是什么？
2. 随机森林分类算法在构建决策树的过程中需要剪枝吗？
3. 朴素贝叶斯算法的优缺点是什么？
4. 线性回归和逻辑回归的区别是什么？
5. k 近邻算法中的距离有哪些度量方式？
6. BP 神经网络的局限性有哪些？
7. 请使用如表 7-59 所示的训练数据构造决策树，使用 ID3 算法。

表 7-59　构造决策树的训练数据

喉咙痛	咳嗽	体温	是否感冒
是	否	高	是
是	是	正常	否
否	是	很高	是
是	是	高	是
否	否	高	否
是	是	很高	是
否	否	高	否

8. 训练数据如表 7-60 所示，其中有 4 个特征集合："年龄"$A=\{$青年，中年，老年$\}$，"收入"$B=\{$高，中等，低$\}$，"兼职"$C=\{$否，是$\}$，"信用"$D=\{$差，良好$\}$。设类别 $E=\{$否、是$\}$，即"不买车"和"买车"。根据训练数据确定 $X=\{$青年，中等，是，差$\}$的类标签。

表 7-60 训练数据

年龄	收入	兼职	信用	买车
青年	高	否	差	否
青年	高	否	良好	否
中年	高	否	差	是
老年	中等	否	差	是
老年	低	是	差	是
老年	低	是	良好	否
中年	低	是	良好	是
青年	中等	否	差	否
青年	低	是	差	是
老年	中等	是	差	是
青年	中等	是	良好	是
中年	中等	否	良好	是
中年	高	是	差	是
老年	中等	否	良好	否

9. 使用 BP 神经网络建立模型并预测,训练集为 Weka 自带的 diabetes.arff 文件。

第8章 聚类

聚类算法分析强调把对象的集合划分为多个聚簇，从而可以更好地分析对象。本章介绍聚类的基本概念、不同类型的聚类方法和聚类的实例，从而可以更好地理解聚类算法。

聚类过程遵循的基本步骤为特征选择（尽可能多地包含任务关心的信息）、近邻测度（定量测定两特征如何"相似"或"不相似"）、准则定义（以蕴含在数据集中类的类型为基础）、算法调用（按近邻测度和聚类准则揭示数据集的聚类结构）、结果验证（常用逼近检验验证聚类结果的正确性）和结果判定（由专家用其他方法判定结果的正确性）。

8.1 聚类概述

8.1.1 聚类的基本概念

"物以类聚，人以群分"。聚类是指根据"物以类聚"的原理，将本身没有类别的样本聚集成不同的组，这样的一组数据对象的集合称为簇，并且对每一个这样的簇进行描述的过程。聚类的目的是使属于同一个簇的样本之间彼此相似，而不同簇的样本之间足够不相似。与分类规则不同，进行聚类前并不知道将要划分的组的个数和类型。需要注意的是，在回归、分类等有监督学习任务中要定义类别标签或者目标值，但聚类过程的输入对象没有与之关联的目标信息（即类别标签或者目标值）。正因如此，聚类通常归于无监督学习任务。由于无监督算法不需要带标签数据，所以适用于许多难以获取带标签数据的应用。在进行有监督学习任务前，经常需要先利用聚类等无监督学习探查数据集并挖掘其特性。因为聚类不使用类别标签，所以相似性的概念要基于对象的属性进行定义。应用不同，则相似性的定义和聚类算法都会不同。所以，不同的聚类算法使用的数据集类型和挖掘目的都不一样。因此，"最优"聚类算法实际上依赖于具体的应用。

理想的聚类效果对聚类方法研究提出了以下要求。

（1）处理不同属性类型的能力

现有的许多聚类算法处理的内容通常为数值。然而，随着数据收集技术的多元化发展，聚类应用中可能需要对其他类型的数据属性进行处理，如标称属性、二元属性、序数属性、数值属性等多种数据属性，以及包含多种类型数据属性的混合型数据集。事实上，越来越多的研究开始关注包含图形、图像、序列、文档等复杂类型数据对象的数据集的聚类分析。

（2）可伸缩性

聚类算法不仅要在小型数据集合上具有良好的性能，对于大型数据库甚至在超过数百万个数据对象的大型数据库都要具有很好的性能。

(3) 输入参数的领域知识

许多聚类算法需要数据挖掘用户提前指定聚类的簇数目才能进行聚类分析。然而,进行数据挖掘的用户并不一定是该数据领域的专家,特别是当该参数的设定对于聚类的结果影响十分显著时,用户无法保证提供的参数一定合适,聚类的质量更是无从保证。对于高维度的大型数据集,不仅需要有相当专业的领域知识,还需要深入理解数据才能确定最佳的簇数目,这在很大程度上增加了用户聚类分析的成本。

(4) 发现任意形状的簇

常规的聚类分析算法的相似度的度量方式,以基于欧几里得距离或曼哈顿距离为标准。这些基于距离的相似度度量方法对于发现具有相近尺寸和密度的球状簇很有效果,但对于任意形状簇的效果并不理想。实际生活中的数据往往并不是球状的,因此,对于可以发现非球状簇的聚类分析算法的需求已经越来越迫切。

(5) 处理噪声数据的能力

真实世界中,多数的数据集都不可避免地包括离群点、不完整的数据甚至是错误的数据,这些异常的数据称为噪声数据。噪声数据很容易对某些聚类算法造成干扰,从而影响聚类结果的质量。

(6) 增量聚类和对输入次序不敏感

移动互联网的广泛普及,使得大型数据集随时进行增量更新。一旦数据发生了更新就需要重新聚类的算法是缺乏实用意义的。增量聚类将增量更新的数据合并到已存在的簇中,而不必重新进行聚类。此外,由于数据产生先后的不确定性,还应该对数据输入的顺序不敏感,这样的聚类方法才能保证聚类的稳定性和及时性。

(7) 聚类高维数据的能力

许多聚类算法在处理低维度的数据时效果很好,可对于高维度的数据或者含有大量属性值的数据集时聚类效果很差,例如文本数据库、账务数据库、视频数据库等。很多应用领域的数据都是高维度的,对于这些高维数据进行聚类分析是一个挑战。

(8) 基于约束的聚类

现实生活中的聚类可能要满足一些约束条件,使聚类的结果在满足良好的聚类特征的基础上又要满足某些特定的约束条件。在这一过程中,要综合考虑多方面的因素,如何在具有良好的聚类性能的同时满足特定的聚类要求是一项极具挑战的任务。

(9) 可解释性和可用性

用户聚类的目的更倾向于对聚类结果的理解。也就是说,通过结合特定的领域知识,聚类结果应该可以解释、便于理解且具备可用性。从聚类的结果中发现可用的信息也是聚类的最终价值。

8.1.2 聚类算法的分类

伴随着聚类分析技术的蓬勃发展,现在已经出现了很多类型的聚类方法,例如基于划分的聚类方法、基于层次的聚类方法、基于密度的聚类方法、基于网格的聚类方法等。本节主要介绍几种基本的聚类方法。

1. 基于划分的聚类方法

划分方法基本上都是基于距离判断数据对象相似度的，通过不断迭代的技术，将含有多个数据对象的数据集划分成若干个簇，使每个数据对象都属于且只属于一个簇，同时聚类簇的总数目小于数据对象的总数目。

(1) k-均值算法

k-均值算法是聚类分析中最著名、最经典的算法。该算法指定数值 k 为簇的数目，将待聚类的数据集置于欧几里得空间内，随机选取代表每个簇的 k 个质心作为聚类过程的初始中心点，同时根据每个数据对象到每个中心点之间的距离将数据对象重新分配至最近的簇内，每次迭代后再次更新相应簇的中心点，直至不再变化。由于该算法需要用户指定要生成的簇的数目 k 才能使用，所以不同的 k 值对聚类结果会产生很大差别，影响了聚类结果的准确性。同时，对于某些分类属性的数据集，其平均值可能无法定义，限制了算法的使用范围。另外，由于随机选取了簇的初始中心点，算法的迭代次数可能并不理想，质量过差的初始质心可能使 k-均值算法最终收敛于局部最优解，而不是全局最优解。

(2) k-中心点算法

由于 k-均值算法对于离群点过于敏感，当某个离群点过于远离大多数数据时，可能会严重影响簇的平均值，进而影响聚类质量，为消除这种影响，提出了 k-中心点算法。k-中心点算法与 k-均值算法相似，主要区别在于 k-均值算法用质心代表整个簇，而 k-中心点算法用簇中最靠近质心的实际数据对象代表整个簇。

PAM(Partitioning Around Medoids)算法是 k-中心点算法中较为流行的代表算法。该算法与 k-均值算法一样，首先随机地选取初始质心。然后该算法用其他的对象尝试替换当前的质心，查看是否有助于提高聚类质量，如果不能，则尝试用其他的对象继续进行迭代过程，直到聚类质量不能进一步提高。

2. 基于层次的聚类方法

层次方法分为凝聚的方法或分裂的方法，这是根据聚类层次形成的方向进行划分的。凝聚的方法是将每个数据对象作为个体，逐渐与相似的对象合并，直到满足聚类的目标；而分裂的方法则恰好相反，是将所有数据对象作为一个整体，逐渐划分成簇，以满足聚类的条件。层次聚类不局限于基于距离，也可以基于密度、连通性，甚至基于空间进行聚类。

层次聚类的过程是不可逆的，一旦凝聚或分裂了数据对象就不能再次修正，这样很容易导致质量低的聚类结果。

3. 基于密度的聚类方法

典型的聚类方法都是基于距离进行聚类的，在聚类非球形的数据集时并不理想。为了发现不规则形状的簇，通常将簇看成是稀疏区域或稠密区域组成的空间，基于密度的方法定义邻域的半径范围，邻域内的对象数目超过某限定值则添加到簇中。这样的方法可以发现任意形状的簇，此外基于密度的方法对于过滤噪声数据也很有效。

4. 基于网格的聚类方法

基于网格的聚类方法使用一种多分辨率的网格数据结构。它将对象空间量化成有限的数目单元,这些单元形成了网格结构,所有的聚类操作都在该结构上进行。这种方法的主要优点是处理速度快,其处理时间独立于数据对象数,仅依赖于量化空间中每一维上的单元数。

8.2 基于划分的聚类

8.2.1 k-均值算法

1. k-均值算法的概念

k-均值(k-Means)算法是一种基于距离的聚类算法,采用距离作为相似性的评价指标,即认为两个对象的距离越近,其相似度就越大。该算法认为簇是由距离靠近的对象组成的,因此将得到紧凑且独立的簇作为最终目标。表 8-1 描述了常用的距离度量方法,普遍用的是欧几里得距离。

表 8-1 常用的距离度量方法

方法	含义	计算公式
欧几里得距离	各变量之差的平方和之平方根	$d(x,y)=\sqrt{\sum_i (x_i-y_i)^2}$
欧几里得距离平方	各变量之差的平方和	$d(x,y)=\sum_i (x_i-y_i)^2$
切比雪夫距离	各变量之差的绝对值中的最大值	$d(x,y)=\max_i \lvert x_i-y_i \rvert$
曼哈顿距离	各变量之差的绝对值之和	$d(x,y)=\sum_i \lvert x_i-y_i \rvert$
闵可夫斯基距离	各变量之差的绝对值的 h 次幂之和的 h 次方根	$d(x,y)=\sqrt[h]{\sum_i \lvert x_i-y_i \rvert^h}$
自定义距离	各变量之差绝对值 p 次幂之和的 r 次方根	$d(x,y)=\sqrt[r]{\sum_i \lvert x_i-y_i \rvert^p}$
余弦相似性	向量 $\boldsymbol{a}=(x_1,x_2,\cdots,x_n)$ 与 $\boldsymbol{b}=(y_1,y_2,\cdots,y_n)$ 之间的夹角余弦	$\cos(\boldsymbol{a},\boldsymbol{b})=\dfrac{\sum_i x_i y_i}{\sqrt{(\sum_i x_i^2)(\sum_i y_i^2)}}$
皮尔森相关系数	$X=(x_1,x_2,\cdots,x_n)$ 与 $Y=(y_1,y_2,\cdots,y_n)$ 的皮尔森相关系数	$\rho(X,Y)=\dfrac{\sum_{i=1}^{n}(x_i-\bar{X})(y_i-\bar{Y})}{n\sigma_X\sigma_Y}$

假设数据集 D 包含 n 个欧几里得空间中的对象。划分方法把数据集 D 中的对象分配到 k 个簇 $C_1,C_2,\cdots,C_k$ 中,使得对于 $1\leqslant i\leqslant k$,$1\leqslant j\leqslant k$,$C_i\in D$ 且 $C_i\cap C_j=\varnothing$。使用一个目标函数来评估划分的质量,使得簇内对象相互相似而与其他簇中的对象相异,即该目标函数以簇内高相似性和簇间低相似性为目标。

在 k-均值算法中，每个聚簇都用数据集中的一个点来代表，这 k 个聚簇代表被称为聚簇质心。采用欧几里得距离，最小化的目标是：聚簇中的每个对象和离它最近的聚簇代表之间的欧几里得距离（即误差）的平方和最小。平方误差准则函数 SSE 如下。

$$SSE = \sum_{i=1}^{k} \sum_{o \in C_i} d(o, c_i)^2 \tag{8-1}$$

其中，C_i 为第 i 个簇，o 为簇 C_i 中的对象，c_i 为簇 C_i 的质心，$d(o,c_i)$ 为对象 o 与簇 C_i 的质心 c_i 的距离，c_i 是簇 C_i 中所有对象的平均值，即

$$c_i = \frac{1}{|C_i|} \sum_{o \in C_i} o \tag{8-2}$$

其中，$|C_i|$ 是簇 C_i 中的对象个数。

k 值是 k-均值算法的一个关键的输入，确定 k 值的典型做法是依据某些先验知识，例如集合中实际存在的或当前应用所预期的聚簇数量，当然也可以通过测试不同的 k 值进行探查聚簇的类型信息，从而最终选定合适的 k 值。

2. k-均值算法的基本流程

k-均值算法的基本过程分为以下 4 个步骤。

① 输入 k 的值，即具有 n 个对象的数据集 $D=\{o_1, o_2, \cdots, o_n\}$ 经过聚类将得到 k 个分类或分组。

② 从数据集 D 中随机选择 k 个对象作为簇质心，每个簇质心代表一个簇，得到的簇质心集合为 $\text{Centroid}=\{c_1, c_2, \cdots, c_k\}$。

③ 对数据集 D 中每一个对象 o_i，计算 o_i 与 $c_i(i=1,2,\cdots,k)$ 的距离，得到一组距离值，选择最小距离值对应的簇质心 C_s，将对象 o_i 划分到以 C_s 为质心的簇中。

④ 根据每个簇所包含的对象集合，重新计算簇中所有对象的平均值，得到一个新的簇质心，返回步骤③，直到簇质心不再变化。

k-均值算法的伪代码如下。

```
输入:
    k: 簇的数目
    D: 包含 n 个对象的数据集
输出:
    k 个簇的集合
方法:
    从 D 中任意选择 k 个对象作为初始的代表对象或簇质心;
    repeat
        根据簇中对象的均值,将每个对象分配到最相似的簇;
        更新簇均值,即重新计算每个簇中对象的均值;
    until 不发生变化
```

3. k-均值算法实例

例 8.1 使用 k-均值算法进行聚类。

样本数据对象集合 D 如表 8-2 所示，作为一个聚类分析的二维样本，要求的簇的数量

$k=2$。

表 8-2 样本数据集

数据对象	o_1	o_2	o_3	o_4	o_5
x	0	0	1.5	5	5
y	2	0	0	0	2

数据分布图如图 8-1 所示。

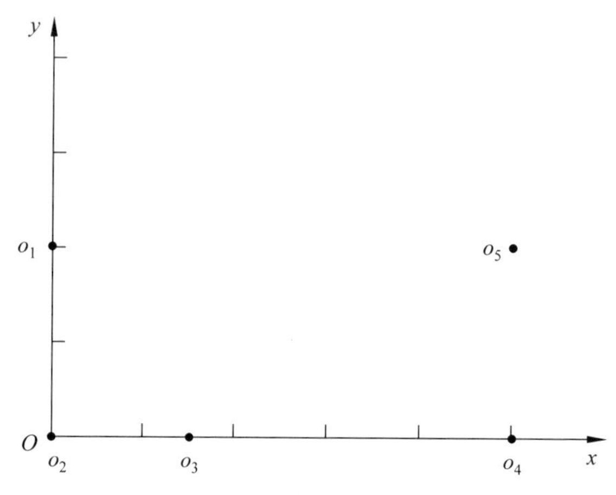

图 8-1 数据分布图

解：

① 任意选择 $o_1(0,2)$ 和 $o_2(0,0)$ 作为簇 C_1 和 C_2 初始的簇质心，即

$$c_1=o_1=(0,2),\quad c_2=o_2=(0,0)$$

② 对剩余的每个对象，根据其与各个簇质心的距离，将它赋给最近的簇。

$$o_3: d(c_1,o_3)=\sqrt{(0-1.5)^2+(2-0)^2}=2.5$$

$$d(c_2,o_3)=\sqrt{(0-1.5)^2+(0-0)^2}=1.5$$

显然，$d(c_1,o_3)>d(c_2,o_3)$，故将 o_3 分配给 C_2。

$$o_4: d(c_1,o_4)=\sqrt{(0-5)^2+(2-0)^2}=\sqrt{29}$$

$$d(c_2,o_4)=\sqrt{(0-5)^2+(0-0)^2}=5$$

显然，$d(c_1,o_4)>d(c_2,o_4)$，故将 o_4 分配给 C_2。

$$o_5: d(c_1,o_5)=\sqrt{(0-5)^2+(2-2)^2}=5$$

$$d(c_2,o_5)=\sqrt{(0-5)^2+(0-2)^2}=\sqrt{29}$$

显然，$d(c_1,o_5)<d(c_2,o_5)$，故将 o_5 分配给 C_1。

更新，得到两个簇：$C_1=\{o_1,o_5\}$，$C_2=\{o_2,o_3,o_4\}$。

计算每个簇的平方误差准则

$$\text{SSE}_1=[(0-0)^2+(2-2)^2]+[(5-0)^2+(2-2)^2]=25$$

$$\text{SSE}_2=[(0-0)^2+(0-0)^2]+[(1.5-0)^2+(0-0)^2]+[(5-0)^2+(0-0)^2]$$
$$=27.25$$

$$\text{SSE}=\text{SSE}_1+\text{SSE}_2=25+27.25=52.25$$

形成的两个初始簇如图 8-2 所示。

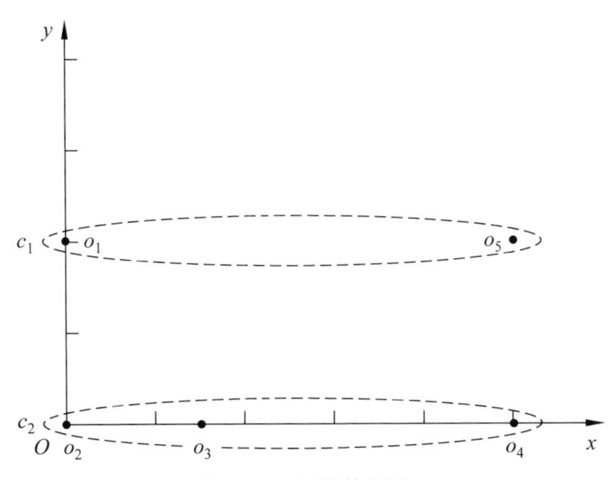

图 8-2　初始簇划分

③ 计算新簇质心。

$$c_1=\left(\frac{0+5}{2},\frac{2+2}{2}\right)=(2.5,2)$$

$$c_2=\left(\frac{0+1.5+5}{3},\frac{0+0+0}{3}\right)=(2.17,0)$$

④ 重复步骤②，对每个对象，根据其与各个簇新质心的距离，将它赋给最近的簇。

$$o_1:d(c_1,o_1)=\sqrt{(2.5-0)^2+(2-2)^2}=2.5$$

$$d(c_2,o_1)=\sqrt{(2.17-0)^2+(0-2)^2}=2.95$$

显然，$d(c_1,o_1)<d(c_2,o_1)$，故将 o_1 分配给 C_1。

$$o_2:d(c_1,o_2)=\sqrt{(2.5-0)^2+(2-0)^2}=3.20$$

$$d(c_2,o_2)=\sqrt{(2.17-0)^2+(0-0)^2}=2.17$$

显然，$d(c_1,o_2)>d(c_2,o_2)$，故将 o_2 分配给 C_2。

$$o_3:d(c_1,o_3)=\sqrt{(2.5-1.5)^2+(2-0)^2}=2.24$$

$$d(c_2,o_3)=\sqrt{(2.17-1.5)^2+(0-0)^2}=0.67$$

显然，$d(c_1,o_3)>d(c_2,o_3)$，故将 o_3 分配给 C_2。

$$o_4:d(c_1,o_4)=\sqrt{(2.5-5)^2+(2-0)^2}=3.20$$

$$d(c_2,o_4)=\sqrt{(2.17-5)^2+(0-0)^2}=2.83$$

显然，$d(c_1,o_4)>d(c_2,o_4)$，故将 o_4 分配给 C_2。

$$o_5:d(c_1,o_5)=\sqrt{(2.5-5)^2+(2-2)^2}=2.5$$

$$d(c_2,o_5)=\sqrt{(2.17-5)^2+(0-2)^2}=3.47$$

显然，$d(c_1,o_5)<d(c_2,o_5)$，故将 o_5 分配给 C_1。

更新，得到两个新簇：$C_1=\{o_1,o_5\}$，$C_2=\{o_2,o_3,o_4\}$。

计算每个簇的平方误差准则。

$$SSE_1=[(0-2.5)^2+(2-2)^2]+[(5-2.5)^2+(2-2)^2]=12.5$$

$$SSE_2=[(0-2.17)^2+(0-0)^2]+[(1.5-2.17)^2+(0-0)^2]+[(5-2.17)^2+(0-0)^2]=13.17$$

$$SSE=SSE_1+SSE_2=12.5+13.17=25.67$$

更新后形成的两个新簇如图8-3所示。

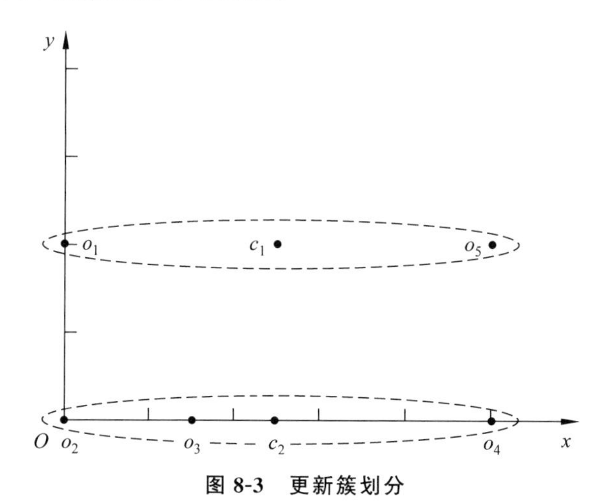

图8-3 更新簇划分

由以上计算可以看出,第二次迭代后,簇中对象没有变化,且平方误差准则函数值由52.25锐减到25.67,所以停止迭代过程,算法停止。

k-均值聚类算法的优点主要有:擅长处理球状分布的数据,当结果聚类是密集的且类和类之间的区别比较明显时,k-均值聚类算法的效果比较好。对于处理大数据集,是相对可伸缩的和高效的,它的复杂度是$O(nkt)$,n是对象的个数,k是簇的数目,t是迭代的次数。相比其他的聚类算法,k-均值聚类算法比较简单且容易掌握。

k-均值聚类算法的缺点主要有:初始质心的选择与算法的运行效率密切相关,随机选取质心有可能导致迭代次数很大或者限于某个局部最优状态;通常$k<<n$且$t<<n$,所以算法经常以局部最优收敛。k均值聚类算法的最大问题是要求用户必须事先给出k的个数,k的选择一般都基于一些经验值和多次试验的结果,对于不同的数据集,k的取值没有可借鉴性。另外,k-均值聚类算法对离群点数据是敏感的,当离群点分配到某个簇中,它可能严重扭曲簇的平均值,少量的这类数据就能对平均值造成极大的影响。

8.2.2 k-中心点算法

1. k-中心点算法的概念

k-中心点(k-Medoids)算法不采用簇中对象的平均值作为参照点,而是选用簇中位置最中心的对象,即中心点作为参照点,中心点即为簇的代表对象。

PAM算法是最早提出的k-中心点算法之一。该算法首先为每个簇随意选择一个代表对象,剩余的对象根据其与代表对象的距离分配给最近的一个簇,然后反复地用非代表对象来替代代表对象,以改进聚类的质量。

为了判定一个非代表对象o_{random}是否是当前代表对象m_j的好的替代,对于每一个非代

表对象 p，考虑下面的4种情况。

① p 当前隶属于代表对象 m_j 所代表的聚类，如果 m_j 被 o_{random} 所代替，且 p 离另一代表对象 m_i 最近，i 与 j 不等，那么 p 被重新分配给 m_i 所在的聚簇。

② p 当前隶属于代表对象 m_j 所代表的聚类，如果 m_i 被 o_{random} 所代替，且 p 离 o_{random} 最近，那么 p 被重新分配给 o_{random} 所在的聚簇。

③ p 当前隶属于代表对象 m_i 所代表的聚类，且 i 与 j 不等，如果 m_j 被 o_{random} 所代替，且 p 离 m_i 最近，那么 p 的隶属不发生变化。

④ p 当前隶属于代表对象 m_i 所代表的聚类，且 i 与 j 不等，如果 m_j 被 o_{random} 所代替，且 p 离 o_{random} 最近，那么 p 被重新分配给 o_{random} 所在的聚簇。

2. *k*-中心点算法的基本流程

k-中心点算法的基本过程分为以下5个步骤。

① 从 n 个数据对象任意选择 k 个对象作为初始聚类中心对象。

② 计算其余各对象与这些中心对象间的距离，并根据最小距离原则，将各对象分配到离它最近的聚类中心对象所在的簇中。

③ 任意选择一个非中心对象 o_j，计算其与中心对象 m_i 交换的总成本 TC_{ij}。

④ 若 TC_{ij} 为负值，则交换 o_j 与 m_i，以构成新聚类的 k 个中心对象。

⑤ 循环执行步骤②～④，直到每个聚类不再发生变化为止。

TC_{ij} 表示中心点 m_i 被非中心点 o_j 替换后的总代价，由每一个对象的替换代价组成，计算公式为

$$\text{TC}_{ij}=\sum_{k=1}^{n}S_{ijk} \tag{8-3}$$

其中，S_{ijk} 为中心点 m_i 被非中心点 o_j 替换后对象 o_k 的替换代价。假设对象 o_k 原先属于中心点 m_s 所代表的簇，替换中心点后属于中心点 m_t 所代表的簇，则替换成本 S_{ijk} 计算公式为

$$S_{ijk}=d(p,m_t)-d(p,m_s) \tag{8-4}$$

k-中心点算法的伪代码如下。

```
输入:
    k: 结果簇的个数;
    D: 包含 n 个对象的数据集合
输出:
    k 个簇的集合
方法:
    从 D 中随机选择 k 个作为初始的代表对象或聚簇中心;
    repeat
        将每个剩余的对象分配到最近的代表对象所代表的簇;
        随机选择一个非代表对象 Oj;
        计算用 Oj 代替代表对象 mi 的总代价 TCij;
        if TCij<0
        then
        Oj 替换 mi,形成新的 k 个代表对象的集合;
    until 不发生变化
```

3. PAM 算法实例

例 8.2 使用 PAM 算法进行聚类。

样本数据集如表 8-2 所示,样本数据分布如图 8-1 所示。假设聚类 $k=2$。

解:① 样本点间欧几里得距离计算结果如表 8-3 所示。

表 8-3 样本点间欧几里得距离

样本点	o_1	o_2	o_3	o_4	o_5
o_1	0	2	2.5	5.4	5
o_2	2	0	1.5	5	5.4
o_3	2.5	1.5	0	3.5	4
o_4	5.4	5	3.5	0	2
o_5	5	5.4	4	2	0

② 建立初始聚簇中心。

随机选择 $o_3(1.5,0)$ 和 $o_5(5,2)$ 为簇 C_1 和 C_2 初始的聚簇中心,即 $m_1=o_3=(1.5,0)$,$m_2=o_5=(5,2)$。

③ 对剩余的每个对象,根据其与各个簇质心的距离,将它赋给最近的簇。

根据表 8-4 中的数据,对象 o_1 距 m_1 的距离近于距 m_2 的距离,故将 o_1 分配给 C_1;对象 o_2 距 m_1 的距离近于距 m_2 的距离,故将 o_2 分配给 C_1;对象 o_4 距 m_2 的距离近于距 m_1 的距离,故将 o_4 分配给 C_2。于是得到两个簇:$C_1=\{o_1,o_2,o_3\}$,$C_2=\{o_4,o_5\}$,聚类结果如图 8-4 所示。

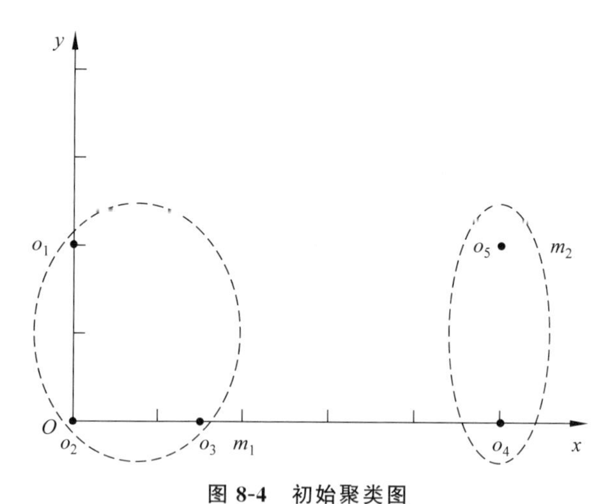

图 8-4 初始聚类图

④ 交换聚簇中心。

用非聚簇中心点 o_1、o_2 和 o_4 分别代替中心点 o_3 和 o_5,分别计算替换后的代价 TC_{31}、TC_{32}、TC_{34} 和 TC_{51}、TC_{52}、TC_{54}。

用非中心点 o_1 代替中心点 o_3,计算 TC_{31},替换后的中心点为 o_1 和 o_5,计算每个对象与中心对象之间的距离,按距离最小原则划对象。

对象 o_1 与 o_1 的距离近于与 o_5 的距离，故将 o_1 分配给 o_1 所代表的簇。对象 o_1 原先属于中心点 o_3 所代表的簇，现在属于中心点 o_1 所代表的簇，则替换代价为

$$S_{311}=d(o_1,o_1)-d(o_1,o_3)=-2.5$$

对象 o_2 与 o_1 的距离近于与 o_5 的距离，故将 o_2 分配给 o_1 所代表的簇。对象 o_2 原先属于中心点 o_3 所代表的簇，现在属于中心点 o_1 所代表的簇，则替换代价为

$$S_{312}=d(o_2,o_1)-d(o_2,o_3)=0.5$$

对象 o_3 与 o_1 的距离近于与 o_5 的距离，故将 o_3 分配给 o_1 所代表的簇。对象 o_3 原先属于中心点 o_3 所代表的簇，现在属于中心点 o_1 所代表的簇，则替换代价为

$$S_{313}=d(o_3,o_1)-d(o_3,o_3)=2.5$$

对象 o_4 与 o_5 的距离近于与 o_1 的距离，故将 o_4 分配给 o_5 所代表的簇。对象 o_4 原先属于中心点 o_5 所代表的簇，现在仍属于中心点 o_5 所代表的簇，则替换代价为

$$S_{314}=0$$

对象 o_5 与 o_5 的距离近于与 o_1 的距离，故将 o_5 分配给 o_5 所代表的簇。对象 o_5 原先属于中心点 o_5 所代表的簇，现在仍属于中心点 o_5 所代表的簇，则替换代价为

$$S_{315}=0$$

因此，用非中心点 o_1 代替中心点 o_3 的替换总代价为

$$\text{TC}_{31}=S_{311}+S_{312}+S_{313}+S_{314}+S_{315}=0.5$$

同理，可求得如下替换代价。

用非中心点 o_2 代替中心点 o_3 的替换总代价为

$$\text{TC}_{32}=(-0.5)+(-1.5)+1.5+0+0=-0.5$$

用非中心点 o_4 代替中心点 o_3 的替换总代价为

$$\text{TC}_{34}=2.5+3.5+3.5+(-2)+0=7.5$$

用非中心点 o_1 代替中心点 o_5 的替换总代价为

$$\text{TC}_{51}=(-2.5)+0+0+1.5+4=3$$

用非中心点 o_2 代替中心点 o_5 的替换总代价为

$$\text{TC}_{52}=(-0.5)+(-1.5)+0+1.5+4=3.5$$

用非中心点 o_4 代替中心点 o_5 的替换总代价为

$$\text{TC}_{54}=0+0+0+(-2.3)+2.3=0$$

这样就完成了 PAM 的第一次迭代。可以发现，若将中心点 o_3 用非中心点 o_2 替换时，$\text{TC}_{32}=-0.5$，此时有替换代价小于 0 的替换，则使用此替换方案，替换后的中心点为 $m_1=o_2=(0,0)$，$m_2=o_5=(5,2)$。

⑤ 重复步骤④，用非聚簇中心点 o_1、o_3 和 o_4 分别代替中心点 o_2 和 o_5，分别计算下列替换代价 TC_{21}、TC_{23}、TC_{24} 和 TC_{51}、TC_{53}、TC_{54}。

$$\text{TC}_{21}=(-2)+2+1+0+0=1$$

$$\text{TC}_{23}=(0.5)+1.5+(-1.5)=0.5$$

$$\text{TC}_{24}=3+5+2+(-2)+0=8$$

$$\text{TC}_{51}=(-2)+0+0+3+5.4=6.4$$

$$\text{TC}_{53}=0+0+(-1.5)+1.5+4=4$$

$$\text{TC}_{54}=0+0+0+(-2)+2=0$$

这样就完成了PAM的第二次迭代。可以发现,没有代价小于0的替换,停止迭代,聚类结果如图8-5所示。聚成的两个聚类为 $C_1=\{o_1,o_2,o_3\}$,$C_2=\{o_4,o_5\}$,此时的聚簇中心点为 $m_1=o_2=(0,0)$,$m_2=o_5=(5,2)$。

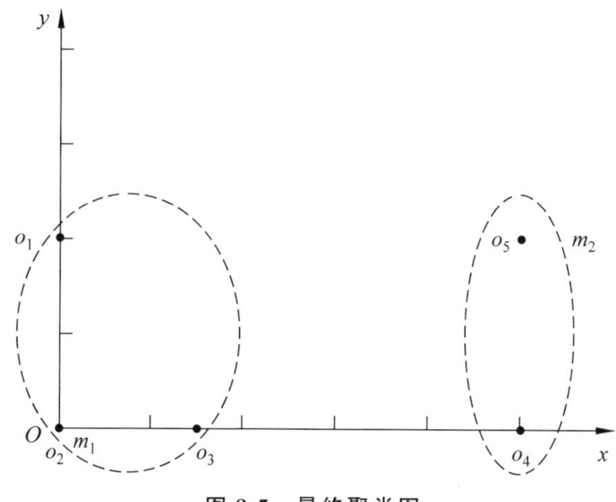

图8-5 最终聚类图

PAM方法消除了 k-平均算法对于孤立点的敏感性,因为它最小化相异点对的和而不是欧几里得距离的平方和。但是,PAM算法的计算量较大,对小的数据集非常有效,对大的数据集效率不高,特别是 n 和 k 都很大的时候。另外,k 的取值对聚类质量有较大影响。

8.2.3 使用Weka进行基于划分的聚类实例

Weka系统上提供了一个名为SimpleKMeans的函数,可以实现 k-均值聚类。选取Weka中的默认数据集weather.numeric.arff,将数据集聚集为sunny、overcast和rainy 3个簇,实现基于划分的聚类算法。下面介绍在Weka中使用SimpleKMeans算法对weather.numeric.arff数据集进行聚类的操作步骤与聚类结果。具体步骤如下。

① 打开Weka软件,出现Weka GUI Chooser(Weka图形用户界面选择器)主页面,如图8-6所示。

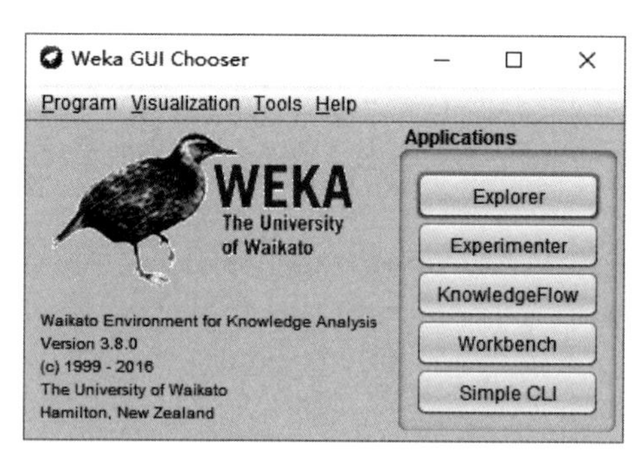

图8-6 Weka图形用户界面选择器

② 单击Explorer按钮,进入Weka Explorer主窗口,如图8-7所示。

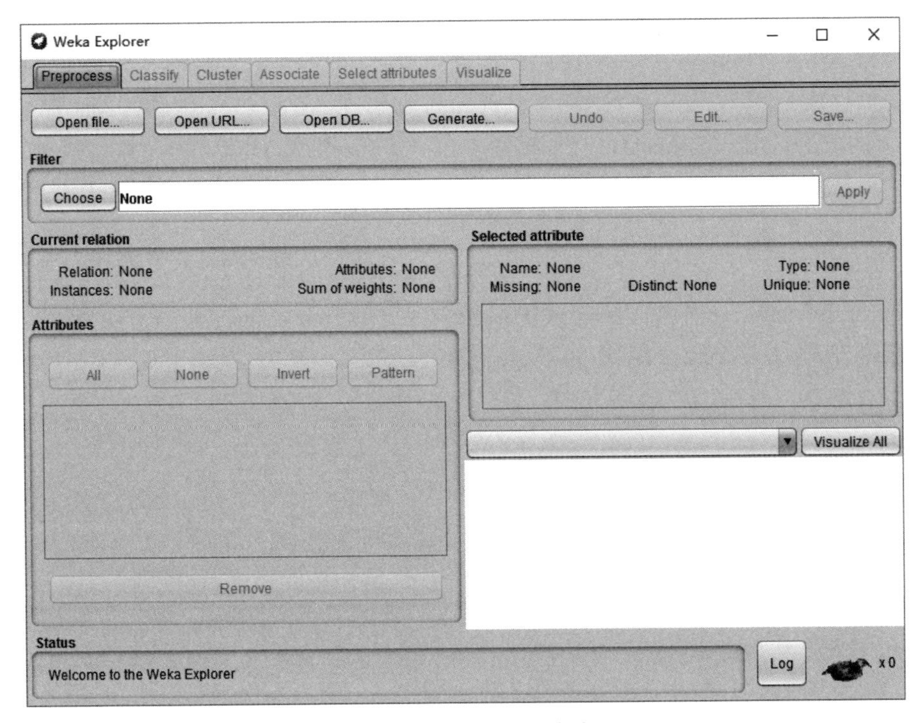

图 8-7　Weka Explorer 主窗口

③ 单击 Open file 按钮，选择需要进行聚类的文件，这里选择 weather.numeric.arff 文件进行说明，选择后的页面如图 8-8 所示。

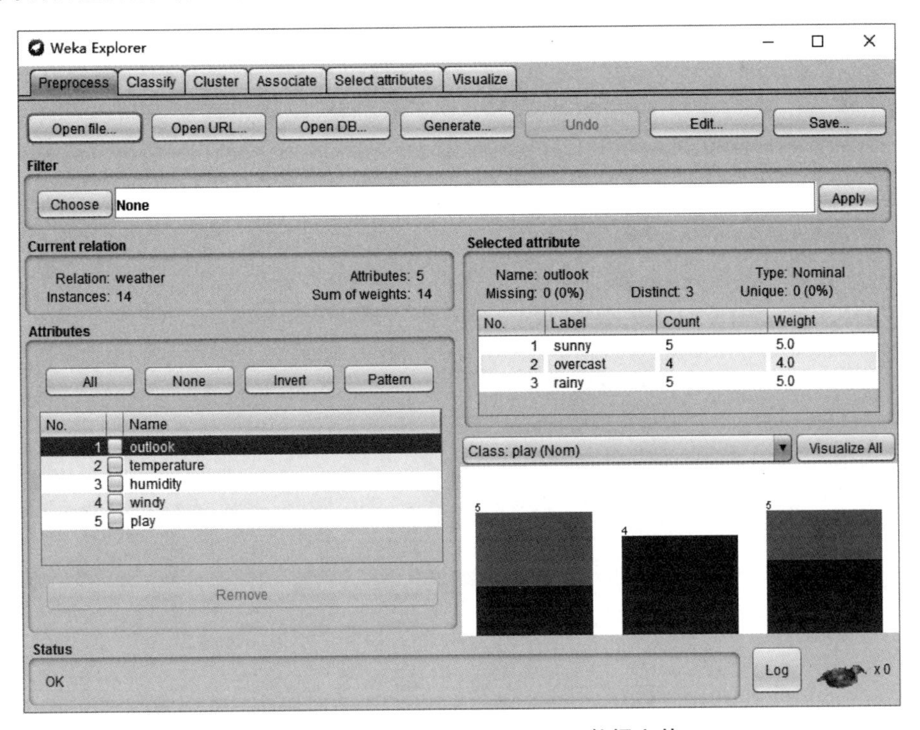

图 8-8　打开 weather.numeric.arff 数据文件

在 Current relation 栏中描述了当前的关系。其中,“Relation: weather”说明当前关系数据表为 weather;“Instances: 14”说明此文件中有 14 个实例;“Attributes: 5”说明此文件有 5 个属性;“Sum of weights: 14”说明权重和为 14。在 Attributes 栏显示了文件中的各个属性: outlook 为天气,temperature 为温度,humidity 为湿度,windy 为有风,play 为是否适合旅游。其中,outlook 取值为 sunny、overcast 或 rainy,windy 取值为 FALSE 或 TRUE,play 取值为 no 或 yes。

④ 单击 Edit 按钮,弹出 Viewer(数据集编辑器)对话框,即可对文件进行编辑,如图 8-9 所示。以第 1 行为例,编号为 1,outlook 为 sunny,temperature 为 85.0,humidity 取值为 85.0,windy 取值为 FALSE,play 取值为 no。

单击 Add instance 按钮即可添加实例,单击 Undo 按钮即可撤销操作,保存可单击 OK 按钮,取消可单击 Cancel 按钮。

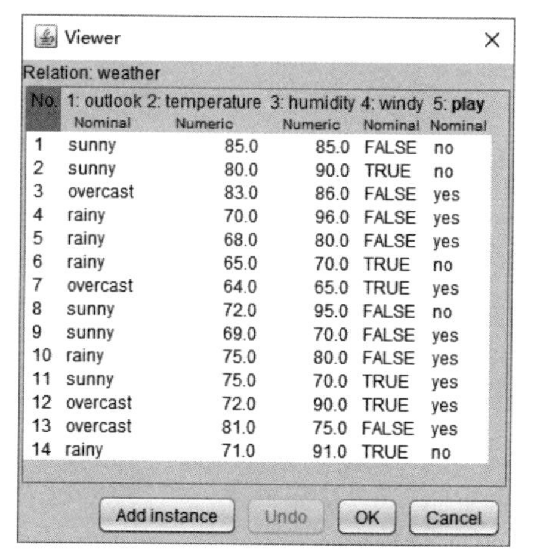

No.	1: outlook Nominal	2: temperature Numeric	3: humidity Numeric	4: windy Nominal	5: play Nominal
1	sunny	85.0	85.0	FALSE	no
2	sunny	80.0	90.0	TRUE	no
3	overcast	83.0	86.0	FALSE	yes
4	rainy	70.0	96.0	FALSE	yes
5	rainy	68.0	80.0	FALSE	yes
6	rainy	65.0	70.0	TRUE	no
7	overcast	64.0	65.0	TRUE	yes
8	sunny	72.0	95.0	FALSE	no
9	sunny	69.0	70.0	FALSE	yes
10	rainy	75.0	80.0	FALSE	yes
11	sunny	75.0	70.0	TRUE	yes
12	overcast	72.0	90.0	TRUE	yes
13	overcast	81.0	75.0	FALSE	yes
14	rainy	71.0	91.0	TRUE	no

图 8-9 数据集编辑器对话框

⑤ 在图 8-9 中编辑好数据后单击 OK 按钮,返回图 8-8 所示页面。在图 8-8 中,单击 Cluster 选项卡,在“Cluster”栏中单击 Choose 按钮,选择 SimpleKMeans 算法,如图 8-10 所示。

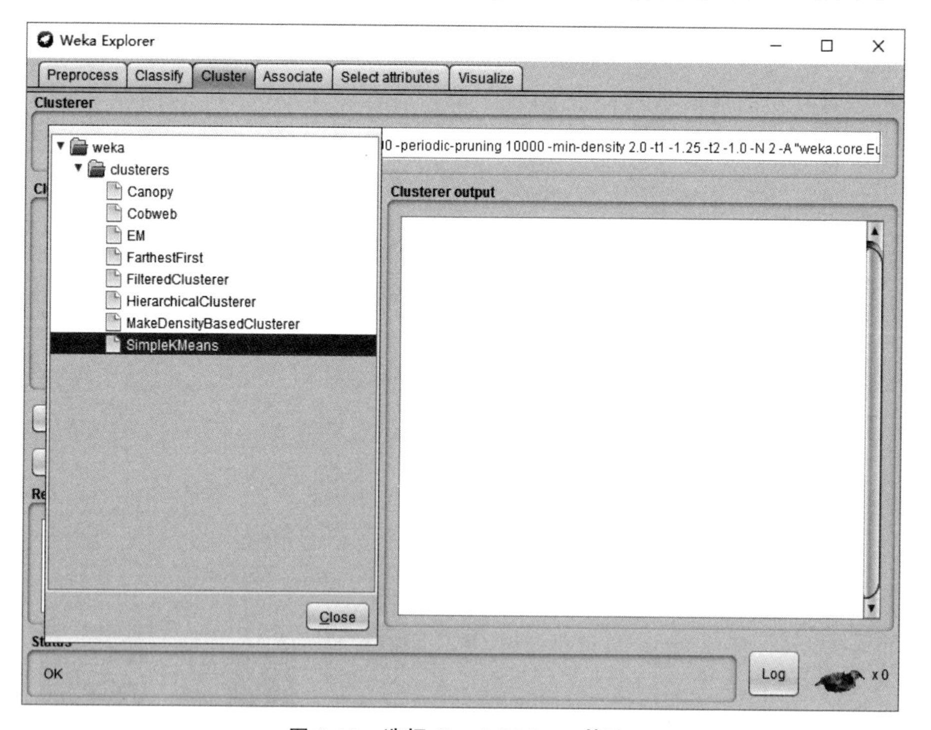

图 8-10 选择 SimpleKMeans 算法

⑥ 选择 SimpleKMeans 算法后的 Weka Explorer 页面如图 8-11 所示。

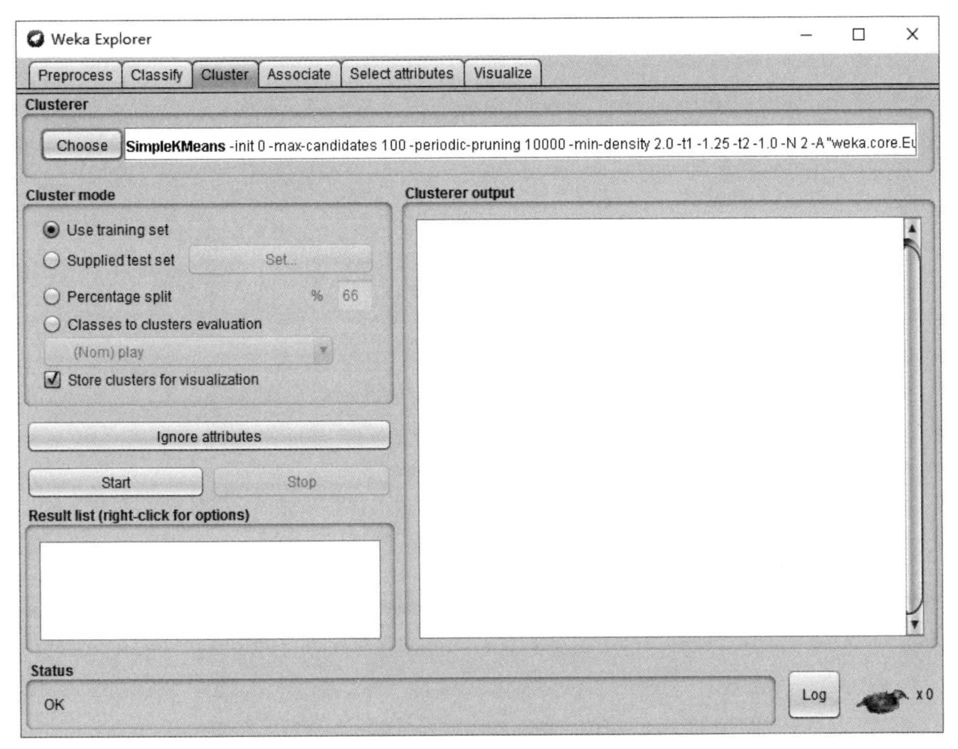

图 8-11　选择 SimpleKMeans 算法后的 Weka Explorer 页面

⑦ 单击 Cluster 栏目下 Choose 按钮右侧的 SimpleKMeans 参数文本框，出现如图 8-12 所示的参数设置对话框。

SimpleKMeans 算法的主要参数含义如下。

canopyMaxNumCanopiesToHoldInMemory：内存中最大 canopy 数目。

canopyMinimumCanopyDensity：最低 canopy 密度。

canopyPeriodicPruningRate：修剪周期。

canopyT1：canopy 聚类 T1 半径。

canopyT2：canopy 聚类 T2 半径。

debug：设置调试模式，是否输出调试信息。

displayStdDevs：是否显示标准差。

distanceFunction：用于比较实例的距离函数(默认为 weka.core.EuclideanDistance)。

doNotCheckCapabilities：是否坚持聚类器的适用范围。

dontReplaceMissingValues：是否不使用平均值(mean)或众数(mode)替换全部丢失的值。

fastDistanceCalc：是否根据 cut-off 值加速距离计算。

initializationMethod：设置初始化质心方法，默认随机选取质心。

maxIterations：最大迭代次数。

numClusters：设置聚类的簇个数。

numExecutionSlots：设置最大执行线程数目。

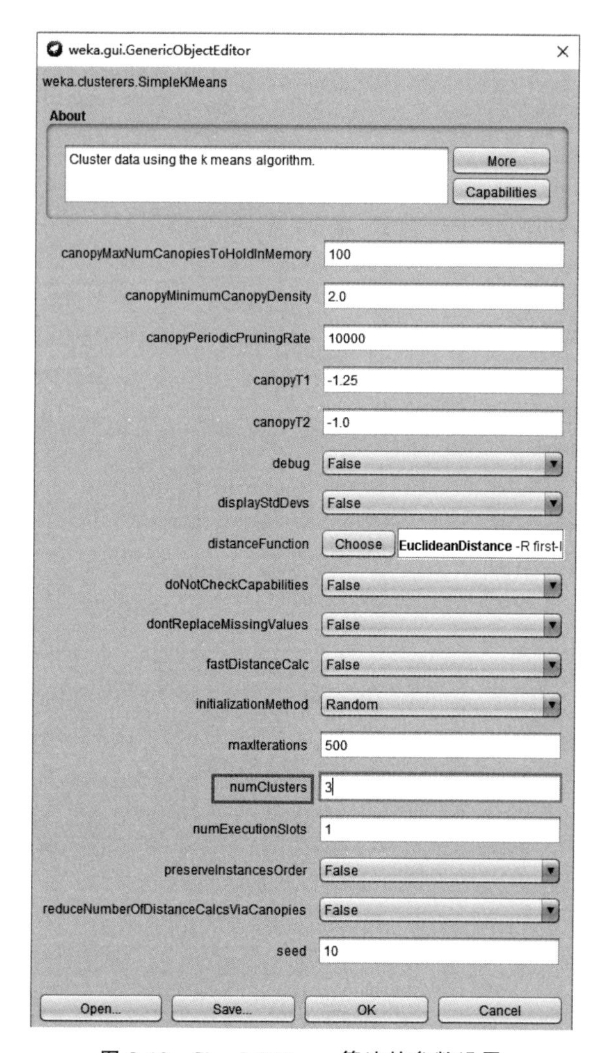

图 8-12 SimpleKMeans 算法的参数设置

preserveInstancesOrder：是否预先排列实例的顺序。

reduceNumberOfDistanceCalcsViaCanopies：在用 canopy 聚类初始化时，减少计算距离的数目。

seed：设定的随机种子值。

在此参数设置对话框中，可以调整 numClusters 参数设置聚类的数量，这里选择的是 3 个，设置好参数后，单击 Save 按钮即可保存修改，单击 Cancel 按钮即可撤销修改，单击 OK 按钮即可完成修改，返回图 8-11。

⑧ 在图 8-11 中，单击 Start 按钮即可运行聚类算法。SimpleKMeans 算法的结果如图 8-13 所示，在 Cluster output 子窗口中可以看到输出聚类后的结果，聚类分成 3 类。第一类用 0 标记，表示 rainy 所在的簇，有 6 个数据，占全部数据的 43%；第二类用 1 标记，表示 overcast 所在的簇，有 3 个数据，占全部数据的 21%；第三类用 2 标记，表示 sunny 所在的簇，有 5 个数据，占全部数据的 36%。

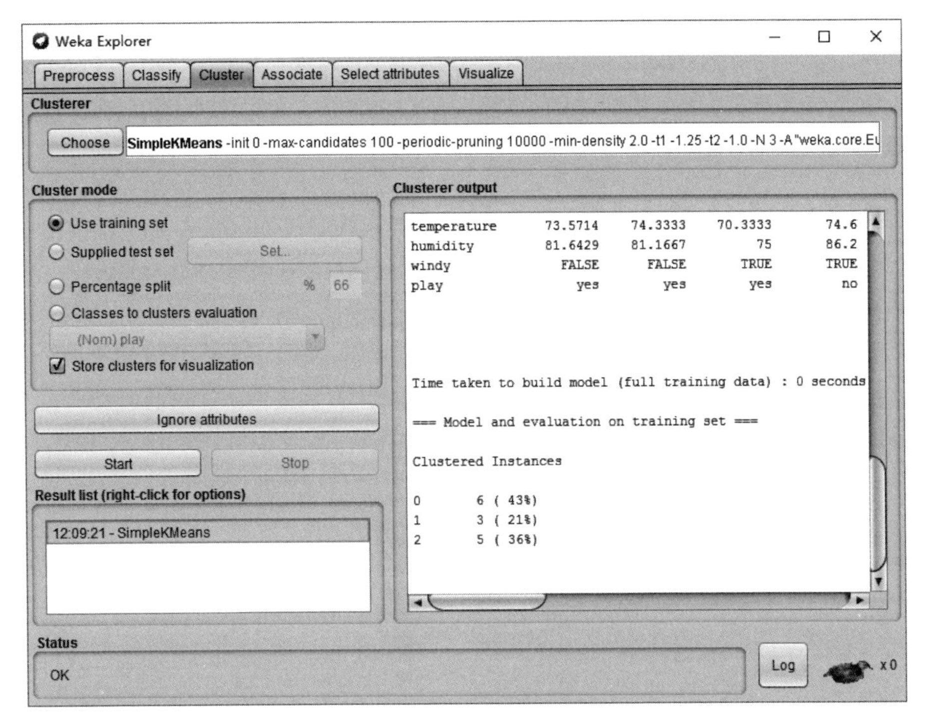

图 8-13 SimpleKmeans 聚类算法运行结果

8.3 基于层次的聚类

8.3.1 基于层次的聚类的基本概念

层次聚类方法(Hierarchical Clustering Method)是一种应用广泛的经典聚类算法，能够揭示某些数据中蕴含的层次结构。例如，对公司的职员组织进行划分，按照生物学特征对动物分组以期发现物种的分层结构，对战略游戏进行布局归纳以帮助训练玩家的游戏战略，等等。

用层次结构的形式表述数据对象，有助于数据汇总和可视化。层次聚类方法通过将数据对象组织成若干组(或簇)形成一个相应的树来进行聚类，可分为凝聚层次分类和分裂层次聚类，典型的代表算法分别有 DIANA(DIvisive ANAlysis)算法和 AGNES(AGglomerative NESting)算法。

凝聚的层次聚类方法使用自底向上的策略，它从令每个对象形成自己的簇开始，迭代地把簇合并成越来越大的簇，直到所有的对象都在一个簇中，或者满足某个终止条件。

分裂的层次聚类方法使用自顶向下的策略，它从把所有对象置于一个簇中开始，该簇是层次结构的根。然后把根上的簇划分成多个较小的子簇，并且递归地把这些簇划分成更小的簇，直到最底层的簇都足够凝聚，或者仅包含一个对象。

层次聚类的终止条件可以是达到了某个希望的簇的数目，或者两个最近的簇之间的距离超过了某个阈值。通过这种方式的聚类在合并或分裂点的选择上会有一定困难，如果选择不当会导致低质量的聚类效果，因此提高层次聚类质量的算法相继被提出，典型的代表算法有 ROCK(RObust Clustering using linKs)、CURE(Clustering Using REpresentatives)、BIRCH(Blanced Iterative Reducing and Clustering using Hierarchies)和 Chameleon 算法。下面分别从算法原理、算法过程和实例步骤分解方面介绍基于层次聚类方法的每一个典型的代表算法。

8.3.2 簇间距离度量

无论是分裂方法还是凝聚方法,层次聚类的关键步骤是计算两个簇之间的距离,由于簇是由若干对象组成的,其本质是计算两个对象之间的距离。簇间距离的度量主要采用以下方法。

① 最短距离法(最大相似度):定义两个簇中最靠近的两个对象间的距离为簇间距离,如式(8-5)所示。

$$\mathrm{dist}_{\min}(C_i,C_j)=\min\{|p-q|\}\ (p\in C_i,q\in C_j) \tag{8-5}$$

② 最长距离法(最小相似度):定义两个簇中最远的两个对象间的距离为簇间距离,如式(8-6)所示。

$$\mathrm{dist}_{\max}(C_i,C_j)=\max\{|p-q|\}\ (p\in C_i,q\in C_j) \tag{8-6}$$

③ 簇平均法:计算两簇中任意两个对象间的距离,取它们的平均值作为簇间距离,如式(8-7)所示。

$$\mathrm{dist}_{\mathrm{avg}}(C_i,C_j)=\frac{1}{n_i n_j}\max\{|p-q|\}(p\in C_i,q\in C_j) \tag{8-7}$$

④ 中心法:定义两簇的两个中心点的距离为簇间距离,如式(8-8)所示。

$$\mathrm{dist}_{\mathrm{mean}}(C_i,C_j)=|m_i-m_j| \tag{8-8}$$

式中,$|p-q|$是两个对象 p 和 q 之间的距离,m_i 和 m_j 分别是簇 C_i 和 C_j 的中心点,而 n_i 和 n_j 分别是簇 C_i 和 C_j 中对象的数目。这些度量又称连接度量(linkage measure)。

同一种层次聚类方法,选定的类间距度量不同,聚类的次序和结果可能不同。当算法使用最小距离来衡量簇间距离时,称为最近邻聚类算法。如果当最近的两个簇之间的距离超过用户给定的阈值时聚类过程终止,则称为单连接算法(Single-linkage Algorithm)。如果使用最大距离度量簇间距离时,称为最远邻聚类算法。如果当最近的两个簇之间的最大距离超过用户给定的阈值时聚类过程终止,则称为全连接算法(Complete-linkage Algorithm)。

同一种层次聚类方法,选定的簇间距度量不同,聚类的次序和结果也可能不同。

8.3.3 分裂层次聚类

1. DIANA 算法的概念

分裂的层次聚类方法使用自顶向下的策略把对象划分到层次结构中。从包含所有对象的簇开始,每一步分裂一个簇,直到仅剩下单点簇或者满足用户指定的簇的个数时终止。这种方式需要确定将要分裂的簇和分裂方式。

DIANA 算法是典型的分裂层次聚类算法。在聚类中,以指定得到的簇数作为结束条件,同时它采用平均距离(或称为平均相异度)作为簇间距度量方法,并且指定簇的直径由簇中任意两个数据点的距离中的最大值来表示。

DIANA 用到如下两个定义。

簇的直径：在一个簇中的任意两个数据点都有一个欧几里得距离，这些距离中的最大值是簇的直径。

平均相异度：两个数据点之间的平均距离。

2. DIANA 算法的基本流程

DIANA 算法的基本过程分为以下几步。

① 把所有对象整体作为一个初始簇。

② 将 splinter group 和 old party 两个对象集合置空。

③ 在所有簇中挑出具有最大直径的簇 C，找出 C 中与其他对象平均相异度最大的一个对象 p，把 p 放入 splinter group，剩余的对象放入 old party 中。

④ 不断地在 old party 里找出满足如下条件的对象：该对象到 splinter group 中的对象的最近距离小于或等于到 old party 中的对象的最近距离，把该对象加入 splinter group，直到没有新的 old party 的对象被找到。此时，splinter group 和 old party 两个簇与其他簇一起组成新的簇集合。

⑤ 重复步骤③和步骤④，直至簇的数目达到终止条件规定的数目。

DIANA 算法的伪代码如下。

```
输入：
    D: 包含 n 个对象的数据集；
    k: 簇的数目
输出：
    终止条件规定的 k 个簇
方法：
    将所有对象整体作为一个初始簇；
    for(i=1; i!=k; i++){
        在所有簇中挑选出具有最大直径的簇 C;
        找出 C 中与其他对象平均相异度最大的一个对象放入 splinter group，剩余的放入 old
        party 中；
        repeat
            在 old party 里找出到 splinter group 中对象的最近距离不大于 old party 中对
            象的最近距离的对象，并将该对象加入 splinter group;
        until 没有新的 old party 的对象被分配给 splinter group;
            splinter group 和 old party 为被选中的簇分裂成的两个簇，与其他簇一起组成新
            的簇集合；
}
```

3. DIANA 算法实例

例 8.3　使用 DIANA 算法进行聚类。

样本数据集如表 8-2 所示，样本点间欧几里得距离如表 8-4 所示。设终止条件为 $k=2$，采用 DIANA 算法进行层次聚类。

解：

① 首先初始簇为$\{o_1,o_2,o_3,o_4,o_5\}$，找到具有最大直径的簇，开始就是初始簇，对簇中的每个点计算平均距离(假设采用欧几里得距离)。

样本点o_1的平均相异度：(2+2.5+5.4+5)/4=3.725。

样本点o_2的平均相异度：(2+1.5+5+5.4)/4=3.475。

样本点o_3的平均相异度：(2.5+1.5+3.5+4)/4=2.875。

样本点o_4的平均相异度：(5.4+5+3.5+2)/4=3.975。

样本点o_5的平均相异度：(5+5.4+4+2)/4=4.1。

将平均相异度最大的样本点o_5放到splinter group中，剩余样本点在old party中。

② 在old party里找出到splinter group中点的最近距离小于或等于该点到old party中其他点的最近距离的点，把该点加入splinter group。

对于样本点o_1：$d(o_1,o_5)=5, d(o_1,o_2)=2, d(o_1,o_3)=2.5, d(o_1,o_4)=5.4$。

对于样本点o_2：$d(o_2,o_5)=5.4, d(o_2,o_1)=2, d(o_2,o_3)=1.5, d(o_2,o_4)=5$。

对于样本点o_3：$d(o_3,o_5)=4, d(o_3,o_1)=2.5, d(o_3,o_2)=1.5, d(o_3,o_4)=3.5$。

对于样本点o_4：$d(o_4,o_5)=2, d(o_4,o_1)=5.4, d(o_4,o_2)=5, d(o_4,o_3)=3.5$。

在old party中仅有样本点o_4到splinter group中样本点o_5的距离2小于样本点o_4到old party中其他样本点的最近距离3.5，所以将样本点o_4加入splinter group。

③ 重复步骤②。

对于样本点o_1：$d(o_1,o_4)=5.4, d(o_1,o_5)=5, d(o_1,o_2)=2, d(o_1,o_3)=2.5$。

对于样本点o_2：$d(o_2,o_4)=5, d(o_2,o_5)=5.4, d(o_2,o_1)=2, d(o_2,o_3)=1.5$。

对于样本点o_3：$d(o_3,o_4)=3.5, d(o_3,o_5)=4, d(o_3,o_1)=2.5, d(o_3,o_2)=1.5$。

没有新的old party中的对象放入splinter group，此时分裂的簇数是2，达到终止条件，算法结束。如果没有达到终止条件，下一阶段会从分裂好的簇中选择一个直径最大的簇继续分裂。

上述步骤对应簇的变化如表8-4所示，最终聚类结果为$\{o_1,o_2,o_3\}$和$\{o_4,o_5\}$。

表8-4 DIANA执行过程簇的变化

步骤	具有最大直径的簇	splinter group	old party
①	$\{o_1,o_2,o_3,o_4,o_5\}$	$\{o_5\}$	$\{o_1,o_2,o_3,o_4\}$
②	$\{o_1,o_2,o_3,o_4,o_5\}$	$\{o_4,o_5\}$	$\{o_1,o_2,o_3\}$终止

分裂方法的一个挑战是如何把一个大簇划分成几个较小的簇。例如，把包含n个对象的集合划分成两个互斥的子集有$2^{n-1}-1$种可能性，当n很大时，考查所有的可能性不具有可操作性，所以分裂方法通常采用启发式方法进行划分，由此牺牲部分聚类效果。

8.3.4 凝聚层次聚类

1. AGNES算法的基本概念

凝聚的层次聚类方法使用自底向上的策略把对象组织到层次结构中。开始时以每个对象作为一个簇，每一步合并两个最相似(距离最近)的簇。这种方法需要定义簇的相似性度量方式和算法终止的条件。层次凝聚时采用的最短距离法称为单链或MIN层次凝聚，相应地采用最长距离法称为全链或MAX层次凝聚。

AGNES算法是典型的凝聚层次聚类方法，最初将每个对象作为一个簇，然后根据某些准则一步步地合并这些簇。两个簇间的相似度由这两个不同簇中距离最近的数据点的相似度来确定，聚类的合并过程反复进行，直到所有的对象最终满足终止条件设置的簇数目。

2. AGNES算法的基本流程

AGNES算法的过程基本分为以下几步。

① 将每个对象作为一个初始簇。

② 根据两个簇中最近的数据对象找到最近的两个簇，合并两个簇，生成新的簇的集合。

③ 重复步骤②，直到达到定义的簇的数目。

AGNES算法的伪代码如下。

```
输入:
    D: 包含 n 个对象的数据集;
    k: 簇的数目
输出:
    终止条件规定的 k 个簇
方法:
    把每个对象都作为一个初始簇;
    repeat
        根据两个簇中最近的数据对象之间的距离找到最近的两个簇;
        合并这两个簇,生成一个新的簇的集合;
    until 达到终止条件规定的簇的数目
```

3. AGNES算法的实例

例8.4 使用AGNES算法进行聚类。

样本数据集如表8-2所示，样本点间欧几里得距离如表8-4所示。设终止条件为$k=2$，采用AGNES算法进行层次聚类。

解：

① 将每个样本点作为一个簇，初始簇集合为$\{o_1\},\{o_2\},\{o_3\},\{o_4\},\{o_5\}$。

② 根据初始簇计算每个簇之间的距离，找出距离最小的两个簇进行合并。

从表8-4中的样本点间距中找到$\{o_2\}$和$\{o_3\}$的距离1.5最小，合并$\{o_2\}$和$\{o_3\}$为一个新簇$\{o_2,o_3\}$，此时簇集合为$\{o_1\},\{o_2,o_3\},\{o_4\},\{o_5\}$。

③ 对合并后的簇计算簇间最短距离，找出距离最近的两个簇进行合并。

$$\text{dist}_{\min}(\{o_1\},\{o_2,o_3\})=\min\{d(o_1,o_2),d(o_1,o_3)\}=\min\{2,2.5\}=2$$

$$\text{dist}_{\min}(\{o_4\},\{o_2,o_3\})=\min\{d(o_4,o_2),d(o_4,o_3)\}=\min\{5,3.5\}=3.5$$

$$\text{dist}_{\min}(\{o_5\},\{o_2,o_3\})=\min\{d(o_5,o_2),d(o_5,o_3)\}=\min\{5.4,4\}=4$$

$$\text{dist}_{\min}(\{o_1\},\{o_4\})=5.4$$

$$\text{dist}_{\min}(\{o_1\},\{o_5\})=5$$

$$\text{dist}_{\min}(\{o_4\},\{o_5\})=2$$

$\{o_1\}$和$\{o_2,o_3\}$的最短距离与$\{o_4\}$和$\{o_5\}$的最短距离都是2,为最小距离,下一步合并方案不唯一,此处选择合并$\{o_4\}$和$\{o_5\}$为一个新簇$\{o_4,o_5\}$,此时簇集合为$\{o_1\}$,$\{o_2,o_3\}$,$\{o_4,o_5\}$。

④ 对合并后的簇计算簇间最短距离,找出距离最近的两个簇进行合并。

$$\text{dist}_{\min}(\{o_1\},\{o_2,o_3\})=\min\{d(o_1,o_2),d(o_1,o_3)\}=\min\{2,2.5\}=2$$

$$\text{dist}_{\min}(\{o_1\},\{o_4,o_5\})=\min\{d(o_1,o_4),d(o_1,o_5)\}=\min\{5.4,5\}=5$$

$$\begin{aligned}\text{dist}_{\min}(\{o_2,o_3\},\{o_4,o_5\})&=\min\{d(o_2,o_4),d(o_2,o_5),d(o_3,o_4),d(o_3,o_5)\}\\&=\min\{5,5.4,3.5,4\}=3.5\end{aligned}$$

$\{o_1\}$和$\{o_2,o_3\}$的最短距离2为最小距离,合并$\{o_1\}$和$\{o_2,o_3\}$为一个新簇$\{o_1,o_2,o_3\}$,此时簇集合为$\{o_1,o_2,o_3\}$,$\{o_4,o_5\}$。由于合并后簇的数目已经达到了用户输入的终止条件,算法结束。

上述步骤对应的簇的变化如表8-5所示,最终聚类结果为$\{o_1,o_2,o_3\}$和$\{o_4,o_5\}$。

表8-5 AGNES执行过程簇的变化

步骤	簇集合	最近的两个簇	合并后的新簇
①	$\{o_1\},\{o_2\},\{o_3\},\{o_4\},\{o_5\}$	$\{o_2\},\{o_3\}$	$\{o_1\},\{o_2,o_3\},\{o_4\},\{o_5\}$
②	$\{o_1\},\{o_2,o_3\},\{o_4\},\{o_5\}$	$\{o_4\},\{o_5\}$	$\{o_1\},\{o_2,o_3\},\{o_4,o_5\}$
③	$\{o_1\},\{o_2,o_3\},\{o_4,o_5\}$	$\{o_1\},\{o_2,o_3\}$	$\{o_1,o_2,o_3\},\{o_4,o_5\}$算法终止

AGNES算法比较简单,但一旦一组对象被合并,下一步的处理将在新生成的簇上进行。已做的处理不能被撤销,聚类之间也不能交换对象。增加新的样本对结果的影响较大。

8.3.5 BIRCH算法

1. BIRCH算法的基本概念

DIANA和AGNES算法的处理过程都相对简单,无论分裂还是凝聚,都会遇到合并或分裂点选择困难的问题。通常为了提高效率,分裂或凝聚不会对已经做出的划分决策进行回溯,一旦一组对象被合并或分裂,下一步的处理将在新生成的簇上进行,已做的处理不能被撤销,聚类之间也不能交换对象,如果在某一步没有很好地选择合并或分裂的决定,可能会导致低质量的聚类结果。而且,这些算法运行消耗的时间与对象个数n的平方成正比,对于n很大的情况并不适用。

利用层次结构的平衡迭代归约和聚类(Balanced Iterative Reducing and Clustering using Hierarchies, BIRCH)算法是为大量数值数据聚类设计的算法,该算法引入两个概念:聚类特征(Clustering Feature,CF)和聚类特征树(Clustering Feature Tree,CF-Tree),通过这两个概念对簇进行概括,利用各个簇之间的距离,采用层次方法的平衡迭代对数据集进行规约和聚类。

BIRCH算法利用了一个树结构来快速聚类,这个树结构类似于平衡B+树,一般将它称为聚类特征树CF Tree,用该树表示聚类的层次结构。这棵树的每一个结点是由若干个聚类特征CF组成,如图8-14所示。从图中可以看到每个结点包括叶子结点都有若干个

CF，而内部结点的CF有指向孩子结点的指针，所有的叶子结点用一个双向链表链接起来。

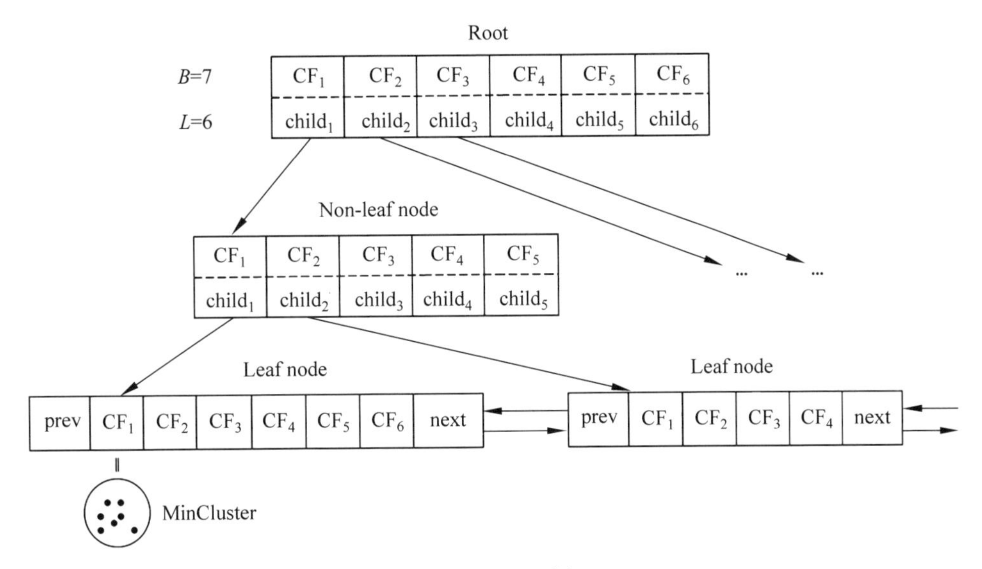

图 8-14 CF 树

BIRCH 算法利用数据点的聚类特征 CF 值构建一棵 CF 树来进行聚类的。通过 CF 值可以快速地进行聚类，以及估计同一个类中的相似程度。

在聚类特征树中，一个聚类特征 CF 是一个三元组，用(N，LS，SS)表示。其中，N 代表拥有的数据点的数量；LS 代表拥有的数据点各特征维度的和，SS 代表拥有的数据点各特征维度的平方和。

例如，假设一个簇有 3 个数据点(2，5)、(3，2)和(4，3)，根据定义，簇的聚类特征 CF 为

$$\mathrm{CF}=(3,(2+3+4,5+2+3),((2^2+3^2+4^2),(5^2+2^2+3^2)))=(3,(9,10),(29,38))$$

CF 满足线性关系，也就是 $\mathrm{CF}_1+\mathrm{CF}_2=(N_1+N_2,\mathrm{LS}_1+\mathrm{LS}_2,\mathrm{SS}_1+\mathrm{SS}_2)$。在 CF Tree 中，每个父结点的 CF 值就是其所有子结点 CF 值之和，以每个结点为根结点的子树都可以看成是一个簇。从图 8-14 中可以看出，根结点的 CF_1 的三元组的值，可以从它指向的 5 个子结点的 CF_1 到 CF_5 的值相加得到。有了 CF 值后，就可以构建一棵 CF 树。

在 CF 树中有 3 个重要参数：每个内部结点的最大 CF 条目个数 B；每个叶子结点的最大 CF 条目个数 L；叶结点每个 CF 的最大数据点半径阈值 T，即在这个 CF 中的所有数据点一定要在半径小于 T 的一个超球体内。在图 8-14 中的 CF 树中，$B=7$，$L=6$，即内部结点最多有 7 个 CF 条目，而叶子结点最多有 6 个 CF 条目。

假设给定簇中有 N 个 D 维数据点，簇质心的定义为

$$X_0=\frac{\sum_{i=1}^{N}X_i}{N}=\frac{\mathrm{LS}}{N} \tag{8-9}$$

簇半径的定义为

$$R=\left(\frac{\sum_{i=1}^{N}(X_i-X_0)^2}{N}\right)^{\frac{1}{2}}=\left(\frac{N\times\mathrm{SS}-2\mathrm{LS}^2+N\times\mathrm{LS}}{N^2}\right)^{\frac{1}{2}} \tag{8-10}$$

簇直径的定义为

$$D=\left(\frac{\sum_{i=1}^{N}\sum_{j=1}^{N}(X_i-X_j)^2}{N(N-1)}\right)^{\frac{1}{2}} \tag{8-11}$$

进行数学演算之后得到的簇直径为

$$D=\sqrt{\frac{2N\times \mathrm{SS}-2\mathrm{LS}^2}{N(N-1)}} \tag{8-12}$$

两个簇之间的距离为

$$D_2=\left(\frac{\sum_{i=1}^{N_1}\sum_{j=N_1+1}^{N_1+N_2}(X_i-X_j)^2}{N_1N_2}\right)^{\frac{1}{2}} \tag{8-13}$$

演算之后得到的两簇之间的距离为

$$D_2=\sqrt{\frac{\mathrm{SS}_1}{N_1}+\frac{\mathrm{SS}_2}{N_2}-\frac{2\mathrm{LS}_1\mathrm{LS}_2}{N_1N_2}} \tag{8-14}$$

2. BIRCH算法的基本流程

将所有的训练集样本建立了CF树,基本的BIRCH算法就完成了,对应的输出就是若干个CF结点,每个结点里的样本点就是一个聚类的簇。也就是说,BIRCH算法的主要过程,就是建立CF树的过程。

BIRCH算法的基本流程如下。

① 从根结点root开始往下递归,计算当前CF条目与要插入数据点之间的距离,寻找距离最小的那个路径,直到找到与该数据点最接近的叶结点中的条目。

② 比较计算出的距离是否小于阈值T,如果小于T,则当前CF条目吸收该数据点,并更新路径上的所有CF三元组;反之,进行第③步。

③ 判断当前条目所在叶结点的CF条目个数是否小于L,如果是小于L,则直接将数据点插入作为该数据点的新条目,否则需要分裂该叶子结点。分裂的原则是寻找该叶子结点中距离最远的两个条目并以这两个条目作为种子CF,其他剩下的CF条目根据距离最小原则分配到这两个条目中,并更新整个CF树。依次向上检查父结点是否也要分裂,如果需要分裂,按与叶子结点相同的分裂方式进行分裂。

BIRCH算法的伪代码如下。

```
输入:
    D: 数据集{x1,…,xN};
    T: 阈值
输出:
    m个簇
执行:
    for(i=1; i<=n; i++){
    将 xi 插入与其最近的一个叶子结点中;
    if  插入后的簇小于或等于阈值 T
```

```
    then
        将 x_i 插入到该叶子结点，并且重新调整从根到此叶子路径上的所有元组；
    else if 插入后结点中有剩余空间
        then
            把 x_i 作为一个单独的簇插入并且重新调整从根到此叶子路径上的所有三元组；
        else
            分裂该结点并调整从根到此叶子结点路径上的三元组；
}
```

3. BIRCH 算法的实例

例 8.5　使用 BIRCH 算法进行聚类。

假设有一个 MinCluster 里包含 3 个数据点：(1,2,3)，(4,5,6)，(7,8,9)。设置参数：$B=7,L=5,T=4$。使用 BIRCH 算法构建 CF 树。

解：

① 计算该 MinCluster 的 CF。

$$N=3$$

$$\text{LS}=(1+4+7,2+5+8,3+6+9)=(12,15,18)$$

$$\text{SS}=(1+16+49,4+25+64,9+36+81)=(66,93,126)$$

② 扫描数据库，对第一个数据点(1,2,3)，创建一个空的 root 和 MinCluster，把数据点(1,2,3)放入 MinCluster，更新 MinCluster 的 CF 值为(1,(1,2,3),(1,4,9))，把 MinCluster 作为 Leaf 的一个子结点，更新 root 的 CF 值为(1,(1,2,3),(1,4,9))，如图 8-15 所示。

③ 当下一个数据点要插入树中时，把要插入的数据点封装为一个 MinCluster(这样它就有了一个 CF 值)，即为 CF_new，根据两个簇间的距离 D_2，从树的根结点开始查找树中各个子结点的 CF 值，找到与 CF_new 距离最近的结点，并将 CF_new 加入到那个子树上。这是一个递归的过程。递归的终止点是要把 CF_new 加入到一个 MinCluster 中，如果 MinCluster 的半径没有超过半径阈值 T，则直接加入；否则，将 CF_new 单独作为一个簇，成为 MinCluster 的兄弟结点。插入之后需要更新该结点及其所有祖先结点的 CF 值。

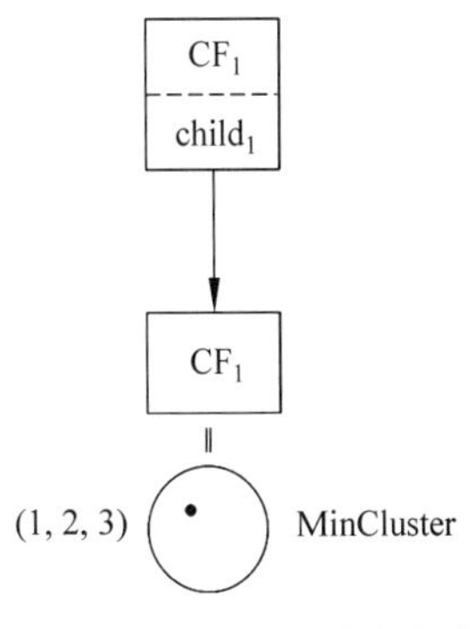

图 8-15　插入第一个数据点

对第二个数据点(4,5,6)，由于此时树的根结点只有一个子结点，因此可将其直接加入点(1,2,3)的 MinCluster 中。更新簇质心为(2.5,3.5,5.5)，计算此时的 MinCluster 的半径为 2.6，在半径阈值 T 的范围之内，则第二个数据点可直接加入，更新 MinCluster 的 CF 值为(2,(5,7,9),(17,29,45))，更新 Root 的 CF 值为(2,(5,7,9),(17,29,45))，如图 8-16 所示。

④ 插入新结点后，可能有些结点的子结点数大于 B 或 L，此时该结点要分裂。对于 Leaf，若它有 $L+1$ 个 MinCluster，需要新创建一个 Leaf，使它作为原 Leaf 的兄弟结点，同时注意每新创建一个 Leaf 都要把它插入双向链表中。$L+1$ 个 MinCluster 要分到这两个

Leaf 中时,找出这 $L+1$ 个 MinCluster 中距离最远的两个 Cluster,剩下的 Cluster 中的数据点在两个 Cluster 中选择距离最近的一个并加入其中。更新两个 Leaf 的 CF 值,其祖先结点的 CF 值没有变化,不需要更新。这可能导致祖先结点的递归分裂,因为 Leaf 分裂后恰好其父结点的子结点数超过了 B。Nonleaf 的分裂方法与 Leaf 的分裂方法相似,只不过产生新的 Nonleaf 后不需要把它放入一个双向链表中。如果是树的根结点要分裂,则树的高度加 1。

此例中,当插入第二个数据点后,结点的 CF 项目数小于 B 和 L,结点不需要分裂。对第三个数据点(7,8,9),加入 MinCluster 中,更新簇质心为(4,5,6),计算簇半径为 4.24,超出半径阈值 T 的范围,应将数据点(7,8,9)作为一个新的簇,成为 MinCluster 的兄弟结点,更新 MinCluster_1 的 CF_1 值为(2,(5,7,9),(17,29,45)),MinCluster_2 的 CF_2 值为(1,(7,8,9),(49,64,81)),更新 Root 的 CF 值为(3,(12,15,18),(66,93,126)),如图 8-17 所示。

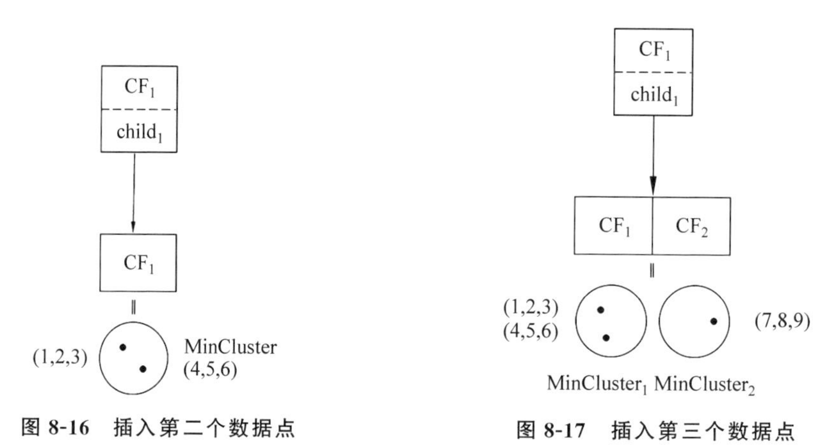

图 8-16 插入第二个数据点

图 8-17 插入第三个数据点

当插入第三个数据点后,结点的 CF 项目数小于 B 和 L,结点不需要分裂,聚类过程结束。3 个数据点聚类为两个簇:$C_1=\{(1,2,3),(4,5,6)\}$和 $C_2=\{(7,8,9)\}$。

8.3.6 使用 Weka 进行基于层次的聚类实例

Weka 软件系统上提供了一个名为 Hierarchical Clusterer 的函数,选取 Weka 中的默认数据集 iris.arff,将数据集聚集为 Iris-setosa、Iris-versicolor 和 Iris-virginica,实现基于层次的聚类算法。下面利用 Weka 软件,介绍 Hierarchical Clusterer 算法对 iris.arff 数据集进行聚类的操作步骤与聚类结果。具体步骤如下。

① 按照 7.3.3 节的步骤①～④打开 Weka 软件,导入 iris.arff 数据集,如图 7-22 所示。

② 选择 Cluster 选项卡,在 Clusterer 栏中单击 Choose 按钮,选择 HierarchicalClusterer 算法,如图 8-18 所示。

③ 选择 HierarchicalClusterer 算法后,出现图 8-19 页面。

④ 单击 Clusterer 栏目下 Choose 按钮右侧的 HierachicalClusterer 参数信息框,出现如图 8-20 所示的 HierachicalClusterer 参数设置对话框,可以通过调整 numClusters 的值来确定聚类的数量,这里选择的是 3 个,设置好参数后,单击 Save 按钮即可保存修改,单击 Cancel 按钮即可撤销修改,单击 OK 按钮即可完成修改。

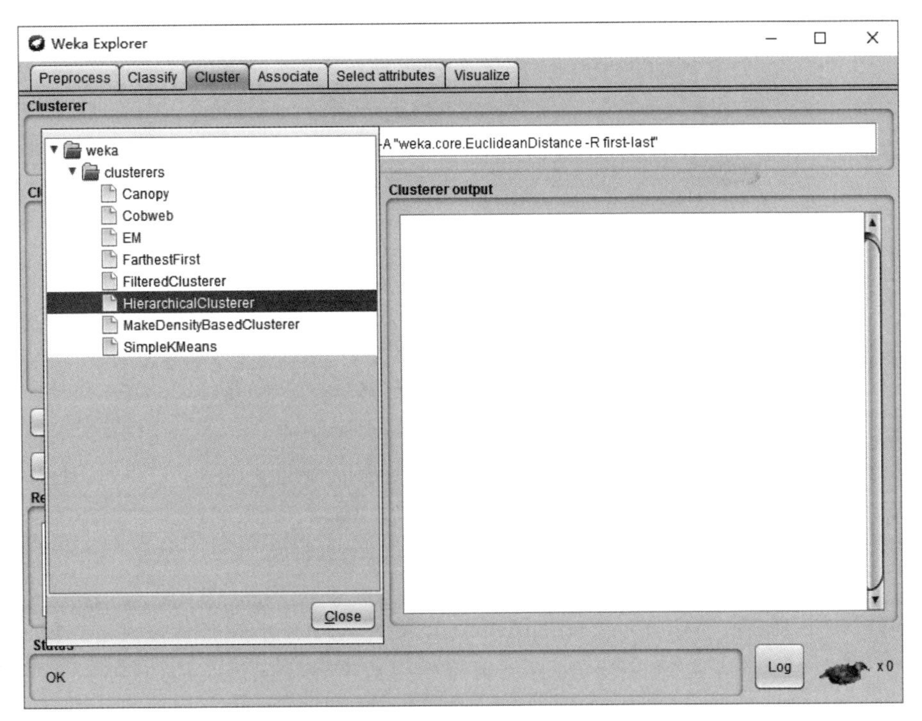

图 8-18　选择 HierachicalClusterer 算法

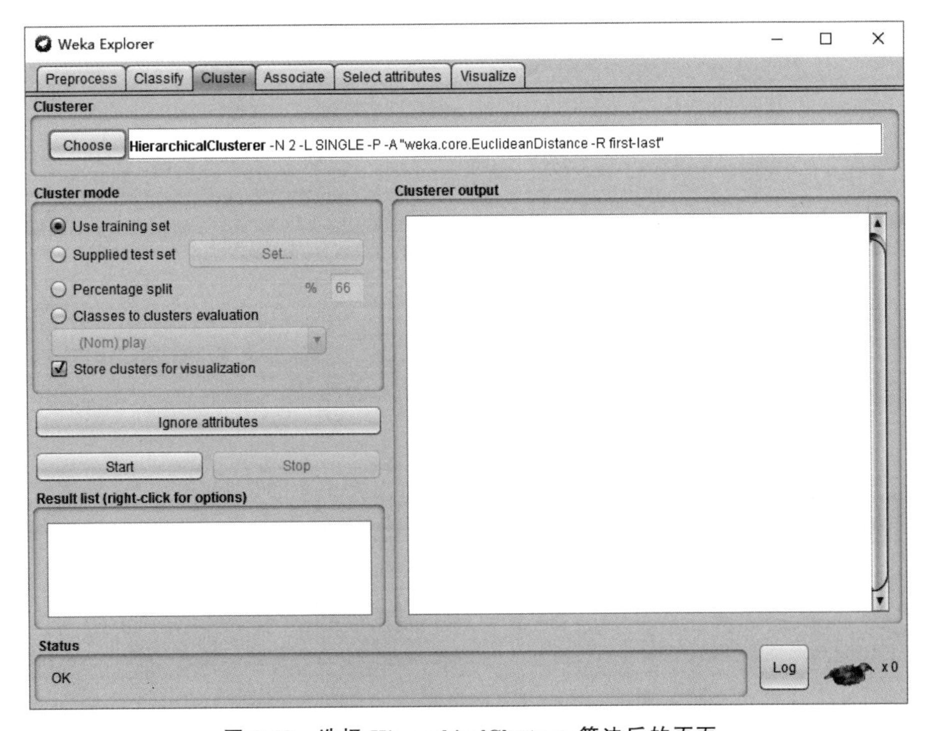

图 8-19　选择 HierarchicalClusterer 算法后的页面

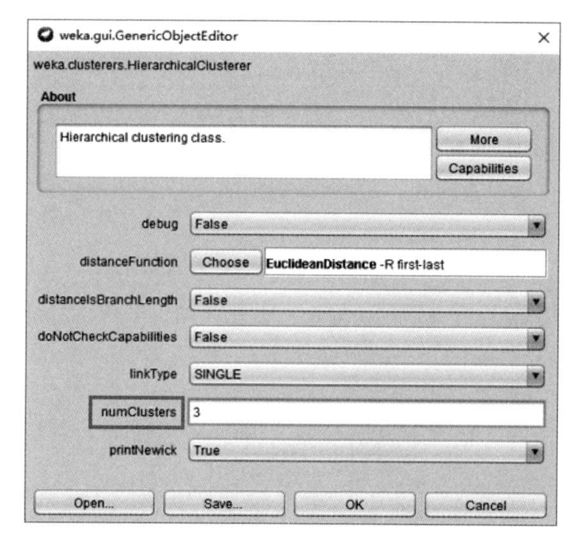

图 8-20 HierarchicalClusterer 参数设置

⑤ 返回图 8-19 后，单击 Start 按钮即可运行聚类。HierarchicalClusterer 算法的运行结果如图 8-21 所示，在 Clusterer output 子窗口中可以看到输出聚类后的结果，聚类分成了 3 类，第一类用 0 标记，有 50 个数据，占全部数据的 33%；第二类用 1 标记，有 50 个数据，占全部数据的 33%；第三类用 2 标记，有 50 个数据，占全部数据的 33%。

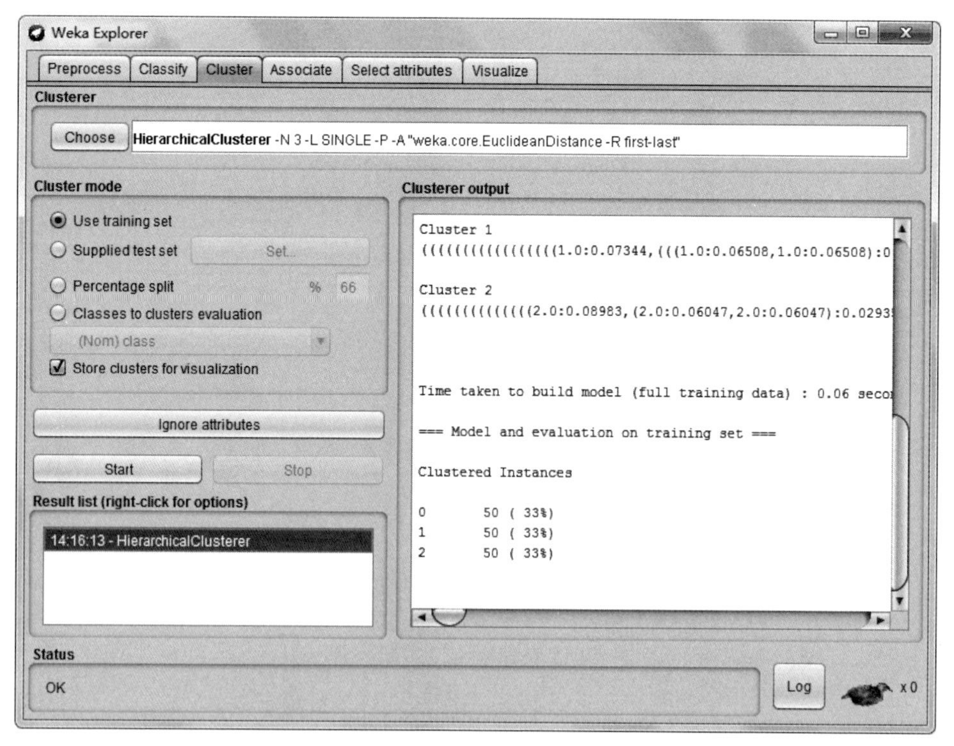

图 8-21 HierarchicalClusterer 算法运行结果

8.4 基于密度的聚类

8.4.1 基于密度的聚类的基本概念

由于基于划分的聚类算法与基于层次的聚类算法往往只能发现球型的聚类簇，对于其他类型的聚类簇的效果并不理想。为了更好地发现各种形状的聚类簇，人们提出了基于密度的聚类算法。基于密度的聚类算法是以数据集在空间中分布的稠密程度为依据进行聚类，并不需要预先设定簇的数量，因此适合对于未知内容的数据集进行聚类。

常见的基于密度的聚类算法有 DBSCAN、OPTICS、DENCLUE 等。这里主要介绍 DBSCAN 算法，相关概念如下。

ε-邻域：对象 o 的 ε-邻域是以该对象为中心，ε 为半径的空间。

核心对象：用户指定一个参数 MinPts，即指定稠密区域的密度阈值。如果一个对象的 ε-邻域至少包含 MinPts 个对象，则称该对象为核心对象。

直接密度可达：对于指定的对象集合 D，有对象 p 与 q，如果对象 p 在对象 q 的 ε-邻域内，并且 q 是核心对象，则称对象 p 是从对象 q 关于 ε 和 MinPts 直接密度可达的。

密度可达：假设有对象链 $p_1, p_2, \cdots, p_n$，且 $p_1=q, p_n=p$。如果对于 $p_i(1\leqslant i<n)$，有 p_{i+1} 是从 p_i 关于 ε 和 MinPts 直接密度可达的，则称 p 是从对象 q 关于 ε 和 MinPts 密度可达的。

密度相连：对于指定的对象集合 D，如果存在一个对象 o，使得对象 p 和对象 q 从 o 关于 ε 和 MinPts 密度可达，那么对象 p 和对象 q 是关于 ε 和 MinPts 密度相连的。

边界对象：对于对象 p，如果它的 ε-邻域内包含的对象少于 MinPts 个，但落在某个核心对象的 ε-邻域内，则称对象 p 为边界对象。

噪声对象：既不是核心对象，也不是边界对象的任何对象。

例 8.6 密度可达与密度相连。

给定圆的半径 ε，令 MinPts $=3$，考虑图 8-22 各点之间的关系。

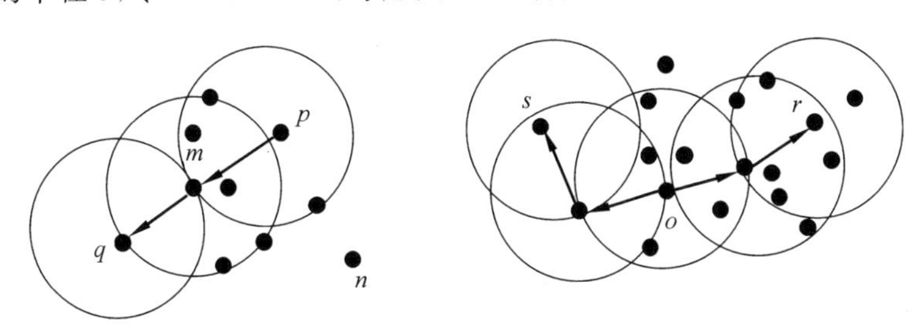

图 8-22 密度可达与密度相连示例

在图 8-22 中，点 m、p、o 和 r 的 ε-邻域中均包含 3 个以上的点，因此它们都是核心对象；点 q 为边界点，点 n 为噪声点。点 m 是从 p 直接密度可达的，q 也是从 m 直接密度可达的；因此 q 是从 p 密度可达的；但 p 从 q 无法密度可达（非对称）。类似地，s 和 r 从 o 是密度可达的；o、r 和 s 均是密度相连（对称）的。

8.4.2 DBSCAN算法

1. DBSCAN算法的基本思想

具有噪声应用的基于密度的空间聚类(Density-Based Spatial Clustering of Application with Noise,DBSCAN)算法根据以上概念在数据对象集中查找簇和噪声,这里的簇指的是对象集中的簇,即核心对象密度可达的所有对象的集合。DBSCAN算法的基本思想：每个簇的内部对象的密度比簇的外部对象的密度要高得多。它定义簇为“密度相连”的最大对象集,不包含在任何簇中的对象被认为是“噪声”。DBSCAN算法将簇定义为密度相连的对象的最大集合,能够把具有足够高密度的区域划分为簇,并可在噪声的空间数据库中发现任意形状的聚类,能有效排除噪声的干扰,并且聚类结果不受输入顺序的影响。

2. DBSCAN算法的基本流程

DBSCAN发现簇的过程如下。

① 初始给定数据集 D 中所有对象被标记为unvisited。

② 随机选择一个未访问的对象 p,标记 p 为visited,并检查 p 的ε-邻域是否至少包含MinPts个对象,如果不是则 p 被标记为噪声点;否则为 p 创建一个新的簇 C,并且把 p 的ε-邻域中所有对象都放在候选集合 N 中。

③ 迭代地把 N 中不属于其他簇的对象添加到 C 中。在此过程中,将 N 中标记为unvisited的对象 p' 标记为visited,并且检查它的ε-邻域,如果 p' 的ε-邻域至少包含MinPts个对象,则 p' 的ε-邻域中的对象都被添加到 N 中。继续添加对象到 C,直到 C 不能扩展,即直到 N 为空。此时,簇 C 完成生成,输出即可。

④ 从剩下的对象中随机选择一个未访问过的对象,重复步骤②和步骤③,直到所有对象都被访问。

DBSCAN算法的伪代码如下。

```
输入:
    D: 包含n个对象的数据集;
    ε: 邻域半径参数;
    MinPts: 邻域密度阈值
输出:
    基于密度的簇的集合
方法:
    标记所有对象为unvisited;
    repeat
        随机选择一个unvisited对象p;
        标记p为visited;
        if  p的ε-邻域至少有MinPts个对象
        then{
            创建一个新簇C,并把p添加到C;
            令N为p的ε-邻域中的对象的集合;
            for N中每个点p' {
```

```
                if  p'是 unvisited
                then{
                    标记 p'为 visited;
                    if  p'的ε-邻域至少有 MinPts 个点
                    then  把这些点添加到 N;
                    if  p'还不是任何簇的成员
                    then  把 p'添加到 C;
                }
        }
        输出 C;
    else  标记 p 为噪声;
until 没有标记为 unvisited 的对象
```

3. DBSCAN 算法的实例

例 8.7 使用 DBSCAN 算法进行聚类。

设有数据集 D,对象分布如图 8-23 所示。设 $\varepsilon=1$,MinPts=4,利用 DBSCAN 算法进行聚类。

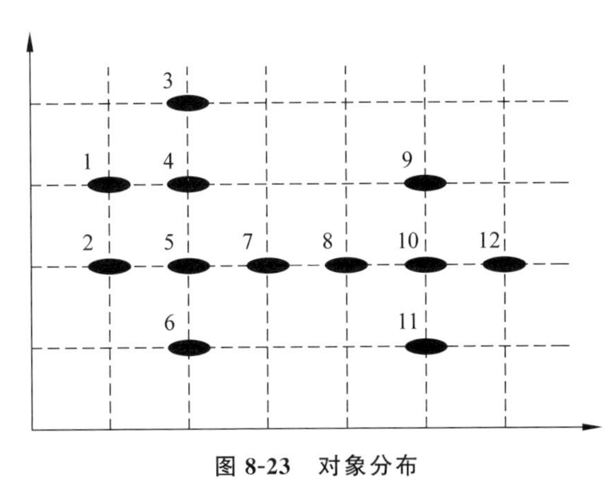

图 8-23 对象分布

解:对图 8-23 中的对象以从上往下、从左往右的顺序进行编号,以标识对象。

① 标记所有点为 unvisited。

② 随机选择点 6,标记为 visited,以它为圆心、半径为 1 的邻域内包含 2 个点,不满足不小于 MinPts 的要求,因此它不是核心点,暂标记为噪声,如图 8-24 所示。

③ 随机选择点 2,标记为 visited,以它为圆心、半径为 1 的邻域内包含 3 个点,不满足不小于 MinPts 的要求,可知其不是核心点,暂标记为噪声。

④ 随机选择点 1,标记为 visited,以它为圆心、半径为 1 的邻域内包含 3 个点,不满足不小于 MinPts 的要求,可知其不是核心点,暂标记为噪声。

⑤ 随机选择点 5,标记为 visited,以它为圆心、半径为 1 的邻域内包含 5 个点,大于 MinPts,可知其为核心点。生成新簇 C_1,将点 5 放入 C_1,即 $C_1=\{5\}$。将点 5 的半径为 1 的邻域内的点放入候选集合 N 中,即 $N=\{2,4,6,7\}$,其中点 2 和点 6 为 visited,点 4 和点 7 为 unvisited。

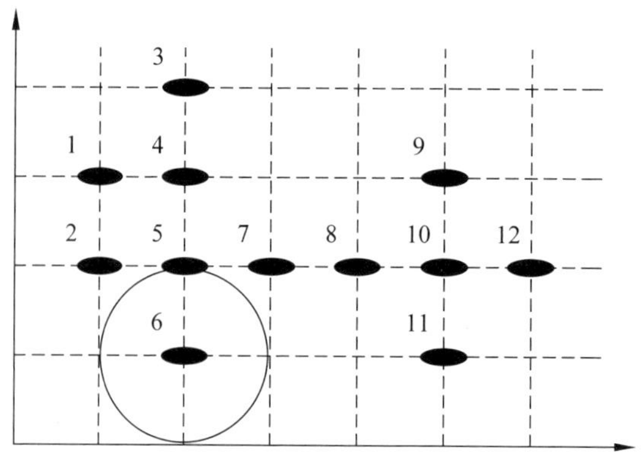

图 8-24　点 6 的 ε-邻域

在 N 中选择 unvisited 的点 4,标记为 visited,以点 4 为圆心、半径为 1 的邻域内包含 4 个点,等于 MinPts,可知点 4 也是核心点,因点 4 不属于其他簇,将点 4 放入 C_1,即 $C_1=\{4,5\}$。将点 4 的半径为 1 的邻域内的点放入候选集合 N 中,即 $N=\{1,2,3,6,7\}$,其中点 1、点 2 和点 6 为 visited,点 3 和点 7 为 unvisited。

在 N 中选择 unvisited 的点 3,标记为 visited,以点 3 为圆心、半径为 1 的邻域内包含 2 个点,不满足不小于 MinPts 的要求,可知其不是核心点,因点 3 不属于其他簇,将点 3 放入 C_1,即 $C_1=\{3,4,5\}$,$N=\{1,2,6,7\}$,其中点 1、点 2 和点 6 为 visited,点 7 为 unvisited。

在 N 中选择 unvisited 的点 7,标记为 visited,以点 7 为圆心、半径为 1 的邻域内包含 3 个点,不满足不小于 MinPts 的要求,可知其不是核心点,因点 7 不属于其他簇,将点 7 放入 C_1,即 $C_1=\{3,4,5,7\}$,$N=\{1,2,6\}$,其中点 1、点 2 和点 6 为 visited。

在 N 中点 1、点 2 和点 6 虽为 visited,但它们不属于其他簇,将它们放入 C_1,即 $C_1=\{1,2,3,4,5,6,7\}$,$N=\{\}$。

这样就可以得到一个簇 $C_1=\{1,2,3,4,5,6,7\}$,如图 8-25 所示。

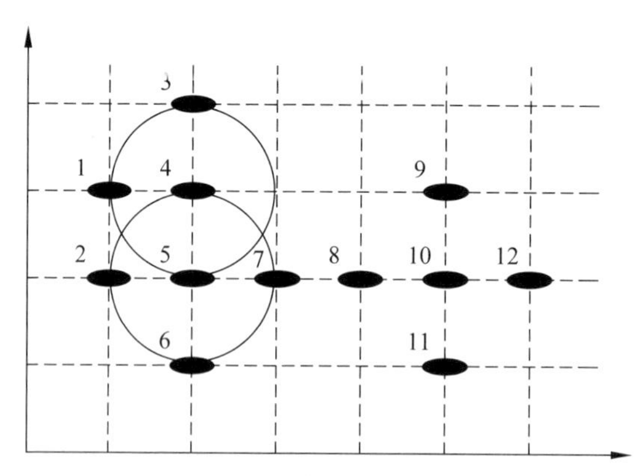

图 8-25　由点 5 得到的簇 C_1

⑥ 在其他 unvisited 的点中随机选择点 8,标记为 visited,以它为圆心、半径为 1 的邻域内包含 3 个点,不满足不小于 MinPts 的要求,可知其不是核心点,暂标记为噪声。

⑦ 随机选择 unvisited 的点 10,标记为 visited,以它为圆心、半径为 1 的邻域内有 5 个

点，大于 MinPts，可知其是核心点。生成新簇 C_2，将点 10 放入 C_2，即 $C_2=\{10\}$。将点 10 的半径为 1 的邻域内的点放入候选集合 N 中，即 $N=\{8,9,11,12\}$，其中点 8 为 visited，点 9、点 11 和点 12 为 unvisited。

在 N 中选择 unvisited 的点 9，标记为 visited，以点 9 为圆心、半径为 1 的邻域内包含 2 个点，不满足不小于 MinPts 的要求，可知其不是核心点，因点 9 不属于其他簇，将点 9 放入 C_2，即 $C_2=\{9,10\}$，$N=\{8,11,12\}$，其中点 8 为 visited，点 11 和点 12 为 unvisited。

在 N 中选择 unvisited 的点 11，标记为 visited，以点 11 为圆心、半径为 1 的邻域内包含 2 个点，不满足不小于 MinPts 的要求，可知其不是核心点，因点 11 不属于其他簇，将点 11 放入 C_2，即 $C_2=\{9,10,11\}$，$N=\{8,12\}$，其中点 8 为 visited，点 12 为 unvisited。

在 N 中选择 unvisited 的点 12，标记为 visited，以点 12 为圆心、半径为 1 的邻域内包含 2 个点，不满足不小于 MinPts 的要求，可知其不是核心点，因点 12 不属于其他簇，将点 12 放入 C_2，即 $C_2=\{9,10,11,12\}$，$N=\{8\}$，其中点 8 为 visited。

在 N 中点 8 虽为 visited，但它不属于其他簇，将它放入 C_2，即 $C_2=\{8,9,10,11,12\}$，$N=\{\}$。

于是得到新簇 $C_2=\{8,9,10,11,12\}$，如图 8-26 所示。

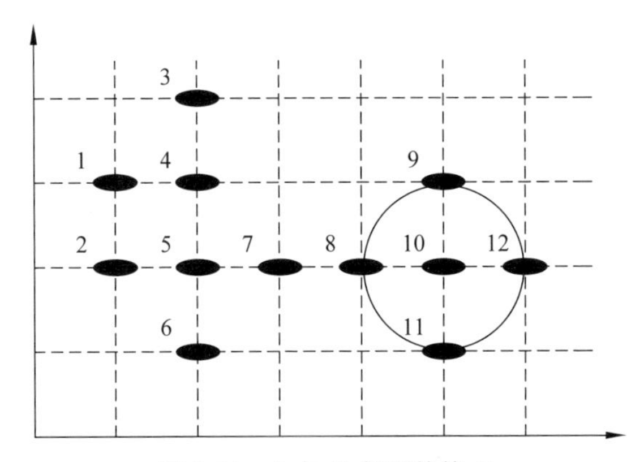

图 8-26 由点 10 得到的簇 C_2

至此，数据集 D 中的所有点都为 visited，这样就将原数据集 D 划分为两个簇 $C_1=\{1,2,3,4,5,6,7\}$ 和 $C_2=\{8,9,10,11,12\}$，如图 8-27 所示。

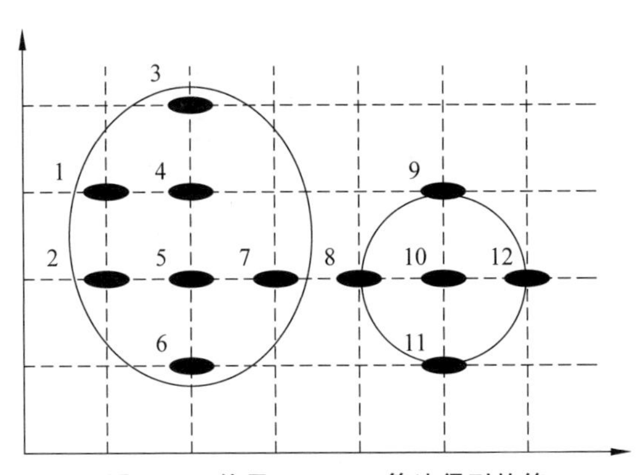

图 8-27 使用 DBSCAN 算法得到的簇

DBSCAN聚类算法可以对任意形状的稠密数据集进行聚类,可以在聚类的同时发现异常点,但对数据集中的异常点不敏感。聚类结果没有偏倚。但如果样本集的密度不均匀、聚类间距差相差很大时,聚类质量较差,这时用DBSCAN聚类算法一般不适合。如果样本集较大时,聚类收敛时间较长。调参过程相对复杂,主要需要对距离阈值ε、邻域样本数阈值MinPts联合调参,不同的参数组合对最后的聚类效果有较大影响。

8.4.3 使用Weka进行基于密度的聚类实例

Weka系统上提供了一个名为MakeDensityBasedClusterer的函数可以实现密度聚类,它是对其他聚类算法的封装,可将任何clusterer转换成基于密度(density based)的clusterer。本例选取Weka中的默认数据集weather.numeric.arff,将数据集聚集为sunny、overcast和rainy 3类,实现基于密度的聚类算法。下面利用Weka软件系统,介绍MakeDensityBasedClusterer算法对weather.numeric.arff数据集进行聚类的操作步骤与聚类结果。具体步骤如下。

① 按照8.2.3节中的步骤①~④打开Weka软件,导入数据文件weather.numeric.arff,如图8-28所示。

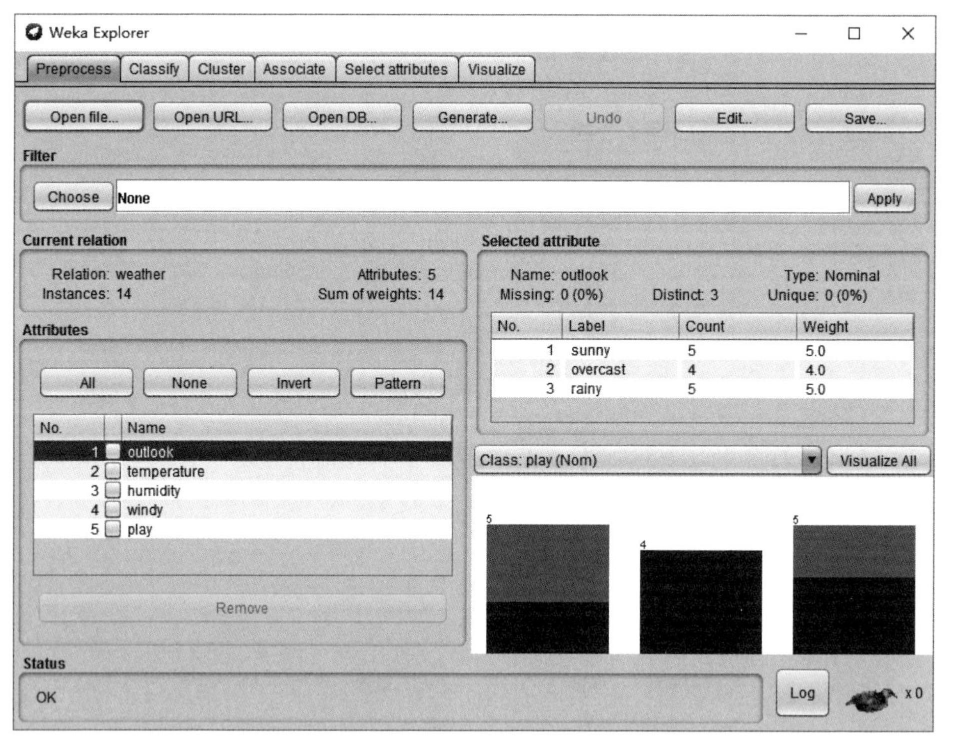

图8-28 导入weather.numeric.arff数据文件

② 选择Cluster选项卡,在Clusterer栏中单击Choose按钮,在Clusterers文件夹下面选择MakeDensityBasedClusterer算法,如图8-29所示。

③ 选择MakeDensityBasedClusterer算法后,出现如图8-30所示的页面。

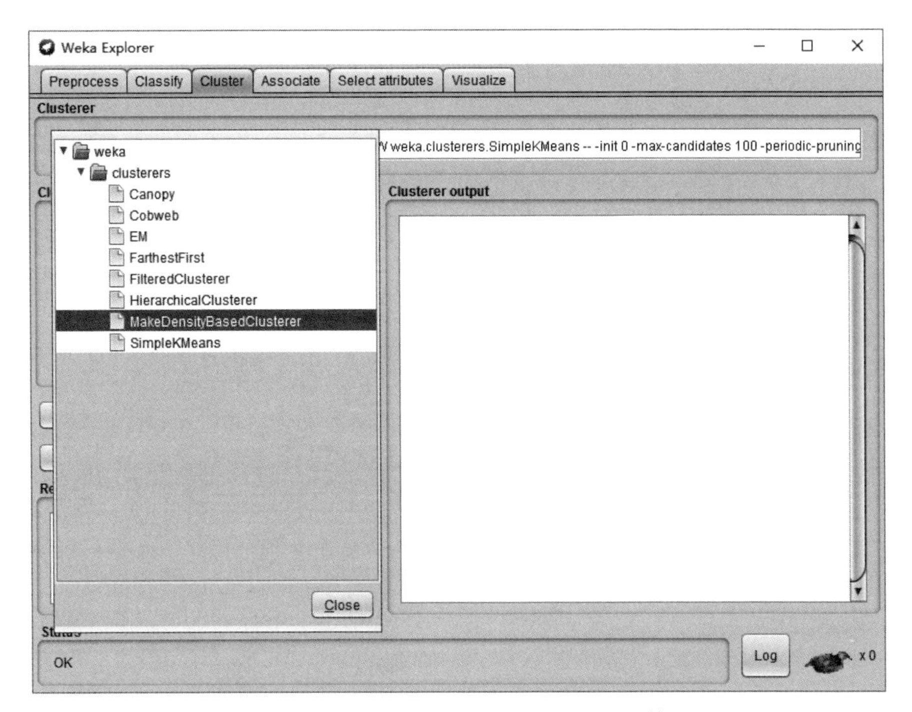

图 8-29　选择 MakeDensityBasedClusterer 算法

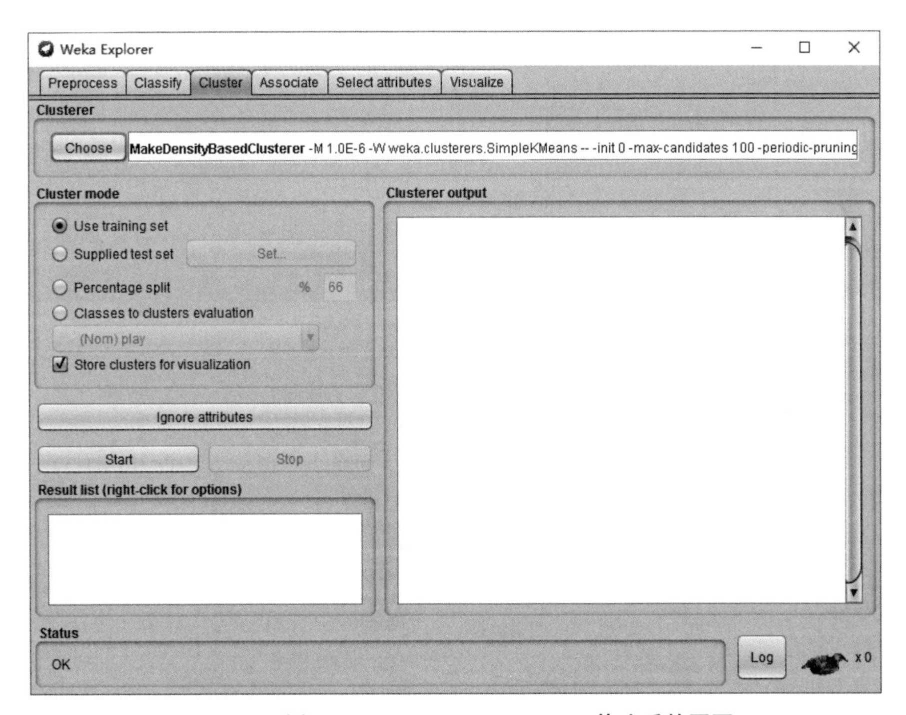

图 8-30　选择 MakeDensityBasedClusterer 算法后的页面

④ 单击 Clusterer 栏目下 Choose 按钮右侧的 MakeDensityBasedClusterer 参数信息框，出现该算法参数设置的对话框，如图 8-31 所示。MakeDensityBasedClusterer 算法默认封装的是 SimpleKMeans 聚类算法。

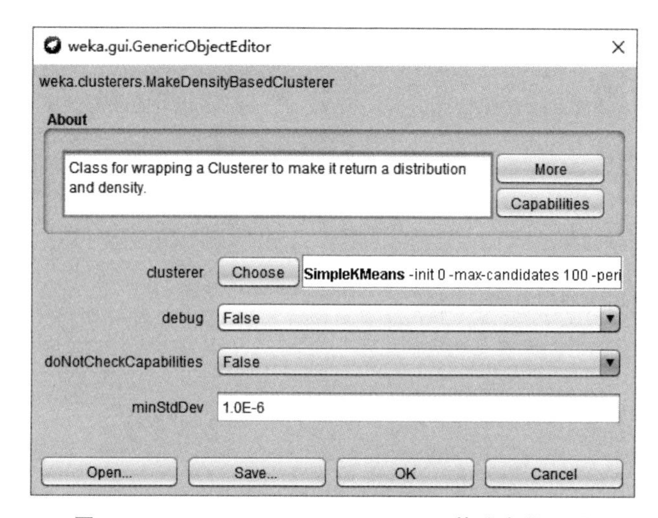

图 8-31 MakeDensityBasedClustererer 算法参数设置

在图 8-31 中,单击 clusterer 中 Choose 按钮右侧的 SimpleKMeans 参数信息框,出现如图 8-32 所示的 SimpleKMeans 算法参数设置对话框。

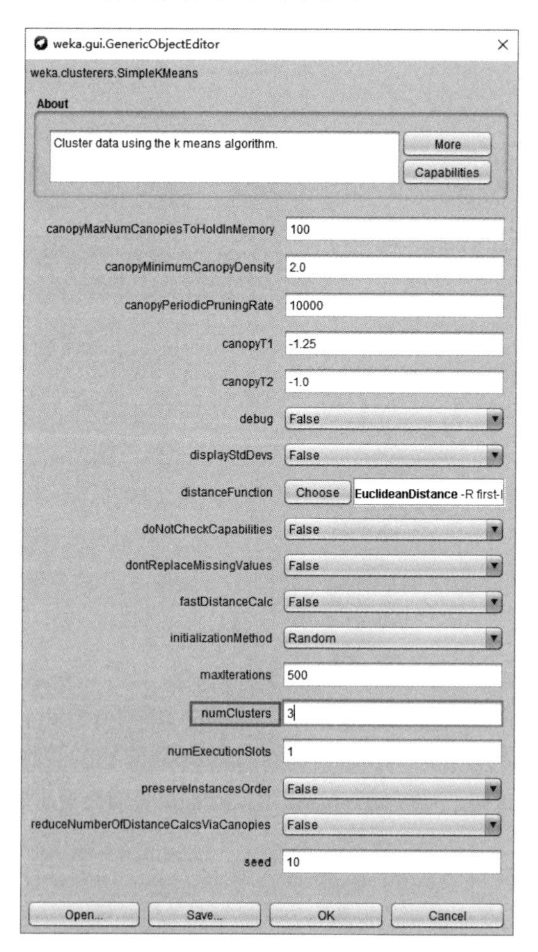

图 8-32 SimpleKMeans 算法参数设置

可以通过调整 numClusters 的值来确定聚类的数量，这里设置为 3。设置好参数后，单击 Save 按钮即可保存修改，单击 Cancel 按钮即可撤销修改，单击 OK 按钮即可完成对 SimpleKMeans 的参数修改并返回图 8-31。

在图 8-31 中，单击 OK 按钮完成 MakeDensityBasedClusterer 的参数修改，返回图 8-30。

⑤ 在图 8-30 中，单击 Start 按钮即可运行聚类。MakeDensityBasedClusterer 算法运行结果如图 8-33 所示。

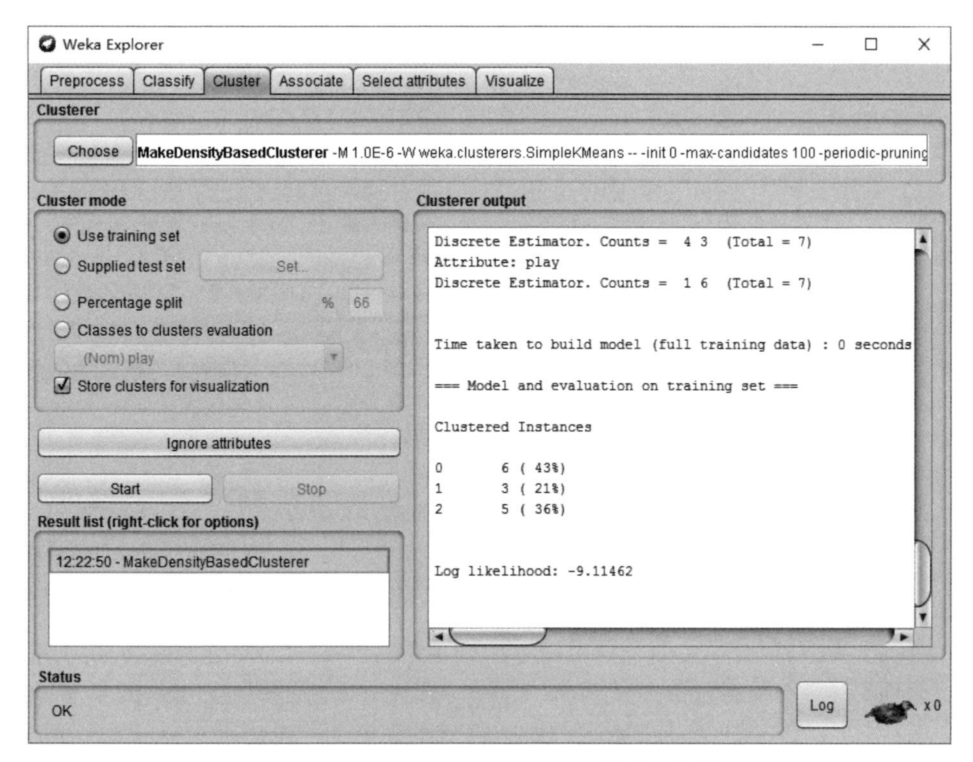

图 8-33 MakeDensityBasedClusterer 算法运行结果

在 Clusterer output 子窗口中可以看到输出聚类后的结果，聚类分成了 3 类：第一类用 0 标记，有 6 个数据，占全部数据的 43%；第二类用 1 标记，有 3 个数据，占全部数据的 21%；第三类用 2 标记，有 5 个数据，占全部数据的 36%。

8.5 基于网格的聚类

基于网格聚类的基本思想是将每个属性的可能值分割成许多相邻的区间，创建网格单元的集合(用于讨论假设属性值是序数的、区间的或连续的)。每个对象落入一个网格单元，网格单元对应的属性区间包含该对象的值。这种方法的优点是它的处理速度很快，其处理时间独立于数据对象的数目，只与量化空间中每一维的单元数目有关。

8.5.1 STING 算法

1. STING 算法的基本概念

STING 是一种基于网格的多分辨率聚类技术,它将空间区域划分为矩形单元。空间可以用分层和递归方法进行划分。针对不同级别的分辨率,通常存在多个级别的矩形单元,这些单元形成了一个层次结构:高层的每个单元被划分为多个低一层的单元,如图 8-34 所示。关于每个网格单元属性的统计信息(如平均值、最大值和最小值)被预先计算和存储,这些统计信息用于回答查询。

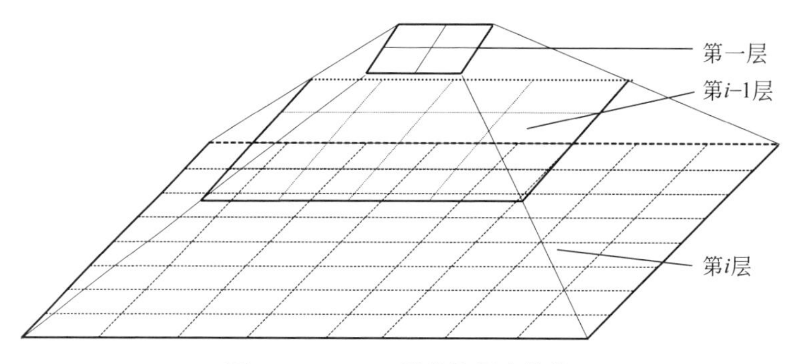

图 8-34 STING 聚类的层次结构

网格中常用的参数包括 Count(网格中对象数目)、Mean(网格中所有值的平均值)、Stdev(网格中属性值的标准偏差)、Min(网格中属性值的最小值)、Max(网格中属性值的最大值)、Distribution(网格中属性值符合的分布类型,如正态分布、均匀分布、指数分布或 none(分布类型未知))。

2. STING 算法的基本流程

STING 算法的基本过程分为以下 5 步。

① 在层次结构中选定一层作为查询处理的开始点,通常该层包含少量的单元。

② 对当前层次的每个单元,计算置信度区间(或者估算其概率),用以反映该单元与给定查询的关联程度。不相关的单元不再考虑。

③ 检查完当前层后,接着检查处理下一个低层次。只检查剩余的相关单元。

④ 重复上述处理过程直到达到最底层。

⑤ 如果查询要求被满足,那么返回相关单元的区域;否则,检索和进一步处理落在相关单元中的数据,直到满足查询要求。

STING 算法的伪代码如下。

```
输入:
    D: 待聚类数据集
输出:
    聚类结果
方法:
```

① 从第一个层次开始；
② 对于这一层次的每个单元格，计算查询相关的属性值；
③ 从计算的属性值及其约束条件中，将每一个单元格标注成相关或不相关；
④ 如果这一层是底层，
⑤ 　　转到步骤⑨；
⑥ 否则
⑦ 　　执行步骤⑧；
⑧ 由层次结构转到下一层，转步骤②进行计算；
⑨ 如果查询要求满足，则转到步骤⑪，否则转到步骤⑩；
⑩ 恢复数据到相关的单元格进一步处理以得到满意结果；
⑪ 停止

3. STING 算法的实例

例 8.8　使用 STING 算法进行聚类。

图 8-35 给出了一个包含两个簇的简单二维数据集，假设当网格单元中至少包含一个数据点时就认为它是一个高密度网格单元，图 8-36～图 8-38 给出了网格划分参数取不同值时的聚类结果，其中的阴影区域表示聚类算法得到的簇。

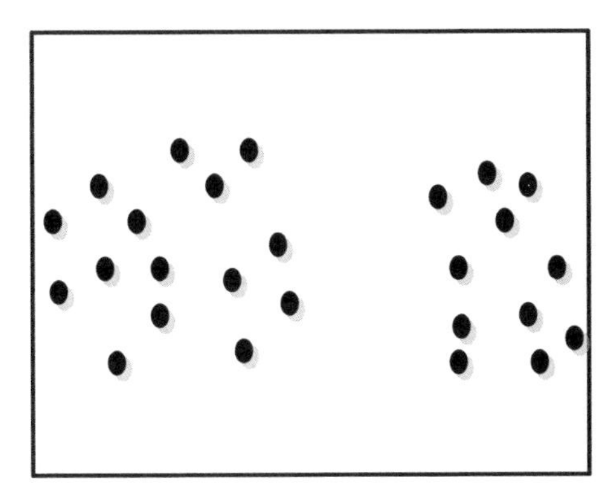

图 8-35　包含两个簇的简单二维数据集

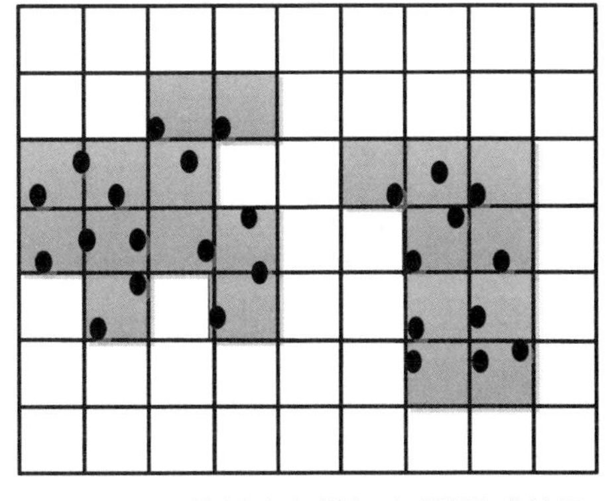

图 8-36　网格划分参数合适时的聚类结果

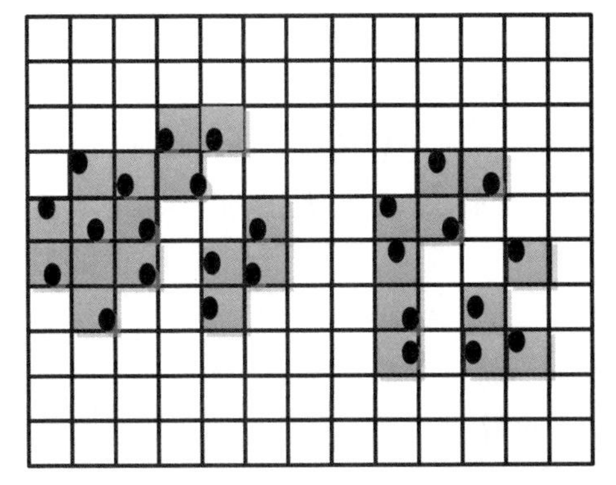

图 8-37　网格划分参数过大时的聚类结果

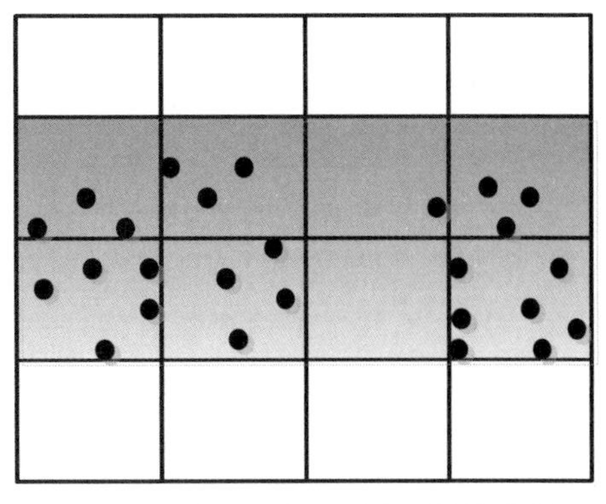

图 8-38　网格划分参数过小时的聚类结果

从3张图中可以看到,当网格划分参数 k 取不同值时,算法得到的聚类结果相差很大。当划分参数过大时,网格单元的粒度太小,同一个簇内的高密度网格单元可能会不相连,导致算法生成多个小的簇。而当划分参数过小时,网格单元粒度太大,所有的高密度网格单元都连在一起,导致数据中存在的多个簇产生合并。网格划分参数除对聚类结果的影响很大以外,对聚类算法计算复杂度也有很大影响。因此,选取合适的网格划分参数对基于网格方法的聚类算法是非常重要的。

但是,用户很难在处理数据前找到一个合适的划分参数值。而且,即使用户拥有关于数据分布的一些先验知识,这个参数也很难确定。目前设置有效划分参数的唯一方法是使用多个不同的划分参数分别对数据进行处理,然后比较处理结果,选取结果最好的。一个可行的方法是将划分参数从大到小逐步减小,即网格单元粒度从小到大逐步增加,直到获得满意的聚类结果。

STING算法的核心思想是:根据属性的相关统计信息进行网格划分,而且网格是分层次的,下一层是上一层的继续划分。在同一个网格内的数据点即为一个簇。

STING算法的优点:基于网格的计算是独立于查询的,因为存储在每个单元的统计信息提供了单元中数据的汇总信息,并不依赖于查询。网格结构有利于增量更新和并行处理。STING算法效率高,只需扫描数据库一次来计算单元的统计信息,因此产生聚类的时间复杂度为 $O(n)$,在层次结构建立之后,查询处理时间为 $O(g)$,其中 g 为最底层网格单元的数目,通常远远小于 n。

STING算法的缺点:由于采用了一种多分辨率的方法来进行聚类分析,因此STING的聚类质量取决于网格结构的最底层的粒度。如果最底层的粒度很细,则处理的代价会显著增加;而如果粒度太粗,则聚类质量难以得到保证。STING算法在构建一个父亲单元时没有考虑子女单元和其他相邻单元之间的联系。所有的簇边界或是水平的,或是竖直的,没有斜的分界线,降低了聚类质量。

8.5.2 CLIQUE算法

1. CLIQUE算法的基本概念

CLIQUE算法是基于网格的空间聚类算法,但它同时非常好地结合了基于密度的聚类算法思想,因此既可以像基于密度的方法发现任意形状的簇,又可以像基于网格的方法处理较大的多维数据集,并且把每个维划分成不重叠的区间,从而把数据对象的整个嵌入空间划分成单元。CLIQUE算法使用一个密度阈值识别稠密单元,如果映射到一个单元的对象超过该密度阈值,则认为该单元是稠密的。

CLIQUE算法需要两个参数值,一个是网格的步长,一个是密度阈值。网格步长决定了空间的划分,而密度阈值用来定义密集网格,并且用网格密度表示网格中所包含的空间对象的数目。密集网格是指给定密度阈值 m,当网格 g 的密度大于或等于 m 时,网格 g 是密集网格,否则是非密集网格。设Grids为一个网格集合,若集合中的所有网格相互邻接且均是密集网格,则称Grids是网格密度连通区域。

2. CLIQUE 算法的基本流程

CLIQUE 算法的基本步骤如下。

① 首先扫描所有网格，当发现第一个密集网格时，便以该网格开始扩展，扩展原则是：若一个网格与已知密集区域内的网格邻接并且其自身也是密集的，则将该网格加入该密集区域中，直到不再有这样的网格被发现为止。

② 继续扫描网格，并且重复上述过程，直至所有的网格都被遍历。

CLIQUE 算法首先判断是不是密集网格，如果是密集网格，那么对其相邻的网格进行遍历，看是否是密集网格，如果是则属于同一个簇。

CLIQUE 算法能够自动发现最高维的子空间，高密度聚类存在于这些子空间中，并且它对元组的输入顺序不敏感，无须假设任何规范的数据分布。它随输入数据的大小线性地扩展，当数据的维数增加时具有良好的可伸缩性。

CLIQUE 算法的伪代码如下。

```
输入:
    D: 待处理数据集;
    m: 密度阈值
输出:
    聚类结果
方法:
①  把数据空间划分为若干不重叠的矩形单元,并计算每个网格的密度,根据给定的阈值,识别密集
    网格和非密集网格,且置所有网格标记初始状态为"未处理";
②  遍历所有网格,判断当前网格标记是否有"未处理",若没有"未处理"则处理下一个网格,否则进
    行步骤③～⑦处理,直到所有网格处理完成,转步骤⑧;
③  改变网格标记为"已处理",若是非密集网格,则转步骤②;
④  若是密集网格,则将其赋予新的簇标,创建一个队列,将该密集网络置入队列;
⑤  判断队列是否为空,若空则转处理下一个网格,转步骤②;否则,进行如下处理:
    a. 取出队头的网格元素,检查其所有邻接的有"未处理"标记的网格;
    b. 更改网格标记为"已处理";
    c. 若邻接网格为密集网格,则将其赋予当前簇标记,并将其加入队列;
    d. 转步骤⑤;
⑥  密度连通区域检查结束,标记相同的密集网格组成密度连通区域,即目标簇;
⑦  修改簇标记,进行下一个簇的查找,转步骤②;
⑧  遍历整个数据表,将数据元素标记为所在网格簇标记值
```

3. CLIQUE 算法的实例

例 8.9　使用 CLIQUE 算法进行聚类。

如图 8-39～图 8-41 所示，数据空间包括 3 个维：age、salary 和 vacation。例如，子空间 age 和 salary 中的一个二维单元包含 m 个点，则该单元在每个维上的投影都至少包含 m 个点。

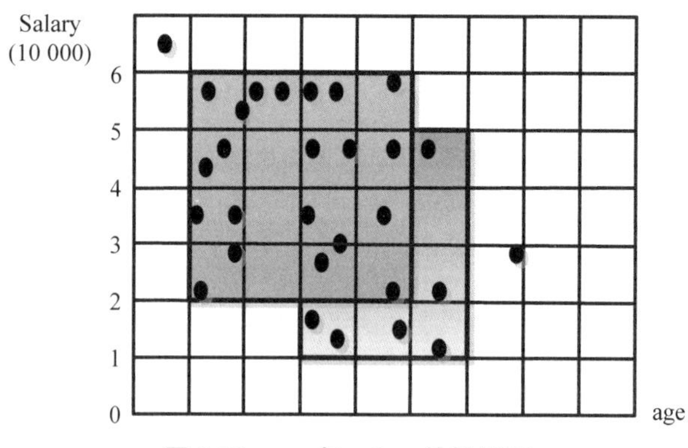

图 8-39 age 与 salary 的投影图

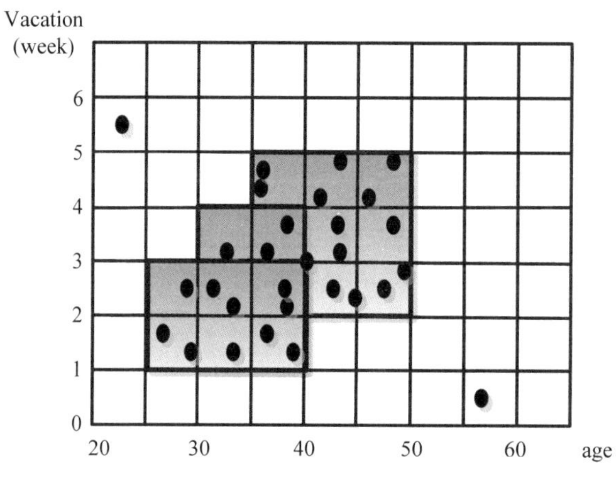

图 8-40 age 和 Vacation 的投影图

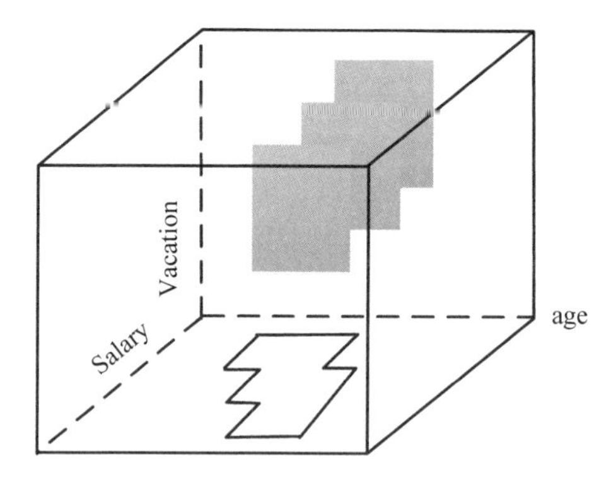

图 8-41 age、Vacation 和 Salary 的投影图

8.6 聚类质量的评估

1. 估计聚类趋势

聚类趋势评估确定给定的数据集是否有可以导致有意义的聚类的非随机结构，以及聚类要求数据的非均匀分布。在评估数据集的聚类趋势时，可以评估数据集被均匀分布产生的概率，可以通过空间随机性的统计检验实现。霍普金斯统计量作为一种简单但有效的统计量，可以解释这一思想。

霍普金斯统计量是一种空间统计量，用于检验空间分布的变量的空间随机性。给定数据集 D，通过霍普金斯统计量的计算，可以求出该数据集 D 遵守数据空间的均匀分布的可能性。霍普金斯统计量的计算步骤如下。

① 均匀地从 D 的空间中抽取 n 个点 $p_1, p_2, \cdots, p_n$。也就是说，D 的空间中的每个点都以相同的概率包含在这个样本中。对于每个点 $p_i(1 \leqslant i \leqslant n)$，找出 p_i 在 D 中的最近邻，并令 x_i 为 p_i 与它在 D 中的最近邻之间的距离，即 $x_i = \min\{\mathrm{dist}(p_i, v)\}$，其中 $v \in D$。

② 均匀地从 D 中抽取 n 个点 $q_1, q_2, \cdots, q_n$。对于每个点 $q_i(1 \leqslant i \leqslant n)$，找出 q_i 在 $D-\{q_i\}$ 中的最近邻，并令 y_i 为 q_i 在 $D-\{q_i\}$ 中的最近邻之间的距离，即 $y_i = \min\{\mathrm{dist}(q_i, v)\}$，其中，$v \in D, v \neq q_i$。

③ 计算霍普金斯统计量 H 如下。

$$H = \frac{\sum_{i=1}^{n} y_i}{\sum_{i=1}^{n} x_i + \sum_{i=1}^{n} y_i} \tag{8-15}$$

如果数据集 D 是均匀的，则 $\sum_{i=1}^{n} x_i$ 和 $\sum_{i=1}^{n} y_i$ 会很接近，因此得到的 H 值大约为 0.5。然而，如果 D 是高度倾斜的，则 $\sum_{i=1}^{n} y_i$ 会显著小于 $\sum_{i=1}^{n} x_i$，因此 H 值将接近于 0。

2. 确定簇数

确定数据集中“正确”的簇数是非常重要的，因为合适的簇数可以控制适当的聚类分析粒度，这可以看成是在聚类分析的可压缩性与准确性之间寻找好的平衡点。

简单的经验方法是，对于 n 个点的数据集，设置簇数 p 大约为 $\sqrt{n/2}$。在期望情况下，每个簇大约有 $\sqrt{2n}$ 个点。

还有一种方法是肘方法，即增加簇数有助于降低每个簇的簇内方差之和。这是因为有更多的簇可以捕获更细的数据对象簇，簇中对象之间更为相似。然而，如果形成太多的簇，则降低簇内方差和的边缘效应可能下降，因为把一个凝聚的簇分裂成两个只能引起簇内方差和的稍微降低。因此，一种正确选择簇数的启发式方法是使用簇内方差和关于簇数曲线的拐点。

3. 确定聚类质量

可以采用正确率、召回率和 F 值作为聚类质量的评价指标。

$$正确率 = 正确识别的个体总数 / 识别出的个体总数$$

$$召回率 = 正确识别的个体总数 / 测试集中存在的个体总数$$

$$F\ 值 = 正确率 \times 召回率 \times 2/(正确率 + 召回率)$$

例 8.10 聚类评价指标的计算。

某池塘有1400条鲤鱼、300只虾、300只鳖。现在以捕到鲤鱼为目的,若撒网后捕捉到700条鲤鱼、200只虾、100只鳖,那么评价指标分别如下。

$$正确率 = 700/(700+200+100) = 70\%$$

$$召回率 = 700/1400 = 50\%$$

$$F\ 值 = 70\% \times 50\% \times 2/(70\% + 50\%) = 58.3\%$$

如果把池子里的所有的鲤鱼、虾和鳖都一网打尽,则此时评价指标为

$$正确率 = 1400/(1400+300+300) = 70\%$$

$$召回率 = 1400/1400 = 100\%$$

$$F\ 值 = 70\% \times 100\% \times 2/(70\% + 100\%) = 82.35\%$$

由此可见,正确率是评估捕获的成果中目标成果所占的比例;召回率是召回目标类别的比例;F 值是综合上述两者指标的评估指标,用于综合反映整体的指标。

8.7 习题

1. 什么是聚类?简单描述以下聚类方法:划分方法、层次方法、基于模型的方法,并为每类方法给出例子。

2. 聚类被广泛地认为是一种重要的数据挖掘方法,有着广泛的应用。对以下每种情况给出一个应用例子。

(1) 采用聚类作为主要的数据挖掘方法的应用。

(2) 采用聚类作为预处理工具,为其他数据挖掘任务作数据准备的应用。

3. 假设要在一个给定的区域分配一些自动取款机(ATM)以满足需求。住宅区或工作区可以被聚类,以便每个簇被分配一个ATM。但是,这个聚类可能被一些因素所约束,包括可能影响ATM可达性的桥梁、河流和公路的位置。其他约束可能包括对形成一个区域的每个地域的ATM数目的限制。给定这些约束,怎样修改聚类算法来实现基于约束的聚类?

4. 总SSE是每个属性的SSE之和。如果对于所有的簇,某变量的SSE都很低,这意味着什么?如果只对一个簇很低呢?如果对所有的簇都很高呢?如果仅对一个簇很高呢?这些又意味着什么?如何使用每个变量的SSE信息改进聚类?

5. 传统的凝聚层次聚类过程每步合并两个簇,这样的方法能够正确地捕获数据点集的(嵌套的)簇结构吗?如果不能,解释如何对结果进行后处理,以得到簇结构更正确的视图。

第9章 离群点检测

离群点检测在很多现实环境中都有很大的应用价值，如网络入侵检测、工业损毁检测、网络异常监视、医疗处理和欺诈检测等。本章从离群点概念开始，主要介绍常用的离群点检测技术。首先介绍离群点的定义与分类，然后详细介绍常用的离群点检测方法，包括基于近邻的、基于统计学的、基于聚类的以及基于分类的离群点检测。

9.1 离群点的定义与类型

9.1.1 什么是离群点

离群点(Outlier)是指全局或局部范围内偏离一般水平的观测对象。例如，在审查信用卡交易记录时，发现某条记录的购物地点和购买商品的种类数量与真正的卡主和其他顾客有很大的不同，这种交易模式的显著改变值得注意，很有可能发生了信用卡被盗或被欺诈的现象。类似于信用卡欺诈检测中识别显著不同于正常情况的交易，离群点检测(或称为异常检测)就是找出不同于预期对象行为的过程。

离群点的本质仍然是数据对象，只是离群点与其他数据对象有着显著差别，又被称为异常值。假设使用某个统计过程来产生数据对象集合，如图9-1所示，大部分对象都大致符合同一种数据产生机制，然而区域 O 中的对象却明显不同，不太可能与大部分数据对象符合同一种分布，因此在该数据集中，O 中的对象是离群点。

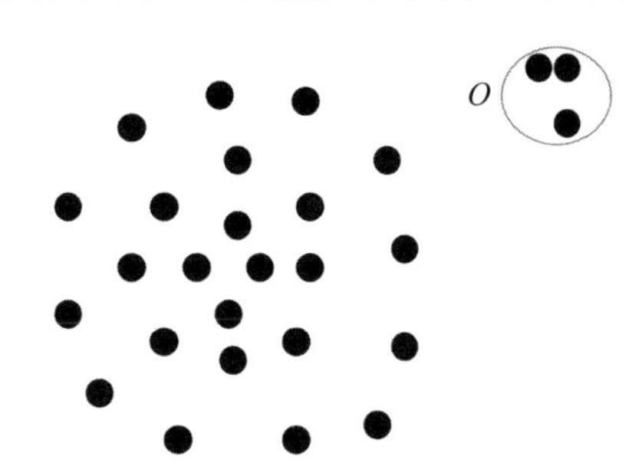

图 9-1 区域 O 中的对象为离群点

离群点与噪声数据不同。噪声是指被观测数据的随机误差或方差，观测值是真实数据与噪声的叠加。离群点属于观测值，既有可能是由真实数据产生的，也有可能是由噪声带来的。一般情况下，噪声并不是异常分析中的研究对象。例如，在对某公司员工的工资进行建模分析时，一个普通员工因为有突出贡献而赢得额外奖金，那么该员工会产生某些类似于“方差”或“随机误差”的“噪声”，但这种情况不该被视为离群点，因为该员工的工资为合法所得。许多数据分析和数据挖掘任务在离群点检测之前往往需要删除噪声。

产生离群点的原因多种多样，主要原因如下。

① 由于计算的误差或者操作的错误所致。例如，某人年龄为－999岁明显是由于误操作所导致的离群点。

② 由于数据本身的可变性或弹性所致。例如,一家公司的CEO的工资肯定明显高于其他普通员工的工资,于是CEO成为了由于数据本身可变性所导致的离群点。

因此,在离群点检测时,关键是要找到导致离群点产生的原因。通常的做法是在正常数据上进行各种假设,然后证明检测到的离群点显著违反了这些假设。

9.1.2 离群点的类型

离群点一般分为全局离群点、条件离群点和集体离群点。

1. 全局离群点

当一个数据对象明显偏离了数据集中绝大多数的对象时,该数据对象就是全局离群点(Global Outlier)。全局离群点是最简单的一类离群点,大部分离群点检测方法都针对全局离群点实施检测。再来看图9-1中区域O中的点,它们显著偏离数据集的其余部分,因此属于全局离群点。

全局离群点的检测关键在于根据具体的应用环境找到一个合适的偏离度量。度量选择不同,检测方法的划分也不同,不同的检测方法将在后面讨论。全局离群点检测在许多应用中都很重要且使用频繁。例如,在公司账目审计过程中,不遵守常规流程或不符合常规交易数目的记录可能被视为全局离群点,应该搁置并等待进一步的严格审查。

2. 条件离群点

与全局离群点不同,当且仅当在某种特定情境下,一个数据对象显著偏离数据集中的其他对象时,该数据对象才被称为条件离群点(Contextual Outlier)。例如,今天办公室的温度是20℃,这个温度值是否异常取决于时间和地点。如果是天津的春天或秋天,则这个值是正常的;如果是天津的夏天或冬天,则这个值就是一个离群点;而如果室内温度靠空调调节,则这个值在任何季节都能算作正常值。

条件离群点特别依赖于选定的情境,所以在检测过程中,条件必须作为问题定义的一部分加以说明。由此,在条件离群点检测中,数据对象的属性被划分为条件属性和行为属性。条件属性是指数据对象的属性中定义情境的属性;行为属性是指数据对象属性中定义对象特征的属性,用来评估对象关于它所处的情境是否是离群点。上述温度例子中,条件属性是时间和地点,行为属性是温度。条件属性的意义会影响条件离群点检测的质量,因此条件属性作为背景知识的一部分,多数由领域专家确定。事实上,在许多应用中,想通过足够的信息收集确定高质量的条件属性并非易事。

局部离群点(Local Outlier)是条件离群点的一种。局部离群点是基于密度的离群点检测方法中提到的概念。如果数据集中的一个对象的密度显著地偏离它所在的局部区域的密度,则该对象就是一个局部离群点。

当条件离群点检测的条件属性集为空时,等价于全局离群点检测。也就是说,全局离群点检测使用了整个数据集作为条件。条件离群点分析的灵活性比较强,使用户能在不同的情境下考查离群点,这符合各种应用中具体的多样化需求。例如,在信用卡欺诈检测中,也可以考虑不同情境下的离群点。某位顾客使用了信用卡额度的90%,如果这位顾客属于具有低信用度额度的顾客群,则这种行为可能不能算作离群点;然而如果该顾客属于高收入人群并且信用卡余额常常超过信用额度，那么这种行为会被看作离群点。这种离群点会带来商机，提高此类顾客的信用额度也许会带来新的收益。

3. 集体离群点

当数据集中的一些数据对象集体显著偏离整个数据集时，该数据对象集体形成的数据集子集即为集体离群点(Collective Outlier)。集体离群点中的个体数据对象可能不是离群点。如图 9-2 所示，黑色对象形成的集合是一个集体离群点，因为它们的密度远远高于数据集中的其他对象。然而，每个黑色对象个体对于整个数据集而言并非离群点。

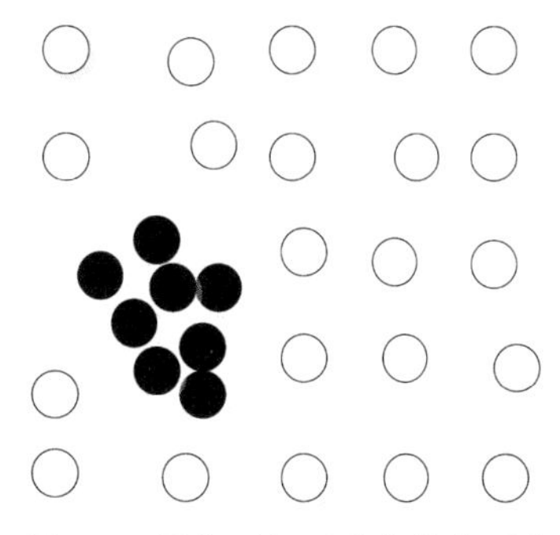

图 9-2　黑色对象形成集体离群点

不同于全局或条件离群点检测，在集体离群点检测过程中，当考虑个体数据对象的行为时，还要考虑对象集体的行为。所以，检测集体离群点需要一些关于对象之间联系的背景知识，如对象之间的距离或相似性测量方法。

集体离群点检测的应用也十分广泛。例如，一个物流管理业务，如果一个订单出现发货延误，则可能不将其视为离群点，因为统计表明，延误经常发生，所以不足为怪。但是，如果某天有 100 个订单集体延误，则必须引起注意。这 100 个订单整体形成一个离群点，需要整体考查这些订单，找出发货延迟的问题所在。再如，两个当事人之间的股票交易是正常的，但是在短期内相同股票在一小群人之间大量交易就是异常的，可以将其视为集体离群点。

以上每种类型的离群点都有可能在同一数据集中出现，同时一个数据对象可能同属于多种类型的离群点。不同的离群点会出现在不同的具体应用环境中，出于不同的目的需要检测不同类型的离群点。全局离群点的检测手段最简单，条件离群点的检测过程需要相关的背景知识来确定情境属性，集体离群点检测需要背景信息对数据对象之间的联系进行建模，以便找出离群点的群组。

9.2　离群点的检测

9.2.1　检测方法的分类

离群点的检测方法有很多，每种方法在检测时都会对正常数据对象或离群点作出假设，从这个假设的角度考虑，离群点检测方法可以分为基于统计学的离群点检测、基于近邻的离群点检测、基于聚类的离群点检测以及基于分类的离群点检测。

1. 基于统计学的离群点检测

基于统计学的离群点检测的思想是，假设正常的数据对象都可以由一个统计模型产生，如果某数据对象不符合该统计模型，则该数据对象是离群点。基于统计学的离群点检测又分为参数方法和非参数方法。

2. 基于近邻的离群点检测

基于近邻的离群点检测的思想是,如果一个对象的近邻对象都远离它,那么该对象就是离群点。这类检测方法的焦点在于目标对象与它最近邻对象的近邻性,当近邻性显著偏离其他对象与各自最近邻对象的近邻性时,目标对象就是离群点。近邻性可以解释为距离和密度,因此,基于近邻的离群点检测可以分为基于距离的离群点检测和基于密度的离群点检测。

基于距离的离群点检测方法是在样本空间中使用对象之间的距离量化对象之间的近邻性。直观地理解,远离其他对象的对象可以视为离群点,即基于距离的离群点检测指设min_dist为距离阈值,规定对象之间的距离小于min_dist时满足簇的形成条件,如果样本空间D中至少有N个样本点与对象O的距离大于min_dist,那么在参数是{至少N个样本点}和min_dist的情况下,对象O是基于距离的离群点。可以证明,在大多数情况下,如果对象O是根据基于统计的离群点检测方法发现的离群点,那么肯定存在对应的N和min_dist,使它也成为基于距离的离群点。

基于密度的离群点检测方法以局部离群点的概念为基础,一个对象如果是局部离群点,那么相对于它的局部领域,尤其是关于邻域密度,它是远离的。不同于前面的方法,基于密度的局部离群点检测不将离群点看作是有一种二元性质,即不简单地用"是"或"否"断定一个对象是否是离群点,而是用一个权值量化地描述它的离群程度。首先通过数据空间的所有维度计算对象的距离,进而计算对象的可达密度,最后为每一个数据对象赋予一个表征离群程度的量化指标。权值的计算结果依赖于数据对象相对于其领域的孤立情况,反映出该对象是否分布在数据对象较为集中的局部区域中。通过基于密度的局部离群点检测,就能在样本空间数据分布不均匀的情况下,也可以准确地发现离群点。

3. 基于聚类的局部离群点检测

基于聚类的局部离群点检测的思想是,假设一个数据对象是正常的,那么该对象属于大的稠密的簇,反之,如果它属于相对小且稀疏的簇,或者不属于任何簇,则假设不成立,那么该数据对象是离群点。更严格地讲,如果该对象与其最近簇之间的距离也相对较远,则它也属于离群点。

4. 基于分类的离群点检测

如果用于分析的数据样本具有领域专家提供的标记,能够区分数据的正常性和异常性,那么可以不必作出如前所述的假设。基于分类的离群点检测思想是,依据专业数据标记并结合分类方法,学习一个可以识别离群点的分类器,不属于正常类别的数据对象都被视为离群点。该过程所需要训练的数据都是具有类标签的,而且不仅包含正常的数据,还包含离群点的数据,这样才可以对数据进行分类。

9.2.2　统计学方法

基于统计学的方法是研究最多的,早期许多关于离群点的挖掘都是利用统计学的方法实现的,它针对小概率事件进行分析鉴别,其主要思想是利用在海量数据集中多数的数据服从一定的模型分布，然后通过不一致检测分离出那些严重偏离分布曲线的记录作为离群点。根据如何指定和学习模型，离群点检测的统计学方法可以分为参数方法与非参数方法。

参数方法通常为数据集构建一个概率统计模型（如正态分布、泊松分布、二项式分布等，其中的参数由数据求得），然后根据模型采用不和谐检验识别离群点。不和谐检验过程中需要样本空间数据集的参数知识（如假设的数据分布）、分布的参数知识（如期望和方差）以及期望的离群点数目。图9-3给出了基于统计分布的离群点检测流程。

图9-3 基于统计分布的离群点检测流程

非参数方法不预先假定统计模型，而是依赖输入数据来确定模型。大多数非参数并不假定模型是完全无参的，只是参数的个数和性质都是灵活的，不预先确定。

1. 参数方法

(1) 不和谐检验

参数方法中的不和谐检验需要检查两个假设：工作假设和备择假设。工作假设指如果某样本点的某个统计量相对于数据分布其显著性概率充分小，则认为该样本点是不和谐的，工作假设被拒绝，此时备择假设被采用，即该样本点来自另一个分布模型。如果某个样本点不符合工作假设，则认为它是离群点。如果它符合备择假设，则认为它是符合某一备择假设分布的离群点。

工作假设 H 为假设 n 个对象的整个数据集来自一个初始的分布模型 F，即

$$H: o_i \in F, \quad i=1,2,\cdots,n$$

不和谐检验就是检查对象 o_i 关于分布 F 是否显著得大（或小）。

(2) 基于正态分布的一元离群点检测

具有期望值 μ、方差 σ^2 的正态分布 $N(\mu,\sigma^2)$ 曲线具有以下特点：

- 变量值落在 $(\mu-\sigma,\mu+\sigma)$ 的概率是68.27%。
- 变量值落在 $(\mu-2\sigma,\mu+2\sigma)$ 的概率是95.44%。
- 变量值落在 $(\mu-3\sigma,\mu+3\sigma)$ 的概率是99.73%。

如图9-4所示，也就是落在 $(\mu-3\sigma,\mu+3\sigma)$ 以外的概率是0.27%。

因此，一种简单的离群点检测法是，如果某数据对象的值落在 $(\mu-3\sigma,\mu+3\sigma)$ 以外，它就是离群点。

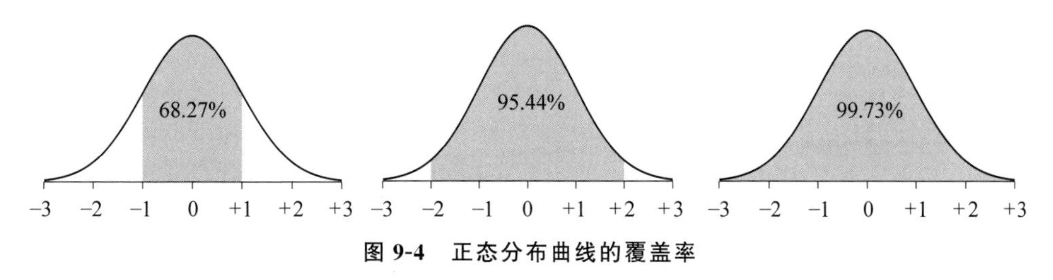

图9-4 正态分布曲线的覆盖率

设属性 X 取自具有期望值 μ、方差 σ^2 的正态分布 $N(\mu,\sigma^2)$，如果属性 X 满足

$P(|X|\geqslant C)=\alpha$,其中C是一个选定的常量,则X以概率$1-\alpha$为离群点。

例9.1 基于参数方法检测年龄离群点。

设儿童上学的具体年龄总体服从正态分布,所给的数据集是某地区随机选取的开始上学的20名儿童的年龄。具体的年龄特征如下。

年龄={6,7,6,8,9,10,8,11,7,9,12,7,11,8,13,7,8,14,9,12}。

相应的统计参数是:均值$m=9.1$,标准差$s=2.3$。

如果选择数据分布的阈值q,按照公式$q=m\pm 2s$计算,则阈值下限与上限分别为4.5和13.7。

如果将工作假设描述为儿童上学的年龄分布在阈值设定的区间内,则依据不和谐检验,不符合工作假设,即在[4.5,13.7]以外的年龄数据都是潜在的离群点,将最大值取整为13,所以年龄为14的孩子可能是个例外。而且由均值可知,此地的孩子普遍上学较晚,教育部门可根据此数据信息进行一些政策上的改进。

2. 非参数方法

在离群点检测的非参数方法中,模型从输入数据中学习,而不是假定一个先验。非参数方法的常见例子为直方图。

例9.2 使用直方图检测购买量离群点。

某商店记录了顾客在此商店的消费行为,统计了顾客的购买金额,使用购买金额的数据构造直方图,如图9-5所示。

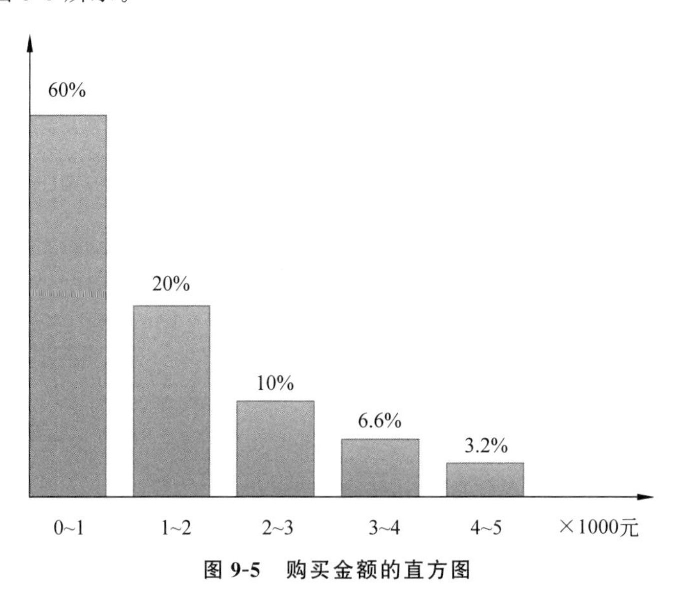

图9-5 购买金额的直方图

图中60%的购买事务金额在0~1000元。为了确定一个对象是否是离群点,可以对照直方图进行检查。如果该对象落入直方图的一个箱中,则该对象被看作是正常的,否则是离群点。例如,一个购买金额是1860元的事务是正常的,因为它落入了20%的箱中;而购买金额为6600元的事务是离群点,因为只有0.2%的事务购买金额超过5000元。

使用直方图作为离群点检测的非参数模型,其一个缺点是很难选择一个合适的箱尺寸。

当箱尺寸选择过小时，许多正常对象会落入空的或稀疏箱，因而被识别为离群点。另一方面，如果箱尺寸过大时，则离群点对象可能落入某些频繁的箱中，因而被误识别为正常点。

为了解决这些问题，可以采用核密度估计的方法来估计数据的概率密度分布。把每个观测对象看作一个周围区域中的高概率密度指示子。一个点上的概率密度依赖于该点到观测对象的距离。样本点对其邻域内的影响可以使用核函数建模。一旦通过核密度估计近似数据集的概率密度函数，就可以使用估计的密度函数来检测离群点。

3. 基于统计学的离群点检测的优缺点

基于统计学的离群点检测方法建立在非常标准的统计学原理之上，易于理解，实现起来也比较方便，当数据充分或分布已知时，检验十分有效。但是它也存在以下不足。

① 多数情况下，数据的分布是未知的或数据几乎不可能用标准的分布来拟合，虽然可以使用混合分布对数据进行建模，并且基于这种模型开发功能更强的离群挖掘方案，但是这种模型更为复杂，难以理解和使用。

② 当观察到的分布不能恰当地用任何标准的分布建模时，基于统计方法的挖掘便不能确保所有的离群点都被发现，而且要确定哪种是分布最好的拟合数据集的代价也非常大。

③ 即使这类方法在低维（一维或二维）时的数据分布已知，但在高维情况下，估计数据对象的分布是极其困难的，对每个点进行分布测试需要花费更大的代价。

综上所述，基于统计学的离群点检测方法，主要通过令当前的数据集含有某种概率分布规则，并且通过某种数据集构建其特定的分布规律，再利用分布模型的不和谐检验特性来检测离群点。当没有特定的检验时，或者观察到的分布不能恰当地被任何标准的分布模拟时，基于统计学的检测方法就不能确保所有的离群点都被发现。基于统计学的检测方法只适用于低维数据，不能很好地解决高维数据集和未知数据集的分布规律。

9.2.3 近邻性方法

在样本空间中，可以使用对象之间的距离或对象所属领域的密度量化对象之间的近邻性。下面给出近邻性方法的假设：离群点对象与它最近邻的近邻性显著偏离数据集中其他对象与它们近邻之间的近邻性。

基于距离的离群点检测和基于密度的离群点检测都是近邻性方法。

1. 基于距离的离群点检测方法

在基于距离的离群点检测方法中，离群点就是远离大部分对象的点，即与数据集中的大多数对象的距离都大于某个阈值的点。基于距离的检测方法考虑的是对象给定半径的邻域。如果在某个对象的给定半径的领域内没有足够的其他的点，则称此对象为离群点。基于距离的离群点算法有嵌套-循环算法、基于索引的算法和基于单元的算法。下面主要介绍嵌套-循环算法。

对于对象集 D，指定一个距离阈值 r 来定义对象的合理邻域。设对象 $d\in D$，$d'\in D$，考查 d 的 r-邻域中的其他对象的个数，如果 D 中大多数对象远离 d，则视 d 为一个离群点。令 $r(r\geqslant 0)$ 是距离阈值，$\alpha(0\leqslant\alpha\leqslant 1)$ 为分数阈值，如果对象 d 满足式(9-1)，那么 d 就是一个 $D(r,\alpha)$ 离群点。

$$\frac{\|\{d' \mid \mathrm{dist}(d,d') \leqslant r\}\|}{\|D\|} \leqslant \alpha \tag{9-1}$$

其中,$\mathrm{dist}(d,d')$是距离度量。

同样,可以通过检查 d 与它的第 k 个最近邻 d_k 之间的距离来确定对象 d 是否为 $D(r,\alpha)$离群点,其中 $k=\lceil \alpha \| D \| \rceil$。如果 $\mathrm{dist}(d,d_k)>r$,则对象 d 是离群点,因为此时在 d 的 r-邻域内,除 d 外,对象少于 k 个。

嵌套-循环算法是一种计算 $D(r,\alpha)$离群点的简单方法,通过检查每个对象的 r-邻域,对每个对象 $d_i(1\leqslant i\leqslant n)$,计算其与其他对象之间的距离,并统计 r-邻域内的对象的个数。如果找到 $\alpha\times n$ 个对象,则停止此对象的计算,进行下一个对象的计算。因为在此对象的 r-邻域内的对象不少于 $\alpha\times n$ 个,所以它不是离群点,否则它是离群点。

嵌套-循环算法计算复杂度为 $O(n^2)$,它把内存的缓冲空间分为两半,把数据集合分为若干个逻辑块,通过选择逻辑块装入每个缓冲区域的顺序,避免了索引结构的构建,从而提高了效率。基于距离的方法不需要用户拥有任何领域的知识,在概念上更加直观。

2. 基于密度的离群点检测方法

基于密度的离群点检测方法考虑的是对象与它近邻的密度,如果一个对象的密度相对于它的近邻低得多,则视此对象为离群点。基于密度的离群点检测算法的效果正在不断地改进,逐渐突破了密度差异大等条件的限制,并平衡了不同密度的聚类簇对数据点离群度的影响,其最基础的算法是基于局部离群因子的离群点检测算法。

局部离群因子(Local Outlier Factor,LOF)是在一个实际检测问题的基础上提出的。在如图 9-6 所示的数据集中,聚类簇 C_1 属于低密度区域,聚类簇 C_2 属于高密度区域。依据传统的基于密度的离群点检测算法,只能检测出数据点 p_1 是离群点,数据点 p_2 会被视为正常点,因为 C_1 中的任何一个数据点与其近邻的距离均大于数据点 p_2 与其在 C_2 中的近邻的距离。因此,人们提出了基于近邻密度差异的离群点检测算法,该算法考虑的是利用数据局部知识,而非全局知识。

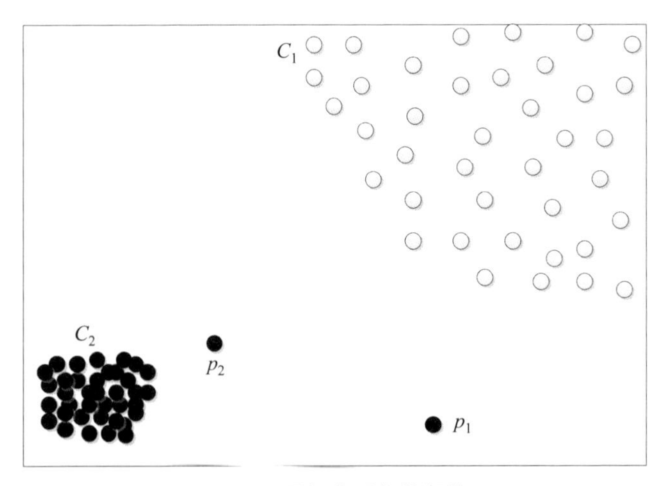

图 9-6 局部离群点数据集

对于任何给定的数据点,LOF 算法计算的离群度等于数据点 p 的 k 近邻集合的平均局部数据密度与数据点自身局部数据密度的比值。为了计算数据点的局部数据密度，首先确定数据点包含 k 个近邻的最小超球的半径 r，然后利用超球的体积除以近邻数 k 得到数据点的局部数据密度。正常数据点位于高密度区域，它的局部数据密度与其近邻非常相近，离群度接近 1。而离群数据位于相对低密度区域，它的局部数据密度比其近邻平均局部数据密度要小，离群度大于 1。那么，离群度越高（越大于 1）就表示数据点 p 的局部数据密度相比其近邻平均局部数据密度越小，p 越极有可能是离群点。在如图 9-6 所示的数据集中，因为 LOF 算法利用局部数据信息考虑了 C_1 和 C_2 数据密度的差异性，因此就能比较好地检测出离群数据点 p_1 和 p_2。

对于数据集中的数据点 x 和 x_i，x 到 x_i 的可达距离 $\text{reach\_dist}_k(x,x_i)$ 定义为

$$\text{reach\_dist}_k(x,x_i)=\max\{\text{dist}_k(x_i),\text{dist}(x,x_i)\} \tag{9-2}$$

其中，$\text{dist}_k(x_i)$ 指数据点 x_i 到其第 k 个近邻的距离，$\text{dist}(x,x_i)$ 指数据点 x 和 x_i 的距离。通常，距离度量选用欧几里得距离，而且 x 到 x_i 的可达距离 $\text{reach\_dist}_k(x,x_i)$ 与 x_i 到 x 的可达距离 $\text{reach\_dist}_k(x_i,x)$ 一般并不相同。

已知可达距离的定义，计算数据点 x 的局部可达密度。可以利用其到自身 k 近邻集合的平均可达距离作为依据，将该平均距离求倒数作为局部可达密度的定量表示，这符合基于密度离群点的假设。数据点 x 的局部可达密度 $\text{lrd}_k(x)$ 定义为

$$\text{lrd}_k(x)=\frac{k}{\sum\limits_{x_i\in \text{KNN}(x)}\text{reach\_dist}_k(x,x_i)} \tag{9-3}$$

其中，$\text{KNN}(x)$ 指数据点 x 的 k 近邻的集合。

最后，通过数据点 x 的 k 近邻可达数据密度与 x 的可达数据密度的比值的平均值作为数据点 x 的局部离群因子，即

$$\text{LOF}_k(x)=\frac{\sum\limits_{x_i\in \text{KNN}(x)}\dfrac{\text{lrd}_k(x_i)}{\text{lrd}_k(x)}}{k} \tag{9-4}$$

LOF 算法计算的离群度不在便于理解的[0,1]内，而是一个大于 1 的数值，并且没有固定的范围。而且数据集通常数量比较大，内部结构复杂，LOF 极有可能因为取到的近邻点属于不同数据密度的聚类簇，使计算数据点的近邻平均数据密度产生偏差，从而得出与实际差别较大甚至相反的结果。

由于 LOF 算法思想非常简单，随后产生了很多基于该算法的改进。有的算法是从不同的思路计算数据点局部数据密度，有的算法针对具体的应用对其进行了一定改进，使其能够更好地处理复杂数据。由于原始 LOF 算法并未考虑降低时间复杂度，且其时间复杂度为 $O(n^2)$（n 为数据集的大小），因此，有的算法从提高 LOF 算法效率的角度提出了改进方法。

9.2.4 基于聚类的方法

基于聚类的方法的主要目的是产生聚类簇，离群点往往是作为聚类分析的副产品而被发现的。基于聚类的方法有以下两个特点。

① 先采用特殊的聚类算法处理输入数据而得到聚类，再在聚类的基础上检测离群点。

② 只需要扫描数据集若干次，效率较高，适用于大规模数据集。

基于聚类的离群点检测方法共分为两个阶段：第一阶段对数据进行聚类，第二阶段计

算对象或簇的离群因子,将离群因子大的对象或稀疏簇中的对象判定为离群点。也就是首先聚类所有对象,然后评估对象属于簇的程度,如果一个对象不强属于任何簇,则称该对象为基于聚类的离群点。

1. 基于对象的离群因子法

对于基于原型的聚类,可以用对象到其簇中心的距离度量对象属于簇的程度。

给定簇 C,C 的摘要信息 CSI(Cluster Summary Information)定义为

$$\text{CSI}=\{n,\text{Summary}\} \tag{9-5}$$

其中,n 为簇 C 的大小,Summary 由分类属性中不同取值的频度信息和数值属性的质心两部分构成,即

$$\begin{aligned}\text{Summary}&=\{<\text{Stati},\text{Cen}>\mid \text{Stati}\\&=\{(a,\text{Freq}C\mid D(a))\mid a\in Di\},l\leqslant i,j\leqslant mC,\text{Cen}\\&=(P_{mC+1},P_{mC+2},\cdots,P_{mC+mN})\}\end{aligned} \tag{9-6}$$

假设数据集 D 被聚类算法划分为 k 个簇 $C=\{C_1,C_2,\cdots,C_k\}$,对象 p 的离群因子(Outlier Factor,OF)OF1(p)定义为 p 与所有簇间距离的加权平均值,即

$$\text{OF1}(p)=\sum_{j=1}^{k}\frac{|C_j|}{|D|}\cdot d(p,C_j) \tag{9-7}$$

其中,$d(p,C_j)$表示对象 p 与第 j 个簇 C_j 之间的距离,后续不同的离群因子定义符号用 OF 后缀编号加以区分。

两个阶段离群点的挖掘方法如下。

① 对数据集 D 采用聚类算法进行聚类,得到聚类结果 $C=\{C_1,C_2,\cdots,C_k\}$。

② 计算数据集 D 中所有对象 p 的离群因子 OF1(p)及其平均值 Ave_OF 和标准差 Dev_OF,满足条件 OF1(p)≥Ave_OF+$\beta\times$Dev_OF($1\leqslant\beta\leqslant2$)的对象被判定为离群点。通常取 $\beta=1$ 或 $\beta=1.285$。

例 9.3 基于对象的离群因子法。

对于图 9-7 所示的二维数据集,比较点 $p_1(6,8)$和 $p_2(5,2)$,哪个点更有可能成为离群点?假设数据集经过聚类后得到的聚类结果为 $C=\{C_1,C_2,C_3\}$,图 9-7 中用圆圈标注,3 个簇的质心分别为 $C_1(5.5,7.5)$、$C_2(5,2)$、$C_3(1.75,2.25)$,试计算所有对象的离群因子。

解:根据对象 p 的离群因子 OF1(p)的定义,对于 p_1 点有

$$\begin{aligned}\text{OF1}(p_1)&=\sum_{j=1}^{k}\frac{|C_j|}{|D|}\cdot d(p_1,C_j)=\frac{8}{11}\sqrt{(6-1.75)^2+(8-2.25)^2}\\&\quad+\frac{1}{11}\sqrt{(6-5)^2+(8-2)^2}+\frac{2}{11}\sqrt{(6-5.5)^2+(8-7.5)^2}=5.9\end{aligned}$$

对于 p_2 有

$$\begin{aligned}\text{OF1}(p_2)&=\sum_{j=1}^{k}\frac{|C_j|}{|D|}\cdot d(p_2,C_j)=\frac{8}{11}\sqrt{(5-1.75)^2+(2-2.25)^2}\\&\quad+\frac{1}{11}\sqrt{(5-5)^2+(2-2)^2}+\frac{2}{11}\sqrt{(5-5.5)^2+(2-7.5)^2}=3.4\end{aligned}$$

可见,点 p_1 较 p_2 更可能成为离群点。

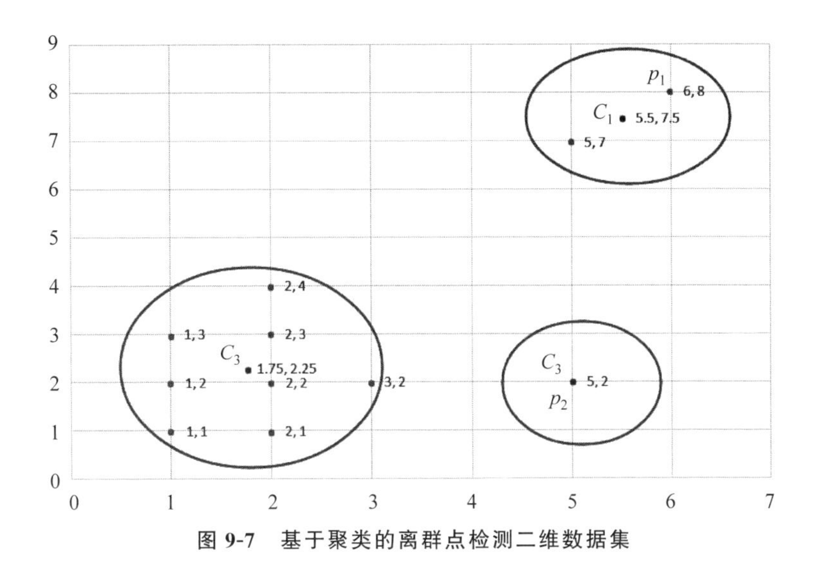

图 9-7　基于聚类的离群点检测二维数据集

同理,可求得所有对象的离群因子,其结果如表 9-1 所示。

表 9-1　离群因子表

X	Y	OF1
1	2	2.2
1	3	2.3
1	1	2.9
2	1	2.6
2	2	1.7
2	3	1.9
6	8	5.9
2	4	2.5
3	2	2.2
5	7	4.8
5	2	3.4

进一步求得所有点的离群因子平均值 Ave_OF=2.95,标准差 Dev_OF=1.3,假设 $\beta=1$,则阈值 $E=\text{Ave\_OF}+\beta\times\text{Dev\_OF}=2.95+1.3=4.25$,离群因子大于 4.25 的对象可视为离群点,所以 p_1 是离群点。

2. 基于簇的离群因子法

离群因子的计算方式不局限于上述定义,下面介绍一种基于簇的离群因子的定义方法。

① 在某种度量下,相似对象或相同类型的对象会聚集在一起,或者说正常数据与离群数据会聚集在不同的簇中。

② 正常数据占绝大部分,且离群数据与正常数据表现出明显不同,或者说离群数据会偏离正常数据。

给定簇 C,C 的摘要信息 CSI 重新定义为

$$\text{CSI}=\{\text{kind},n,\text{Cluster},\text{Summary}\} \tag{9-8}$$

其中,kind 为簇的类别(取值 normal 或 outlier),$n=|C|$ 为簇 C 的大小,Cluster 为簇 C 中对象标识的集合,Summary 由分类属性中不同取值的频度信息和数值型属性的质心两部分构成,即

$$\begin{aligned}\text{Summary}&=\{<\text{Stati},\text{Cen}>|\ \text{Stati}\\&=\{(a,\text{Freq}C\mid D(a))\mid a\in Di\},l\leqslant i,j\leqslant mC,\text{Cen}\\&=(C_{mC+1},C_{mC+2},\cdots,C_{mC+mN})\}\end{aligned} \tag{9-9}$$

假设数据集 D 被聚类算法划分为 k 个簇 $C=\{C_1,C_2,\cdots,C_k\}$,簇 C_i 离群因子 $\text{OF2}(C_i)$ 定义为簇 C_i 与其他所有簇间距离的加权平均值,即

$$\text{OF2}(C_i)=\sum_{j=1}^{k}\frac{|C_j|}{|D|}\cdot d(C_i,C_j) \tag{9-10}$$

如果一个簇距离几个大簇都比较远,则表明该簇偏离整体比较远,其离群因子也较大。$\text{OF2}(C_i)$度量了 C_i 偏离整个数据集的程度,其值越大,说明 C_i 偏离整体越远。

基于簇的离群因子离群点检测算法描述如下。

① 聚类:对数据集 D 进行聚类,得到聚类结果 $C=\{C_1,C_2,\cdots,C_k\}$。

② 确定离群簇:计算每个簇 $C_i(1\leqslant i\leqslant k)$的离群因子 $\text{OF2}(C_i)$,按 $\text{OF2}(C_i)$递减的顺序重新排列 $C_i(1\leqslant i\leqslant k)$,求满足式(9-11)的最小下标 b,将簇$\{C_1,C_2,\cdots,C_b\}$标识为 outlier 类(即每个对象均视为离群),而将$\{C_{b+1},C_{b+2},\cdots,C_k\}$标识为 normal 类(即其中每个对象均视为正常)。

$$\sum_{j=1}^{k}\frac{|C_j|}{|D|}\geqslant\varepsilon,\quad 0<\varepsilon<1 \tag{9-11}$$

例 9.4 基于簇的离群因子法。

对于图 9-7 所示的二维数据集,聚类后得到 3 个簇 $C=\{C_1,C_2,C_3\}$,族心分别为 $C_1(5.5,7.5)$、$C_2(5,2)$、$C_3(1.75,2.25)$。

按照欧几里得距离计算簇之间的距离,分别为

$$d(C_1,C_2)=\sqrt{(5.5-5)^2+(7.5-2)^2}=5.52$$

$$d(C_1,C_3)=\sqrt{(5.5-1.75)^2+(7.5-2.25)^2}=6.45$$

$$d(C_2,C_3)=\sqrt{(5-1.75)^2+(2-2.25)^2}=3.26$$

进一步计算三个簇的离群因子,即

$$\text{OF2}(C_1)=\frac{1}{11}d(C_1,C_2)+\frac{8}{11}d(C_1,C_3)=\frac{1}{11}\times5.52+\frac{8}{11}\times6.45=5.19$$

$$\text{OF2}(C_2)=\frac{2}{11}d(C_2,C_1)+\frac{8}{11}d(C_2,C_3)=\frac{2}{11}\times5.52+\frac{8}{11}\times3.26=3.37$$

$$\text{OF2}(C_3)=\frac{2}{11}d(C_3,C_1)+\frac{1}{11}d(C_3,C_2)=\frac{2}{11}\times6.45+\frac{1}{11}\times3.26=1.47$$

可见簇 C_1 的离群因子最大，其中包含的对象判定为离群点，与例 9.2 得到的结论相同。

基于聚类的离群点检测能以无监督的方式检测出离群点，并且对许多类型的数据都有效。但是它的有效性高度依赖于所使用的聚类方法，这些方法对于离群点检测而言可能不是最优的。此外，对于大型数据集，聚类方法通常开销很大，这可能成为一个瓶颈。

9.2.5　基于分类的方法

使用基于分类检测离群点时，分类器可以使用前面介绍的常用分类器，如 SVM、KNN、决策树等。构造分类器时，训练数据的分布可能极不均衡，也就是正常的数据可能会非常多，离群点的数据可能会非常少，这会造成在构建分类器时精度受到很大的影响。为解决正常数据和离群点数据分布的不均衡，可以使用一类模型进行分类。简单来说，就是构建一个描述正常数据的分类器，不属于正常的数据就是离群点。

例 9.5　使用 SVM 检测离群点数据样本。

在图 9-8 中，3 个圆圈内的样本是正常数据，圆圈外的数据是离群点。可以使用圆圈内的正常数据训练一个决策边界，通过这个边界就可以区分数据是正常数据，还是非正常数据即离群点。如果给定的新对象在正常类的决策边界内，则被视为正常数据；如果新对象在边界外，则被视为离群点。这样就不需要训练离群点数据模型了，避免了由于数据分布不均衡而造成的分类器准确率低的现象。

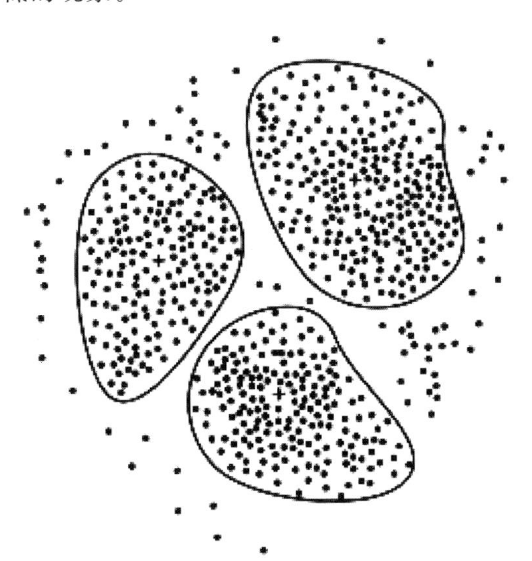

图 9-8　使用 SVM 检测离群点数据样本

使用分类模型进行离群点检测具有以下优势：可以检测所有的离群点，只要数据点在决策边界外即可认为是离群点；避免了提取离群点数据的繁重工作；也避免了由于正常数据和离群点分布不均衡造成的分类器效果不好的现象出现。

使用基于分类的方法进行离群点的识别在实际应用中用得并不多，这是因为这种方式受训练数据的影响非常大，而在实际应用中，训练数据的质量并不能够得到很好的保证。

9.3 习题

1. 有如下情境：从包含大量不同文档的集合中选择一组文档，使它们尽可能彼此差别最大。如果相互之间不高度相关(相连接、相似)的文档被认为是离群点，那么所选择的所有文档可能都被分类为离群点。一个数据集全部由离群对象组成，可能吗？或者这是误用术语吗？

2. 许多用于离群点检测的统计检验方法是在以下环境中开发的：数百个观测就是一个大数据集。考虑这种方法的局限性。

(1) 如果一个值与平均值的距离超过标准差的3倍，则检测出它为离群点。对于1 000 000个值的集合，根据该检验，有离群点的可能性有多大？(假定服从正态分布)

(2) 一种方法称离群点是具有不寻常低概率的对象。处理大型数据集时，该方法需要调整吗？如果需要，应如何调整？

3. 基于密度的离群点定义应当如何理解？假设有一个点集，其中大部分点在低密度区域，少量点在高密度区域。如果定义离群点为低密度区域的点，则大部分点被划分为离群点。这是对基于密度的离群点定义的适当使用吗？

4. 一个离群子集往往是用某种离群点检测算法检测出来的，如果继续对这个离群子集使用其他不同的多种离群点检测算法，那么

(1) 讨论本章介绍的每种离群点检测技术的行为。(如果可能，则使用实际数据和算法操作)

(2) 当用于离群对象的集合时，离群点检测算法的预期结果会怎样？

5. 有下列定义：

检测率 = 离群点的总数 / 检测出的离群点个数

假警告率 = 假离群点的个数 / 被分类为离群点的个数

假定正常对象被分类为离群点的概率是0.01，而离群点被分类为离群点的概率为0.99，如果99%的对象都是正常的，那么假警告率(或误报率)以及检测率各为多少？

附录A

Weka的安装及使用规范

A.1 Weka 简介与安装

A.1.1 Weka 简介

Weka(Waikato Environment for Knowledge Analysis)的全名是怀卡托智能分析环境，是一款免费的、非商业化、基于 Java 环境下开源的机器学习(Machine Learning)以及数据挖掘软件，其源代码可在官方网站下载，地址为 http://www.cs.waikato.ac.nz/ml/weka/。Weka 也是新西兰独有的一种鸟的名字，而 Weka 的主要开发者恰好来自新西兰的怀卡托大学。

Weka 作为一个公开的数据挖掘工作平台，集合了大量能承担数据挖掘任务的机器学习算法，包括对数据进行预处理、分类、回归、聚类、关联规则以及在新的交互式界面上的可视化。

A.1.2 JRE 的安装

JRE(Java Runtime Environment)是 Java 的运行环境，是 Weka 运行的前提条件。安装 JRE 过程如下。

① 下载 Java 运行环境 JRE。下载路径为 http://www.java.com/en/download/manual.jsp，版本号为 1.8.0。根据所使用的操作系统选择下载 JRE。

② 运行 JRE 安装文件，在如图 A-1 所示的"Java 安装程序-欢迎使用"窗口中，可以选择"更改目标文件夹"复选框以修改 JRE 的安装路径，单击"安装"按钮。

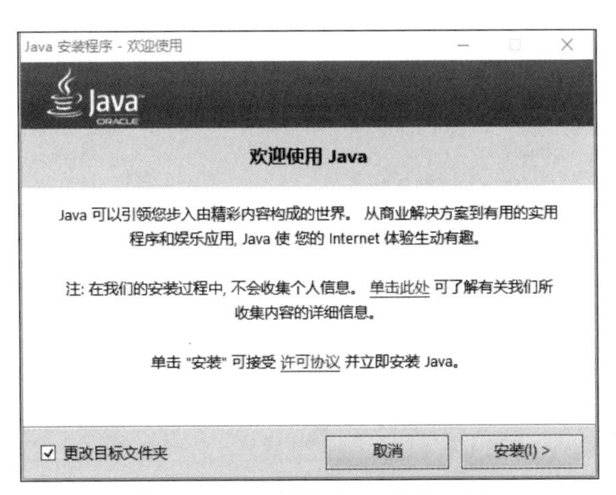

图 A-1 Java 安装程序-欢迎使用

③ 在如图A-2所示的“Java安装-目标文件夹”窗口中，单击“更改”按钮修改JRE的安装路径，例如选择的安装路径为D:\soft\jre，单击“下一步”按钮进行安装。

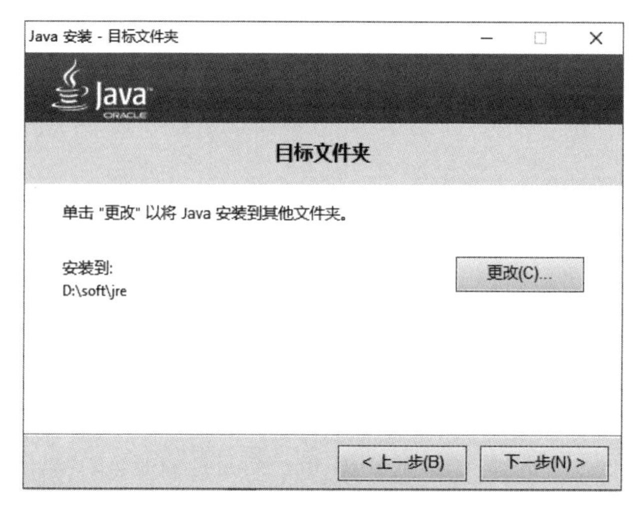

图 A-2　Java安装-目标文件夹

④ 安装结束后，将JRE的安装路径添加到环境变量中。例如，这里添加的JRE安装路径是D:\soft\jre\bin。添加环境变量的方法为打开控制面板，选择“系统和安全”选项，选择“系统”，然后单击“高级系统设置”，出现如图A-3所示的“系统属性”对话框。

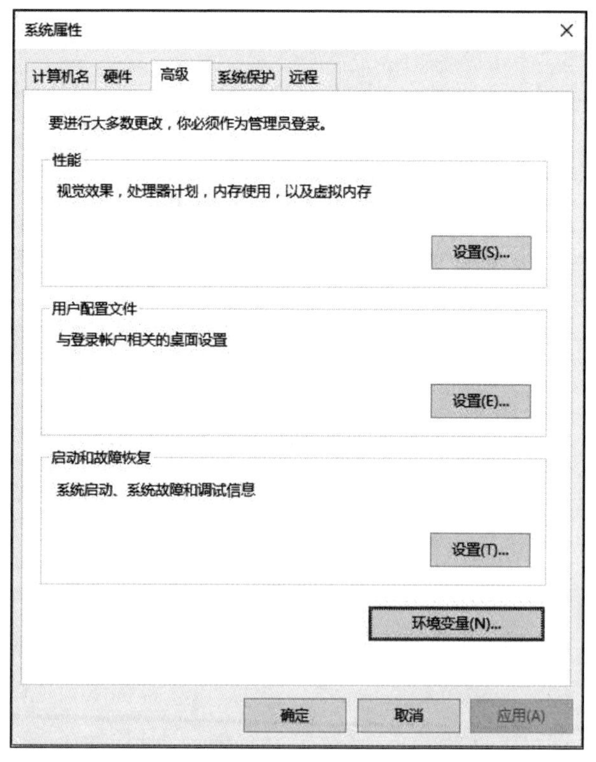

图 A-3　系统属性

在图 A-3 中单击“环境变量”按钮，出现如图 A-4 所示的“环境变量”对话框。

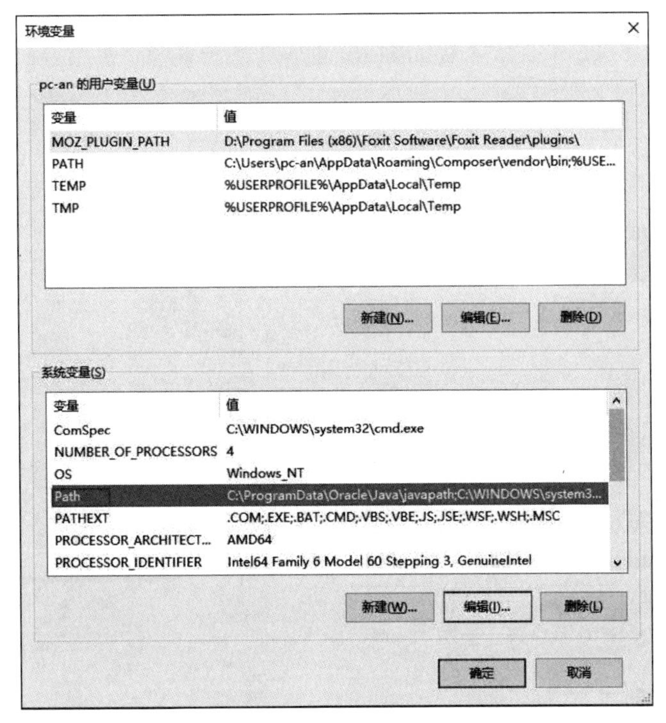

图 A-4　环境变量

在图 A-4 中选择“系统变量”列表框中的变量 Path，单击“编辑”按钮，出现“编辑环境变量”对话框，如图 A-5 所示。

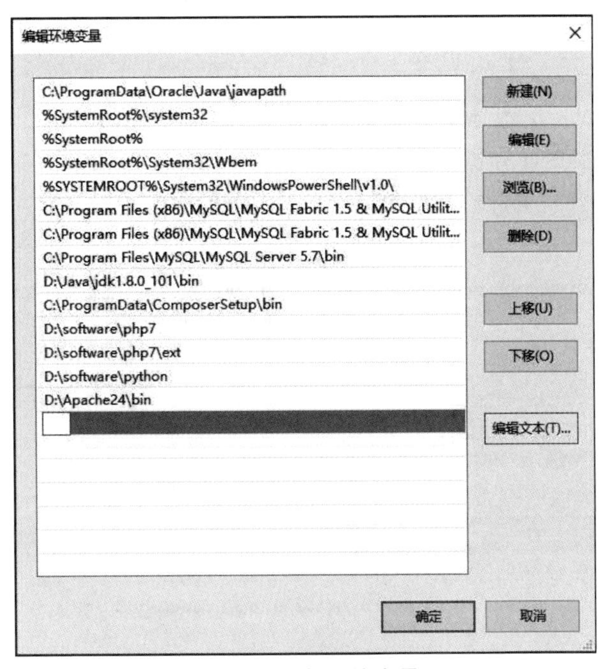

图 A-5　编辑环境变量

在图 A-5 中,单击“新建”按钮为 JRE 添加环境变量,将 D:\soft\jre\bin 写入文本框,即完成了对环境变量的添加。

⑤ 安装结束后可以通过命令提示符检测安装是否成功,如图 A-6 所示。输入命令“java-version”查看 JRE 的安装结果,如果出现 Java 的版本信息,则说明 JRE 安装成功。

命令提示符
Microsoft Windows [版本 10.0.14393]
(c) 2016 Microsoft Corporation。保留所有权利。
C:\Users\pc-an>java -version
java version "1.8.0_101"
Java(TM) SE Runtime Environment (build 1.8.0_101-b13)
Java HotSpot(TM) 64-Bit Server VM (build 25.101-b13, mixed mode)
C:\Users\pc-an>
搜狗拼音输入法 全 :

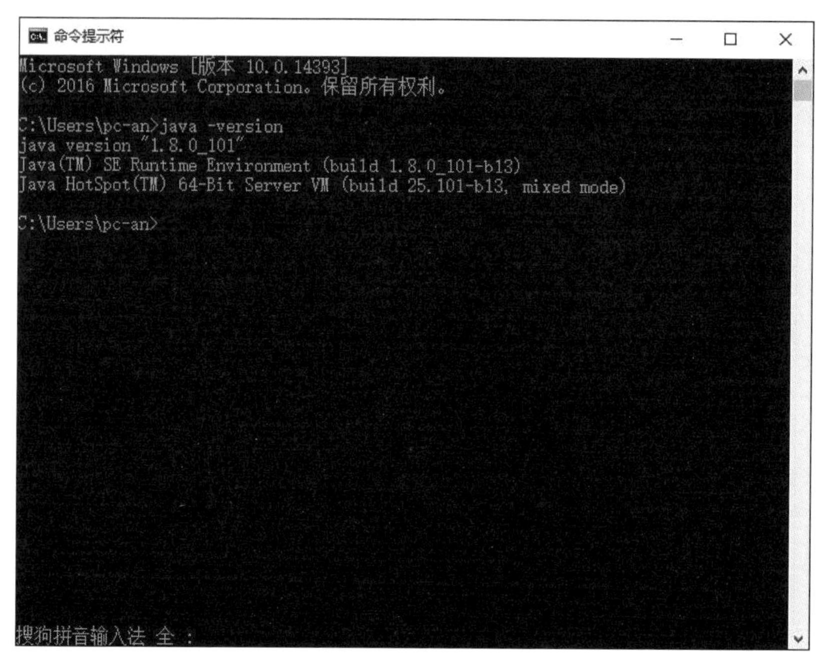

图 A-6 命令提示符

A.1.3 Weka 的安装

以安装 Windows 系统上的 Weka 3.8.0 版本为例。

① 下载 Weka 3.8.0 版本。下载路径为 http://www.cs.waikato.ac.nz/ml/weka/downloading.html。根据计算机的配置选择相应的安装程序。由于在 A.1.2 节中已经安装了 JRE,此处下载不包含 JRE 的软件包,如图 A-7 所示。

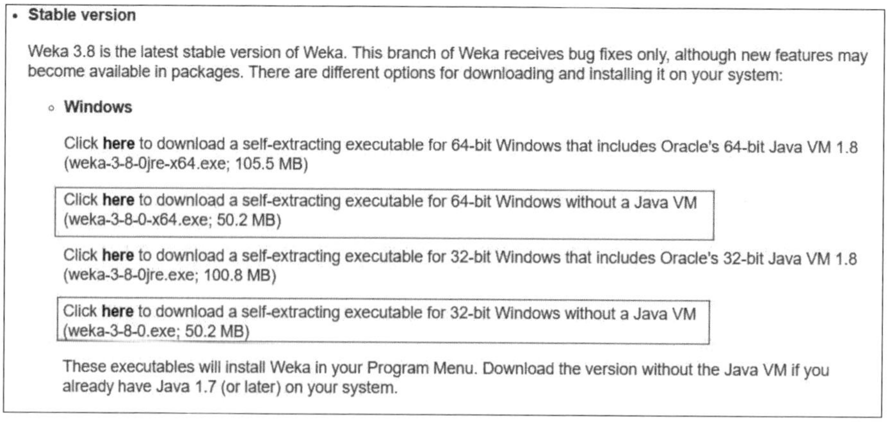

Stable version
Weka 3.8 is the latest stable version of Weka. This branch of Weka receives bug fixes only, although new features may become available in packages. There are different options for downloading and installing it on your system:
Windows
Click here to download a self-extracting executable for 64-bit Windows that includes Oracle's 64-bit Java VM 1.8 (weka-3-8-0jre-x64.exe; 105.5 MB)
Click here to download a self-extracting executable for 64-bit Windows without a Java VM (weka-3-8-0-x64.exe; 50.2 MB)
Click here to download a self-extracting executable for 32-bit Windows that includes Oracle's 32-bit Java VM 1.8 (weka-3-8-0jre.exe; 100.8 MB)
Click here to download a self-extracting executable for 32-bit Windows without a Java VM (weka-3-8-0.exe; 50.2 MB)
These executables will install Weka in your Program Menu. Download the version without the Java VM if you already have Java 1.7 (or later) on your system.

图 A-7 Weka 安装包的下载

下载后运行 Weka 安装程序，出现如图 A-8 所示的 Weka 3.8.0 Setup - Welcome to the Weka 3.8.0 Setup Wizard 窗口，单击 Next 按钮。

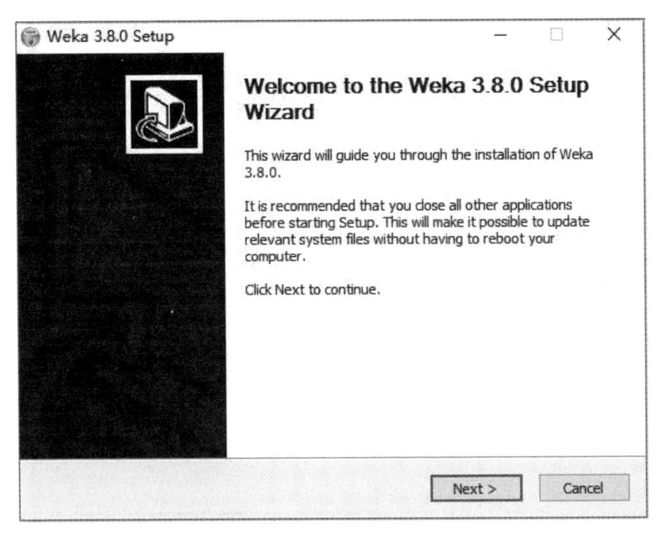

图 A-8　Weka 3.8.0 Setup-Welcome to the Weka 3.8.0 Setup Wizard

② 图 A-9 所示的 Weka 3.8.0 Setup - License Agreement 窗口为是否同意 Weka 的许可证信息。这里单击 I Agree 按钮表示同意。

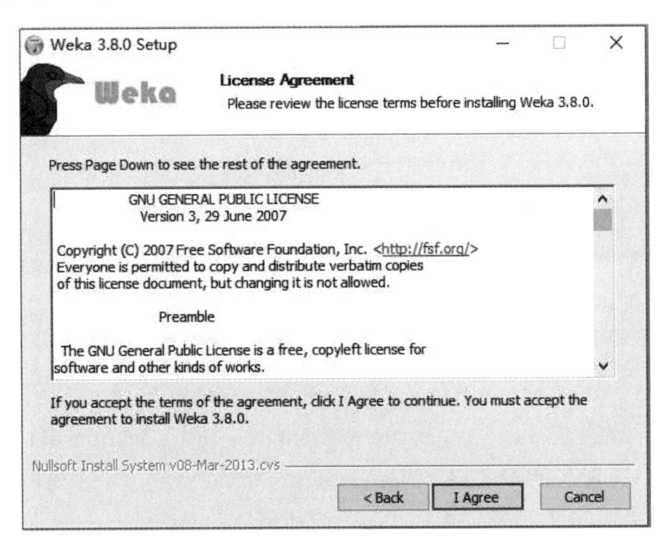

图 A-9　Weka 3.8.0 Setup - License Agreement

③ 在如图 A-10 所示的 Weka 3.8.0 Setup - Choose Components 窗口中选择安装组件，此处选择 Full(全部安装)，单击 Next 按钮。

④ 在如图 A-11 所示的 Weka 3.8.0 Setup - Choose Install Location 窗口中单击 Browse 按钮。

在如图 A-12 所示的“浏览文件夹”窗口中，选择 Weka 的安装路径，这里选择的路径为 D 盘目录下 soft 文件夹中的 weka 文件夹，然后单击“确定”按钮。

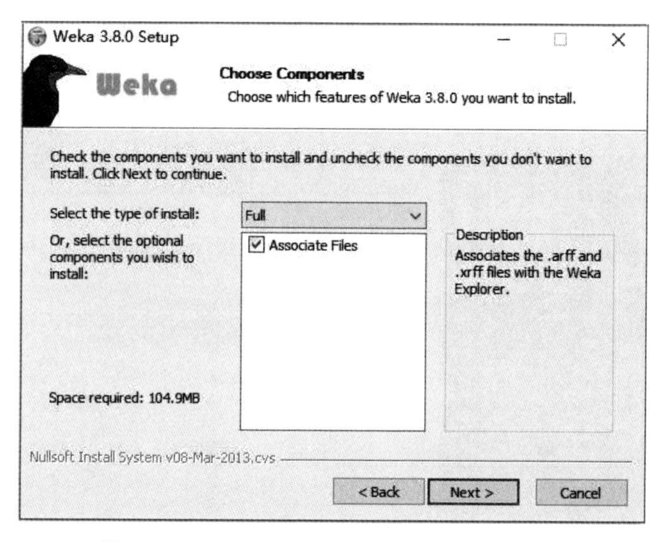

图 A-10　Weka 3.8.0 Setup-Choose Components

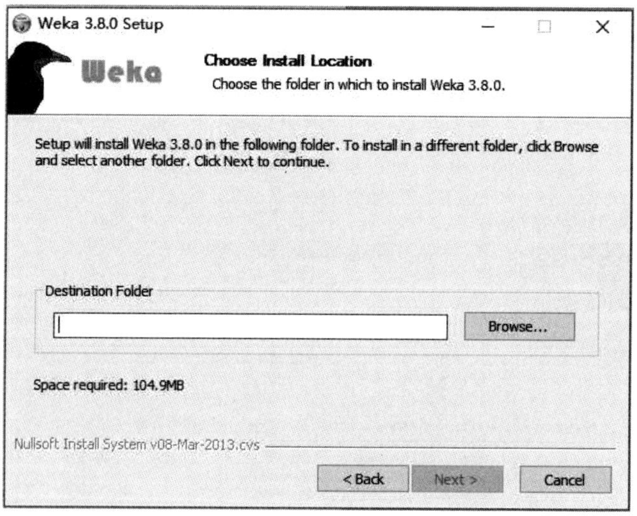

图 A-11　Weka 3.8.0 Setup-Choose Install Location

在如图 A-13 所示的 Weka 3.8.0 Setup - Choose Install Location 窗口中,中间的文本框中显示了图 A-12 中所选择的安装路径 D:\soft\weka\Weka-3-8,这里的 Weka-3-8 是软件自动为选择的路径添加的文件夹。单击 Next 按钮进入下一步。

⑤ 在如图 A-14 所示的 Weka 3.8.0 Setup - Choose Start Menu Folder 窗口中,可以在列表框中选择生成快捷方式图标的名称,也可以使用软件默认的名称 Weka 3.8.0。可选择 Do not create shortcuts 用来指定是否要生成快捷方式,这里默认不选择。单击 Install 按钮进行安装。

⑥ 在如图 A-15 所示的 Weka 3.8.0 Setup - Installation Complete 窗口中,提示软件已经完全安装成功,单击 Next 按钮。

在如图 A-16 所示的 Weka 3.8.0 Setup - Completing the Weka 3.8.0 Setup Wizard 窗口中,提示安装完成。可选择 Start Weka 用来完成安装 Weka 后直接启动 Weka 软件,这里

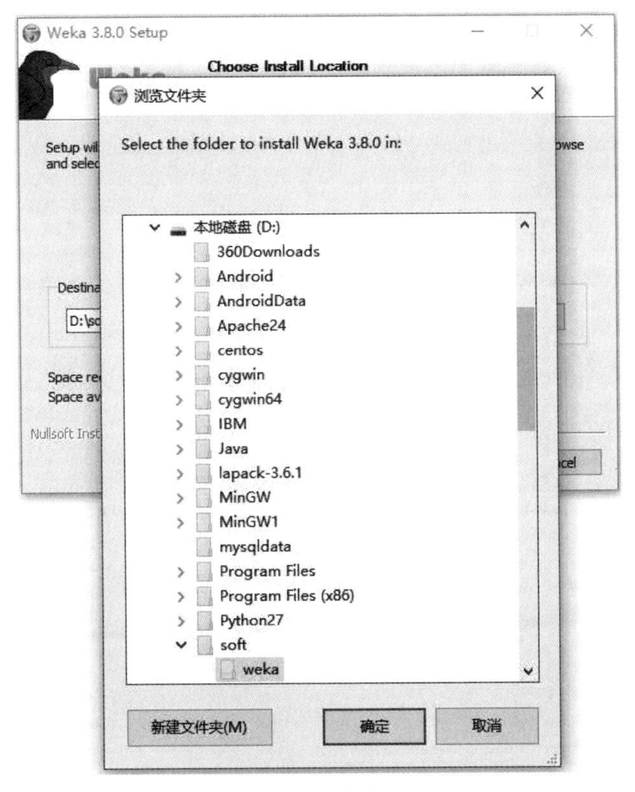

图 A-12 浏览文件夹

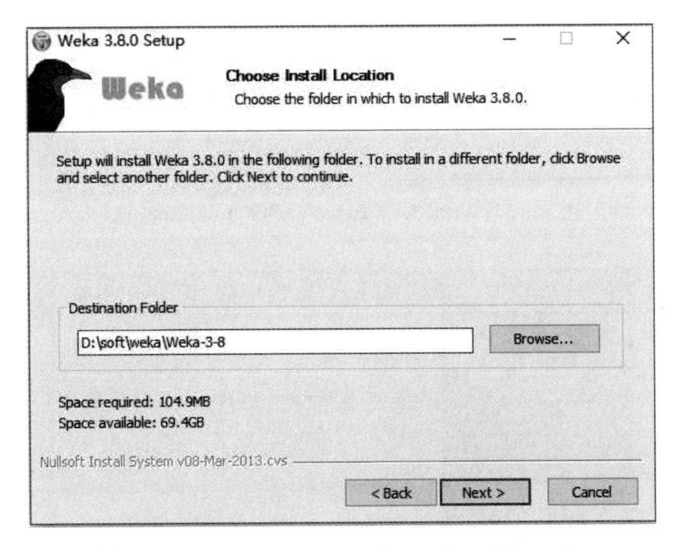

图 A-13 Weka 3.8.0 Setup-Choose Install Location

默认选中。单击 Finish 按钮,完成 Weka 的安装过程。

⑦ 安装结束后,将 Weka 的安装路径添加到环境变量中,完成 Weka 的安装。由于安装路径选择的是 D:\soft\weka\Weka-3-8,所以将路径 D:\soft\weka\Weka-3-8 添加到环境变量中,方法与 JRE 的添加方式相同。

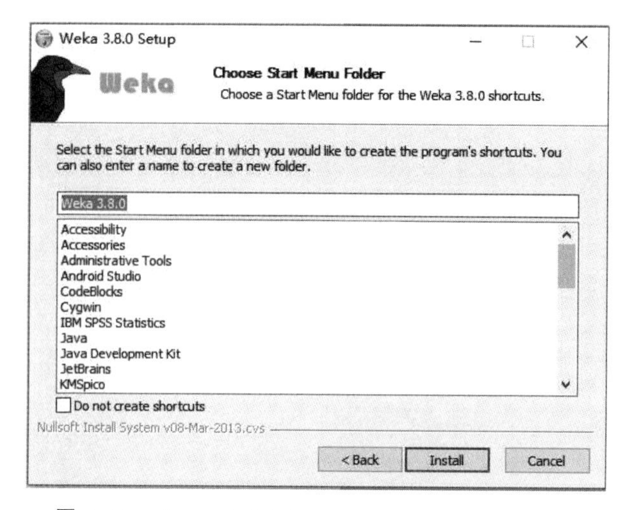

图 A-14 Weka 3.8.0 Setup-Choose Start Menu Folder

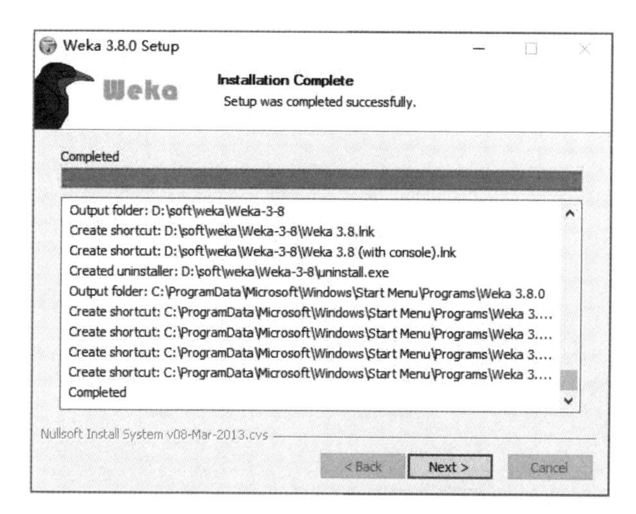

图 A-15 Weka 3.8.0 Setup-Installation Complete

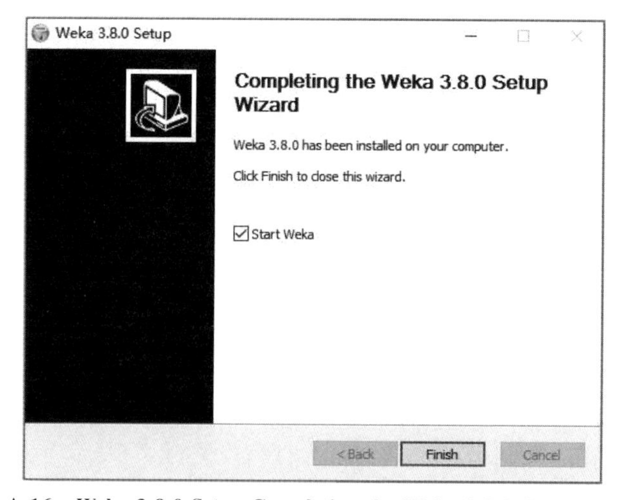

图 A-16 Weka 3.8.0 Setup-Completing the Weka 3.8.0 Setup Wizard

A.2 Weka 的使用方法

以 Weka 安装目录 data 文件夹下的 contact-lenses.arff 作为实验数据。

① 打开 Weka 软件,进入 Weka GUI Chooser 主窗口,如图 A-17 所示。

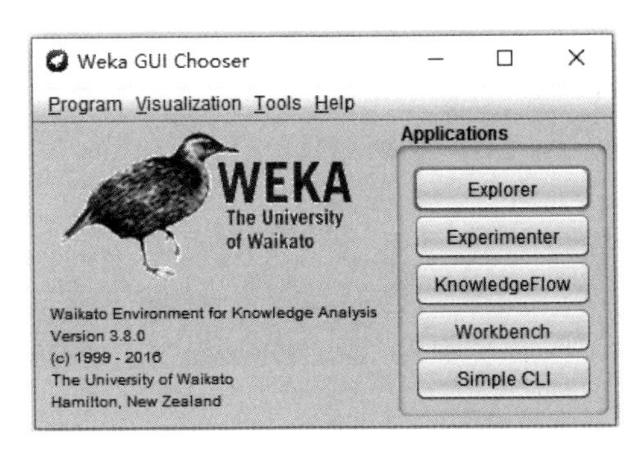

图 A-17 Weka GUI Chooser

② 在图 A-17 中,单击 Explorer 按钮,出现如图 A-18 所示的 Weka Explorer 窗口。

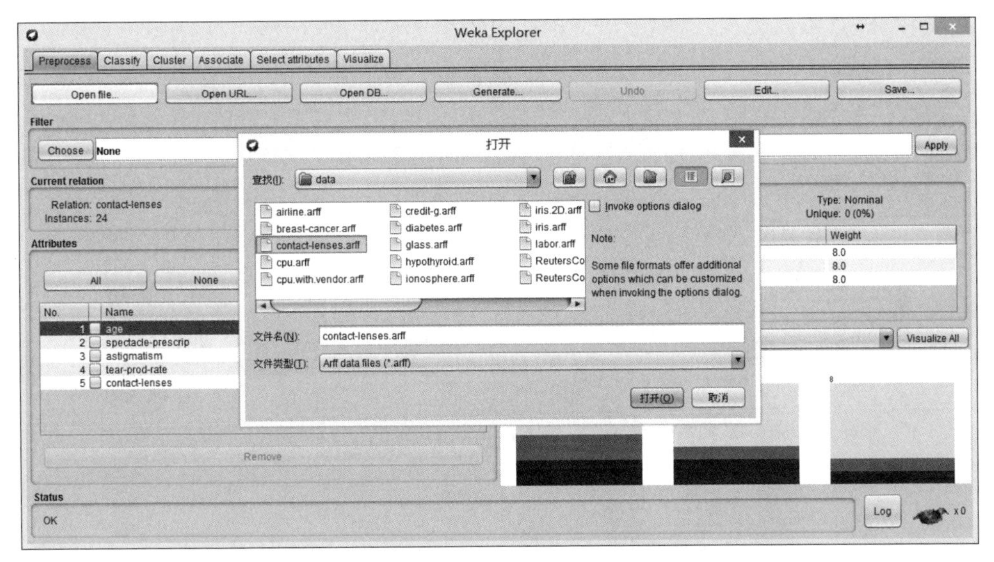

图 A-18 Weka Explorer

③ 数据文件的打开方式是,选择 Preprocess 选项卡,单击 Open file 按钮,会出现“打开”对话框。找到需要打开的数据文件 contact-lenses.arff(需要进入之前 Weka 软件的安装目录的 data 文件夹下,如 D:\soft\weka\Weka-3-8\data),单击“打开”按钮,出现如图 A-19 所示的数据显示窗口。

④ 在图 A-19 中可以看到窗口里显示了对数据进行的整体性分析。其中,Attributes 栏中显示的是 contact-lenses.arff 文件中的各个属性,并且每个属性是可选择性显示的;单击 Edit 按钮也可以查看 contact-lenses.arff 文件中的记录;在 Selected attribute 栏中显示的是在 Attributes 栏中选中的某个属性列的数据分布情况,如该属性的名称、类型、标签值的

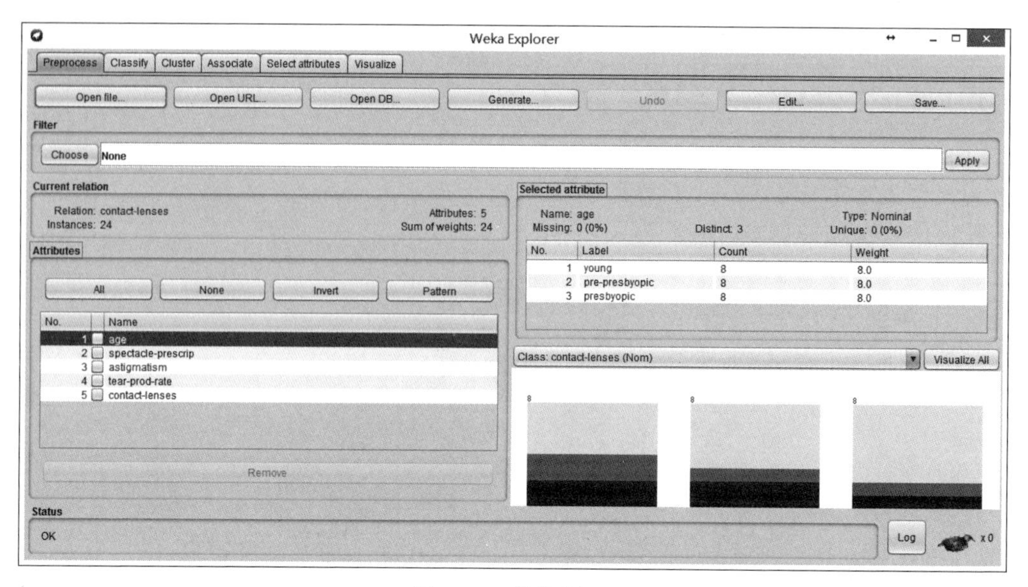

图 A-19　数据显示

个数、每个标签对应记录的个数等信息;在窗口的右下方显示了 Attributes 栏中选中的属性对应的数据分布,不同颜色、不同大小分别代表不同类型的属性及所占的比例。

⑤ 导入数据后,可以使用不同的算法进行数据挖掘。下面使用 Apriori 算法进行关联分析。

在图 A-19 中,选择 Associate 选项卡,在出现的窗口中单击 Choose 按钮,在出现的如图 A-20 所示的关联窗口的左侧 Associator 下面选择文件夹 associations 中的 Apriori 算法,单击 Close 按钮关闭选择关联方法的小窗口。

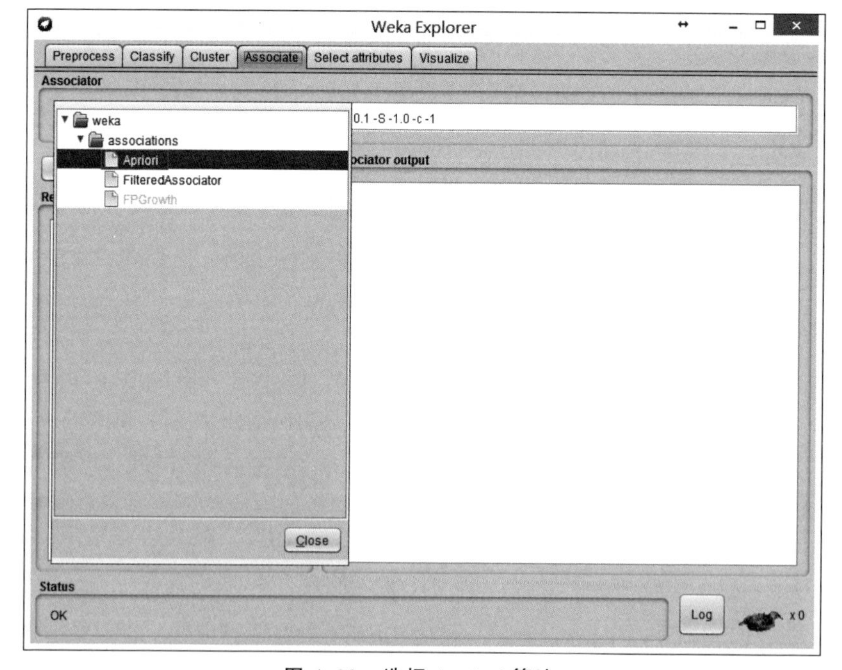

图 A-20　选择 Apriori 算法

⑥ 选择使用的算法之后，需要对Apriori算法进行参数设置。在图A-20关闭了选择关联方法小窗口后Associator栏下单击Choose按钮右侧的参数区，出现如图A-21所示的参数设置对话框。

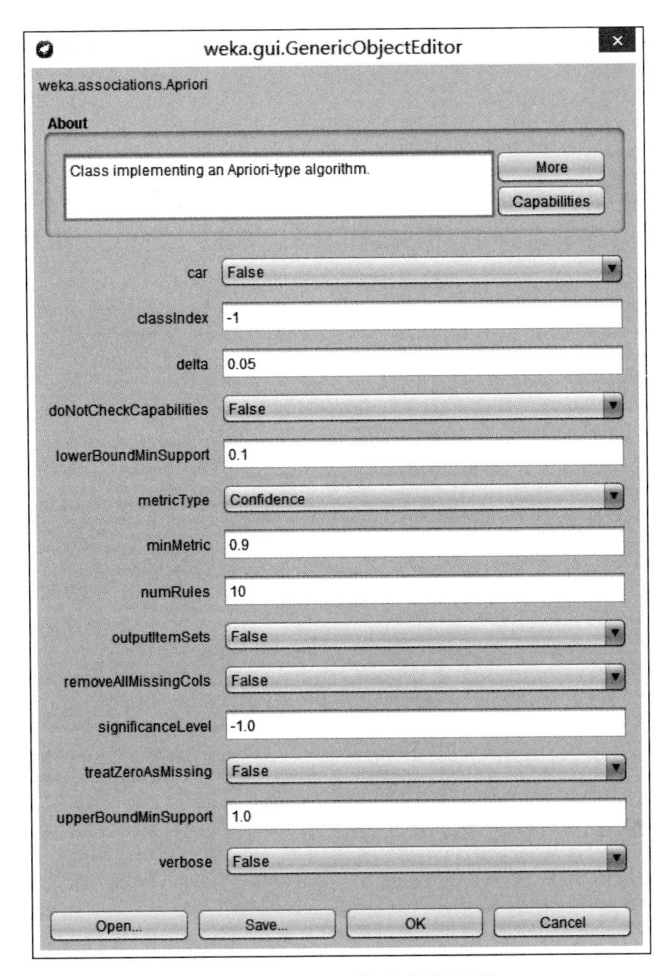

图A-21　Aprior算法参数设置

常用的参数说明如下。

car：若为真，则挖掘类关联规则；若为假，则全局关联规则。

classIndex：类属性索引。设置为－1，最后一个属性被当作类属性。

delta：迭代递减单位。不断减小支持度直至达到最小支持度或产生了满足数量要求的规则。

metricType：度量类型。设置对规则进行排序的度量依据，可以是置信度(类关联规则只能用置信度挖掘)、提升度(lift)、杠杆率(leverage)、确信度(conviction)。

修改好参数后，单击OK按钮，返回Weka Explorer窗口。

⑦ 在返回的选择Apriori算法界面中单击Start按钮，开始对contact-lenses.arff数据利用Apriori算法进行关联分析，运行结果如图A-22所示。

Best rules found即为Apriori算法分析后效果最好的前10条关联规则。

```
Associator output

=== Run information ===

Scheme:       weka.associations.Apriori -N 10 -T 0 -C 0.9 -D 0.05 -U 1.0 -M 0.1 -S -1.0 -c -1
Relation:     contact-lenses
Instances:    24
Attributes:   5
              age
              spectacle-prescrip
              astigmatism
              tear-prod-rate
              contact-lenses
=== Associator model (full training set) ===


Apriori
=======

Minimum support: 0.2 (5 instances)
Minimum metric <confidence>: 0.9
Number of cycles performed: 16

Generated sets of large itemsets:

Size of set of large itemsets L(1): 11

Size of set of large itemsets L(2): 21

Size of set of large itemsets L(3): 6

Best rules found:

 1. tear-prod-rate=reduced 12 ==> contact-lenses=none 12    <conf:(1)> lift:(1.6) lev:(0.19) [4] conv:(4.5)
 2. spectacle-prescrip=myope tear-prod-rate=reduced 6 ==> contact-lenses=none 6    <conf:(1)> lift:(1.6) lev:(0.09) [2] conv:(2.25)
 3. spectacle-prescrip=hypermetrope tear-prod-rate=reduced 6 ==> contact-lenses=none 6    <conf:(1)> lift:(1.6) lev:(0.09) [2] conv:(2.25)
 4. astigmatism=no tear-prod-rate=reduced 6 ==> contact-lenses=none 6    <conf:(1)> lift:(1.6) lev:(0.09) [2] conv:(2.25)
 5. astigmatism=yes tear-prod-rate=reduced 6 ==> contact-lenses=none 6    <conf:(1)> lift:(1.6) lev:(0.09) [2] conv:(2.25)
 6. contact-lenses=soft 5 ==> astigmatism=no 5    <conf:(1)> lift:(2) lev:(0.1) [2] conv:(2.5)
 7. contact-lenses=soft 5 ==> tear-prod-rate=normal 5    <conf:(1)> lift:(2) lev:(0.1) [2] conv:(2.5)
 8. tear-prod-rate=normal contact-lenses=soft 5 ==> astigmatism=no 5    <conf:(1)> lift:(2) lev:(0.1) [2] conv:(2.5)
 9. astigmatism=no contact-lenses=soft 5 ==> tear-prod-rate=normal 5    <conf:(1)> lift:(2) lev:(0.1) [2] conv:(2.5)
10. contact-lenses=soft 5 ==> astigmatism=no tear-prod-rate=normal 5    <conf:(1)> lift:(4) lev:(0.16) [3] conv:(3.75)
```

图 A-22　运行结果

例如,第一条关联规则为

```
tear-prod-rate=reduced 12  ==> contact-lenses=none 12  < conf:(1)> lift:(1.6)
lev:(0.19) [4] conv:(4.5)
```

含义为:如果属性列 tear-prod-rate 的值为 reduced(有 12 条记录),则属性列 contact-lenses 的值为 none(也有 12 条记录)。

该关联规则的置信度 conf 为 1;提升度 lift 为 1.6:lift=1 时表示两个属性独立,此值越大(>1),越能够表明两个属性存在于一个购物篮中不是偶然现象,有较强的关联度;确信度 conv 为 4.5:conviction 用来衡量两个属性的独立性,该值越大,两个属性关联度越强。

A.3　Weka 的数据格式

Weka 软件支持多种数据格式的文件,本节主要介绍常见的几种数据格式。

1. arff 格式

arff 格式是 Weka 专用的文件格式,是 Weka 默认打开的文件格式,全称为 Attribute-Relation File Format。它是一个 ASCII 文本文件,记录了一些共享属性的实例。arff 格式是由怀卡托大学的计算机科学部门开发的。

arff 格式文件主要有两部分：头部定义和数据区。头部定义包含关系名称（relation name）、一些属性（attributes）和对应的类型。

arff 格式的文件样式如下。

这里以 Weka 自带的 iris.arff 文件为例进行说明。

（1）头部定义

```
@RELATION iris
@ATTRIBUTE sepallength  NUMERIC
@ATTRIBUTE sepalwidth   NUMERIC
@ATTRIBUTE petallength  NUMERIC
@ATTRIBUTE petalwidth   NUMERIC
@ATTRIBUTE class        {Iris-setosa,Iris-versicolor,Iris-virginica}
```

说明：@ RELATION iris 是标题，表明数据关系表是 iris。@ ATTRIBUTE sepallength NUMERIC 表示属性参数 sepallength，对应的数据类型为 NUMERIC。另外，还有其他 4 个属性：sepalwidth、petallength、petalwidth、class，以及属性对应的数据类型。

（2）数据区

```
@DATA
5.1,3.5,1.4,0.2,Iris-setosa
4.9,3.0,1.4,0.2,Iris-setosa
4.7,3.2,1.3,0.2,Iris-setosa
```

说明：@DATA 表示以下为数据区。5.1,3.5,1.4,0.2,Iris-setosa 是对应头部所定义的属性值，如 5.1、3.5、1.2、0.2、Iris-setosa 分别对应 iris 的 sepallength、sepalwidth、petallength、petalwidth、class 属性的取值。

2. csv 格式

逗号分隔值（Comma-Separated Values，CSV）格式，有时也称为字符分隔值，因为分隔字符也可以不是逗号，其文件以纯文本形式存储表格数据。

csv 格式的文件样式如下。

```
姓名,性别,年龄
张三,男,26
李四,男,24
```

Weka 可以直接打开 csv 格式的数据，还可以将 csv 文件通过 Weka 的命令行工具转换为 arff 文件。

运行 Weka 软件，在如图 A-23 所示的 Weka GUI Chooser 窗口中，单击 Simple CLI 按钮，进入到 SimpleCLI 模块，该模块提供命令行功能。在最下方（上方是不能写字的）的输入框中输入以下命令即可完成转换，如图 A-24 所示。

```
java weka.core.converters.CSVLoader filename.csv>filename.arff
```

3. xls/xlsx 格式

Excel 的 xls/xlsx 文件也是较为常见的数据格式，多数数据处理软件支持该文件格式。

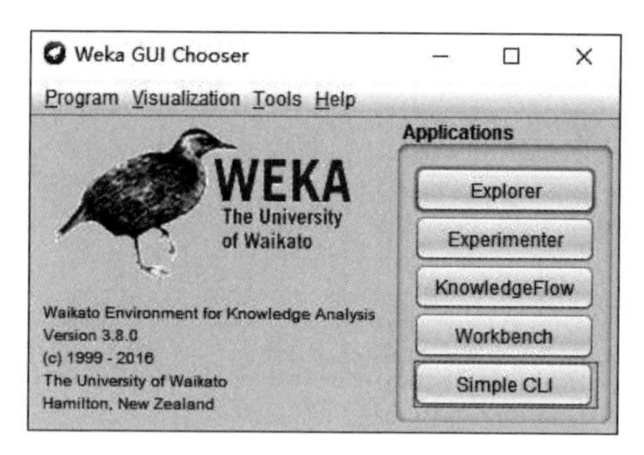

图 A-23 Weka GUI Chooser

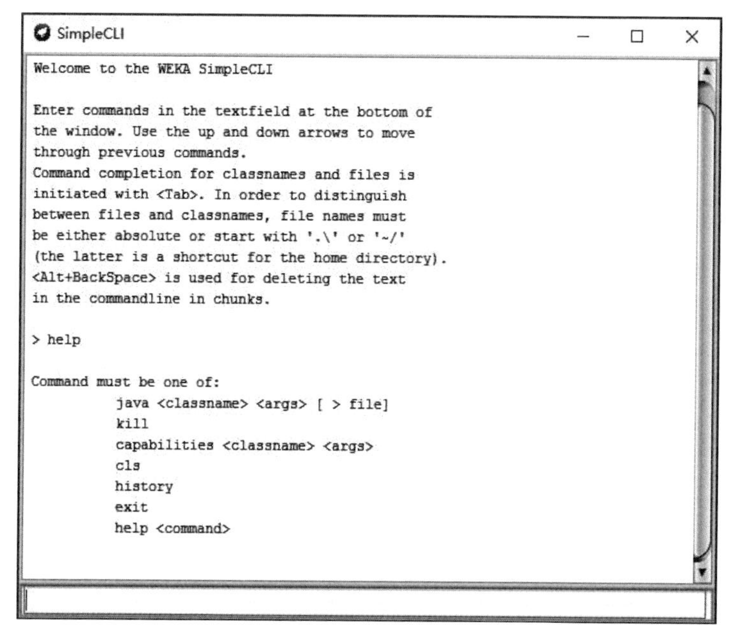

图 A-24 SimpleCLI

其中,xls 为较低版本的 Excel 存储的文件,xlsx 文件为较高版本存储的文件。xls/xlsx 文件可以让多个二维表格放到不同的工作表(Sheet)中。

xls/xlsx 格式的文件样式如下。

姓名	性别	年龄
张三	男	26
李四	男	24

由于 Weka 软件不能直接打开 xls/xlsx 文件,所以需要将 xls/xlsx 文件转换为其他 Weka 支持的格式,这里可以选择转换为 csv 文件供 Weka 使用。转换的方式很简单:使用 Excel 打开 xls/xlsx 格式的文件,选择"文件"选项,单击"另存为"按钮,在"保存类型"中选择 csv 格式作为保存数据类型,即可保存为 csv 格式的文件,如图 A-25 所示。

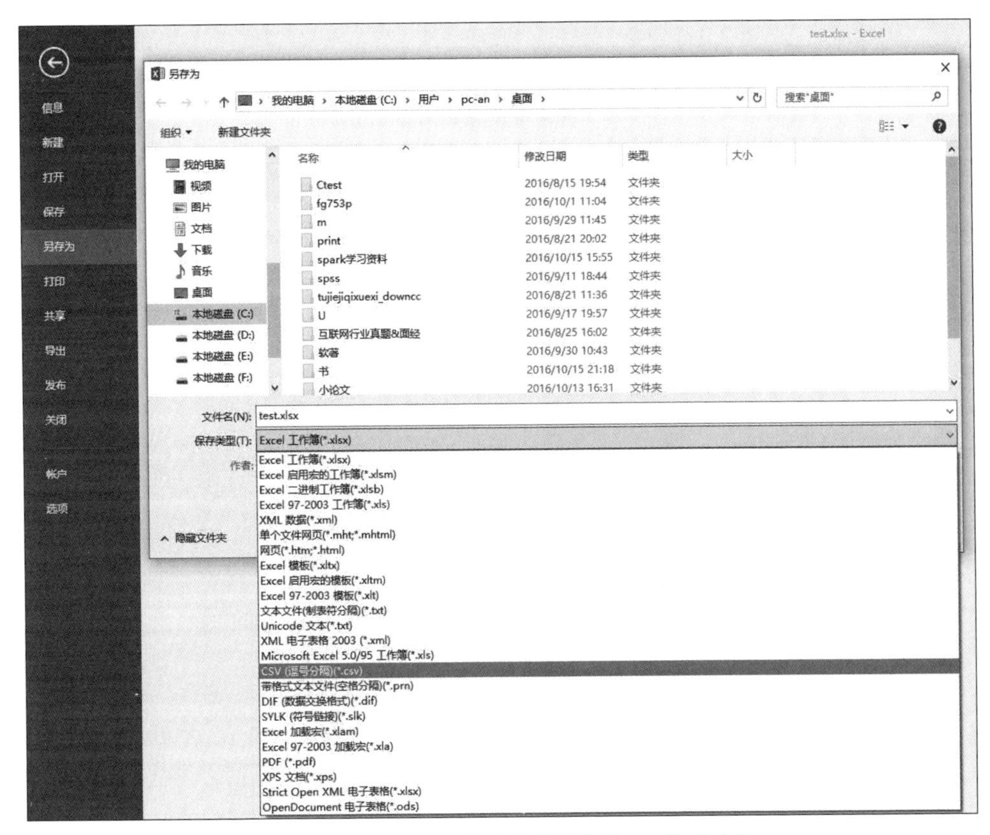

图 A-25　将 xls/xlsx 格式文件保存为 csv 格式文件

4. json 格式

json 格式的数据文件也比较常见，在数据处理或者网络数据处理中 json 格式都作为数据的标准格式。Weka 软件支持 json 格式的数据，所以可以通过 Weka 软件直接打开 json 格式的文件。

json 格式的文件样式如下。

```
{"programmers": {
"firstName": "Brett",
"lastName": "McLaughlin",
"email": "aaaa"
}}
```

说明：json 文件的数据存储采用"属性：值"对的方式。例如，样式中的 programmers 对应的记录值为

```
{"firstName": "Brett", "lastName": "McLaughlin", "email": "aaaa"}
```

其中，属性"firstName"对应的值为"Brett"。

参考文献

[1] Han J W,Kamber M. 数据挖掘概念与技术[M]. 范明,孟小峰,译. 北京：机械工业出版社,2001.

[2] Tan P N,Steinbach M,Kumar V. 数据挖掘导论[M]. 北京：人民邮电出版社,2006.

[3] 蒋盛益,李霞,郑琪. 数据挖掘原理与实践[M]. 北京：电子工业出版社,2011.

[4] 蒋盛益,张钰莎,王连喜. 数据挖掘基础与应用实例[M]. 北京：经济科学出版社,2015.

[5] 洪松林,庄映辉,李堃. 数据挖掘技术与工程实践[M]. 北京：机械工业出版社,2014.

[6] 佘春红. 数据清理方法[J]. 计算机应用,2002,22 (12)：128-130.

[7] Inmon W H. 数据仓库[M]. 3 版. 北京：机械工业出版社,2003.

[8] 林宇. 数据仓库原理与实践[M]. 北京：人民邮电出版社,2003.

[9] 朱明. 数据挖掘[M]. 2 版. 合肥：中国科学技术大学出版社,2008.

[10] 陈京民. 数据仓库与数据挖掘技术[M]. 北京：电子工业出版社,2002.

[11] 毛国君,段丽娟. 数据挖掘原理与算法[M]. 北京：清华大学出版社,2007.

[12] 洪松林,庄映辉,李堃. 数据挖掘技术与工程实践[M]. 北京：机械工业出版社,2014.

[13] 陈文伟. 数据挖掘技术[M]. 北京：北京工业大学出版社,2002.

[14] 李航. 统计学习方法[M]. 北京：清华大学出版社,2012.

[15] 贾双成,王奇. 数据挖掘核心技术揭秘[M]. 北京：机械工业出版社,2015.

[16] 李春林,陈旭红. 应用多元统计分析[M]. 北京：清华大学出版社,2013.

[17] 柏其缪,万红燕. 管理统计学[M]. 合肥：中国科学技术大学出版社,2010.

[18] 贾俊平. 应用统计学[M]. 北京：高等教育出版社,2014.

[19] 袁梅宇. 数据挖掘与机器学习：Weka 应用技术与实践[M]. 北京：清华大学出版社,2014.

[20] 庞兴蓉. 数据分析支撑金融业务新发展[J]. 中国邮政,2010(11)：56-57.

[21] 高勇. 啤酒与尿布：神奇的购物篮分析[M]. 北京：清华大学出版社,2008.

[22] Agrawal R, Srikant R. Fast algorithms for mining association rules[C]. 20th International Conference on Very Large Data Bases. Santiago：VLDB,1994,1215：487-499.

[23] Wen L. An efficient algorithm for mining frequent closed itemset[C]. Intelligent Control and Automation. IEEE,2004,5：4296-4299.

[24] Witten I H,Frank E,Hall M A,et al. 数据挖掘实用机器学习技术[M]. 北京：机械工业出版社,2006.

[25] Pruitt R C,James M. Classification Algorithms[J]. Journal of the American Statistical Association, 1986,ESP-HEP 2009(6)：431.

[26] Breslow L A,Aha D W. Simplifying decision trees：A survey[J]. Knowledge Engineering Rev,1997, 12：1-40.

[27] Brown D E,Corruble V,Pitard C L. A comparison of decision tree classifiers with backpropagation neural networks for multimodal classification problems[J]. Pattern Recognition,1993,26：953-961.

[28] Breiman L. Random forests[J]. Machine Learning,2001,45：5-32.

[29] Cooper G F,Herskovits E. A Bayesian Method for the Induction of Probabilistic Networks from Data [J]. Machine Learning,1992,9：309-347.

[30] Elkan C. Boostiong and naive Bayesian learning[R]. In Technical Report CS97-557,Dept. Computer Science and Engineering,University of California at San Diego,Sept,1997.

[31] Heckerman D, Geiger D, Chickering D M. Learning Bayesian networks: The combination of knowledge and statistical data[J]. Machine Learning,1995,20(3): 197-243.

[32] 高新波. 模糊聚类分析及其应用[M]. 西安: 西安电子科技大学出版社,2004.

[33] 汤效琴,戴汝源. 数据挖掘中聚类分析的技术方法[J]. 微计算机信息,2003,19(1): 3-4.

[34] 方开泰,潘恩沛. 聚类分析[M]. 北京: 地质出版社,1982.

[35] Avner S. Discovery of comprehensible symbolic rules in a neural network[C]. In Proc. 1995 Int. Symp. Intelligence in Neural and Biological Systems,1995: 64-67.

[36] Bishop C M. Neural Networks for Pattern Recognition[M]. Oxford: Oxford University Press,1995.

[37] Curram S P, Mingers J. Neural networks, decision tree induction and discriminant analysis: An empirical comparison[J]. Operational Research Society,1994,45: 440-450.

[38] Hawkins D M. Identification of Outliers[M]. New York: Springer,1980.

[39] Song X, Wu M, Jermaine C, et al. Conditional anomaly detection[J]. IEEE Transactions on Knowledge & Data Engineering,2007,19(5): 631-645.

[40] Knorr E M,Ng R T. A Unified Notion of Outliers: Properties and Computation[C]. International Conference on Knowledge Discovery & Data Mining,1997: 219-222.

[41] Knorr E M,Ng R T,Tucakov V. Distance-based outliers: algorithms and applications[J]. VLDB Journal,2000,8: 237-253.

[42] Babu S. Continuous queries over data streams[J]. ACM Sigmod Record,2001,30(3): 109-120.

图书资源支持

感谢您一直以来对清华版图书的支持和爱护。为了配合本书的使用，本书提供配套的资源，有需求的读者请扫描下方的“书圈”微信公众号二维码，在图书专区下载，也可以拨打电话或发送电子邮件咨询。

如果您在使用本书的过程中遇到了什么问题，或者有相关图书出版计划，也请您发邮件告诉我们，以便我们更好地为您服务。

我们的联系方式：

地　　址：北京市海淀区双清路学研大厦 A 座 701

邮　　编：100084

电　　话：010-83470236　010-83470237

资源下载：http://www.tup.com.cn

客服邮箱：2301891038@qq.com

QQ：2301891038（请写明您的单位和姓名）

资源下载、样书申请

书圈

扫一扫，获取最新目录

课 程 直 播

用微信扫一扫右边的二维码，即可关注清华大学出版社公众号“书圈”。